저자직강 동영상 **강의**
이패스코리아
www.epasskorea.com

이패스
소방설비
기사

실기 전기분야

이재훈 저

ENGINEER FIRE PROTECTION SYSTEM

✓ 소방설비기사 완벽한 입문서!
✓ 5개년 출제 경향 분석
✓ 최신 기출문제 & 상세한 해설
✓ 저자 직강 인터넷 강의
✓ 저자와 1:1 질의응답

epasskorea

머리말

이 책에서는 소방 설비 기사(전기 분야)의 실기 시험에 대해 다루기는 하겠지만, 외워야 할 부분을 최소화하기 위해 전체 구조를 먼저 설명하였다. 구조를 설명함에서도 화재가 발생하고 이를 저지하는 진행 과정에 따라 한 단원씩, 이를 풀어가는 방향으로 담아 혼동을 줄이고자 노력했다.

그렇기에 독자는 외워야 할 압박감보다는 마음을 편히 갖고 목차를 시작으로 뼈대를 세우고, 문제를 풀면서 필요한 부분을 선별하여 살을 갖추고자 노력하기 바란다. 다만, 이 시험이 안전에 관련된 소방 분야라는 점, 객관식이 아닌 손으로 직접 작성해야 하는 시험이라는 점 때문에 의미와 맥락을 정확히 배우기 위한 부분에서는 암기가 필수적이라고 판단되는 부분이 있었고 이는 중요도를 표시하여 암기법을 달았고 이때는 암기를 강조하였다.

1 PART 에서 3 PART 까지의 진행을 간략히 보면 화재가 발생하였을 때 이를 감지하여 건물의 관계자와 사용자에게 알리는 것이 중요하고 이 역할을 수행하는 것이 1PART에서 설명하는 **경보 설비**이다. 경보를 듣고 소방안전 관리자는 초기 화재를 **소화 설비**를 통해 진화한다. 사용자는 2 PART에서 설명하는 **피난 구조 설비**를 통하여 건물 밖으로 이동한다. 끝으로 소방대가 도착하고 소방대의 진화 작업이 시작된다. 담아온 물이 부족할 경우 **소화 용수 설비**를 통해 물을 보충하고, 구조 및 진화 활동을 위해서 3PART에서 설명하는 **소화 활동 설비**를 이용한다. PART를 지정하지 않은 설비는 기계 분야에서 진행될 예정이다. 각 PART에서는 이처럼 그 설비의 용도 및 사용에 대해 순서를 정하여 구성하고 있으니 이를 참고하여 주기 바란다.

자격증 시험에서, 소방설비기사 시험에서 또 한 가지 무심할 수 없는 부분이 실기는 곧 실제 업무와 연관된다는 점이었다. 출제자들도 이를 인식하고 이해하고 있는 수험자를 기대하면서 출제하기 때문에 변화하는 시험을 위해서도 마지막 4 PART인 '소방 실무'는 다른 PART보다 중요하게 다뤘다. 따라서 이해가 간단하여 장기적으로 기억함에 무리가 없도록 구성하고 싶었고, 모든 학습자의 필요에 빠짐이 없도록 구성하고자 힘썼다.

이 책은 내용 구성에 있어서 기사 시험에 출제된 전례가 있다고 하여도 기술사나 관리사 시험에 나올 법한 어렵고 복잡한 내용은 이론에서는 담지 않았다. 이론의 취지가 기초를 다지는 점에 있다는 것이고, 그 목적 또한 반복하여 시험장까지 안전히 기억되는 확고한 지식을 갖추는 것이기 때문이다. 하지만 기출문제를 풀이할 때는 위와 같은 내용일지라도 이를 그대로 해설하고 있으니 빠지는 것이 생길 염려는 없을 것이다.

필자가 줄곧 소방 분야를 업으로 삼아 오면서 느낀 것은 소방 전문가로서 성장하는 과정은 다른 분야 전문가들의 성장과는 사뭇 다르다는 것이다. 전기 분야, 배관 분야, 기계 분야, 위험물 분야 등 다양한 전문가는 아주 깊은 물을 파서 확고한 전문적인 지식을 갖춰야 하지만, 소방은 그 분야가 위의 모든 분야를 포함할 정도로 넓기에 모든 분야 전문가의 내용을 끊임없이 들어야 하고 그러기 위해서 항상 귀를 열고 겸손하게 배워야 한다고 생각한다. 이를 잊지 않고 알아도 꼭 확인하는 것을 습관화하고 합격 후에 마주하는 다양한 분야의 사람들과도 교우 관계를 유지하며 열린 마음으로 성장하길 바란다.

끝으로 이 책을 위해 나는 여러 차례 탈고도 하였고, 모두 삭제하고도 다시 쓰기를 반복해야 했다. 그만큼 독자의 처음을 함께한다는 무거운 책임감을 느끼며 작성하였기 때문에 숨김 없이 모두 진솔하게 담아내고자 노력했다. 그러니 시작은 필자가 독자에게 선택에 대한 감사를 전하고 있지만, 합격 후 책을 덮는 끝은 독자가 필자에게 고마움을 전할 것이라고 확신한다. 이제 시작하자! 우리의 만남을!

2024년 12월

저자 이재훈

이 책의 특징

1. 이 책은 소방 분야의 완벽한 입문서가 되어줄 것이다. 6개년 출제 경향 분석

〈아네트 시몬스〉는 "사람의 마음을 움직이는 것은 화려한 언변도, 논리적인 설득도 아니다. 그것은 '이야기'라는 옷을 입은 진실이다. 때론 어눌할지라도 당신만이 줄 수 있는 이야기는 대화의 거리와 말의 벽을 넘어 그 사람의 가슴으로 스며든다."라고 하였다.

필요한 요소만 담아야 하는 자격증 서적이지만 그럼에도 설명이 들어갈 때가 존재했는데 이러한 부분을 쓸 때 필자가 집중을 한 것은 단순한 정보 전달뿐만 아니라 그 속의 이야기를 담는 것이었다. 독자가 스스로 소방이라는 분야로 마음이 움직일 수 있게 확실한 이야기와 흥미를 보여주고 싶었다.

2. 이 책의 그림은 전부 CAD로 직접 작성하였다.

글로 잘 표현하는 건 많은 부분 제약이 된다. 그림으로 설명하면 단 한 마디면 되는 것도, 글은 놓칠 수 있는 요소를 담기 위해서 길어져야 하고, 특히나 수치를 통해 체감하기 어려운 부분은 그저 암기에 그칠 때가 많았다.

필자는 그래서 글을 잘 담고 난 뒤에는 그림을 그리는데 많은 시간을 투자했다. 글과 그림을 함께 보면서 빠른 이해를 하는 것이 가장 효과적인 공부를 하는 것이 될 것이라고 자부한다.

3. 이 책은 설비별로 이론의 단원을 쪼개고 있다.

앞서 머리말에서 언급하였지만, 다른 교재와 다르게 목차가 상세 설비별로 더 '세분화'하여 구성이 되어 있다. 이로 인해 어떤 설비가 있는지 한 번에 볼 수 있고, 문제를 풀다가도 언제든 이론으로 돌아와서 찾아보기 쉽게끔 구성하였다. 또 이론의 배치도 가급적 통일하여 비교하거나 찾아보기 유용하도록 하였다.

4. 이 책은 불필요한 내용은 뺐다.

이 책의 가장 큰 장점은 불필요한 내용을 뺀 것이다. 2010년도에 나온 내용도 알고 있다면 도움이 되겠지만, 그 후 단 한 번도 출제된 적이 없다면? 혹은 어설프게 앞글자를 이상하게 조합하여 암기법으로 강조하는 부분들이라면? 2주 완성, 3주 완성과 같은 허세로 가득한 의미 없는 시간표라면? 필자는 전부 불필요하다고 생각했다. 그래서 정말 중요하지 않으면 전부 뺐다. 뺀 자리에는 중요한 요소들을 더 강조했다. 진짜 도움이 되는 암기법이 아니면 담지 않아서 불필요한 장수는 줄였다.

6개년 출제 경향 분석

	PART 01 경보 설비						PART 02 피난 구조 설비		PART 03 소화 활동 설비		PART 04 소방 전기 실무				
	비상 방송 설비	자동 화재 속보 설비	자동 화재 탐지 설비	비상 경보 설비와 단독 경보형 감지기	가스 누설 경보기	누전 경보기	유도 등 및 유도 표지	비상 조명 등 및 휴대용 조명 등	비상 콘센트 설비	무선 통신 보조 설비	전기 기초 -전원	전기 기초 -소방 설비	배선 및 시공 실무	제어 기초	소방 설비 회로
2019	2	0	17	0	0	1	2	2	2	2	6	7	5	4	5
2020	1	1	30	0	1	1	7	1	4	2	4	11	8	10	8
2021	3	0	17	1	0	2	5	0	2	1	1	6	4	8	2
2022	3	0	15	0	0	1	4	0	1	1	2	9	6	6	5
2023	1	0	15	2	1	0	4	2	2	4	5	5	4	4	5
2024	2	0	17	1	1	4	0	1	4	0	4	8	6	4	2
계	12	1	117	4	3	9	22	6	15	10	22	46	33	36	27
출제 비중	3.3%	0%	32.2%	1.1%	0.8%	2.4%	6.6%	1.6%	4.1%	2.7%	6.0%	12.6%	9.0%	9.9%	7.4%

① 6년 동안의 출제된 문항수를 구분할 때 위와 같은 데이터를 얻을 수 있다.
② 이론을 필히 숙지하여야 하는 항목은 자동화재탐지설비, 유도등 및 유도 표지, 비상 콘센트 설비로 볼 수 있다.
③ 소방 전기 실무에 대한 요소는 높은 배점으로 출제가 되기 때문에 필히 풀이를 익혀야 하는 요소 중 하나이다.

좀 더 자세한 내용 및 수험정보 등은 당사 홈페이지 (www.epasskorea.com) 참조

출제경향분석

출제기준(실기)

직무분야	안전관리	중직무분야	안전관리	자격종목	소방설비산업기사(전기분야)	적용기간	2023.1.1.~2025.12.31.

○ **직무내용**: 소방 설비(전기)의 설계, 공사, 감리 및 점검업체 등에서 소방 설비 도서류를 바탕으로 공사 및 감리업무를 수행하고 완공된 소방 설비의 점검 및 유지관리업무와 소방계획수립을 통해 소화, 화재 통보 및 피난 등의 훈련을 실시하는 소방안전관리자로서의 소방 안전 관련 일반사항을 수행하는 직무이다.

○ **수행준거**: 1. 소방전기 설비 시공을 위하여 작업분석을 할 수 있다.
　　　　　　　 2. 건물의 화재 예방을 위하여 자동화재탐지장치, 화재경보기 등을 설치할 수 있다.
　　　　　　　 3. 소방전기 설비를 설계, 시공할 수 있다.
　　　　　　　 4. 소방전기시설의 조작, 유지 보수 및 시험점검 등을 할 수 있다.

실기검정방법	필답형	시험시간	3시간

실기 과목명	주요항목	세부항목	세세항목
소방전기시설 설계 및 시공실무	1. 소방전기시설 설계	1. 작업분석하기	1. 현장 여건, 요구사항 분석을 할 수 있다. 2. 기본계획 수립, 기본설계서, 실시설계서를 작성할 수 있다. 3. 공사시방서, 공사내역서, 운영관리지침서를 작성할 수 있다.
		2. 소방전기시설 구성하기	1. 재료의 상호 연관성에 대해 설명할 수 있다. 2. 소방전기시설의 기기 및 부품을 조작할 수 있다. 3. 소방전기시설의 기능 및 특성을 설명할 수 있다.
		3. 소방전기 시설 설계하기	1. 물량 및 공량을 산출할 수 있다. 2. 기계기구의 용량을 산정할 수 있다. 3. 회로방식 설정 및 회로용량을 산정할 수 있다. 4. 도면작성 및 판독을 할 수 있다. 5. 시방서의 작성 등을 할 수 있다.
		4. 소방시설의 배치 계획 및 설계서류 작성하기	1. 계통도를 작성할 수 있다. 2. 평면도를 작성할 수 있다. 3. 상세도를 작성할 수 있다. 4. 소방전기시설의 시공 계획수립 및 실무 작업을 수행할 수 있다.
	2. 소방전기시설 시공	1. 설계도서 검토하기	1. 설계도서상의 누락, 오류, 문제점을 검토하여 설계도서 검토서를 작성할 수 있다. 2. 설계도면, 시공 상세도, 계산서를 검토하여 시공상의 문제점을 파악하고 조치할 수 있다.

실기 과목명	주요항목	세부항목	세세항목
소방전기시설 설계 및 시공실무	2. 소방전기시설 시공	2. 소방전기시설 시공하기	1. 자동화재탐지설비를 할 수 있다. 2. 자동화재속보설비를 할 수 있다. 3. 누전경보기설비를 할 수 있다. 4. 비상경보설비 및 비상방송설비를 할 수 있다. 5. 제연설비부대 전기설비를 할 수 있다. 6. 비상콘센트설비를 할 수 있다. 7. 무선통신보조설비를 할 수 있다. 8. 가스누설경보기설비를 할 수 있다. 9. 유도등 및 비상조명등설비를 할 수 있다. 10. 상용 및 비상전원설비를 할 수 있다. 11. 종합방재센터설비를 할 수 있다. 12. 소화설비의 부대 전기설비를 할 수 있다. 13. 기타 소방전기시설 관련설비를 할 수 있다.
		3. 공사 서류 작성하기	1. 시공된 시설을 검사하여 설계도서와 일치여부를 판단할 수 있다. 2. 시공된 시설을 검사하여 관련 서류를 작성할 수 있다. 3. 공정관리 일정을 계획하여 공사일지를 작성 할 수 있다.
	3. 소방전기시설 유지 관리	1. 소방전기시설 운용 관리하기	1. 전기기기 점검 및 조작을 할 수 있다. 2. 회로점검 및 조작을 할 수 있다. 3. 재해방지 및 안전관리를 할 수 있다. 4. 자재관리를 할 수 있다. 5. 기술공무관리를 할 수 있다.
		2. 소방전기시설의 유지 보수 및 시험·점검하기	1. 전기기기 보수 및 점검을 할 수 있다. 2. 시험 및 검사를 할 수 있다. 3. 계측 및 고장요인 파악을 할 수 있다. 4. 유지보수관리 및 계획수립을 할 수 있다. 5. 설치된 소방시설을 정상 가동하고, 자체 점검 사항을 기록할 수 있다. 6. 기록 사항을 분석하여 보수·정비를 할 수 있다.

좀 더 자세한 내용 및 수험정보 등은 당사 홈페이지 (www.epasskorea.com) 참조

학습전략

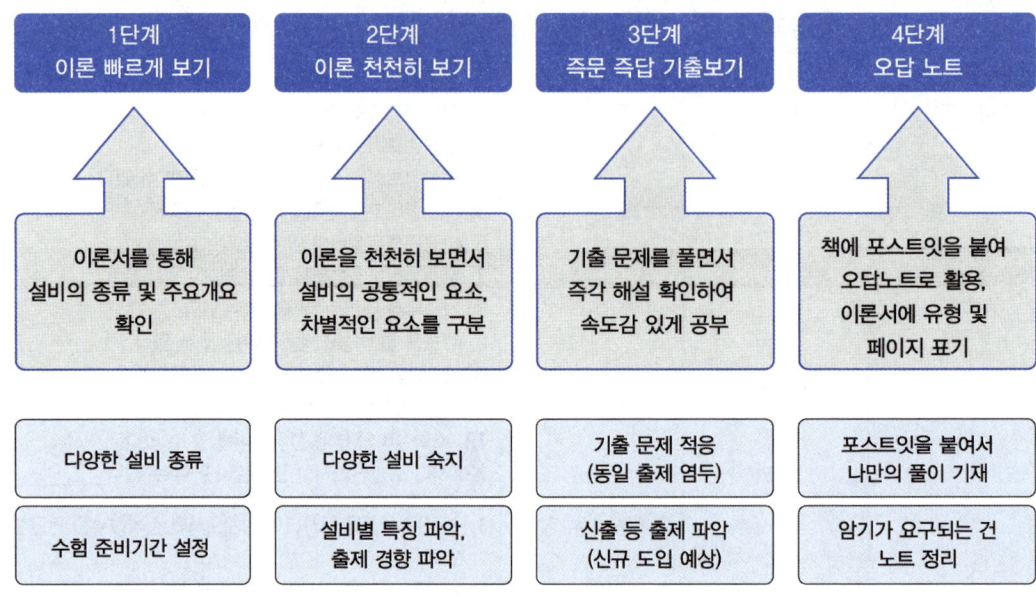

1단계, 이론 빠르게 보기

- 소방 설비 기사 시험의 특성상 다양한 설비들이 나오는데, 공통적인 요소와 차별적인 요소가 복합적이므로 분명하게 설비를 구분할 수 있어야 하고 그것이 가장 선행되어야 하는 공부이다.
- 수험 준비는 최대 3주로 생각하여 공부 내용을 조정하여 알맞게 배정한다.

2단계, 이론 천천히 보기

- 설비를 암기함과 동시에 설비마다 가지는 특성을 이해하고 출제 경향을 파악하는 단계이다.

3단계, 기출 문제 풀이

- 문항을 풀고 곧장 해설을 보며, 속도감 있는 진행을 한다.
- 모르는 건 이론서를 보고, 혼동하면 포스트잇을 붙인다.

4단계, 오답 노트 정리

- 오답은 모르는 것이 아닌 혼동하는 것을 표기하는 것임을 인지하고, 포스트잇에 이유와 방법을 쓴다.

좀 더 자세한 내용 및 수험정보 등은 당사 홈페이지 (www.epasskorea.com) 참조

자격시험안내

1. 응시현황

연도	필기			실기		
	응시	합격	합격률(%)	응시	합격	합격률(%)
2023	32,202	15,919	49.4%	20,843	8,679	41.6%
2022	26,517	11,902	44.9%	21,427	9,075	42.4%
2021	27,083	12,483	46.1%	19,311	6,687	34.6%
2020	21,749	11,711	53.8%	19,248	8,991	46.7%
2019	26,112	13,706	52.5%	17,499	8,086	46.2%
2018	24,127	7,580	31.4%	11,503	6,262	54.4%
2017	21,735	6,785	31.2%	12,091	5,879	48.6%
2016	17,109	7,845	45.9%	11,560	2,795	24.2%

2. 시험 수수료

- 필기 : 19,400원 / 실기 : 22,600원

3. 취득 방법

① 시행처 : 한국산업인력공단
② 관련학과 : 대학 및 전문 대학의 소방학, 건축 설비 공학, 기계 설비학, 가스 냉동학, 공조 냉동학 관련학과
③ 시험 과목과 시간, 합격 기준

구분	실기원서접수(휴일제외)	실기시험
시험 과목	소방원론, 소방전기 일반, 소방 관계 법규, 소방전기 시설의 구조 및 원리	소방 전기 시설 설계 및 시공 실무
시험 시간	4지 선당 과목별 30분	필답형 3시간
합격 기준	과목당 40점 이상, 전 과목 평균 60점 이상	100점 만점으로 하여 60점 이상

4. 출제 기준 변경

변경 전	변경 후(23년 1월 1일)
화재 예방, 소방 시설 설치 유지 및 안전 관리에 관한 법률	소방 시설 설치 및 안전 관리에 관한 법률
	화재의 예방 및 안전 관리에 관한 법률

☞ 안전 관리의 측면을 구분하여 법규상으로 강조하기 위한 변경이었다.

Contents

Part 1　경보설비

CHAPTER 01. 비상 방송 설비

1. 개요 — 21
2. 기능에 따른 구성 — 21
3. 설치 및 제외 대상 — 23
4. 우선 경보 방식 — 23
5. 배선 — 23
CHAPTER 01. 비상 방송 설비 – 출제예상문제 — 25

CHAPTER 02. 자동화재속보설비

1. 개요 — 29
2. 구조 — 29
3. 자동 화재 속보 설비의 절연 저항 시험 — 30
CHAPTER 02. 자동화재속보설비 – 출제예상문제 — 31

CHAPTER 03. 자동화재탐지설비

1. 개요 — 33
2. 경계구역 — 33
3. 청각장애인용 시각경보장치 — 34
4. 감지기 — 35
5. 발신기 — 46
6. 중계기 — 47
7. 수신기 — 48
8. 설치 대상 — 51
CHAPTER 03. 자동화재탐지설비 – 출제예상문제 — 53

Contents

CHAPTER 04. 비상경보설비 및 단독경보형 감지기

1. 개요	75
2. 비상 경보 설비의 설치 기준	75
3. 비상경보설비의 성능 기준	76
4. 단독 경보형 감지기의 설치 기준(설치 대상 및 면제 대상)	78
5. 단독 경보형 감지기의 설치 기준(설치 조건)	78
CHAPTER 04. 비상경보설비 및 단독경보형 감지기 – 출제예상문제	80

CHAPTER 05. 가스누설경보기

1. 개요	84
2. 가스 누설 경보기 성능 기준	84
3. 가스 누설 경보기 설치 기준	85
CHAPTER 05. 가스누설경보기 – 출제예상문제	86

CHAPTER 06. 누전 경보기

1. 개요	88
2. 누전 경보기의 설치 기준	88
3. 누전 경보기 구성요소	89
4. 누전 경보기의 기능 기준	90
CHAPTER 06. 누전 경보기 – 출제예상문제	91

Contents

Part 2 피난 구조 설비

CHAPTER 01. 유도등 및 유도 표지

1. 개요   101
2. 피난구 유도등   102
3. 거실 통로 유도등   102
4. 복도 통로 유도등   103
5. 계단 통로 유도등   104
6. 객석 유도등   104
7. 유도등의 조도 기준   105
8. 피난 유도 설비의 설치 기준(평면 설치 기준)   105
9. 기능 기준   106
10. 유도 표지   107
CHAPTER 01. 유도등 및 유도 표지 – 출제예상문제   109

CHAPTER 02. 비상조명등, 휴대용 조명등

1. 개요   119
2. 비상 조명등   120
3. 휴대용 비상 조명등   121
CHAPTER 02. 비상조명등, 휴대용 조명등 – 출제예상문제   122

Contents

Part 3 소화활동 설비

CHAPTER 01. 비상콘센트 설비

1. 개요   129
2. 비상 콘센트의 성능 기준   130
3. 성능 시험   131
CHAPTER 01. 비상콘센트 설비 – 출제예상문제   132

CHAPTER 02. 무선통신보조설비

1. 개요   137
2. 동축 케이블과 누설 농축 케이블   137
3. 분파기   138
4. 분배기   139
5. 혼합기   139
6. 무선 중계기   139
7. 옥외안테나   139
8. 설치   140
CHAPTER 02. 무선통신보조설비 – 출제예상문제   142

CHAPTER 03. 제연설비

1. 개요   146
2. 재연 설비의 설치 기준   146
3. 제연 경계   147
4. 재연 설비의 구분   148
5. 배연창의 설비   150
6. 배연창의 결선   152
CHAPTER 03. 제연설비 – 출제예상문제   154

Contents

Part 4 소방전기 실무

CHAPTER 01. 전기기초 – 전원

1. 개요 — 161
2. 비상 전원 수전 설비 — 161
3. 축전지 설비 — 162
4. 자가발전설비 — 166
5. 전기저장장치(ESS, Energy Storage System) — 166
6. 소방 설비에 따른 비상 전원 용량 — 167
CHAPTER 01. 전기기초 – 전원 – 출제예상문제 — 168

CHAPTER 02. 전기기초 – 소방설비

1. 개요 — 176
2. 유도 전동기 — 176
CHAPTER 02. 전기기초 – 소방설비 – 출제예상문제 — 178

CHAPTER 03. 배선 및 시공 실무

1. 개요 — 185
2. 주요 자재 — 185
3. 전선의 선정 — 192
4. 내화 배선의 공사 방법 — 194
5. 절연 저항 시험(최근 트렌드와 적합하므로 매우 중요!) — 194
CHAPTER 03. 배선 및 시공 실무 – 출제예상문제 — 195

Contents

CHAPTER 04. 제어 기초

1. 개요   208
2. 다양한 논리 회로의 구성   211
CHAPTER 04. 제어 기초 – 출제예상문제   215

CHAPTER 05. 소방설비 회로

1. 개요   230
2. 자동화재 탐지 설비   232
3. 옥내 소화전   233
4. 준비 작동식 스프링클러   235
5. 습식 스프링클러   237
6. 할론 소화 설비   238
7. 자동 방화문 설비   240
8. 배연창 설비의 결선 방식(제연 설비 파트 참조)   241
9. 제연 설비   243
CHAPTER 05. 소방설비 회로 – 출제예상문제   244

Contents

Part 5　과년도 출제문제

CHAPTER 01. 2020년 소방설비기사 전기분야 실기 과년도 출제문제

- 2020년 1회 (2020년 05월 09일 시행) ... 258
- 2020년 2회 (2020년 07월 25일 시행) ... 278
- 2020년 3회 (2020년 10월 17일 시행) ... 298
- 2020년 4회 (2020년 11월 14일 시행) ... 315
- 2020년 5회 (2020년 11월 21일 시행) ... 335

CHAPTER 02. 2021년 소방설비기사 전기분야 실기 과년도 출제문제

- 2021년 1회 (2021년 04월 24일 시행) ... 358
- 2021년 2회 (2021년 07월 10일 시행) ... 381
- 2021년 4회 (2021년 11월 13일 시행) ... 404

CHAPTER 03. 2022년 소방설비기사 전기분야 실기 과년도 출제문제

- 2022년 1회 (2022년 05월 07일 시행) ... 427
- 2022년 2회 (2022년 07월 24일 시행) ... 452
- 2022년 4회 (2022년 12월 16일 시행) ... 475

CHAPTER 04. 2023년 소방설비기사 전기분야 실기 과년도 출제문제

- 2023년 1회 (2023년 04월 24일 시행) ... 505
- 2023년 2회 (2023년 07월 10일 시행) ... 523
- 2023년 4회 (2023년 11월 04일 시행) ... 548

Contents

CHAPTER 05. 2024년 소방설비기사 전기분야 실기 과년도 출제문제

- 2024년 1회 (2024년 04월 27일 시행) ... 573
- 2024년 2회 (2024년 07월 27일 시행) ... 593
- 2024년 4회 (2024년 11월 02일 시행) ... 614

Part 01

CHAPTER 01　비상 방송 설비
CHAPTER 02　자동화재속보설비
CHAPTER 03　자동화재탐지설비
CHAPTER 04　비상경보설비 및
　　　　　　단독경보형 감지기
CHAPTER 05　가스누설경보기
CHAPTER 06　누전 경보기

경보설비

Chapter 01 비상 방송 설비

1. 개요

(1) 분류 기준
경보 설비 중에 음성으로 경보하는 설비에 해당한다.

(2) 비상 방송 설비의 정의
비상방송설비는 평상시 건물 사용자와 거주자에게 관리자가 일상 내용 전달 용도로 활용되다가 비상 상황이 발생할 시에 감지기를 통해 감지 후에 일반 방송은 차단하고 절체 스위치가 전환되어 확성기를 활용하여 녹음된 음성과 경보음으로 위급한 상황을 안내하는 설비이다.

2. 기능에 따른 구성

(1) 확성기
① 소리를 크게 하여 멀리까지 전달될 수 있도록 하는 장치로서 일명 스피커를 말한다.
② 확성기의 음성입력은 3 W(실내에 설치하는 것에 있어서는 1 W) 이상일 것
③ 각 층마다 설치하고, 수평거리는 25m 이하가 되어야 한다. (그 설치의 반경이 옥내 소화전과 같아서 함께 설치되기도 한다.)

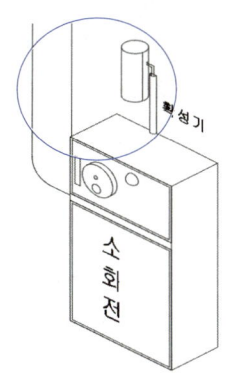

(2) 음량 조정기(ATT)

① 가변 저항을 이용하여 전류의 양을 변화시켜 음량을 크게 하거나 작게 조정하는 장치이다.
② 반드시 업무용 배선, 긴급용 배선, 공통선으로 3선식 구성을 해야 한다.

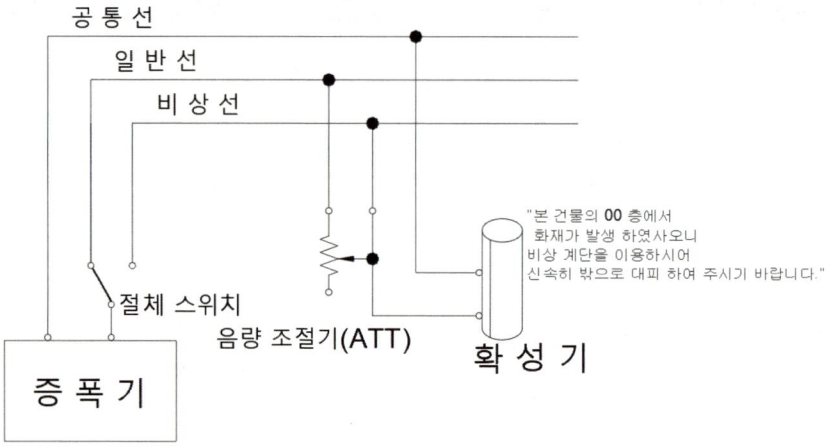

(3) 증폭기

① 마이크로부터 전기 신호로 수신한 신호의 전압과 전류의 진폭을 늘려서 감도를 높이고 소리의 크기도 키우는 장치이다.
② 1층에서 아무리 크게 말하더라도 11층에서 듣기는 쉽지 않다. 따라서 증폭기를 설치하여 소리를 키우고 정제함으로써 전달을 유효하게 한다.

(4) 기동 장치

① 기동 장치는 자동 화재 탐지 설비와의 연동을 통한 자동 기동 방식과 수동으로 조작되어 방송을 시작하는 수동 기동 방식이 있다.
② 기동 장치의 조작부와 증폭기는 0.8m 이상 1.5m 이하로 상시 사람이 근무하는 장소이면서 점검이 편리하고 방화상 유효한 곳에 설치한다.
  암기팁 팔(0.8)이 닿는 곳에 위치하여 이렇게(1.5) 조작할 수 있는 위치
③ 조작부는 기동 장치의 작동 및 구역을 표시할 수 있어야 한다.

3. 설치 및 제외 대상

(1) 설치 기준

① 확성기의 음성입력은 3W(실내에 설치하는 것에 있어서는 1W) 이상일 것
② 각 층마다 설치하고, 수평거리는 25m 이하가 되어야 한다.
③ 음량조정기를 설치하는 경우 음량조정기의 배선은 3선식으로 할 것
④ 조작부의 조작스위치는 바닥으로부터 0.8m 이상 1.5m 이하의 높이에 설치할 것

(2) 설치 대상

① 지하층을 제외한 층수가 11층 이상
② 지하 3층 이상
③ 연면적 3,500m^2 이상

> **암기팁** 1층에서 말한 내용이 지하 3층과 지상 11층에는 잘 들리지 않기 때문에 이를 염두하여 설치하는 것이다. 마찬가지로 대각선 면적인 연면적이 너무 넓으면 음성이 또한 잘 전달되지 않기 때문에 설치가 요구된다.

> **암기팁** 두 손을 (11) 입술(3)에 모아서 연달아서 3번, 5번 방송해야 한다.

(3) 설치 제외 대상

① (음성을 못 듣는) 사람이 거주하지 않는 동물, 식물 관련 시설
② (음성을 못 듣는) 지하가 중 터널, 축사 및 지하구
③ 빈번한 고장을 발생시키는 위험물 저장 및 처리 시설 중 가스 시설

4. 우선 경보 방식

(1) 우선 경보란?

① 화재가 발생한 층과 그 직접 접하는 상부 4개 층에 대해 먼저 경보를 발하여 피난을 순차적으로 진행하기 위하여 적용하는 방법이다.
② 대상 : 11층 이상(공동 주택은 16층 이상인 경우)
③ 우선 경보 방식 **암기팁** 일일(11)히 경보해야 한다.

발화층	경보층
2층 이상	발화층 및 직상 4개층
1층	발화층 및 직상 4개층, 지하층
지하층	발화층, 직상층, 지하 전층

5. 배선

(1) 전층 경보를 위한 배선

일제 경보로 되어 있고 화재가 발생했을 때 일괄로 전층에 경보를 울린다.

(2) 우선 경보를 위한 배선

① 1층에서 화재가 발생하였을 때
- 화재가 발생한 1층과 직접 상부에 접하는 4개 층이 우선 경보 대상이다.
  따라서 2층, 3층, 4층, 5층을 우선 경보한다.

② 1층 화재로 인해 피난로가 막힐 수 있으므로 지하층에 대해서도 전체 지하층에 대해 우선 경보해야 한다.

③ 2층 이상에서 화재가 발생하였을 때
- 화재가 발생한 2층과 직접 상부에 접하는 4개 층이 우선 경보 대상이다.
  따라서 3층, 4층, 5층, 6층을 우선 경보한다.
- (2층 이상의 화재는 지하층의 피난로를 막지 않기 때문에)1층 화재 시와는 달리 지하층은 우선 경보의 대상이 아니다.

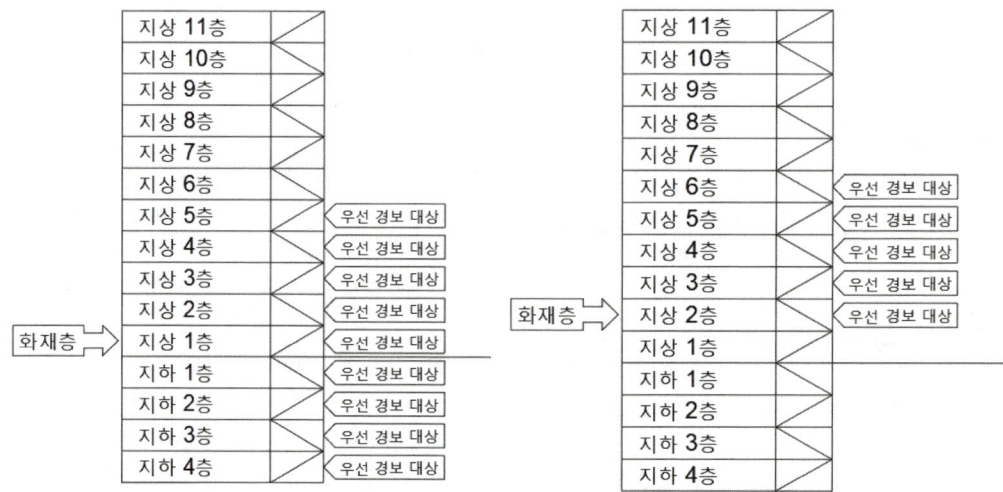

〈1층에 화재가 발생한 경우〉   〈2층에 화재가 발생한 경우〉

(3) 전원

① 전원의 종류(전원파트에서 함께 다룰 예정)
- 옥내 간선
- 축전지
- 전기 저장 장치

② 비상 전원
- 일반 건축물의 경우 60분 간의 감시 상태를 지속하다고 유효한 경보를 10분 이상 발하여야 한다.
- 30층 이상의 고층 건축물의 경우에는 60분 간의 감시 상태를 지속하고 유효한 경보를 30분 이상 발하여야 한다.

출제예상문제

01 비상 방송 설비의 확성기 회로에 음량 조절기를 설치할 때 결선도를 그리시오.

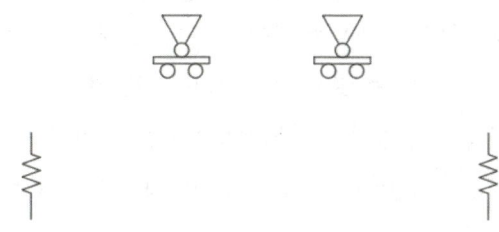

정답

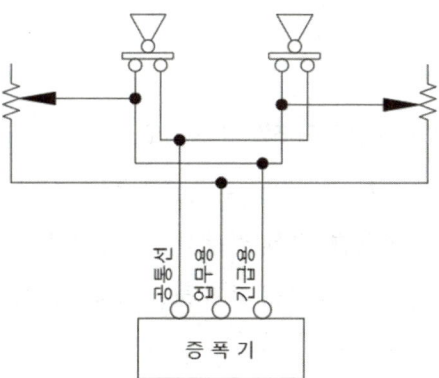

해설

그리는 방법
① 공통선이 가장 쉽게 이어지는 선이기 때문에 공통선부터 연결 한다.
② 다음은 긴급용을 연결하는데 음량 조절기를 거쳐선 안되므로 차단을 의미하는 다이오드 형태의 화살표를
③ 음량 조절 장치에 연결한다.
④ 음량 조절 장치로 업무용을 연결한다.

출제예상문제

02 화재 안전 기준상 비상 방송 설비의 설치 기준에 대한 다음 각 물음에 답하시오.

(1) 기동 장치에 따른 화재 신고를 수신한 후 필요한 음량으로 화재 발생 상황 및 피난에 유효한 방송이 자동으로 개시될 때까지 소요되는 시간은 몇 초 이하여야 하는가?
(2) 실내에 설치하는 확성기는 몇 W 이상이어야 하는가?
(3) 음향 장치는 정격 전압의 몇 % 전압에서 음향을 발할 수 있어야 하는가?
(4) 조작부의 조작 스위치 높이는 바닥에서 얼마나 떨어져야 하는가?

정답
(1) 10초
(2) 1W 이상
(3) 80%
(4) 0.8m ~ 1.5m

03 비상 방송 설비에 사용되는 용어의 정의를 쓰시오.

1) 소리를 크게 하여 멀리까지 전달될 수 있도록 하는 장치로서 일명 스피커를 말한다.
2) 가변 저항을 이용하여 전류를 변환시켜 음량을 크게 하거나 작게 조절할수 있는 장치를 말한다.
3) 전압과 전류의 진폭을 늘려 감도를 좋게 하고 미약한 음성 전류를 커다란 음성 전류로 변화시켜 소리를 크게 하는 장치를 말한다.

정답
1) 확성기
2) 음량조절기
3) 증폭기

04 비상 방송 설비의 설치 기준에 관한 설명이다. 빈칸을 채우시오.

설치기준

① 확성기의 음성입력은 ((가)) [W](실내에 설치하는 것에 있어서는 ((나)) [W]) 이상일 것

② 각 층마다 설치하고, 수평거리는 ((다))[m] 이하가 되어야 한다.

③ 음량조정기를 설치하는 경우 음량조정기의 배선은 ((라))선식으로 할 것

④ 조작부의 조작스위치는 바닥으로부터 ((마)) [m] 이상 ((바)) [m] 이하의 높이에 설치할 것

(가) :

(나) :

(다) :

(라) :

(마) :

(바) :

정답

(가) : 3
(나) : 1
(다) : 25
(라) : 3
(마) : 0.8
(바) : 1.5

해설

법규 관련된 내용은 정확히 기억해야 하고, 치수는 매우 중요하다.
정확한 암기를 통해 기억하기 바란다.

출제예상문제

05 비상 경보 설비 및 단독 경보형 감지기, 비상 방송 설비의 설치 기준에 관한 물음에 답하시오.

1) 비상방송설비에서 증폭기의 정의를 쓰시오.
2) 비상 방송 설비에서 층수가 지하 2층, 지상 7층인 건물에서 5층의 배선이 단락되어도 화재 통보에 지장이 없어야 하는 층은 몇 층인지 쓰시오.

> 정답
> 1) 마이크로부터 전기 신호로 수신한 신호의 전압과 전류의 진폭을 늘려서 감도를 높이고 소리의 크기도 키우는 장치이다.
> 2) 지하 1층과 2층, 지상 1층, 2층, 3층, 4층, 6층, 7층

Chapter 02 자동화재속보설비

1. 개요

(1) 분류 기준
경보 설비 중에 자동 또는 수동으로 화재의 발생을 소방관서에 알리는 설비에 해당한다.

(2) 자동화재속보설비 정의
자동화재속보설비의 속보기란 수동 작동 및 자동화재탐지설비 수신기의 화재 신호와 연동으로 작동하여 관계인에게 화재 발생을 경보함과 동시에 소방관서에 자동으로 통신망을 통한 해당 화재 발생 및 해당 소방 대상물의 위치 등을 음성으로 통보하여 주는 것을 말한다.

2. 구조

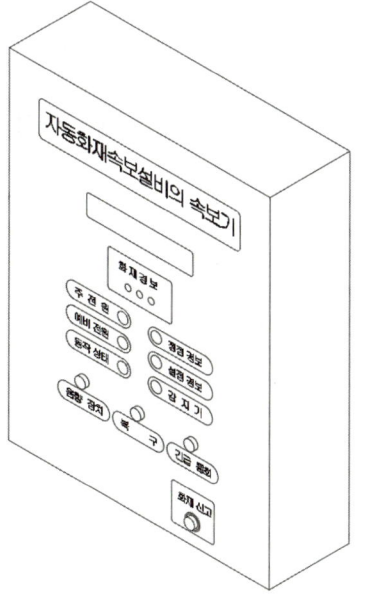

(1) 기능 기준
① 신호
- 작동 신호를 수신하거나 수동으로 동작시키는 경우 20초 이내 소방관서에 자동으로 신호를 발하여 알리되, 3회 이상 속보할 수 있어야 한다.
- 화재신호를 수신하거나 속보기를 수동으로 동작시키는 경우 자동으로 적색 화재표시등이 점등되고 음향장치로 화재를 경보하여야 하며 화재표시 및 경보는 수동으로 복구 및 정지시키지 않는 한 지속되어야 한다.
- 연동 또는 수동으로 소방관서에 화재발생 음성정보를 속보중인 경우에도 송수화장치를 이용한 통화가 우선적으로 가능하여야 한다.
- 속보기는 연동 또는 수동 작동에 의한 다이얼링 후 소방관서와 전화접속이 이루어지지 않는 경우에는 최초 다이얼링을 포함하여 10회 이상 반복적으로 접속을 위한 다이얼링이 이루어져야 한다. 이 경우 매 회 다이얼링 완료 후 호출은 30초 이상 지속되어야 한다.

② 전원
- 주전원이 정지한 경우에는 자동으로 예비전원으로 전환되고, 주전원이 정상상태로 복귀한 경우에는 자동으로 예비전원에서 주전원으로 전환되어야 한다.
- 예비전원은 자동으로 충전되어야 하며 자동과충전방지장치가 있어야 한다.
- 예비전원은 감시 상태를 60분간 지속한 후 10분 이상 동작
  (화재속보 후 화재표시 및 경보를 10분간 유지하는 것을 말한다)이 지속될 수 있는 용량이어야 한다.

3. 자동 화재 속보 설비의 절연 저항 시험

(1) 절연된 충전부와 외함 간의 절연 저항은 직류 500[V]의 절연 저항계로 측정한 값이 5[MΩ] (교류 입력 측과 외함 간에는 20[MΩ]) 이상이어야 한다.

(2) 절연된 선로 간의 절연 저항은 직류 500[V]의 절연 저항계로 측정한 값이 20[MΩ] 이상이어야 한다.

출제예상문제

01 자동화재속보설비의 절연 저항 시험에 대한 내용이다. 빈칸을 채우시오.

(1) 절연된 충전부와 외함 간의 절연 저항은 ((가))의 절연 저항계로 측정한 값이 ((나))이상이어야 한다. (교류 입력측과 외함 간에는 20[MΩ])

(2) 절연된 선로 간의 절연 저항은 직류 500[V]의 절연 저항계로 측정한 값이 ((다))이상이어야 한다.

정답

(가) : 500V   (나) : 5[MΩ]   (다) : 20[MΩ]

해설

자동 화재 속보 설비의 절연 저항 시험

(1) 절연된 충전부와 외함 간의 절연 저항은 직류 500[V]의 절연 저항계로 측정한 값이 5[MΩ] 이상이어야 한다. (교류 입력측과 외함 간에는 20[MΩ])

(2) 절연된 선로 간의 절연 저항은 직류 500[V]의 절연 저항계로 측정한 값이 20[MΩ] 이상이어야 한다.

절연 저항계	절연 저항	대상
DC 250[V]	0.1[MΩ]	1경계 구역의 절연 저항
		1 경계 구역의 감지기 회로 및 부속 회로의 전로와 대지 사이 및 배선 상호 간
DC 500[V]	5[MΩ]	누전 경보기 (누전 경보기 변류기의 절연된 1차 권선과 2차 권선 간) 가스 누설 경보기 수신기 자동화재 속보 설비 비상 경보 설비 유도등(교류 입력 측과 외함 간 포함) 비상 조명등(교류 입력 측과 외함 간 포함)
		누전 경보기 변류기의 절연된 1차 권선과 2차 권선 간
	20[MΩ]	경종 발신기 중계기 비상콘센트 기기의 절연된 선로 간 기기의 충전부와 비충전부 간 기기의 교류 입력 측과 외함 간 (유도등, 비상 조명등 제외)
		수신기의 교류 입력 측과 외함 간

출제예상문제

절연 저항계	절연 저항	대상
	50[MΩ]	감지기(정온식 감지선형 감지기 제외) 가스 누설 경보기(10회로 이상) 수신기(10회로 이상)
		감지기의 절연된 단자 간 및 단자와 외함 간
	1[kΩ]	정온식 감지선형 감지기
		정온식 감지선형 감지기의 선 간

02 경보 설비에 대한 다음 각 물음에 답하시오.

1) 경보설비의 정의를 쓰시오.
2) 경보 설비의 종류를 6가지 쓰시오.

정답

1) 경보 설비란 화재 발생 사실을 통보하는 기계, 기구 또는 설비를 말한다.(NFSC 기준)
2) ① 비상 경보 설비(비상벨 설비, 자동식 사이렌 설비)
   ② 비상 방송 설비
   ③ 자동화재 탐지 설비
   ④ 자동화재 속보 설비
   ⑤ 누전 경보기
   ⑥ 가스 누설 경보기

Chapter 03 자동화재탐지설비

1. 개요

(1) 분류 기준
기존의 경종과 음성을 구분했던 것과는 달리 경보와 동시에 화재 위치를 탐지하는 것이 초점이 되는 설비이다. 따라서 경계구역을 구분하는 것, 감지기를 맞게 설치하는 것, 수신반에서 탐지한 위치가 표현되는 것이 중요하게 작용한다.

(2) 자동화재탐지 설비
화재를 자동으로 탐지하여 화재 발생을 관계인에게 통보함과 동시에 경보를 발하거나 비상 방송 설비 등과 연동하여 음성으로 사용자의 피난을 유도하는 설비이다.

2. 경계구역

(1) '자동화재탐지설비에서의 경계구역'이란? 화재 신호를 발신하고 그 신호를 수신 및 유효하게 제어할 수 있는 구역으로, 담당하고 있는 구역을 말한다.

(2) **경계구역의 조건**(전제는 '탐지에 혼동을 주어선 안된다.'는 것이다.)
   ① 하나의 경계 구역이 둘 이상의 건축물에 미치지 아니하도록 할 것
   ② 하나의 경계 구역이 둘 이상의 층에 미치지 아니할 것
   • 다만, 500[㎡] 이하의 범위 안에서는 2개의 층을 하나의 경계 구역으로 할 수 있다.)
   ③ 하나의 경계 구역의 면적은 600[㎡] 이하로 하고 한 변의 길이는 50[m] 이하로 해야 한다.
   • 다만, 해당 특정 소방 대상물의 주된 출입구에서 그 내부 전체가 보이는 것에 있어서는 한 변의 길이가 50[m]의 범위 내에서 1000[㎡] 이하로 할 수 있다.)
   ④ 계단, 경사로, 엘리베이터 승강로, 린넨슈트, 파이프 피트 및 덕트 기타 이와 유사한 부분에 대하여는 별도로 수직 경계 구역을 설정하되, 수평 경계 구역에선 제외한다. 또한 하나의 경계 구역은 높이 45[m] 이하로 하고, 지하층의 계단 및 경사로는 별도로 하나의 경계 구역으로

하여야 한다. (지하가 1층이면 제외)
⑤ 외기에 면하여 상시 개방된 부분이 있는 차고·주차장·창고 등에 있어서는 외기에 면하는 각 부분으로부터 5[m] 미만의 범위 안에 있는 부분은 경계 구역의 면적에 산입하지 아니한다.
⑥ 스프링 클러 설비·물분무등 소화 설비 또는 제연설비의 화재감지장치로서 화재감지기를 설치한 경우의 경계구역은 해당 소화설비의 방호 구역 또는 제연구역과 동일하게 설정할 수 있다.

> **암기팁** 자동화재탐G설비 – G를 6으로 생각하면 600㎡를 볼 수 있다.)

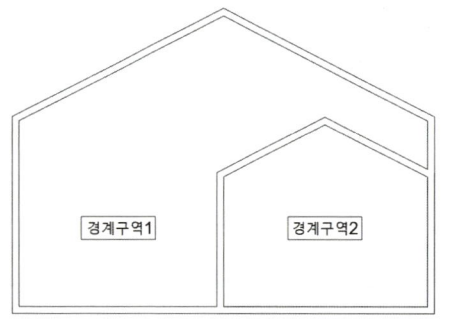
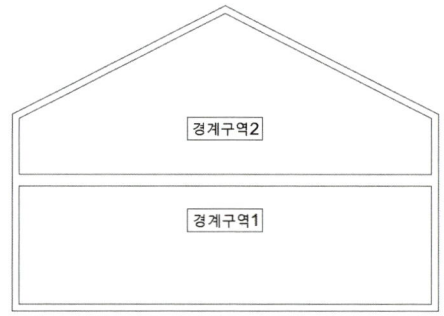

3. 청각장애인용 시각경보장치

(1) 복도·통로·청각장애인용 객실 및 공용으로 사용하는 거실에 설치

(2) 공연장·집회장·관람장 또는 이와 유사한 장소에 설치하는 경우에는 시선이 집중되는 무대부 부분 등에 설치할 것

(3) 설치 높이는 바닥으로부터 2미터 이상 2.5미터 이하의 장소에 설치할 것 (다만, 천장의 높이가 2미터 이하인 경우에는 천장으로부터 0.15미터 이내의 장소에 설치해야 한다.)

(4) 시각경보장치의 광원은 전용의 축전지설비 또는 전기저장장치에 의하여 점등되도록 할 것 (다만, 시각경보기에 작동 전원을 공급할 수 있도록 형식승인을 얻은 수신기를 설치한 경우에는 그렇지 않다.)

> **암기팁** SEE를 보다. 우리가 정한 것으로 C(축전지), E(전기저장장치)

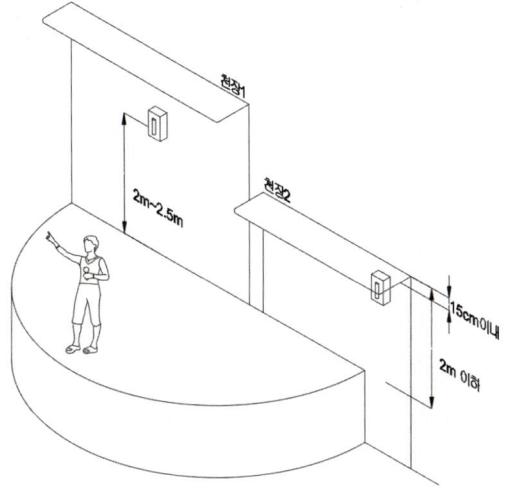

4. 감지기

신체는 외부의 자극에 따라 이를 파악하기 위해서 오감을 활용한다. 가령 엄청난 속도로 달려오는 차를 보았다고 하자. 눈으로 차를 보고 피하는 것이지, 피부가 차를 느껴서 피하는 것이 아니다. 소방에서도 화재를 감지하기 위해서 화재의 특징에 따라서 이에 맞는 감지기가 동작하여 화재를 감지하게 된다.

(1) 감지기의 개요
① 화재 시에 발생하는 열, 연기, 불꽃 등을 자동으로 감지하여 수신기에 발신하는 장치를 말한다.
② 감지기 중 설치의 대부분을 차지하는 열과 연기는 기능과 감지 방식이 다르므로 설치의 조건도 구분하고 있다.

(2) 감지기 설치시 유의 사항
① 감지기는 공기 유입구에서 1.5m 이상 떨어진 위치에 설치할 것
② 천장 또는 반자의 옥내에 면하는 부분에 설치할 것
③ 보상식 스포트형 감지기는 정온점이 감지기 주위의 평상시 최고 온도보다 20℃이상 높은 것으로 설치할 것
④ 정온식 감지기는 주방, 보일러실 등 다량의 화기를 취급하는 장소에 설치하되, 공칭 작동 온도가 최고 주위 온도보다 20℃ 이상 높은 곳에 설치할 것

(3) 차동식 스포트형 감지기
급격한 온도 차가 발생하였을 때 공기실 내 공기가 팽창하면서 다이어프램을 밀어 올리고 다이어프램의 상부에 붙어있는 접점이 붙어 신호가 수신반으로 전달된다.

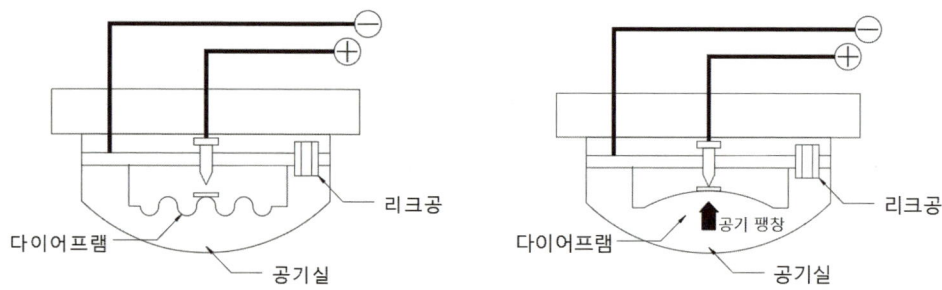

① 지연동작
- 리크공의 구멍이 큰 경우(리크 저항이 기준치보다 작을 때)
- 공기관이나 다이어프램에 추가적인 구멍으로 손상이 있을 때
- 접점수고치가 규정치보다 높을 때

② 비화재보
- 리크공의 구멍이 작은 경우(리크 저항이 기준치보다 클 때)
- 리크 구멍이 막히거나 작아진 경우
- 접점수고치가 규정치보다 낮을 때

    *'접점 수고치'란, 다이어프램의 접점 입력을 말한다.
    '다이어프램이 가지는 저항(팽팽한 정도)'으로 생각하면 조금 더 쉽게 이해할 수 있다.

(4) 차동식 분포형 감지기 – 공기관식 감지기

방식에는 공기관식, 열반도체식, 열전대식으로 구분되며, 비교적 넓은 범위에 거쳐서 수열부를 분산하여 설치한다.

① 공기관식 감지기(차동식, 분포형)
공기관식 감지기는 광범위한 지역의 공기 팽창을 이용하는 감지기이다.

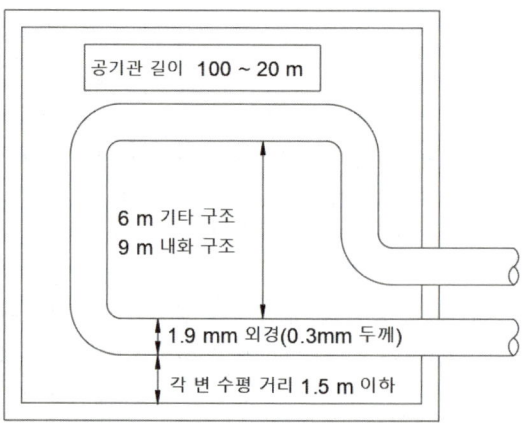

② 공기관식 설치 기준[수열부 설치 기준]
- 수열부인 100m 이하의 공기관이 다이어프램이 설치된 하나의 검출부와 연결되는 구조이다. (노출 부분은 감지 구역마다 20m 이상이 되도록 해야 한다.)
- 공기관의 두께는 0.3mm 이상, 내경은 1.3mm, 외경은 1.9mm가 되어야 한다.
- 공기관과 감지 구역의 각 변과의 수평거리는 1.5m 이하가 되도록 해야 한다.
- 공기관 상호 간의 거리는 6m 이하가 되어야 하고 주요 구조부가 내화 구조일 경우 9m 이하가 되어야 한다.
- 공기관은 분기해선 안된다.

③ 공기관식 설치 기준[검출부 설치 기준]
- 검출부는 0.8 ~ 1.5m 사이의 높이에 위치하여 조작이 편리해야 한다.
- 검출부는 5도 이상 경사가 되지 않도록 부착해야 한다.

④ 공기관식 작동 시험
- 수열부인 공기관의 작동 점검을 위해 유통 시험을 한다.
- 검출부의 작동 점검을 위해 화재 작동 시험을 한다.

(5) 차동식 분포형 감지기 – 열반도체식

① 반도체를 이용한 열반도체식 감지기는 최소 2개에서 최대 15개까지 사용이 가능한 감지기이다.

② 부착 높이 및 소방 대상물의 구분

부착 높이 및 소방 대상물의 구분		감지기의 종류	
		1종	2종
8m 미만	내화구조	65	36
	기타구조	40	23
8m 이상 15m 이하	내화구조	50	36
	기타구조	30	23

(6) 차동식 분포형 감지기 – 열전대식

① 다른 종류의 금속 도체를 연결하여 폐회로를 구성한 뒤에 온도 차이를 유지하면 폐회로 내 기전력이 발생하는데 이를 '제백 효과'라고 하며 이러한 효과를 이용한 원리를 '열전대'라고 한다.

> **암기팁** 열전대에 대해 열을 전기로 대체해준다고 기억하자.

② 감지기의 바닥 면적은 내화 구조일 경우 $22m^2$/개이고, 기타 구조일 경우 $18m^2$/개이다.
③ 최소 설치 개수는 4개이고, 최대 20개까지 설치할 수 있다.

(7) 정온식 감지기 – 스포트형 감지기
① 정온식에는 특종, 1종, 2종의 스포트형 감지기가 존재한다.
> **암기팁** 정온식 감지기도 일반 차동식 감지기처럼 1종과 2종이 있었으나, 감지 높이를 차동식이나 보상식 감지기에 맞추고자 특종을 생성했다고 기억하자.

② 감지 방법에 따라서 바이메탈, 열 반도체, 가용 절연물 등 다양한 방법이 사용되고 있다.

(8) 정온식 감지기 – 감지선형 감지기
① 일국소의 주위 온도가 일정한 온도 이상이 되는 경우에 작동한다.
② 감지 소자는 가용 절연물을 이용한 방식으로 절연한 2개의 전선을 이용하는데, 화재가 발생하면 열에 의해 2가닥의 전선이 접촉되어 화재 신호를 보내게 된다.

(9) 보상식 감지기
① 보상식 감지기의 경우 차동식 스포트형 감지기와 정온식 스포트형의 성능을 동시에 가지고 있다.
② 동시에 작동해야 감지하는 복합식보다 한 가지만 동작해도 동작이 되므로 비교적 예민한 성능을 가지고 있다. 예민한 성능으로 실보는 거의 없으나 오보가 빈번히 발생할 수 있다.

(10) 감지기의 설치 기준(NFTC 203 자동화재탐지설비 중)
열 감지기의 부착 높이와 바닥 감지 면적(스포트형 감지기)

(단위 : m²)

부착 높이 및 특정 소방 대상물의 구분		감지기의 종류						
		차동식		보상식		정온식		
		1종	2종	1종	2종	특종	1종	2종
4m 미만	내화 구조	90	70	90	70	70	60	20
	기타 구조	50	40	50	40	40	30	15
4m 이상 8m 미만	내화 구조	45	35	45	35	35	30	–
	기타 구조	30	25	30	25	25	15	–

① **암기팁** 보상식의 경우는 차동식만 작동해도 동작하므로 차동식과 같다.
② **암기팁** 정온식의 특종은 1, 2종의 성능이 미치지 못하므로 생성된 거라고 가정했었다.

③ **암기팁** 암기를 위해 표를 변경하였다.

부착 높이 및 특정 소방 대상물의 구분		감지기의 종류				
		차동식, 보상식		정온식		
		1종	2종	특종	1종	2종
4m 미만	내화 구조	90	70	70	60	20
	기타 구조	100/2	80/2	80/2	30	15
4m 이상 8m 미만	내화 구조	90/2	70/2	70/2	30	–
	기타 구조	60/2	50/2	50/2	15	–

(11) 연기 감지기 설치 장소

① 계단 경사로와 에스컬레이터 경사로
② 복도(30m 미만)
③ 엘리베이터 승강로
④ 천장의 높이가 15m 이상 20m 미만인 장소
⑤ 다음 어느 하나에 해당하는 특정 소방 대상물의 취침, 숙박, 입원 등 이와 유사한 용도로 사용되는 거실
  • 공동주택, 오피스텔, 숙박 시설, 노유자 시설, 수련 시설
  • 교육 연구 시설 중 합숙소
  • 의료시설, 근린 생활 시설 중 입원실이 있는 의원, 조산원
  • 교정 및 군사시설
  • 근린생활시설 중 고시원

(12) 연기 감지기 설치 기준

① 복도, 통로 및 계단, 경사로에 설치

구분	1, 2종	3종
복도 통로	보행 거리 30m	보행 거리 20m
계단 경사로	수직 거리 15m	수직 거리 10m
엘리베이터, 린넨슈트 파이프 덕트	최상부에 설치한다.	

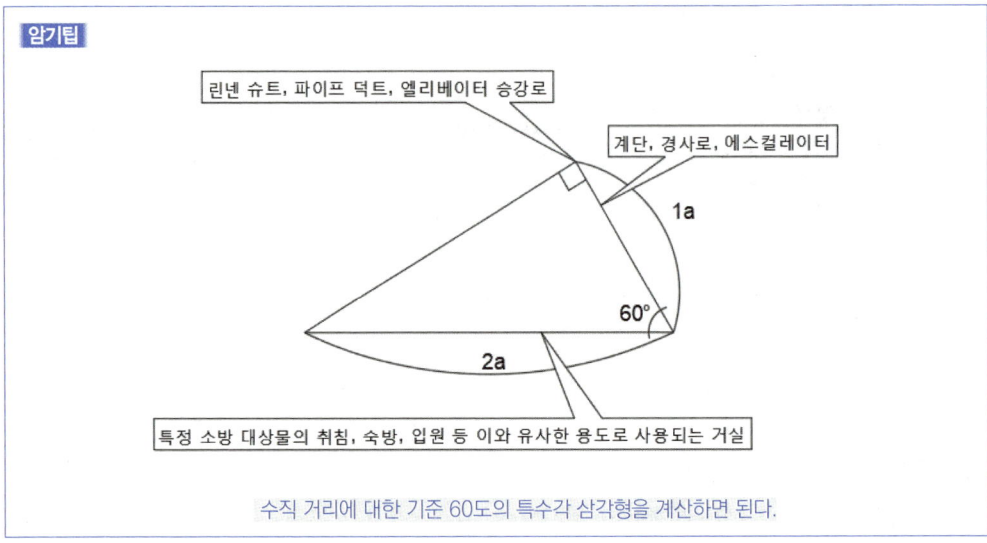

② 벽 또는 보에서 0.6m 이상 떨어진 곳에 설치 (Wall Jet 및 Ceiling Jet Flow를 고려한 설계)
③ 부착 높이에 따른 바닥 면적

부착 높이	1, 2종	3종
4m 미만	150㎡	50㎡
4m 이상 20m 미만	75㎡	-

④ 급기구에서의 이격 거리는 1.5m 이상으로 설치 (Wall Jet 및 Ceiling Jet Flow를 고려한 설계 때문이다.)
> 암기팁 급기구에서 바람이 일오(1,5) 나니까 희석될 수 있다고 생각하자.

⑤ 천장, 반자 부근에 배기구가 있을 경우 배기구 부근 설치
⑥ 천장, 반자가 낮은 실내 또는 좁은 실내는 출입구 부근 설치

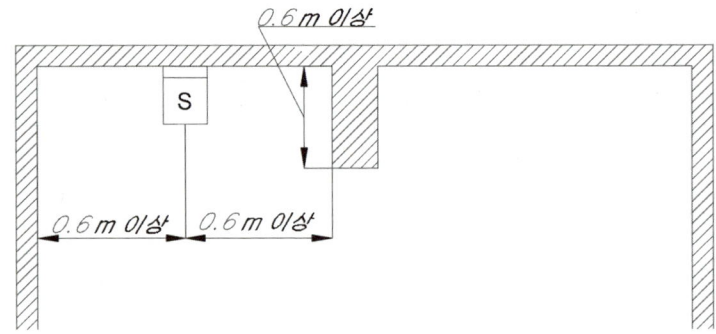

(13) 연기 감지기 – 이온화식 감지기
① 일국소의 연기에 의해 이온 전류가 변화되어 작동하는 연기 감지기의 일종이다.
② 분진이나 압력, 습도까지 영향을 받을 수 있어서 설치 제약이 많다.

(14) 연기 감지기 – 광전식 감지기

① [분리형의 경우] 송광부에서 발한 광원이 광축을 지나 수광부에 도달하는 양이 연기로 인해 감소하면 동작한다.(별도 설치 기준.)
② [공기흡입형의 경우] 수광부와 발광부를 묶어 하나의 감지기 내에 두고, 거름망을 지나 유입된 연기로 인해 빛이 굴절되어 수광부에 도달했을 때 동작한다. (연기 감지기 공통 설치 기준.)
③ [분리형 감지기] 설치 기준
- 광축(송광면과 수광면의 중심을 연결한 선)은 나란한 벽에서 0.6m 이상으로 설치하여야 한다.
- 감지기의 송광부와 수광부는 설치된 뒷벽으로부터 1m 이내의 위치에 설치하여야 한다.
- 광축의 높이는 천장 등 높이의 80% 이상일 것(Ceiling Jet flow와 Wall jet에 대한 부분을 염두) (천장 등 : 천장의 실내에 면한 부분 또는 상층의 바닥 하부면을 말한다.)
- 감지기의 수광면은 햇빛을 직접 받지 않도록 설치할 것
- 감지기의 광축의 길이는 공칭감시거리 범위 이내일 것

(15) 감지기의 적응성 – GAS 관련 시설

설치 장소 (특징)	차동식 스포트형		차동식 분포형		보상식 스포트형		정온식		열아날로그식	불꽃 감지기
	1종	2종	1종	2종	1종	2종	특종	1종		
먼지 또는 미분 등이 다량으로 체류하는 장소	○	○	○	○	○	○	○	○	○	○
연기가 다량으로 유입할 우려가 있는 장소	○	○	○	○	○	○	○	○	○	-
배기가스가 다량으로 체류하는 장소	○	○	○	○	○	○	-	-	○	○
부식성 가스가 발생할 우려가 있는 장소	-	-	○	○	○	○	○	○	○	○

(16) 감지기의 적응성 – 물 관련 시설

설치 장소 (특징)	차동식 스포트형		차동식 분포형		보상식 스포트형		정온식		열아날로그식	불꽃 감지기
	1종	2종	1종	2종	1종	2종	특종	1종		
물방울이 발생하는 장소	-	-	○	○	○	○	○	○	○	○
수증기가 다량으로 머무는 장소	-	-	-	○	-	○	○	○	○	○

(17) 감지기의 적응성 – 고온 관련 시설

설치 장소 (특징)	적응되는 열 감지기									불꽃 감지기
	차동식 스포트형		차동식 분포형		보상식 스포트형		정온식		열아날 로그식	
	1종	2종	1종	2종	1종	2종	특종	1종		
주방, 기타 평상시에 연기가 체류하는 장소	-	-	-	-	-	-	○	○	○	○
현저하게 고온이 되거나 불꽃이 노출되는 장소	-	-	-	-	-	-	○	○	○	-

(18) 오동작이 적은 감지기로 교차 회로를 적용하지 않는 감지기

① 감지기 부착된 천장 또는 반자와 실내 바닥과의 거리가 2.3m 이하인 곳
② 지하층 무창층 등으로서 환기가 잘 되지 않는 장소
③ 실내 면적이 $40m^2$ 미만인 장소로 일시적으로 발생한 열, 연기 또는 먼지 등으로 인하여 화재 신호를 발신할 우려가 있는 장소 (오작동이 적은 감지기)

- 축적 방식의 감지기
- 불꽃 감지기
- 광전식 분리형 감지기
- 분포형 감지기
- 정온식 감지선형 감지기
- 복합형 감지기
- 아날로그 방식의 감지기
- 다신호 방식의 감지기

암기팁 오차가 적은 추적(=축적) 60분(=분포형)을 정(=정온식 감지선형)복(=복합형 감지기)하(=아날로그 감지기)다(=다신호식)

+지식) 아날로그식 감지기
- 주위의 온도 또는 연기의 양의 변화에 따라 각각 다른 전류치 또는 전압치 등의 출력을 발하는 감지기로, 일반 감지기는 화재 여부를 디지털 신호로 송신하는데, 아날로그 감지기는 연속적으로 변화하는 물리량만을 송신하게 된다. 이러한 아날로그 방식의 신호 특성으로 시시 각각 검출된 온도 또는 연기의 농도에 대한 정보에 대해 수신기에서 판단이 이뤄지게 된다.

+지식) 다신호식 감지기
- 일반적인 감지기와 화재 감지 원리는 동일하지만 비화재보를 방지하기 위해 감지기가 갖고 있는 성능, 종별, 공칭 작동 온도 또는 공칭 축적 시간별로 서로 다른 열과 연기 등 2개 이상의 화재 신호를 발할 수 있는 것으로 1개의 스폿 내에 수용되어 있다. 각 감지 소자가 작동할 때마다 화재 신호를 발신한다.

+지식) 다신호식 감지기 복합형 감지기
① 열 복합형 감지기 – 차동식과 정온식의 성능을 모두 갖춘 것이다. 두 영역 모두 감지시 동작한다.
② 연기 복합형 감지기 – 이온화식+광전식의 성능을 모두 갖춘 것이다. 두 영역 모두 감지시 동작한다.
③ 열, 연기 복합형 감지기 – 열감지기+연기감지기의 성능을 모두 갖춘 것이다. 두 영역 모두 감지시 동작한다.
④ 불꽃 복합형 감지기 – 불꽃 자외선식+불꽃 적외선식의 성능을 모두 갖춘 것이다. 두 영역 모두 감지시 동작한다.

(19) 감지기의 설치 높이

부착 높이	감지기의 종류
4m 미만	차동식(스포트형, 분포형) 보상식 스포트형 정온식(스포트형, 감지선형) 이온화식 광전식(스포트형, 분리형, 공기흡입형) 열복합형 연기복합형 열연기복합형 불꽃 감지기
4m 이상 8m 미만	차동식(스포트형, 분포형) 보상식 스포트형 정온식(스포트형, 감지선형) 특종 또는 1종 이온화식 1종 또는 2종 광전식(스포트형, 분리형, 공기흡입형) 1종 또는 2종 열복합형 연기복합형 열연기복합형 불꽃 감지기
8m 이상 15m 미만	차동식 분포형 이온화식 1종 또는 2종 광전식(스포트형, 분리형, 공기흡입형) 1종 또는 2종 연기복합형 불꽃감지기
15m 이상 20m 미만	이온화식 1종 광전식(스포트형, 분리형, 공기흡입형) 1종 연기복합형 불꽃감지기
20m 이상	광전식(분리형, 공기흡입형) 중 아날로그식 불꽃감지기

암기팁 높은 곳에서 사용하는 감지기는 낮은 곳에서도 사용이 가능하다.

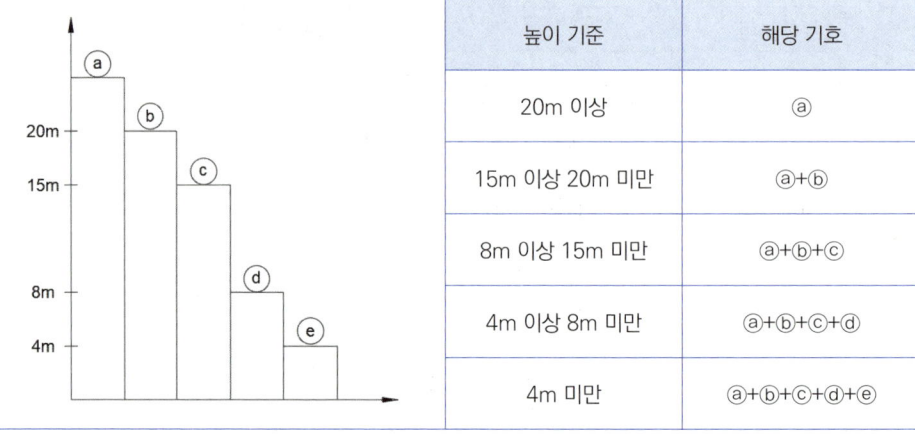

높이 기준	해당 기호
20m 이상	ⓐ
15m 이상 20m 미만	ⓐ+ⓑ
8m 이상 15m 미만	ⓐ+ⓑ+ⓒ
4m 이상 8m 미만	ⓐ+ⓑ+ⓒ+ⓓ
4m 미만	ⓐ+ⓑ+ⓒ+ⓓ+ⓔ

해당 기호	해당 감지기의 종류	
ⓐ	광전식(분리형, 공기흡입형) 중 아날로그식	불꽃감지기
ⓑ	광전식(스포트형, 분리형, 공기흡입형) 1종	이온화식 1종 연기복합형
ⓒ	광전식(스포트형, 분리형, 공기흡입형) 2종	차동식 분포형 감지기 이온화식 2종
ⓓ	차동식(스포트형, 분포형) 보상식 스포트형 감지기 정온식(스포트형, 감지선형) 특종 또는 1종	열복합형 열연기복합형
ⓔ	정온식(스포트형, 감지선형)	

(20) 감지기의 배선 방식 - 교차 회로 방식

① '교차회로'란? 오동작을 방지하기 위하여 하나의 방호 구역 내에 2개 이상의 감지기 회로를 구성하여 1개 회로 작동 시에 경보를 통해 관계자에게 이를 알리고 2개 회로의 감지기가 동시에 감지될 때에 화재로 인식하여 소방 설비를 작동을 지시하고 이를 근처 사용자와 관계자에게 경보로 알린다.

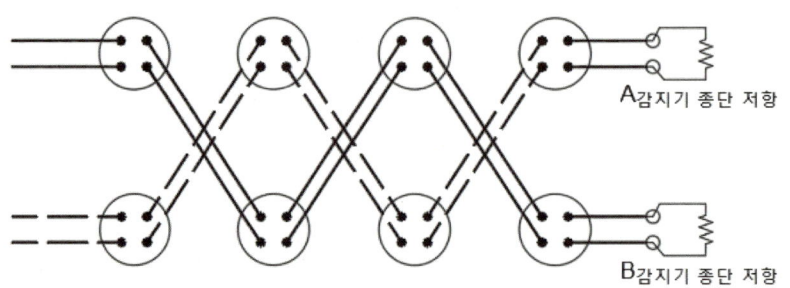

② 적용 대상
- 준비 작동식 스프링클러
- 일제살수식 스프링클러
- 가스계 소화설비(이산화탄소, 할론, 할로겐 화합물 및 불활성기체)
- 분말 소화 설비

> **암기팁** 교차 회로는 회로를 이분할(이산화탄소, 분말, 할론)하여 일제히(일제살수식) 작동(준비작동식)하면 동작한다.)

(21) 감지기의 배선 방식 – 송배전 방식

① '송배전 방식'이란? 수신기에서 감지기 방향 외부배선의 도통 시험을 용이하게 하기 위해 배선의 도중에서 분기하지 않도록 하는 배선 방식으로 보내기 방식이라고도 하며 자동화재탐지설비에 사용한다.

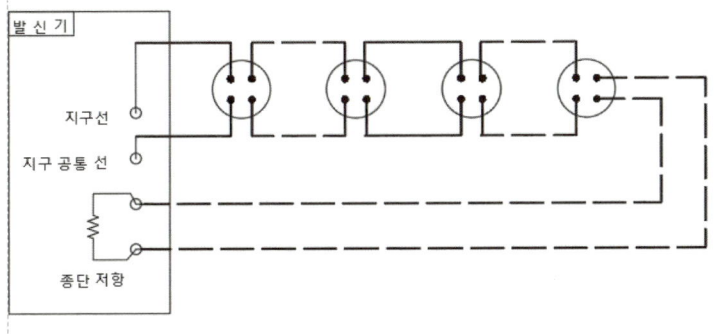

(22) 감지기 설치 제외 장소

① 천장 또는 반자의 높이가 20m 이상인 곳 (감지기의 부착 높이에 따라 적응성이 있는 장소 제외)
② 헛간 등 외부와 기류가 통하는 장소로서 감지기에 따라 화재 발생을 유효하게 감지할 수 없는 장소
③ 부식성 가스가 체류하고 있는 장소
④ 고온도 및 저온도로서 감지기의 기능이 정지되기 쉽거나 감지기의 유지 관리가 어려운 장소
⑤ 목욕실, 욕조나 샤워시설이 있는 화장실, 기타 이와 유사한 장소
⑥ 파이프 덕트 등 그 밖의 이와 비슷한 것으로서 2개 층 마다 방화 구획된 것이나 수평 단면적이 $5[m^2]$ 이하인 것
⑦ 먼지, 가루 또는 수증기가 다량으로 체류하는 장소 또는 주방 등 평상시 연기가 발생하는 장소(단, 연기 감지기에 한한다.)
⑧ 프레스 공장, 주조 공장 등 화재 발생의 위험이 적은 장소로서 감지기의 유지 관리가 어려운 장소

> **암기팁** 목이 붓고 입 천장이 까져서 맛을 감지하지 못함
> - 목욕실, 화장실(샤워시설)
> - 부식성 가스 체류 장소
> - 고온도, 저온도
> - 천장 또는 반자의 높이가 20m 이상
> - 헛간, 마굿간 등 외기가 개방된 장소

5. 발신기

(1) 발신기 개요

화재를 발견한 관계자 또는 사용자가 수동으로 버튼을 눌러 수신기 또는 중계기에 화재 발생 신고를 발신하는 장치로, 반드시 해당 발신기에서 수동 복귀를 하여야 한다. (수동 조작, 수동 복귀)

(2) 발신기 종류

① P형 1급 발신기
  - 전화 통화가 가능하므로 전화 잭과 응답 램프가 추가되어 있다.
  - P형 1급 수신기 또는 R형 수신기에 접속된다.
② P형 2급 발신기
  - 전화 통화가 불가능하여 1급 발신기와 다른 구조를 하고 있다.
  - P형 2급 수신기에만 접속된다.
③ T형 발신기
  - 발신과 동시에 잭 없이도 통화가 가능한 것으로 송 수화기를 든 경우 화재 신호를 보낼 수 있어야 한다.
④ M형 발신기
  - 수신기와 직렬로 100개 이내로 연결되어 수동으로 각 발신기의 고유 신호를 2회 이상 소방서 내의 M형 수신기에 발신하는 것

> **암기팁** MBTI를 활용해서 MPT~ 이렇게 기억하자.

(3) 발신기의 설치 기준

① 설치 높이는 0.8m 이상, 1.5m 이하여야 한다.
② 설치 간격은 수평거리 25m 이하여야 하고, 보행 거리 40m 이상일 경우에는 추가로 설치하여야 한다.

> **암기팁** 이는 소화기와도 연관된다. 소형 소화기는 20m마다이고, 소화전은 25m마다, 대형 소화기는 30m마다 배치한다. 옥외형 소화전의 경우 40m를 기준한다.)

6. 중계기

(1) 중계기 개요
감지기 및 발신기에서 접점 신호를 받아 이를 중계기에서 통신 신호로 변환하여 수신기의 제어반에 전송하는 장치이다.

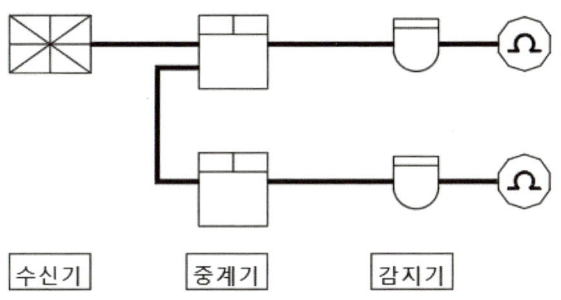

(2) 중계기 설치 기준
① 수신 개시로부터 발신 개시까지 시간은 5초 이내여야 한다.
② 수신기가 감지기 회로의 도통 시험을 하지 않는 것은 중계기가 도통 시험을 할 수 있도록 감지기와 수신기 사이에 중계기를 설치해야 한다.
③ 집합형과 같이 별도의 전력으로 기동하는 것에 대해 과전류 차단기를 설치하고, 전력 등의 상태를 수신기에 공유해야 한다.
④ 조작 및 점검이 편리하고 화재 및 침수 등의 재해로 인한 피해를 받을 우려가 없는 장소에 설치할 것

(3) 중계기의 종류

구분	집합형	분산형
입력 전원	AC 220V	DC 24V
선로수	30~40 회로	5회로 미만
전원 이상	정상적인 운영	해당 계통 내 전체 고장
특징	거리가 멀어 전압 강하가 우려되는 장소에 설치	전압 강하 우려가 적은 장소에 설치

7. 수신기

(1) 수신기의 개요

수동(발신기)이나 자동(감지기)으로 발신된 화재 신호를 직접적(P형) 혹은 간접적(R형)으로 수신하여 관계자에게 화재를 알리고 연동 설비에 신호를 전달하는 장치이다.

(2) 수신기의 기능

① 전력 공급
② 수신 기능
③ 기동 기능
④ 시험 기능
⑤ 복구 기능

(3) 수신기의 구분

구분	P형	R형
대상	전압 강하 우려가 적은 장소에 설치	거리가 멀어 전압 강하가 우려되는 장소에 설치
신호 전달 방식	개별 신호 방식 (공통 신호)	다중 통신 방식 (고유 신호)
구성	중계기 불필요	중계기 필요
자기 진단 기능	없음	있음
배선	전기 배선	중계기 후단 통신 배선
선로수	소요량이 많다.	소요량이 비교적 적다.
배선 길이	짧다.	길다.
배관 배선 공사	복잡하다.	비교적 간단하다.
회로 증설	어렵다.	쉽다.

(4) 수신기의 종류

① P형 1급 수신기(Proprietary type manual fire alarm call point)
  • 통화가 가능하다.
  • 공통의 회로를 수신하며 회로수의 제한이 없다.
② P형 2급 수신기(Proprietary type manual fire alarm call point)
  • 통화가 불가능하다.(4층 이상 건축물 설치 불가)
  • 공통의 회로를 수신하며 회로수는 5회로 이하로 제한된다.
③ R형 수신기 (Record type manual fire alarm call point)
  • 통화가 가능하다.
  • 통신선을 이용하므로 선로수가 줄어들고 송수신이 정확하다.

④ M형 수신기 (municipal type manual fire alarm call point)
  • M형 발신기로부터 발하여지는 신호를 수신한다.
  • 발신기는 각 건물마다 있고, 수신기는 소방서에 설치되어 있다.
⑤ 가스누설경보기 복합형 수신기
  • GP형 수신기 : P형 수신기와 가스누설경보기의 수신부 기능을 겸한 수신기이다.
  • GR형 수신기 : R형 수신기와 가스누설경보기의 수신부 기능을 겸한 수신기이다.

(5) 수신기의 설치 기준

① 주수신기가 설치된 장소에는 〈경계구역 일람도〉를 비치하여야 한다.
  • 화재 신호가 도착한 수신기에서 발신기 위치가 표시되면 해당 경계구역과 감지기 설치를 도면으로 확인하여 빠르게 위치로 이동하여 화재 유무를 판별할 수 있다.
② 수신기 설치는 수위실 등 상시 사람이 근무하는 장소로 하고, 조작부의 높이도 조작이 쉽도록 0.8m 이상 1.5m 이하로 하여야 한다.
③ 4층 이상의 소방 대상물의 수신기는 P형 1급 또는 R형 수신기를 설치하여야 한다.
④ 하나의 소방 대상물에 2기 이상의 수신기를 설치할 때 상호 연동되어 각 수신기 모두에서 화재 발생 신호를 확인할 수 있어야 한다.
⑤ 하나의 경계구역은 하나의 표시등 또는 하나의 문자로 표시되도록 해야 한다.

(6) 수신기의 조작부

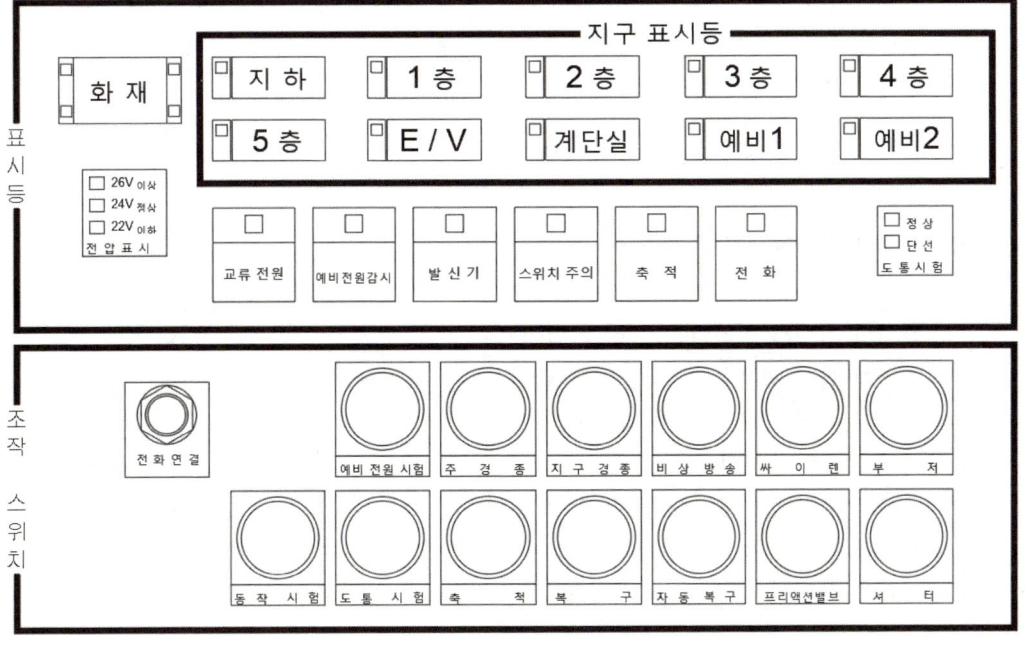

① 표시등
- 화재 표시등 : 화재 신호를 수신하였을 때 적색으로 지구표시등과 함께 점등 된다.
- 지구 표시등 : 화재가 발생한 경계구역을 나타내는 표시등
- 교류 전원 표시등 : 상용 전원이 공급되고 있음을 나타낸다.
- 예비전원감시 표시등 : 예비 전원에 이상이 생기면 점등된다.
- 발신기 신호 표시등 : 발신기에서 발한 화재 신호인 경우에 점등된다.
- 스위치 주의등 : 스위치가 정상상태에 있지 않은 경우 점등한다.
- 도통 시험표시등 : 도통 시험 진행 결과가 정상이면 녹색, 비정상이면 적색이 점등된다.

② 조작 스위치
- 예비전원시험 스위치 : 예비 전원을 시험하기 위한 스위치로, 스위치를 누르면 전압 표시등에 점등이 된다.
- 동작시험 스위치 : 화재 신호를 수신기 자체 내에서 발하여 동작을 시험하는 스위치이다.
- 도통시험 스위치 : 회로의 선로 결선 상태 및 단선 유무를 시험하는 스위치이다.
- 주경종 정지 스위치 : 화재 신호를 수신함과 동시에 수신기에 직접 설치된 주경종이 울 때 스위치를 눌러 정지할 수 있다.
- 지구 경종 정지 스위치 : 화재 신호를 수신한 지구에서 경종이 우는데 스위치를 눌러 정지할 수 있다.
- 자동 복구 스위치 : 화재 및 펌프 이상 등의 고장 신호를 확인하였을 때 신호가 수신기에 전달되는데 다시 정상이 되어 신호가 멈추면 복구될 수 있게 설정할 수 있는 스위치이다.
- 복구 스위치 : 수동 복귀 후에 수신기의 동작 상태를 정상으로 복구할 때 사용한다.
- 전화잭 : 발신기에서 전화잭이 연결되었을 때 수신기의 전화잭에 전화선을 연결하여 통화할 수 있다.
- 비상방송 및 연동 정지 스위치 : 화재 신호가 발생하면 자동화재탐지설비는 비상방송설비가 있는 경우 이와 연동되는데 이 연동을 정지시키는 스위치이다.

(7) 자동화재 탐지 설비의 점검

① 도통 시험
- 감지기 회로를 점검하기 위한 시험이다.
- 정상이 아닌 경우로 감지기 이상(단선 또는 화재 발생)
- 정상이 아닌 경우로 종단 저항 이상

② 화재 표시 동작 시험
- 화재 신호를 받았을 때 수신기가 정상적으로 작동하는지를 확인한다.
- 동작 시험 스위치를 누른 후에 스위치 주의등이 점등하는지 확인하고, 이어서 표시 및 경보 등의 정상 작동 확인 후에 복구한다.

③ 동시 작동 시험
- 감지기가 동시에 작동해도 수신기의 기능에 이상이 없는지 확인한다.
- 감지기를 5회선 연속 동작 시킨 뒤에 이상 유무를 확인한다.

④ 예비 전원 시험
- 예비 전원의 이상 유무를 확인한다.
- 예비 전원 시험 스위치를 누르고, 전압 표시등의 정상에 점등이 되는지 확인한다.

⑤ 저전압 시험
- 전원 전압이 80% 이하인 경우에도 정상인지 확인한다.
- 교류 전원과 축전지 단자를 80% 이하로 낮춘 뒤에 동작 시험 스위치를 눌러 작동을 점검한다.

⑥ 공통선 시험
- 공통선이 담당하고 있는 경계구역수가 적합한지를 확인한다.
- 수신기 내의 접속 단자 공통선 1선을 제거 후에 도통 시험을 통해 시험용 계기의 지시등이 단선을 지시한 경계구역의 회선수가 7 이하인지 점검한다.

⑦ 회로 저항 시험
- 하나의 감지기 회로의 합성 저항치가 50Ω 이하인지 확인한다.
- 저항계를 활용하여 감지기 회로의 공통선과 회로선 사이 전로에 대해 저항을 측정한다.

8. 설치 대상

설치대상	기준
정신 의료 기관, 의료 재활 시설	창살 설치 : 바닥 면적 300㎡ 미만 기타 : 바닥 면적 300㎡ 이상
노유자 시설	연면적 400㎡ 이상
근린 생활 시설, 위락 시설 의료 시설 복합건축물, 장례 시설	연면적 600㎡ 이상
목욕탕, 발전시설, 문화 및 집회시설, 운동시설 교정 및 군사 시설 중 국방 군사 시설, 종교시설 위험물 저장 및 처리 시설 방송통신시설, 관광휴게시설 업무시설, 판매 시설 항공기 및 자동차 관련 시설, 공장, 창고 시설 지하가(터널 제외), 운수시설	연면적 1,000㎡ 이상
교육 연구 시설, 동식물 관련 시설 자원 순환 관련 시설, 교정 및 군사 시설(국방, 군사 시설 제외) 수련 시설(숙박 시설이 있는 것 제외) 묘지 관련 시설	연면적 2,000㎡ 이상

설치대상	기준
터널	길이 1,000m 이상
특수 가연물 저장, 취급	지정수량 500배 이상
수련 시설(숙박시설이 있는 것)	수용 인원 100명 이상
발전 시설	전기 저장 시설
지하구 노유자 생활 시설	전부
전통시장	
조산원, 산후조리원	
요양 병원(정신 병원, 의료 재활 시설 제외)	
공동 주택	
숙박 시설	
6층 이상의 건축물	

출제예상문제

01 자동화재탐지설비의 P형 수신기 전면에 있는 스위치 주의등에 대한 각 물음에 답하시오.

1) 도통 시험 스위치 조작 중 스위치 주의등 점등 여부
2) 예비 전원 시험 스위치 조작 중 스위치 주의등 점등 여부

정답

1) 점등된다.
2) 소등된다.

해설

1) 스위치 주의등 점등되는 경우
   ① 지구 경종 정지 스위치 켤 때
   ② 주 경종 정지 스위치 켤 때
   ③ 자동 복구 스위치 켤 때
   ④ 도통 시험 스위치 켤 때
   ⑤ 동작 시험 스위치 켤 때
2) 스위치 주의등이 점등하지 않는 경우
   ① 복구스위치 켤 때
   ② 예비전원스위치 켤 때

출제예상문제

02 자동화재 탐지 설비이 포함되는 기계 기구에 관련된 내용이다. 빈칸을 채우시오.

1) ((가))이란 특정 소방 대상물 중 화재 신호를 발신하고 그 신호를 수신 및 유효하게 제어할 수 있는 구역을 말한다.
2) ((나))란 수동누름버튼 등의 작동으로 화재 신호를 수신기에 발신하는 장치를 말한다.
3) ((다))란 감지기·발신기 또는 전기적인 접점 등의 작동에 따른 신호를 받아 이를 수신기에 전송하는 장치를 말한다.
4) ((라))란 화재 시 발생하는 열, 연기, 불꽃 또는 연소생성물을 자동적으로 감지하여 수신기에 화재 신호 등을 발신하는 장치를 말한다.
5) ((마))란 자동화재탐지설비에서 발하는 화재신호를 시각경보기에 전달하여 청각장애인에게 점멸 형태의 시각경보를 하는 것을 말한다.
6) ((바))란 감지기 또는 P형 발신기로부터 발하여지는 신호를 직접 또는 중계기를 통하여 고유 신호로서 수신하여 화재의 발생을 당해 소방대상물의 관계자에게 경보하여 주는 것을 말한다.
7) ((사))란 감지기 또는 P형 발신기로부터 발하여지는 신호를 직접 또는 중계기를 통하여 공통 신호로서 수신하여 화재의 발생을 당해 소방대상물의 관계자에게 경보하여 주는 것을 말한다.
8) ((아))란 감지기 또는 P형 발신기 등으로부터 발하여지는 신호를 직접 또는 중계기를 통하여 공통 신호로서 수신하여 화재의 발생을 당해 소방 대상물의 관계자에게 경보하여 주고 자동 또는 수동으로 옥내 소화전 설비, 옥외소화전설비, 스프링클러설비, 물분무소화설비, 포소화설비, 이산화탄소 소화설비, 할론소화설비, 분말소화설비, 배연설비 등의 가압송수장치 또는 기동장치 등을 제어하는 (이하 "제어기능"이라 함) 것을 말한다.
9) ((자))란 감지기 또는 P형 발신기 등으로부터 발하여지는 신호를 직접 또는 중계기를 통하여 고유 신호로서 수신하여 화재의 발생을 당해 소방대상물의 관계자에게 경보하여 주고 제어기능을 수행하는 것을 말한다.

(가) :

(나) :

(다) :

(라) :

(마) :

(바) :

(사) :

(아) :

(자) :

> **정답**
>
> (가) : 경계 구역
> (나) : 발신기
> (다) : 중계기
> (라) : 감지기
> (마) : 시각경보장치
> (바) : R형 수신기
> (사) : P형 수신기
> (아) : P형 복합식 수신기
> (자) : R형 복합식 수신기

> **해설**
>
> - 시험에는 법적인 용어를 사용하는 경우가 많다. 정확한 기재보다는 이렇게 설명에 맞는 기계 기구를 선택해야 한다. 비교적 어렵지 않고 내용만 잘 이해하면 된다.
> - 출제 요소의 대부분 화재 안전 성능 기준(NFPC)에서 나오는 용어에 해당한다.

03
자동화재탐지설비 및 시각 경보 장치의 화재 안전 기술 기준에서 감지기의 설치 제외 장소에 관한 설명이다. 빈 칸을 채우시오.

감지기 설치 제외 장소

① 천장 또는 반자의 높이가 ((가)) 이상인 곳 (감지기의 부착 높이에 따라 적응성이 있는 장소 제외)

② ((나)) 등 외부와 기류가 통하는 장소로서 감지기에 따라 화재 발생을 유효하게 감지할 수 없는 장소

③ ((다))가 체류하고 있는 장소

④ 고온도 및 ((라))로서 감지기의 기능이 정지되기 쉽거나 감지기의 유지 관리가 어려운 장소

⑤ 목욕실, 욕조나 샤워시설이 있는 화장실, 기타 이와 유사한 장소

⑥ 파이프 덕트 등 그 밖의 이와 비슷한 것으로서 ((마)) 층 마다 방화 구획된 것이나 수평 단면적이 ((바)) 이하인 것

⑦ 먼지, 가루 또는 ((사))가 다량으로 체류하는 장소 또는 주방 등 평상시 연기가 발생하는 장소
(단, 연기 감지기에 한한다.)

⑧ 프레스 공장, 주조 공장 등((아))로서 감지기의 유지 관리가 어려운 장소

(가) :

(나) :

(다) :

(라) :

(마) :

(바) :

(사) :

(아) :

정답

(가) : 20
(나) : 헛간
(다) : 부식성 가스
(라) : 저온도
(마) : 2개
(바) : 5[㎡]
(사) : 수증기
(아) : 화재 발생의 위험이 적은 장소

해설

해당 부분은 중요하므로 이론에서 해당 부분을 찾아 암기 방법을 확인하기 바란다.
감지기 설치 제외 장소
① 천장 또는 반자의 높이가 20m 이상인 곳 (감지기의 부착 높이에 따라 적응성이 있는 장소 제외)
② 헛간 등 외부와 기류가 통하는 장소로서 감지기에 따라 화재 발생을 유효하게 감지할 수 없는 장소
③ 부식성 가스가 체류하고 있는 장소
④ 고온도 및 저온도로서 감지기의 기능이 정지되기 쉽거나 감지기의 유지 관리가 어려운 장소
⑤ 목욕실, 욕조나 샤워시설이 있는 화장실, 기타 이와 유사한 장소
⑥ 파이프 덕트 등 그 밖의 이와 비슷한 것으로서 2개 층 마다 방화 구획된 것이나 수평 단면적이 5[㎡] 이하인 것
⑦ 먼지, 가루 또는 수증기가 다량으로 체류하는 장소 또는 주방 등 평상시 연기가 발생하는 장소(단, 연기 감지기에 한한다.)
⑧ 프레스 공장, 주조 공장 등 화재 발생의 위험이 적은 장소로서 감지기의 유지 관리가 어려운 장소

출제예상문제

04 자동화재탐지설비 및 시각 경보 장치의 화재안전기술기준에 따른 배선에 대한 내용이다. 빈칸을 채우시오.

1) 아날로그식, 다신호식 감지기나 R형 수신기용으로 사용되는 것은 전자파 방해를 받지 않는 실드선 등을 사용해야하며, 광케이블의 경우에는 ((가)) 방해를 받지 아니하고 내열 성능이 있는 경우 사용할 것. 다만, ((가)) 방해를 받지 않는 방식의 경우에는 그렇지 않다.

2) 감지기 사이의 회로의 배선은 ((나))으로 할 것

3) 전원 회로의 전로와 대지 사이 및 배선 상호 간의 절연 저항은 「전기사업법」 제67조에 따른 「전기설비기술기준」이 정하는 바에 의하고, 감지기회로 및 부속 회로의 전로와 대지 사이 및 배선 상호간의 절연 저항은 1 경계 구역마다 ((다))의 절연저항측정기를 사용하여 측정한 절연 저항이 ((라)) 이상이 되도록 할 것

4) 자동화재탐지설비의 감지기회로의 전로 저항은 ((마))[Ω] 이하가 되도록 해야 하며, 수신기의 각 회로별 종단에 설치되는 감지기에 접속되는 배선의 전압은 감지기 정격전압의 ((바))이상 이어야 할 것

(가) :

(나) :

(다) :

(라) :

(마) :

(바) :

> **정답**
>
> 가급적 모든 식을 적을 때 단위를 적기 바란다.
> (가) : 전자파
> (나) : 송배선 방식
> (다) : 직류 250[V]
> (라) : 0.1[MΩ]
> (마) : 50[Ω]
> (바) : 80

해설

1) 아날로그식, 다신호식 감지기나 R형 수신기용으로 사용되는 것은 전자파 방해를 받지 않는 실드선 등을 사용해야 하며, 광케이블의 경우에는 전자파 방해를 받지 아니하고 내열 성능이 있는 경우 사용할 것 다만, 전자파 방해를 받지 않는 방식의 경우에는 그렇지 않다.
   ☞ 시각 경보 장치의 화재 안전 기술임에도 광 케이블이 나와서 가장 당황할 여지가 있던 부분이었다. 광케이블은 전자파에 영향을 덜 받는 것이 특징이지만, 신호선이니 만큼 영향을 받을 수 있으니 주의해야 한다.
2) 감지기 사이의 회로의 배선은 송배선방식으로 할 것
3) 전원 회로의 전로와 대지 사이 및 배선 상호 간의 절연 저항은 「전기사업법」 제67조에 따른 「전기설비기술기준」이 정하는 바에 의하고, 감지기회로 및 부속 회로의 전로와 대지 사이 및 배선 상호간의 절연 저항은 1 경계 구역마다 직류 250[V]의 절연 저항 측정기를 사용하여 측정한 절연 저항이 0.1[MΩ] 이상이 되도록 할 것

절연 저항계	절연 저항	대상
DC 250[V]	0.1[MΩ]	1경계 구역의 절연 저항
DC 500[V]	5[MΩ]	누전 경보기 가스 누설 경보기 수신기 자동화재 속보 설비 비상 경보 설비 유도등(교류 입력 측과 외함 간 포함) 비상 조명등(교류 입력 측과 외함 간 포함)
	20[MΩ]	경종 발신기 중계기 비상콘센트 기기의 절연된 선로 간 기기의 충전부와 비충전부 간 기기의 교류 입력 측과 외함 간 (유도등, 비상 조명등 제외)
	50[MΩ]	감지기(정온식 감지선형 감지기 제외) 가스 누설 경보기(10회로 이상) 수신기(10회로 이상)
	1[kΩ]	정온식 감지선형 감지기

출제예상문제

05 자동 화재 탐지 설비의 P형 수신기와 R형 수신기의 기능을 각각 2가지 쓰시오.

1) P형 수신기
   ①
   ②

2) R형 수신기
   ①
   ②

> **정답**
> 1) P형 수신기
>   ① 기록 기능
>   ② 수신기와 감지기 사이의 도통 시험 기능
> 2) R형 수신기
>   ① 기록 기능
>   ② 중계기와 수신기 사이의 단선, 단락, 도통 시험 기능

> **해설**
> - 수신기의 주된 기능은 수신을 받는 것이다. 하지만 수신기가 제 기능을 하기 위해서 필요한 부가 기능이 필요한데, 질문에 의도는 거기에 초점이 맞춰져 있다.
> - 화재가 발생되어 전기 공급이 중단되었을 때 전기가 공급 되려면 예비 전원으로 자동 절환하는 기능이 필요하고,
> - 작동 상태를 점검하기 위해서 작동 시험 장치가 필요하다. 또 고장이 발생하였거나 사고가 발생한 부분에 대해 기록이 남아 있어야 한다.
> - 수신기의 기능 - 예비 전원 자동 절환 기능, 기록 기능, 작동 시험 기능, 도통 시험 기능

06 어느 특정 소방 대상물에 자동화재탐지설비용 공기관식 차동식 분포형 감지기를 설치하려고 한다. 다음 각 물음에 답하시오.

1) 공기관의 두께 및 바깥지름은 몇 mm 이상이어야 하는가?

① 공기관의 두께 :

② 공기관의 바깥지름 :

2) 공기관 상호 간의 거리는 내화구조 및 비내화 구조에서 각각 몇 m 이하이어야 하는가?

① 내화구조인 경우 :

② 비내화 구조인 경우 :

3) 공기관의 감지구역의 각 변과 수평 거리는 몇 m 이하여야 하는가?

4) 하나의 검출 부분에 접속하는 공기관의 길이는 몇 m 이하이어야 하는가?

5) 감지구역마다 공기관의 노출 부분의 길이는 몇 m 이상이어야 하는가?

정답

1) ① 0.3mm   ② 1.9mm
2) ① 9m   ② 6m
3) 1.5m
4) 100m
5) 20m

해설

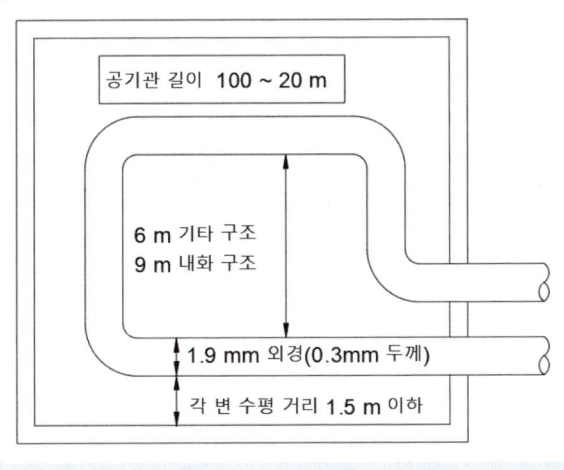

출제예상문제

07 자동화재탐지설비 및 시각 경보 장치의 화재 안전 기술 기준에서 자동화재탐지설비의 음향 장치의 설치 기준에 관한 사항이다. 빈칸을 채우시오.

1) 층수가 ((가))층(공동 주택의 경우에는 ((나))층) 이상의 특정소방대상물은 다음의 기준에 따라 경보를 발할 수 있도록 할 것
2) 2층 이상의 층에서 발화한 때에는 ((다))에 경보를 발할 것
3) 1층에서 발화한 때에는 ((다)) 및 지하층에 경보를 발할 것
4) 지하층에서 발화한 때에는 ((라))에 경보를 발할 것

(가) :

(나) :

(다) :

(라) :

정답

(가) : 11
(나) : 16
(다) : 발화층 및 그 직상 4개 층
(라) : 발화층, 그 직상층 및 기타의 지하층(또는 지하 전층)

해설

1) 층수가 11층(공동주택의 경우에는 16층) 이상의 특정소방대상물은 다음의 기준에 따라 경보를 발할 수 있도록 할 것
2) 2층 이상의 층에서 발화한 때에는 발화층 및 그 직상 4개 층에 경보를 발할 것
3) 1층에서 발화한 때에는 발화층 · 그 직상 4개 층 및 지하층에 경보를 발할 것
4) 지하층에서 발화한 때에는 발화층 · 그 직상층 및 기타의 지하층에 경보를 발할 것

08 다음에서 설명하는 감지기의 명칭을 쓰시오.

1) 비화재보 방지가 주목적으로 감지원리는 동일하나, 성능, 종별, 공칭 작동 온도, 공칭 축적 시간이 다른 감지소자의 조합으로 된 것이며, 1개의 감지기 내에 서로 다른 종별 또는 감도 등의 기능을 갖춘 것으로 일정 시간 간격을 두고 각각 다른 2개 이상의 화재 신호를 발하는 감지기
2) 주위의 온도 또는 연기의 양의 변화에 따라 각각 다른 전류치 또는 전압치 등의 출력을 발하는 방식의 감지기

정답

1) 다신호식 감지기
2) 아날로그식 감지기

해설

+지식) 아날로그식 감지기
- 주위의 온도 또는 연기의 양의 변화에 따라 각각 다른 전류치 또는 전압치 등의 출력을 발하는 감지기로, 일반 감지기는 화재 여부를 디지털 신호를 송신하는데, 아날로그 감지기는 연속적으로 변화하는 물리량만을 송신하게 된다. 이러한 아날로그 방식의 신호 특성으로 시시 각각 검출된 온도 또는 연기의 농도에 대한 정보에 대해 수신기에서 판단이 이뤄지게 된다.

+지식) 다신호식 감지기
- 일반적인 감지기와 화재 감지 원리는 동일하지만 비화재보를 방지하기 위해 감지기가 갖고 있는 성능, 종별, 공칭 작동 온도 또는 공칭 축적 시간별로 서로 다른 열과 연기 등 2개 이상의 화재 신호를 발할 수 있는 것으로 1개의 스폿 내에 수용되어 있다. 각 감지 소자가 작동할 때마다 화재 신호를 발신한다.

+지식) 다신호식 감지기 복합형 감지기
① 열 복합형 감지기 – 차동식과 정온식의 성능을 모두 갖춘 것이다. 두 영역 모두 감지시 동작한다.
② 연기 복합형 감지기 – 이온화식+광전식의 성능을 모두 갖춘 것이다. 두 영역 모두 감지시 동작한다.
③ 열, 연기 복합형 감지기 – 열감지기+연기감지기의 성능을 모두 갖춘 것이다. 두 영역 모두 감지시 동작한다.
④ 불꽃 복합형 감지기 – 불꽃 자외선식+불꽃 적외선식의 성능을 모두 갖춘 것이다. 두 영역 모두 감지시 동작한다.

출제예상문제

09 내화 구조인 건물에 차동식 스포트형 2종 감지기를 설치할 경우 다음 각 물음에 답하시오.
(단, 감지기가 부착되어 있는 천장의 높이는 3.8m 이다.)

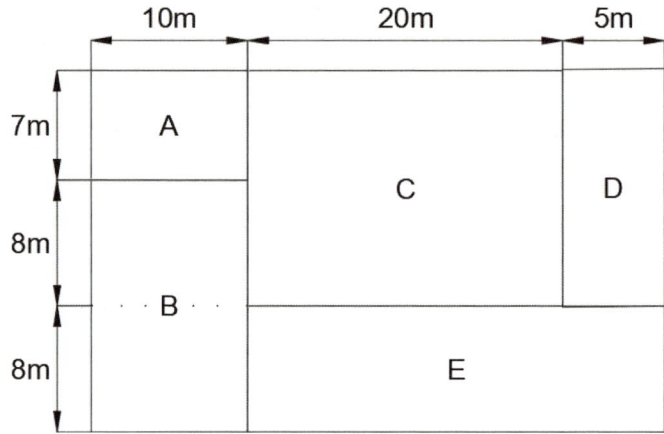

번호	계산 과정	개수
A		
B		
C		
D		
E		

정답

번호	계산 과정	개수
A	$\dfrac{7\times 10}{70}=1(EA)$	1(EA)
B	$\dfrac{16\times 10}{70}=2.29\fallingdotseq 3(EA)$	3(EA)
C	$\dfrac{20\times 15}{70}=4.29\fallingdotseq 5(EA)$	5(EA)
D	$\dfrac{5\times 15}{70}=1.07\fallingdotseq 2(EA)$	2(EA)
E	$\dfrac{25\times 8}{70}=2.86\fallingdotseq 3(EA)$	3(EA)

해설

감지기의 설치 기준(NFTC 203) – 열 감지기의 부착 높이와 바닥 감지 면적(스포트형 감지기)

(단위 : ㎡)

부착 높이 및 특정 소방 대상물의 구분		감지기의 종류						
		차동식		보상식		정온식		
		1종	2종	1종	2종	특종	1종	2종
4m 미만	내화 구조	90	70	90	70	70	60	20
	기타 구조	50	40	50	40	40	30	15
4m 이상 8m 미만	내화 구조	45	35	45	35	35	30	–
	기타 구조	30	25	30	25	25	15	–

10 다음은 건물의 평면도를 나타낸 것으로 거실에는 차동식 스포트형 감지기 1종, 복도에서는 연기 감지기 2종을 설치하고자 한다. 감지기의 설치 높이는 3.8m이고 내화구조이다. 복도의 보행거리는 50m이다. 각 실에 설치될 감지기의 개수를 계산하시오.

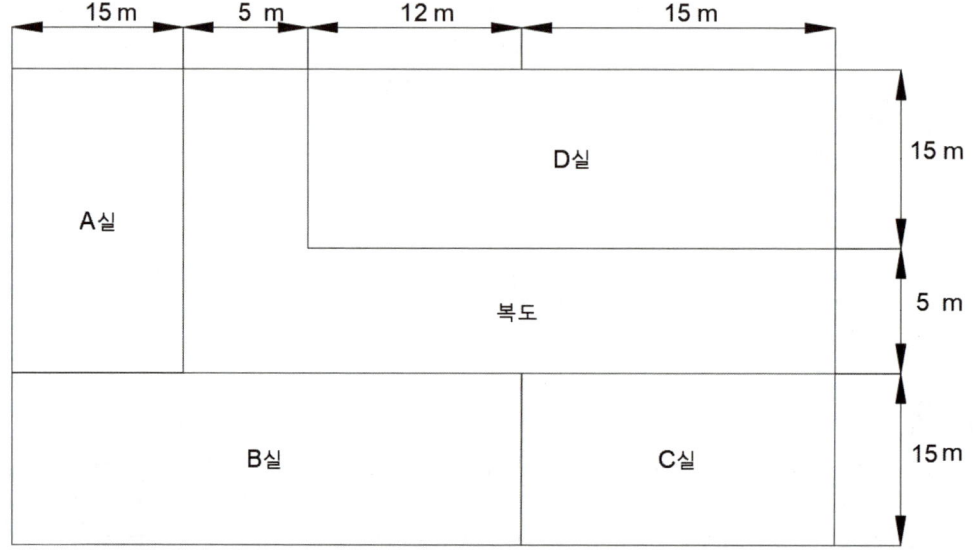

구분	설치 개수
A실	
B실	
C실	
D실	
복도	

정답

구분	설치 개수
A실	$\dfrac{15 \times 20}{90} = 3.33 ≒ 4(EA)$
B실	$\dfrac{32 \times 15}{90} = 5.33 ≒ 6(EA)$
C실	$\dfrac{15 \times 15}{90} = 2.5 ≒ 3(EA)$
D실	$\dfrac{15 \times 27}{90} = 4.5 ≒ 5(EA)$
복도	$\dfrac{27 + 15 + 5}{30} = 1.57 ≒ 2(EA)$

해설

열 감지기의 경우에는 실의 넓이가 중요하게 작용한다. 복도의 연기 감지기의 경우에는 보행거리를 중심으로 설치 수량을 정하게 된다.
A실, B실, C실, D실) 감지기의 설치 기준(NFTC 203 자동화재탐지설비 중)

열 감지기의 부착 높이와 바닥 감지 면적(스포트형 감지기)

부착 높이 및 특정 소방 대상물의 구분		감지기의 종류					
		차동식		보상식		정온식	
		1종	2종	1종	2종	특종	1종	2종
4m 미만	내화 구조	90	70	90	70	70	60	20
	기타 구조	50	40	50	40	40	30	15
4m 이상 8m 미만	내화 구조	45	35	45	35	35	30	-
	기타 구조	30	25	30	25	25	15	-

복도) 연기감지기

구분	1, 2종	3종
복도 통로	보행 거리 30m	보행 거리 20m
계단 경사로	수직 거리 15m	수직 거리 10m
엘리베이터, 린넨슈트 파이프 덕트	최상부에 설치한다.	

출제예상문제

11 감지기 회로의 배선에서 교차 회로 방식의 적용 설비 5가지만 쓰시오.

1)

2)

3)

4)

5)

정답

1) 이산화탄소 소화 설비
2) 분말 소화 설비
3) 할론 소화 설비
4) 일제 살수식 스프링클러 설비
5) 준비 작동식 스프링클러 설비

해설

교차 회로 감지기
- 준비 작동식 스프링클러
- 일제살수식 스프링클러
- 가스계 소화설비(이산화탄소, 할론, 할로겐 화합물 및 불활성기체)
- 분말 소화 설비

암기팁 교차 회로는 회로를 이분할(이산화탄소, 분말, 할론)하여 일제히(일제살수식) 작동(준비작동식)하면 동작한다.

12 p형 수신기와 감지기와의 배선 회로에서 종단 저항은 10[㏀], 배선 저항은 50[Ω], 릴레이 저항은 700[Ω]이며, 회로 전압이 DC 24[V]일 때 물음에 답하시오.

1) 평소 감시 전류는 몇 [㎃]인가?
2) 감지기가 동작할 때(화재 시)의 전류는 몇 [㎃]인가?

정답

1) $I = \dfrac{24}{10 \times 10^3 + 700 + 50} = 2.232 ≒ 2.23 [\text{mA}]$

2) $I = \dfrac{24}{700 + 50} = 0.032 ≒ 32 [\text{mA}]$

해설

1) 감지기의 동작 전/후 상태

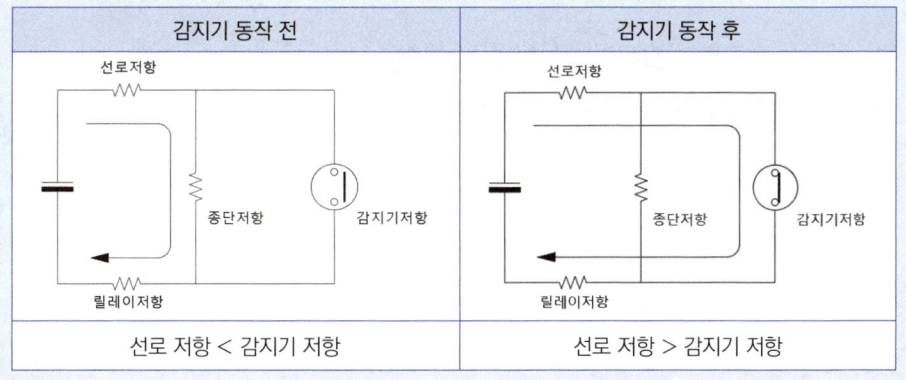

감지기 동작 전	감지기 동작 후
선로 저항 < 감지기 저항	선로 저항 > 감지기 저항

출제예상문제

13 다음과 같은 장소에 차동식 스포트형 감지기 1종을 설치하는 경우와 광전식 스포트형 2종을 설치하는 경우 최소 감지기 소요 개수를 선정하시오. (단, 주요 구조부는 내화 구조이며, 설치 높이는 3.8[m]에 해당한다.)

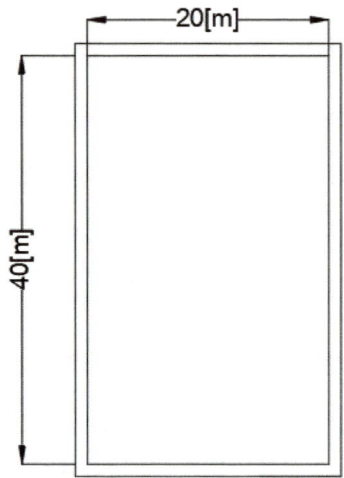

1) 차동식 스포트형 감지기(1종)의 설치 개수
2) 광전식 스포트형 감지기(2종)의 설치 개수

정답

1) 차동식 스포트형 감지기(1종)의 설치 개수
$$\frac{40 \times 20}{90} = 8.89 ≒ 9(EA)$$

2) 광전식 스포트형 감지기(2종)의 설치 개수
$$\frac{40 \times 20}{150} = 5.33 ≒ 6(EA)$$

해설

- 열 감지기의 부착 높이와 바닥 감지 면적

부착 높이 및 특정 소방 대상물의 구분		감지기의 종류						
		차동식		보상식		정온식		
		1종	2종	1종	2종	특종	1종	2종
4m 미만	내화 구조	90	70	90	70	70	60	20
	기타 구조	50	40	50	40	40	30	15
4m 이상 8m 미만	내화 구조	45	35	45	35	35	30	-
	기타 구조	30	25	30	25	25	15	-

- 연기 감지기의 부착 높이와 바닥 감지 면적

부착 높이	1, 2종	3종
4m 미만	150㎡	50㎡
4m 이상 20m 미만	75㎡	-

출제예상문제

14 도면과 같이 구획된 철근 콘크리트 구조 공장이 있다. 다음 표에 따라 자동화재탐지설비의 감지기를 설치하고자 한다. 다음 각 물음에 답하시오.

1) 다음 표를 완성하여 감지기 개수를 선정하시오.

구획	설치 높이[m]	감지기의 종류	계산 내용	개수
A실	3.8	연기감지기 2종		
B실	3.8	연기 감지기 1종		
C실	3.8	연기 감지기 1종		
D실	3.8	정온식 스포트형 감지기 1종		
E실	3.8	차동식 스포트형 감지기 1종		

2) 해당 구역에 감지기를 배치하시오.

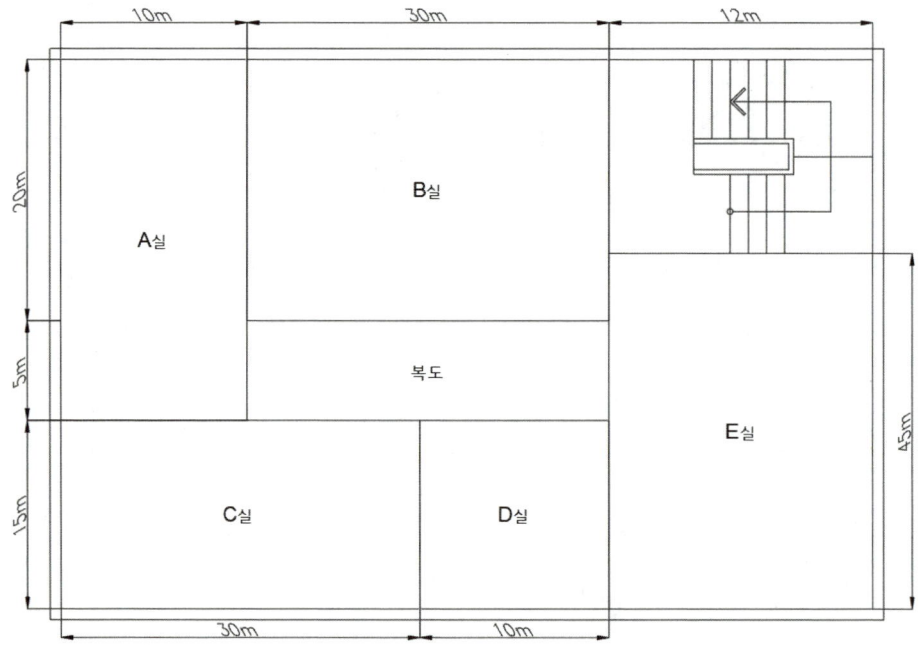

> 정답

1)

구획	설치 높이[m]	감지기의 종류	계산 내용	개수
A실	3.8	연기감지기 2종	$\dfrac{10 \times 25}{150} = 1.67 ≒ 2(EA)$	2 (EA)
B실	3.8	연기 감지기 1종	$\dfrac{30 \times 20}{150} = 4(EA)$	4 (EA)
C실	3.8	연기 감지기 1종	$\dfrac{15 \times 30}{150} = 3(EA)$	3 (EA)
D실	3.8	정온식 스포트형 감지기 1종	$\dfrac{10 \times 15}{60} = 2.5 ≒ 3(EA)$	3 (EA)
E실	3.8	차동식 스포트형 감지기 1종	$\dfrac{12 \times 45}{90} = 6(EA)$	6 (EA)

2)

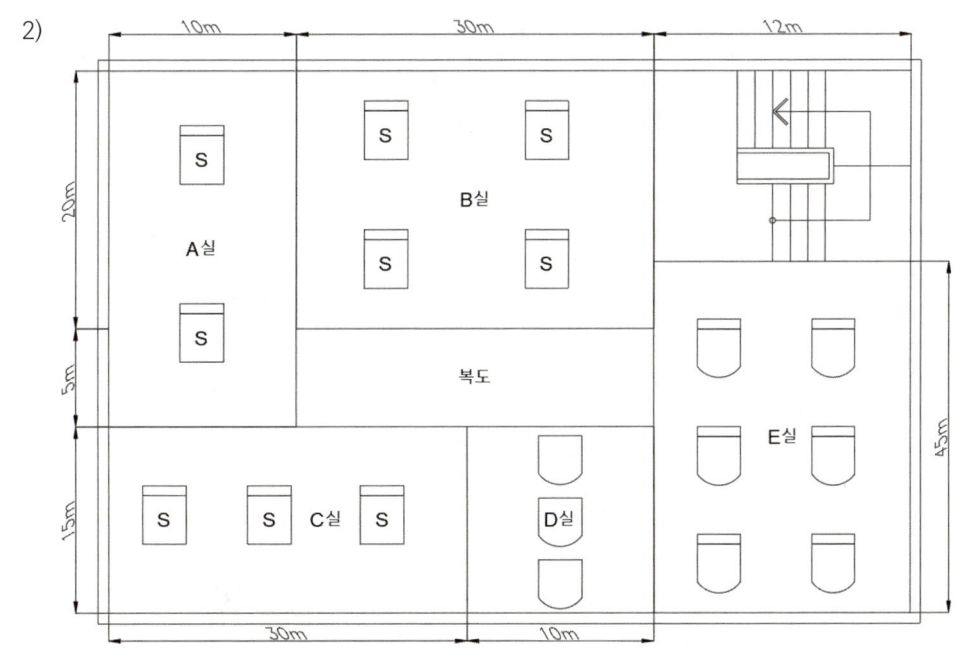

출제예상문제

해설

- 콘크리트 구조물은 내화 구조를 의미한다. 열 감지기의 경우 4m의 기준으로 나누고 있으나 해당 문제에서는 연기 감지기 적용 대상에서만 4m를 초과하므로 높이 조건을 무시할 수 있다.
- 열 감지기의 부착 높이와 바닥 감지 면적(스포트형 감지기)

부착 높이 및 특정 소방 대상물의 구분		감지기의 종류						
		차동식		보상식		정온식		
		1종	2종	1종	2종	특종	1종	2종
4m 미만	내화 구조	90	70	90	70	70	60	20
	기타 구조	50	40	50	40	40	30	15
4m 이상 8m 미만	내화 구조	45	35	45	35	35	30	-
	기타 구조	30	25	30	25	25	15	-

- 연

부착 높이	1, 2종	3종
4m 미만	150㎡	50㎡
4m 이상 20m 미만	75㎡	-

Chapter 04 비상 경보 설비 및 단독경보형 감지기

1. 개요

(1) 분류 기준
경보 설비 중에는 음성과 경보를 울리는 설비로 나뉘는데, 비상 경보 설비와 단독 경보형 설비는 경보를 울려 화재를 알리는 설비에 해당한다.

(2) '비상벨 설비 또는 자동식 사이렌 설비'란?
발신기 버튼을 누르는 수동 발신 기능과 감지기를 통해 화재 신호를 알리는 능동 발신 기능으로 나눠진다.

(3) '단독 경보형 감지기'란?
단독으로 경보와 감지를 동시에 수행하는 설비를 말한다. '연기식'과 '정온식'으로 크게 나누고 있으며 버튼을 통해 작동 점검이 가능하며, 대부분 배터리를 내장하고 있다.

2. 비상 경보 설비의 설치 기준

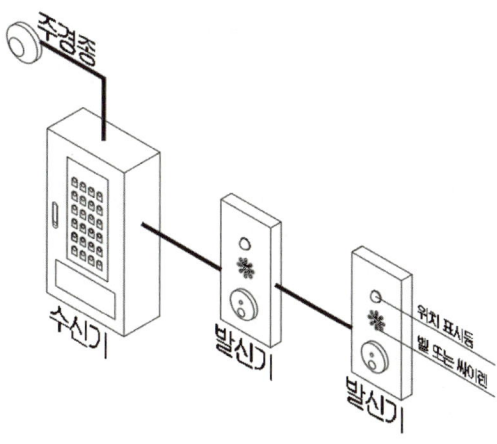

(1) 설치 대상
① 연면적 400㎡ 이상인 것은 모든 층
② 지하층 또는 무창층의 바닥 면적이 150㎡(공연장의 경우 100㎡) 이상인 것은 모든 층
③ 지하가 중 터널로서 길이가 500m 이상인 것
④ 50명 이상의 근로자가 작업하는 옥내 작업장

(2) 설치 제외 대상
① 모래, 석재 등 불연재료 공장 및 창고 시설
② 위험물 저장 및 처리 시설 중 가스시설
③ 사람이 거주하지 않거나 벽이 없는 축사 등 동물 및 식물 관련 시설 및 지하구

(3) 설치 면제 대상
① 자동화재탐지설비를 화재안전기준에 적합하게 설치한 경우에는 그 설비의 유효범위에서 설치가 면제
② 단독경보형감지기를 2개 이상의 단독 경보형 감지기와 연동하여 설치하는 경우에는 그 설비의 유효범위에서 설치가 면제된다.

3. 비상경보설비의 성능 기준

(1) 발신기
① 위치표시등 성능
- 발신기의 위치표시등은 함의 상부에 설치하되, 그 불빛은 부착 면으로부터 15° 이상의 범위 안에서 부착지점으로부터 10m 이내의 어느 곳에서도 쉽게 식별할 수 있는 적색등으로 할 것

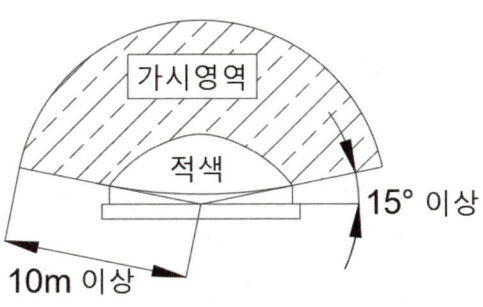

② 음향 장치의 성능
- 음향 장치의 음향의 크기는 부착된 음향장치의 중심으로부터 1m 떨어진 위치에서 음압이 90dB 이상이 되는 것으로 해야 한다.
- 음향장치는 정격전압의 80% 전압에서도 음향을 발할 수 있도록 해야 한다.
다만, 건전지를 주전원으로 사용하는 음향장치는 그렇지 않다.
- 지구음향장치는 특정 소방대상물의 층마다 설치하되, 해당 층의 각 부분으로부터 하나의 음향 장치까지의 수평거리가 25m 이하가 되도록 하고, 해당 층의 각 부분에 유효하게 경보를 발할 수 있도록 설치해야 한다.
(다만, 「비상방송설비의 화재안전기술기준(NFTC 202)」에 적합한 방송설비를 비상벨설비 또는 자동식사이렌설비와 연동하여 작동하도록 설치한 경우에는 지구음향장치를 설치하지 않을 수 있다.)

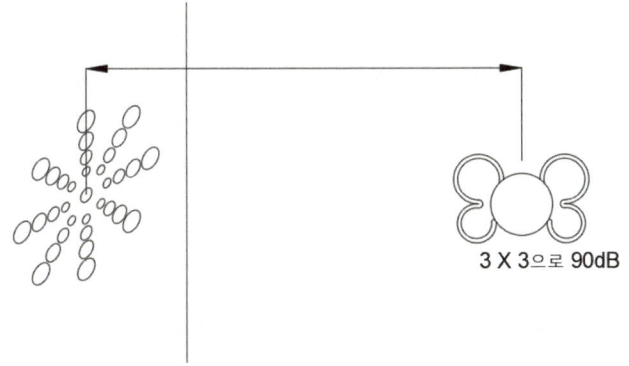

③ 발신기의 설치
- 특정소방대상물의 층마다 설치하되, 해당 층의 각 부분으로부터 하나의 발신기까지의 수평거리가 25m 이하가 되도록 할 것 [암기팁] 1자동화재탐지설비와 같다.
(다만, 복도 또는 별도로 구획된 실로서 보행거리가 40m 이상일 경우에는 추가로 설치해야 한다.)

(2) 전원

① 비상벨설비 또는 자동식사이렌설비에는 그 설비에 대한 감시상태를 60분간 지속한 후 유효하게 10분 이상 경보할 수 있는 비상전원으로서 축전지설비(수신기에 내장하는 경우를 포함한다) 또는 전기저장장치(외부 전기에너지를 저장해 두었다가 필요한 때 전기를 공급하는 장치)를 설치해야 한다. (다만, 상용전원이 축전지설비인 경우 또는 건전지를 주전원으로 사용하는 무선식 설비인 경우에는 그렇지 않다.)

② 부속회로의 전로와 대지 사이 및 배선 상호간의 절연저항은 1 경계 구역마다 직류 250V의 절연저항측정기를 사용하여 측정한 절연저항이 0.1 MΩ 이상이 되도록 할 것

4. 단독 경보형 감지기의 설치 기준(설치 대상 및 면제 대상)

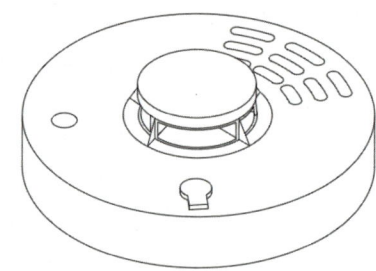

(1) 설치 대상

① 교육 연구 시설 내에 있는 기숙사 또는 합숙소로서 연면적 $2000m^2$ 미만인 것
② 수련 시설 내에 있는 기숙사 또는 합숙소로서 연면적 $2000m^2$ 미만인 것
③ 연면적 $400m^2$ 미만의 유치원
④ 공동주택 중 연립 주택 및 다세대 주택(이 경우 단독 경보형 감지기는 연동형으로 설치해야 한다.)

(2) 설치 면제 대상

자동화재탐지설비 또는 화재 알림 설비를 화재 안전 기준에 적합하게 설치한 경우에는 그 설비의 유효 범위에서 설치가 면제된다.

5. 단독 경보형 감지기의 설치 기준(설치 조건)

(1) 각 실(이웃하는 실내의 바닥면적이 각각 $30m^2$ 미만이고 벽체의 상부의 전부 또는 일부가 개방되어 이웃하는 실내와 공기가 상호 유통되는 경우에는 이를 1개의 실로 본다)마다 설치 하되, 바닥면적이 $150m^2$를 초과하는 경우에는 $150m^2$마다 1개 이상 설치할 것

암기팁 연기 감지기를 떠올리면 수월하게 확인해볼 수 있다.

(2) 계단실은 최상층의 계단실 천장(외기가 상통하는 계단실의 경우를 제외한다)에 설치할 것

(3) 건전지를 주전원으로 사용하는 단독 경보형 감지기는 정상적인 작동상태를 유지할 수 있도록 주기적으로 건전지를 교환할 것

출제예상문제

01 비상 경보 설비 및 단독 경보형 감지기, 비상 방송 설비의 설치 기준에 관한 물음에 답하시오.

1) 비상벨 설비 또는 자동식 사일렌 설비의 설치 높이를 쓰시오.
2) 단독 경보형 감지기의 설치 장소의 면적이 600[㎡]일 때 감지기 개수를 쓰시오.
3) 비상방송설비에서 증폭기의 정의를 쓰시오.
4) 비상 방송 설비에서 층수가 지하 2층, 지상 7층인 건물에서 5층의 배선이 단락되어도 화재 통보에 지장이 없어야 하는 층은 몇 층인지 쓰시오.

정답

1) 바닥에서 0.8 이상 1.5[m] 이하
2) 600[㎡] $\frac{600}{150} = 4(개)$
3) 마이크로부터 전기 신호로 수신한 신호의 전압과 전류의 진폭을 늘려서 감도를 높이고 소리의 크기도 키우는 장치이다.
4) 지하 1층과 2층, 지상 1층, 2층, 3층, 4층, 6층, 7층

해설

단독 경보형 감지기의 설치 기준

1) 각 실(이웃하는 실내의 바닥면적이 각각 30㎡ 미만이고 벽체의 상부의 전부 또는 일부가 개방되어 이웃하는 실내와 공기가 상호 유통되는 경우에는 이를 1개의 실로 본다)마다 설치하되, 바닥면적이 150㎡를 초과하는 경우에는 150㎡마다 1개 이상 설치할 것
    1연기 감지기를 떠올리면 수월하게 확인해볼 수 있다.
2) 계단실은 최상층의 계단실 천장(외기가 상통하는 계단실의 경우를 제외한다)에 설치할 것
3) 건전지를 주전원으로 사용하는 단독 경보형 감지기는 정상적인 작동상태를 유지할 수 있도록 주기적으로 건전지를 교환할 것

02 단독 경보형 감지기 설치 기준이다. 빈칸을 채우시오.

1) 각 실*마다 설치하되, 바닥면적이 ((가))[㎡]을 초과하는 경우에는 ((가))[㎡]마다 1개 이상 설치할 것

   (* 각 실이란, 이웃하는 실내의 바닥 면적이 각각 ((나))[㎡] 미만이고 벽체 상부의 전부 또는 일부가 개방되어 이웃하는 실내와 공기가 상호 유통되는 경우에는 이를 1개의 실로 봄)

2) 최상층의 ((다))[㎡]의 천장(외기가 상통하는 ((다))[㎡]의 경우를 제외)에 설치할 것

3) 건전지를 주전원으로 사용하는 단독 경보형 감지기는 정상적인 작동상태를 유지할 수 있도록 건전지를 교환할 것

4) 상용 전원을 주전원으로 사용하는 단독 경보형 감지기의 2차 전지는 제품 검사에 합격한 것을 사용할 것

(가) :

(나) :

(다) :

> **정답**
>
> (가) : 150
> (나) : 30
> (다) : 계단실

> **해설**
>
> 1) 각 실*마다 설치하되, 바닥면적이 150[㎡]을 초과하는 경우에는 150[㎡]마다 1개 이상 설치할 것
>   (* 각 실이란, 이웃하는 실내의 바닥 면적이 각각 30[㎡] 미만이고 벽체 상부의 전부 또는 일부가 개방되어 이웃하는 실내와 공기가 상호 유통되는 경우에는 이를 1개의 실로 봄)
> 2) 최상층의 계단실의 천장(외기가 상통하는 계단실의 경우를 제외)에 설치할 것
> 3) 건전지를 주전원으로 사용하는 단독 경보형 감지기는 정상적인 작동상태를 유지할 수 있도록 건전지를 교환할 것
> 4) 상용 전원을 주전원으로 사용하는 단독 경보형 감지기의 2차 전지는 제품 검사에 합격한 것을 사용할 것

출제예상문제

03 단독 경보형 감지기 설치 기준이다. 빈칸을 채우시오.

1) 각 실*마다 설치하되, 바닥면적이 ((가))[㎡]을 초과하는 경우에는 ((가))[㎡]마다 1개 이상 설치할 것

   (* 각 실이란, 이웃하는 실내의 바닥 면적이 각각 ((나))[㎡] 미만이고 벽체 상부의 전부 또는 일부가 개방되어 이웃하는 실내와 공기가 상호 유통되는 경우에는 이를 1개의 실로 봄)

2) 최상층의 ((다))[㎡]의 천장(외기가 상통하는 ((다))[㎡]의 경우를 제외)에 설치할 것

3) 건전지를 주전원으로 사용하는 단독 경보형 감지기는 정상적인 작동상태를 유지할 수 있도록 건전지를 교환할 것

4) 상용 전원을 주전원으로 사용하는 단독 경보형 감지기의 2차 전지는 제품 검사에 합격한 것을 사용할 것

(가) :

(나) :

(다) :

정답

(가) : 150
(나) : 30
(다) : 계단실

해설

1) 각 실*마다 설치하되, 바닥면적이 150[㎡]을 초과하는 경우에는 150[㎡]마다 1개 이상 설치할 것
   (* 각 실이란, 이웃하는 실내의 바닥 면적이 각각 30[㎡] 미만이고 벽체 상부의 전부 또는 일부가 개방되어 이웃하는 실내와 공기가 상호 유통되는 경우에는 이를 1개의 실로 봄)
2) 최상층의 계단실의 천장(외기가 상통하는 계단실의 경우를 제외)에 설치할 것
3) 건전지를 주전원으로 사용하는 단독 경보형 감지기는 정상적인 작동상태를 유지할 수 있도록 건전지를 교환할 것
4) 상용 전원을 주전원으로 사용하는 단독 경보형 감지기의 2차 전지는 제품 검사에 합격한 것을 사용할 것

04 3선식 배선으로 상시 충전되는 유도등의 전기 회로에 점멸기를 설치하는 경우 소등 상태에서 점등 상태로 되는 경우는 언제인지 5가지를 쓰시오.

1)

2)

3)

4)

5)

정답

1) 자동화재 탐지설비의 감지기 또는 발신기가 작동되는 때
2) 비상 경보 설비의 발신기가 작동되는 때
3) 상용 전원이 정전되거나 전원선이 단선되는 때
4) 방재 업무를 통제하는 곳 또는 전기실의 배전반에서 수동으로 점등하는 때
5) 자동소화설비가 작동되는 때

해설

암기팁 그림 참조

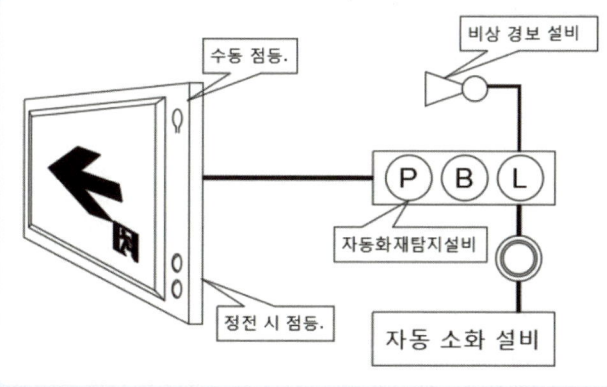

Chapter 05 가스 누설 경보기

1. 개요

(1) 분류 기준
앞선 경보는 화재에 대한 음성 경보 및 경종 경보에 해당하였으나, 누전되는 전기와 가스가 누설되는 부분도 화재의 주요 원인이 될 수 있었기 때문에 이를 미리 확인하여 경보하는 설비가 요구되었다.

(2) 가스 누설 경보기 정의
감지 성분에 따라 가연성 가스 경보기와 일산화탄소 경보기로 크게 구분하며, 수신부와 탐지부를 별도로 설치 관리하거나 단독으로 관리하는지 구분한다. 일반적으로 가연성 가스나 일산화탄소가 새는 것을 탐지하여 관계자나 이용자에게 경보하여 주는 것을 말한다.

2. 가스 누설 경보기 성능 기준

— 작동 점검등
— 상태표시등 (황색)

① 가스 누설을 표시하는 표시등 및 지구등은 황색으로 해야 한다.
② 전구는 사용전압의 130%인 교류 전압을 20시간 연속하여 가하는 경우에도 이상 현상이 발생해서는 안 된다.

③ 주위의 밝기가 300 lx인 장소에서 측정하여 앞면으로부터 3m 떨어진 곳에서 켜진 등이 확실히 식별되어야 한다.

3. 가스 누설 경보기 설치 기준

(1) 가스 누설 경보기의 설치 대상(가스 시설이 설치된 곳에만 해당한다.)
① 문화 및 집회시설, 종교 시설, 판매시설, 운수시설, 의료시설, 노유자 시설
② 수련 시설, 운동시설, 숙박시설, 창고시설 중 물류 터미널, 장례시설

(2) 수신부 설치 기준
① 가스 누설 경보 음향의 음량과 음색이 다른 기기의 소음 등과 명확히 구별될 것
② 가스 누설 경보 음향의 크기는 수신부로부터 1m 떨어진 위치에서 음압이 70dB 이상일 것
  (주음향 장치용은 90dB 이상, 고장 표시용은 60dB 이상)
③ 수신부의 조작 스위치는 바닥으로부터 0.8m 이상 1.5m 이하인 장소에 설치할 것
④ 수신부가 설치된 장소에는 관계자 등에게 신속히 연락할 수 있도록 비상 연락번호를 기재한 표를 비치할 것

(3) 탐지부 설치 기준
① 가스 연소기의 중심으로부터 직선거리 8m(공기보다 무거운 가스를 사용하는 경우에는 4m) 이내에 1개 이상 설치해야 한다.
② 탐지부는 천장으로부터 탐지부 하단까지의 거리가 0.3m 이하가 되도록 설치해야 한다.
③ 공기보다 무거운 가스를 사용하는 경우에는 바닥면으로부터 탐지부 상단까지의 거리는 0.3m 이하로 한다.

(4) 설치 제외(NFTC 206)
분리형 경보기의 탐지부 및 단독형 경보기는 다음의 장소를 피한 장소에 설치하여야 한다.

① 출입구 부근 등으로서 외부의 기류가 통하는 곳
② 환기구 등 공기가 들어오는 곳으로부터 1.5m 이내인 곳
③ 연소기의 폐가스에 접촉하기 쉬운 곳
④ 가구, 보, 설비 등에 가려져 누설 가스의 유통이 원활하지 못한 곳
⑤ 수증기 또는 기름 섞인 연기 등이 직접 접촉될 우려가 있는 곳

출제예상문제

01 가스누설경보기에 관한 다음 각 물음에 답하시오.

1) 가스의 누설을 표시하는 표시등과 가스가 누설된 경계구역의 위치를 표시하는 표시등은 등이 켜질 때 어떤 색으로 표시되는지 각각 쓰시오.

2) 가스 누설 경보기의 분류 기준이다. 빈칸을 채우시오.

구조에 따라 구분		비고
((가))	가정용	-
((나))	영업용	1회로용
	공업용	1회로 이상용

3) 가스 누설 경보기 중 가스 누설을 검지하여 중계기 또는 수신부에 가스 누설의 신호를 발신하는 부분 또는 가스 누설을 검지하여 이를 음향으로 경보하고 동시에 중계기 또는 수신부에 가스 누설의 신호를 발신하는 부분을 무엇이라 하는가?

> **정답**
> 1) 황색, 황색
> 2) (가) 단독형, (나) 분리형
> 3) 탐지부

02 다음은 가스 누설 경보기 성능에 대한 기준이다. 빈칸을 채우시오.

1) 가스 누설을 표시하는 ((가)) 및 ((나))은 ((다))으로 해야 한다.

2) 전구는 사용전압의 ((라))%인 교류 전압을 20시간 연속하여 가하는 경우에도 이상 현상이 발생해서는 안 된다.

3) 주위의 밝기가 ((마))lx인 장소에서 측정하여 앞면으로부터 3m 떨어진 곳에서 켜진 등이 확실히 식별되어야 한다.

(가) :

(나) :

(다) :

(라) :

(마) :

> **정답**
>
> (가) : 표시등
> (나) : 지구등
> (다) : 황색
> (라) : 130
> (마) : 300

> **해설**
>
> 가스 누설 경보기 성능 기준
>
>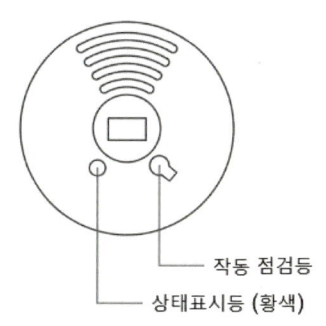
>
> ① 가스 누설을 표시하는 표시등 및 지구등은 황색으로 해야 한다.
> ② 전구는 사용전압의 130%인 교류 전압을 20시간 연속하여 가하는 경우에도 이상 현상이 발생해서는 안 된다.
> ③ 주위의 밝기가 300 lx인 장소에서 측정하여 앞면으로부터 3m 떨어진 곳에서 켜진 등이 확실히 식별되어야 한다.

Chapter 06 누전 경보기

1. 개요

(1) 분류 기준
앞선 경보는 화재에 대한 음성 경보 및 경종 경보에 해당하였으나, 누전되는 전기와 가스가 누설되는 부분도 화재의 주요 원인이 될 수 있었기 때문에 이를 미리 확인하여 경보하는 설비가 요구되었다.

(2) 누전경보기 정의
내화구조가 아닌 건축물로서 벽·바닥 또는 천장의 전부나 일부를 불연재료 또는 준 불연 재료가 아닌 재료에 철망을 넣어 만든 건물의 전기설비로부터 누설 전류를 탐지하여 경보를 발하는 기기이다.

2. 누전 경보기의 설치 기준

(1) 설치 대상
① 계약 전류 용량이 100[A]를 초과하는 특정 소방대상물에 설치
  (내화구조가 아닌 건축물로서 벽·바닥 또는 반자의 전부나 일부를 불연재료 또는 준불연재료가 아닌 재료에 철망을 넣어 만든 것만 해당한다)
② 경계전로의 정격전류가 60A 초과하는 전로의 경우는 1급 누전 경보기
③ 경계전로의 정격전류가 60A 이하의 전로의 경우는 1급 또는 2급 누전 경보기
  (2급 누전 경보기의 경우 60A 이하인 경우에만 사용한다.)

(2) 설치 제외 대상
① 위험물 저장 및 처리 시설 중 가스시설
② 지하가 중 터널 및 지하구

> **암기팁** 가스 누설 경보기를 설치하면 되는 요소라고 생각하자. **가스**가 **터지**는 곳

(3) 설치 면제 대상

① 아크경보기(옥내 배전선로의 단선이나 선로 손상 등으로 인해 발생하는 아크를 감지하고 경보하는 장치)를 설치한 경우 그 설비의 유효범위에서의 설치가 면제된다.
② 지락 차단 장치를 설치한 경우 그 설비의 유효범위에서의 설치가 면제된다.

3. 누전 경보기 구성요소

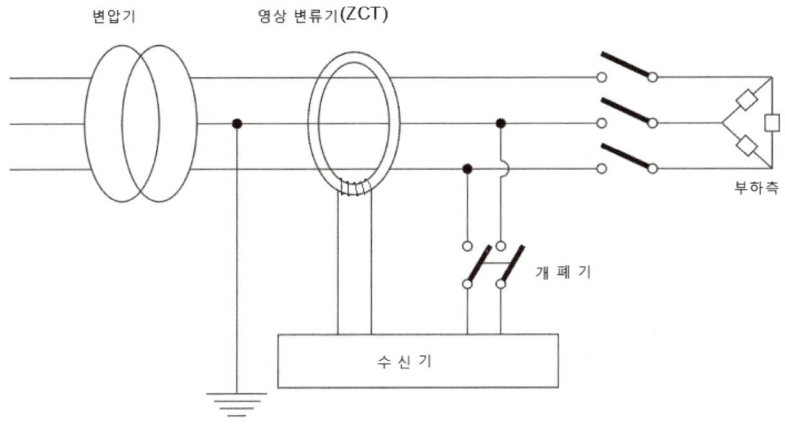

(1) 영상 변류기 : 누설 전류의 검출

(2) 수신기 : 누설 전류 증폭

(3) 음향장치 : 누설 전류 발생 시에 경보

(4) 차단 기구 : 누설 전류가 흐를 때 전원 차단

4. 누전 경보기의 기능 기준

(1) 전원

① 전원은 분전반으로부터 전용 회로로 하고, 각 극에 개폐기 및 15A 이하의 과전류차단기를 설치 할 것
   (배선용 차단기에 있어서는 20A 이하의 것으로 각 극을 개폐할 수 있는 것)
② 전원을 분기할 때에는 다른 차단기에 따라 전원이 차단되지 아니하도록 할 것
③ 전원의 개폐기에는 누전경보기용임을 표시한 표지를 할 것

(2) 수신부

① 가연성의 증기·먼지 등이 체류할 우려가 있는 장소의 전기회로에는 해당 부분의 전기회로를 차단할 수 있는 차단기구를 가진 수신부를 설치해야 한다.
② '수신부의 ① 항목'의 경우 차단 기구의 부분은 해당 장소 외의 안전한 장소에 설치해야 한다.
③ 누전경보기의 수신부는 화재, 부식, 폭발의 위험성이 없고, 습도, 온도, 대전류 또는 고주파 등에 의한 영향을 받지 않는 장소에 설치해야 한다.
④ 음향장치는 수위실 등 상시 사람이 근무하는 장소에 설치해야 하며, 그 음량 및 음색은 다른 기기의 소음 등과 명확히 구별할 수 있는 것으로 해야 한다.

(3) 수신부 설치 불가 장소

① 가연성의 증기·먼지·가스 등이나 부식성의 증기·가스 등이 다량으로 체류하는 장소
② 화약류를 제조하거나 저장 또는 취급하는 장소
③ 습도가 높은 장소
④ 온도의 변화가 급격한 장소
⑤ 대전류회로·고주파 발생회로 등에 따른 영향을 받을 우려가 있는 장소
   (다만, 해당 누전경보기에 대하여 방폭·방식·방습·방온·방진 및 정전기 차폐 등의 방호조치를 한 것은 그렇지 않다.)

암기팁 가부화 고온 대습

출제예상문제

01 국가 화재 안전 기준에서 정하는 누전 경보기의 용어 정의를 설명한 것이다. 빈칸에 들어갈 대상을 쓰시오.

1) ((가))란, 내화구조가 아닌 건축물로서 벽, 바닥 또는 천장의 전부나 일부를 불연재료 또는 준불연재료가 아닌 재료에 철망을 넣어 만든 건물의 전기설비로부터 누설전류를 탐지하여 경보를 발하며 변류기와 수신부로 구성된 것을 말한다.

2) ((나))란, 변류기로부터 검출된 신호를 수신하여 누전의 발생을 해당 특정소방대상물의 관계인에게 경보하여 주는 것 (차단기구를 갖는 것을 포함)을 말한다.

3) ((다))란, 경계로의 누설전류를 자동적으로 검출하여 이를 누전경보기의 수신부에 송신하는 것을 말한다.

(가) :

(나) :

(다) :

> **정답**
>
> (가) : 누전 경보기
> (나) : 수신부
> (다) : 변류기

> **해설**
>
> | 용어 | 설명 |
> |---|---|
> | 누전경보기 | 내화구조가 아닌 건축물로서 벽, 바닥 또는 천장의 전부나 일부를 불연재료 또는 준불연재료가 재료에 철망을 물의 전기설비로부터 누설전류를 탐지하여 경보를 발하며 변류기와 수신부로 구성된 것 |
> | 수신부 | 변류기로부터 검출된 신호를 수신하여 누전의 발생을 해당 특정소방대상물의 관계인에게 경보하여 주는 것(차단기구를 갖는 것 포함) |
> | 변류기 | 경계로의 누설전류를 자동적으로 검출하여 이를 누전경보기의 수신부에 송신하는 것 |

출제예상문제

02 다음 기구의 영문 약자를 쓰시오.

1) 누전 경보기 :

2) 누전 차단기 :

3) 영상 변류기 :

4) 전자 접촉기 :

5) 전자 개폐기 :

정답

1) ELD
2) ELB
3) ZCT
4) MC
5) MS

해설

영어 줄임 기호는 거의 묻지 않으나 실무에서도 매우 빈번히 사용하는 기초적인 부분에 해당한다. 따라서 모두 숙지하여야 하며, 암기에 있어서도 MC와 MS처럼 주요 단어를 공유하기 때문에 이를 연관 지어 기억해야 한다.

1) Earth Leakage Detector
2) Earth leakage Breaker
3) Zero-Phase sequence Current Transformer
4) Magnetic Contactor
5) Magnetic switch

03 누전 경보기의 구성요소 4가지와 각각의 기능에 대해 쓰시오.

구성 요소	기능

정답

구성 요소	기능
영상 변류기	누설 전류 검출
차단기구	누설 전류가 흐를 때 전원 차단
수신기	누설 전류 증폭
음향 장치	누설 전류 발생시 경보 발생

해설

3가지를 요구할 경우 차단기구를 제외한 나머지 요소를 적으면 된다.

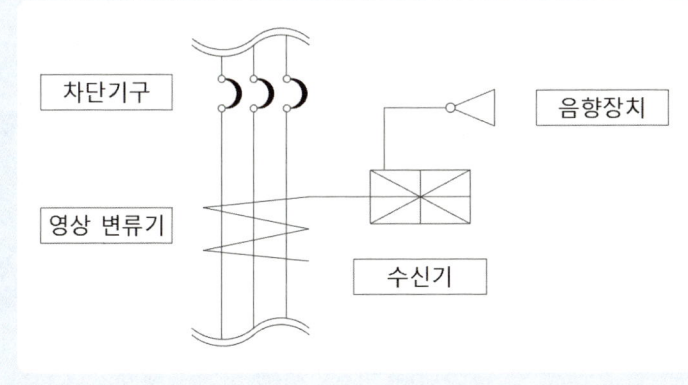

출제예상문제

04 누전 경보기 설치 방법이다. 빈칸을 채우시오.

1) 누전경보기 설치 방법

　　경계 전로의 정격전류가 ((가))[A]를 초과하는 전로에 있어서는 1급 누전 경보기를, ((가))[A] 이하의 전로에서는 1급 또는 2급 누전 경보기를 설치할 것(다만, 정격 전류 ((가))[A] 초과인 경계 전로가 분기되어 각 분기 회로의 정격 전류가 ((가))[A] 이하로 되는 경우 당해 분기 회로마다 2급 누전 경보기를 설치한 때에는 당해 경계 전로에 1급 누전 경보기를 설치한 것으로 본다.)

2) 누전경보기 전원 기준

　① 전원은 분전반으로부터 전용 회로로 하고, 각 극에 ((나)) 및 ((다))[A] 이하의 과전류 차단기(배선용 차단기는 ((라))[A] 이하의 것으로 각 극을 개폐할 수 있는 것)를 설치할 것

　② 전원을 분기할 때에는 다른 차단기에 따라 전원이 차단되지 아니하도록 할 것

　③ 전원의 개폐기에는 누전 경보기용임을 표시한 표지를 할 것

(가) :

(나) :

(다) :

(라) :

> **정답**
>
> (가) : 60
> (나) : 개폐기
> (다) : 15
> (라) : 20

> **해설**
>
> 1) 누전경보기 설치 방법
>   경계 전로의 정격전류가 60[A]를 초과하는 전로에 있어서는 1급 누전 경보기를, 60[A] 이하의 전로에서는 1급 또는 2급 누전 경보기를 설치할 것(다만, 정격 전류 60[A] 초과인 경계 전로가 분기되어 각 분기 회로의 정격 전류가 60[A] 이하로 되는 경우 당해 분기 회로마다 2급 누전 경보기를 설치한 때에는 당해 경계 전로에 1급 누전 경보기를 설치한 것으로 본다.)
> 2) 누전경보기 전원 기준
>   ① 전원은 분전반으로부터 전용회로로 하고, 각 극에 개폐기 및 15[A] 이하의 과전류 차단기(배선용 차단기는 20[A] 이하의 것으로 각 극을 개폐할 수 있는 것)를 설치할 것
>   ② 전원을 분기할 때에는 다른 차단기에 따라 전원이 차단되지 아니하도록 할 것
>   ③ 전원의 개폐기에는 누전 경보기용임을 표시한 표지를 할 것

05 누전 경보기의 공칭 작동 전류치의 정의에 대해 간략히 쓰고 공칭 작동 전류는 몇 mA 이하인지 쓰시오.

1) 정의 :

2) 공칭 작동 전류 :

> **정답**
>
> 1) 누전 경보기를 작동시키기 위해서 필요한 누설 전류의 값
> 2) 200mA 이하

> **해설**
>
> ELD를 누전 경보기라고 한다. **암기팁** 2와 E의 발음이 유사함을 떠올리며 기억하면 된다.

출제예상문제

06 누전 경보기의 화재 안전 기준과 형식 승인 및 제품 검사의 기술 기준을 참고하여 다음 각 물음에 답하시오.

1) 공칭 작동 전류치는 몇 [mA]인가?

2) 감도 조정 장치를 갖는 누전 경보기의 최소치와 최대치는 몇 [A]인가?

　① 최소치 :

　② 최대치 :

3) 변류기의 1차 권선과 2차 권선 간의 절연 저항 측정에 사용되는 측정 기구와 측정된 절연 저항의 양부에 대한 기준을 쓰시오.

　① 측정 기구 :

　② 양부 판단 기준 :

정답

1) 200[mA]

2) ① 최소치 : 0.2[A]=200[mA]

　② 최대치 : 1.0[A]

3) ① 측정 기구 : 직류 500[V] 절연 저항계

　② 양부 판단 기준 : 5[MΩ] 이상

해설

절연 저항계	절연 저항	대상
DC 250[V]	0.1[MΩ]	1경계 구역의 절연 저항
DC 500[V]	5[MΩ]	누전 경보기 가스 누설 경보기 수신기 자동화재 속보 설비 비상 경보 설비 유도등(교류 입력 측과 외함 간 포함) 비상 조명등(교류 입력 측과 외함 간 포함)
	20[MΩ]	경종 발신기 중계기

		비상콘센트
		기기의 절연된 선로 간
		기기의 충전부와 비충전부 간
		기기의 교류 입력 측과 외함 간 (유도등, 비상 조명등 제외)
	50[MΩ]	감지기(정온식 감지선형 감지기 제외)
		가스 누설 경보기(10회로 이상)
		수신기(10회로 이상)
	1[kΩ]	정온식 감지선형 감지기

Part 02

CHAPTER 01 유도등 및 유도 표지
CHAPTER 02 비상조명등, 휴대용 조명등

피난 구조 설비

Chapter 01 유도등 및 유도 표지

1. 개요

(1) 분류 기준

피난 구조 설비는 피난을 원활하게 도와 건물의 사용자 및 관계자를 구조하는 설비로〈전기 분야〉에서는 유도등, 유도 표지, 비상 조명등이 속한 피난 유도 설비를 다루게 된다.

(2) 유도등 및 유도 표지의 정의

피난 경로인 거실, 객석, 통로와 피난구 등에 설치하여 그 위치와 방향을 안내하여 피난자의 피난을 협조하는 설비이다.

(3) 피난 유도 설비의 이해

유도등은 피난구 유도등, 통로 유도등, 객석 유도등으로 나눈다. 여기에서 통로 유도등은 다시 거실, 복도, 계단 등 설치 장소에 따라 구별된다.
(피난구 유도등의 표식이 통로 유도등에 작게 그려져 있다. 이쪽으로 가면 피난구가 있다는 의미를 담고 있고, 동시에 통로 유도등의 백색 바탕은 통로를 비춰 통로의 조도를 높인다.)

피난구 유도등

거실 통로 유도등
복도 통로 유도등

계단 통로 유도등

객석 유도등

(피난구 유도등 – 초록색 바탕, 백색 그림, 통로 유도등 – 백색 바탕, 초록 그림)

2. 피난구 유도등

(1) 개요

① '피난구 유도등'이란? 피난구를 안내하는 유도등으로, 경로에 개방하여야 하는 문이 존재함을 표시하는 유도등이다.
(그림도 문을 보여주는 그림이다.)

② 설치 높이 : 이에 따라 설치는 문을 유도하여 줄 수 있어야 하는데, 이 표준 높이를 바닥에서 1.5m 이상으로 지정하고 아래와 같은 경우로 세분화한다.
- 출입구에 이르는 복도 또는 통로로 통하는 출입구
- 옥내로부터 직접 지상으로 통하는 출입구 및 그 부속실의 출입구
- 안전구획된 거실로 통하는 출입구
- 직통 계단, 직통 계단의 계단실 및 그 부속실의 출입구

(2) 설치 제외 장소

유도등은 피난구 유도등, 통로 유도등, 객석 유도등으로 나눈다. 여기에서 통로 유도등은 다시 거실, 복도, 계단 등 설치 장소에 따라 구별된다.

① 대각선 길이가 15m 이내인 구획된 실의 출입구

② 바닥면적이 1,000m^2 미만인 층으로서 옥내로부터 직접 지상으로 통하는 출입구

③ 거실 각 부분으로부터 하나의 출입구에 이르는 보행거리가 20m 이하이고, 비상 조명등과 유도표지가 설치된 거실의 출입구

④ 출입구가 3 이상 있는 거실로서 그 거실 각 부분으로부터 하나의 출입구에 이르는 보행거리가 30m 이하에 해당하는 경우에는 주된 출입구 2개소 외의 출입구 (단, 공연장, 집회장, 관람장, 전시장, 판매시설, 운수시설, 숙박 시설, 노유자시설, 의료시설, 장례식장은 제외)

(3) 피난구 유도등의 설치 기준

① 해당 출입구마다 설치해야 한다.
② 유도등을 정면으로 볼 수 있게 추가하거나, 입체형으로 설치하여 쉽게 식별할 수 있어야 한다.

3. 거실 통로 유도등

(1) 개요

① '거실 통로 유도등'이란? 거실이 넓을 땐 설정된 피난 동선을 표시 또는 유도하지 않을 시에 피난자끼리 또는 장애물에 부딪힐 수 있다. 이를 예방하면서 피난구까지의 경로를 유도하기 위해 설치하는 유도등이다.

② 설치 높이 : 거실 통로 유도등의 경우 바닥을 보면서 걷게 되면 위험하므로 고개를 들 수 있도록 바닥에서부터 1.5m 이상 높이로 지정하고 있다.

(다만, 거실 통로에 기둥이 설치되었을 때는 기둥 부분의 바닥으로부터 1.5m 이하에 설치할 수 있다.)

(2) 통로 유도등의 설치 기준

① 거실 통로 유도등은 통로의 직선 거리 20m마다 설치한다. (이는 소형 수동식 소화기의 설치에서의 보행거리 기준과 같다. 통로에 배치할 때 유도등 하부에 소형 소화기를 설치하기도 한다.)

② 수량 산출을 위한 식

$$구부러진\ 모퉁이 + \frac{직선부분의\ 보행거리}{20} - 1$$

- 시작하는 지점에서는 조도의 반밖에 확보하지 못하기 때문에 10m를 이격하여 설치하게 된다. 이에 따라 -1을 해준다.
- 구부러진 모퉁이의 경우는 경로가 나누어지는 모든 구간을 말한다. 모퉁이임을 인지할 수 있도록 요구되므로 추가해야 한다.

4. 복도 통로 유도등

(1) 개요

① '복도 통로 유도등'이란? 통로를 지나기 위해서 피난구까지의 경로를 표시하고 유도하고자 설치하는 유도등이다.

② 설치 높이 : 복도 통로는 양방향으로 이동하고, 또 통로에 장애물이 없다고 생각하기 때문에 부딪힐 것을 고려하지 않고, 바닥에서 1m 이하로 지정하고 있다.

③ 추가 위치 조정(중앙 부분 바닥) : 복도의 양측 가장자리에 장애물이 배치될 것이 예상되는 지하층, 무창층으로 용도가 지하철 역사, 도매시장, 지하상가, 여객자동차 터미널에 대하여 중앙에 배치한다. (바닥 설치 사유는 그림 참조)
(너무 넓거나 복도에 장애물로 인해 안보일 수 있는 용도에만 바닥 매립형 적용)

④ 거실 통로 유도등은 통로의 직선 거리 20[m]마다 설치한다. (이는 소형 수동식 소화기의 설치에서의 보행거리 기준과 같다. 통로에 배치할 때 유도등 하부에 소형 소화기를 설치하기도 한다.)

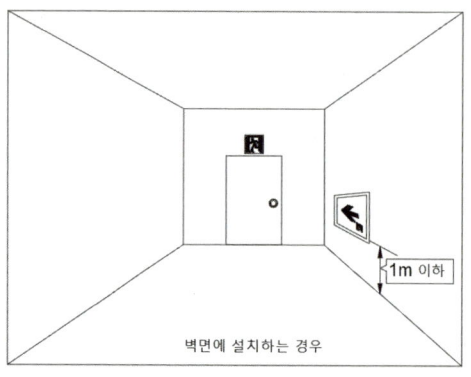
벽면에 설치하는 경우

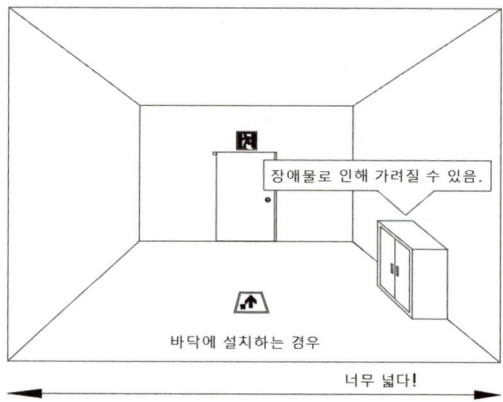
바닥에 설치하는 경우

5. 계단 통로 유도등

(1) 개요

① '계단 통로 유도등'이란? 계단 통로 유도등은 계단참마다 설치하여 현재 위치한 층을 표시하고 유도하고자 설치하는 유도등이다.

② 설치 높이 : 계단 통로의 특징도 앞선 복도 통로 유도등처럼 바닥을 보고 걷는다는 점에 따라서 바닥에서 1m 이하로 유도등을 배치하게 된다.

6. 객석 유도등

(1) 개요

① '객석 통로 유도등'이란? 객석 통로 유도등의 특징은 객석의 끝에 있는 통로를 지나는 통로를 표시하고 유도하여 주는 유도등이다.

② 설치 높이 : 설치 높이는 객석의 바닥, 벽, 통로 등에 설치한다.

③ 설치하지 않아도 되는 경우
- 주간에만 사용하는 장소로서 채광이 충분한 객석
- 거실 등의 각 부분으로부터 하나의 거실 출입구에 이르는 보행거리가 20m 이하인 객석의 통로로서 그 통로에 통로 유도등이 설치된 객석

(2) 객석 유도등 설치 대상

① 유흥 주점영업시설
② 문화 및 집회시설
③ 종교 시설
④ 운동 시설

암기팁 객석 또는 암실을 두고 있는 건물들에 해당한다.

(3) 객석 통로 유도등 설치 기준

① 조도가 0.2 lx로 5배 차이가 생기는 것과 같이 직선거리에서도 통로 유도등의 20m의 5배 이하인 4m의 기준을 적용한다.

② 수량 산출을 위한 식

계산식

$$\frac{\text{객석 통로의 직선 부분의 길이}}{4} - 1$$

- 시작점과 끝점에서 기준의 1/2정도씩만 진행하므로 1개는 빼고 산출하였다.
- 객석 통로는 경로가 횡방향이므로 모퉁이를 가정하지 않는다.

7. 유도등의 조도 기준

(1) 유도등의 형식 승인 및 제품 검사의 기술 기준 중 조도 측정 기준

종류	조도 측정 기준
복도 통로 유도등	바닥면으로부터 높이 1m로 0.5m 떨어진 위치에서 1 lx 이상
거실 통로 유도등	바닥면으로부터 높이 2m로 0.5m 떨어진 위치에서 1 lx 이상
계단 통로 유도등	바닥면으로부터 높이 2.5m로 10m 떨어진 위치에서 0.5 lx 이상
바닥 매립용 유도등	유도등의 바로 윗부분 1m 높이에서 1 lx 이상
객석 통로 유도등	바닥면으로부터 높이 0.5m로 0.3m 떨어진 위치에서 0.2 lx 이상 (위쪽 유도등과 구별된다.)

8. 피난 유도 설비의 설치 기준(평면 설치 기준)

(1) 설치 공통 사항

① 통로 유도등의 방향에 따라 통로의 우측에 부착한다. (우측 보행 기준) 모퉁이의 추가분도 우회전 시작점에 추가해주면 된다.

② 수량 산출 식이 유도등의 종류마다 각각 달리 존재하여 산출 후에 이격거리에 맞추어 배치하면 된다.

(2) 건축 용도별 유도등 설치 종류〈개정 2024. 01. 01〉

종류	설치 장소
대형 피난구 유도등 통로 유도등 객석 유도등	공연장, 집회장, 관람장, 운동시설 유흥주점영업시설(손님이 춤을 출 수 있는 무대가 설치된 카바레, 나이트 클럽 또는 그 밖에 이와 비슷한 영업시설)
대형 피난구 유도등 통로 유도등	위락시설, 판매시설, 운수시설, 관광 숙박업, 의료시설, 전시장, 지하상가, 지하철 역사 **암기팁** 대형이라서 **지하**(지하상가, 역사)**의**(의료시설) **전광판**(전시장, 관광숙박업, 판매시설)
중형 피난구 유도등 통로 유도등	숙박시설(관광숙박업 제외), 오피스텔 지하층, 무창층 및 11층 이상의 부분 **암기팁** **손을 모으고**(11) **숙오**(숙박시설, 오피스텔) 하셨어요.
소형 피난구 유도등 통로 유도등	(대형이나 중형 피난구 유도등을 설치해야 하는 건축물이 아닌 경우이면서) 근린생활시설, 노유자시설, 업무시설, 발전시설, 종교시설, 교육연구시설, 수련시설, 공장, 교정 및 군사시설, 기숙사, 자동차 정비 공장, 운전학원, 다중이용업소, 복합 건축물, 아파트
피난구 유도 표지 통로 유도 표지	그 외

9. 기능 기준

(1) 전원

① 유도등의 전원은 상용 전원을 전용으로 배선한다.
② 비상 전원의 경우 내장된 배터리를 활용하고 있으며, 비상 전원 동작 후 20분 이상 유지되어야 한다.
　(단, 지하층을 제외한 층수가 11층 이상이거나 지하층 또는 무창층으로서 용도가 [지하철 역사], [도매시장], [지하 상가], [여객 자동차 터미널]인 경우 60분 이상 유지되어야 한다.)
③ 유도등은 일반적으로 상시 점등 되어야 한다.(2선식)
　• 따라서 유도등 인입선과 옥내 배선은 직접 연결해야 한다.
　• 또한 유도등 회로에는 점멸기를 설치해선 안 된다.
④ 유도등에서 아래 해당하는 장소에서는 점멸기 설치가 가능하다.(3선식)
　• 외부광에 따라 피난구 또는 피난 방향을 쉽게 식별할 수 있는 장소
　• 공연장, 암실 등으로서 어두워야 할 필요가 있는 장소
　• 소방 대상물의 관계인 또는 종사원이 주로 사용하는 장소
⑤ 점멸기가 설치된 유도등이 점등되는 상황(3선식)
　• 자동화재 탐지 설비의 감지기 또는 발신기가 작동되는 때
　• 자동 소화 설비가 작동되는 때
　• 비상 경보 설비의 발신기가 작동되는 때
　• 상용 전원이 정전되거나 전원선이 단선되었을 때
　• 방재 업무를 통제하는 곳 또는 전기실의 배전반에서 수동으로 점등하는 때

암기팁 그림 참조

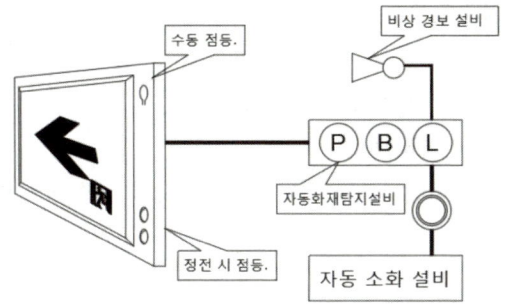

10. 유도 표지

(1) 유도표지의 개요
① '피난구 유도 표지'란? 피난구 또는 피난 경로로 사용되는 출입구를 표시하여 피난을 유도하는 표지
② '통로 유도 표지'란? 피난 통로가 되는 복도, 계단등에 설치하는 것으로서 피난구의 방향을 표시하는 유도표지
③ '피난 유도선'이란? 광원 점등 방식(햇빛이나 전등불에 따라 축광 하거나 전류에 따라 빛을 발하는 유도체)로 어두운 상태에서 피난을 유도할 수 있도록 띠 형태로 설치되는 피난 유도 시설을 말한다.

(2) 유도 표지 설치 기준
① 계단에 설치하는 것을 제외하고는 각 층마다 복도 및 통로의 각 부분으로부터 하나의 유도 표지까지의 보행거리가 15m 이하가 되는 곳과 구부러진 모퉁이의 벽에 설치할 것
암기팁 유도등이 차갑게 식어(15) 유도 표지가 되었다.

② 유도 표지 설치 수량 : 구부러진 모퉁이 수 + $\dfrac{직선부분의\ 보행거리}{15}$ - 1

③ 설치 높이
  • 피난구 유도 표지 : 출입구 상단
  • 통로 유도 표지 : 바닥으로부터 높이 1m 이하의 위치
④ 주의 사항
  • 주위에 이와 유사한 등화, 광고물, 게시물 등을 설치하지 아니할 것
  • 부착판 등을 사용하여 쉽게 떨어지지 아니하도록 설치할 것
  • 축광 방식의 유도 표지는 외광 또는 조명 장치에 의해 상시 조명이 제공되거나 비상 조명등에 의한 조명이 제공되도록 설치할 것
    (다만, 방사성물질을 사용하는 위치표지는 쉽게 파괴되지 않는 재질로 처리해야 한다.)

(3) 피난 유도선 설치 기준

① 구획된 각 실로부터 주출입구 또는 비상구까지 설치할 것
② 설치 높이
  - 바닥으로부터 높이 50cm 이하의 위치 또는 바닥 면에 설치할 것
  - 피난유도 표시부는 50cm 이내의 간격으로 연속되도록 설치
  - 외부의 빛 또는 조명장치에 의하여 상시 조명이 제공되거나 비상조명등에 의한 조명이 제공되도록 설치할 것

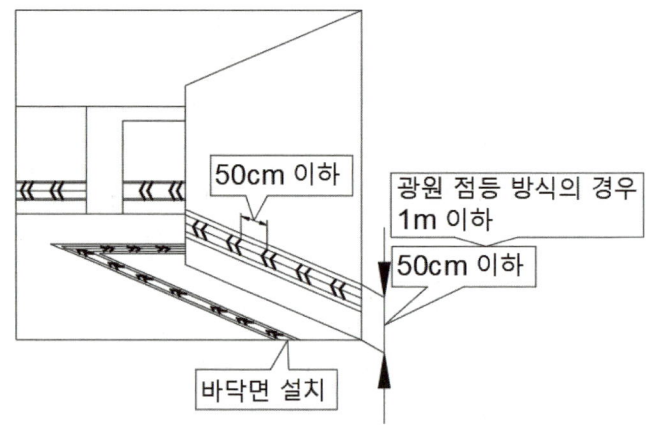

③ [광원 점등 방식의 경우] 설치 높이
  - 피난 유도 표시부는 바닥으로부터 높이 1m 이하의 위치 또는 바닥면에 설치
  - 바닥에 설치되는 피난 유도 표시부는 매립하는 방식을 사용할 것
④ [광원 점등 방식의 경우] 전원 설치 기준
  - 비상 전원이 상시 충전 상태를 유지하도록 설치
⑤ [광원 점등 방식의 경우] 점등 기준
  - 수신기로부터의 화재 신호 및 수동 조작에 의하여 광원이 점등되도록 설치

출제예상문제

01 3선식 배선으로 상시 충전되는 유도등의 전기 회로에 점멸기를 설치하는 경우 소등 상태에서 점등 상태로 되는 경우는 언제인지 그 설치 기준 5가지를 쓰시오.

1)

2)

3)

4)

5)

정답

1) 방재 업무를 통제하는 곳 또는 전기실의 배전반에서 수동으로 점등할 때
2) 상용 전원이 정전되거나 전원선이 단선되었을 때
3) 자동화재탐지설비의 감지기 또는 발신기가 작동할 때
4) 비상 경보 설비의 발신기가 작동되는 때
5) 자동 소화설비가 작동되는 때

해설

암기팁 그림 참조

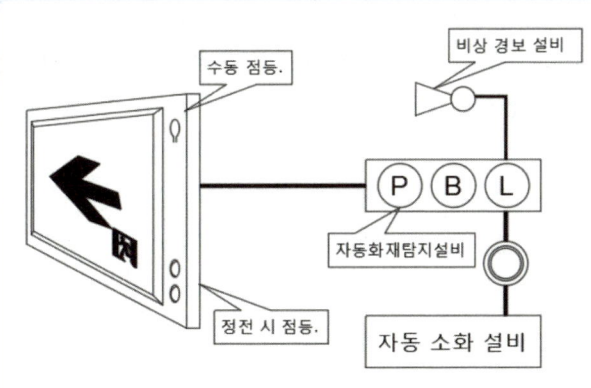

출제예상문제

02 20[W], 중형 피난구유도등 10개가 AC 220[V] 상용전원에 연결되어 점등되고 있다. 전원으로부터 공급되는 전류(A)를 구하시오. (단, 유도등의 역률은 0.75이며, 유도등 배터리의 충전전류는 무시한다.)

정답

$$I = \frac{20 \times 10}{220 \times 0.75} = 1.212 ≒ 1.21[A]$$

해설

1) 단상 2선식 전력식(유도등은 단상 2선식에 해당된다.)
   $P = V \cdot I \cdot \cos\theta \cdot \eta$
2) 3상 3선식 전력식
   $P = \sqrt{3} \cdot V \cdot I \cdot \cos\theta \cdot \eta$

03 40[W] 중형 피난구 유도등이 AC 220[V] 상용 전원에 연결되어 있다. 전원에 연결된 유도등은 8개이며, 유도등의 역률은 95%이다. 공급 전류를 계산하시오. (단, 유도등의 배터리 충전 전류는 무시하고, 전원 공급 방식은 단상 2선식이다.)

정답

$$\frac{40 \times 8}{220 \times 0.95} = 1.53[A]$$

해설

$P = V \cdot I \cdot \cos\theta \cdot \eta$ (단상 2선식)

04 유도등의 설치 제외 장소(1가지)를 쓰시오.

1)

정답

1) 구부러지지 아니한 복도 또는 통로로서 그 길이가 30[m] 미만인 복도 또는 통로 등의 경우에는 통로유도등을 설치하지 않을 수 있다.

해설

- 법령 관련 문제는 안전 관련 분야 시험에서 자주 언급되는 항목이다. 이러한 법령 문제는 가급적 표현을 변형하는 것보다는 최대한 유사하게 적는 것이 중요하다.

NFPC 303 제11조(유도등 및 유도표지의 제외)
① 바닥면적이 1,000[㎡] 미만인 층으로서 옥내로부터 직접 지상으로 통하는 출입구 또는 거실 각 부분으로부터 쉽게 도달할 수 있는 출입구 등의 경우에는 피난구 유도등을 설치하지 않을 수 있다.
② 구부러지지 아니한 복도 또는 통로로서 그 길이가 30미터 미만인 복도 또는 통로 등의 경우에는 통로유도등을 설치하지 않을 수 있다.
③ 주간에만 사용하는 장소로서 채광이 충분한 객석 등의 경우에는 객석유도등을 설치하지 않을 수 있다.

출제예상문제

05 아래 물음에 답하시오.

1) 설치 높이를 쓰시오

구분	설치 높이
피난구 유도등	
거실 통로 유도등	
복도 통로 유도등	
계단 통로 유도등	

2) 거실 통로 설치 높이를 1.5m 이하로 설치하는 경우를 쓰시오.

3) 유도등의 색상을 쓰시오.

	피난구 유도등	복도 통로 유도등
바탕색		
그림색		

정답

1)

구분	설치 높이
피난구 유도등	(화장실이 표시 팻말처럼) 1.5m 이상에 위치하여야 한다.
거실 통로 유도등	(회의실 표시 팻말처럼) 1.5m 이상에 위치하여야 한다.
복도 통로 유도등	이동하면 시야가 하부로 향하므로 1.0m 이하에 위치하여야 한다.
계단 통로 유도등	이동하면 시야가 하부로 향하므로 1.0m 이하에 위치하여야 한다.

2) '거실 통로에 기둥이 설치된 경우에는 기둥 부분의 바닥으로부터 높이 1.5m 이하의 위치에 설치할 수 있다.

3)

구분	피난구 유도등	복도 통로 유도등
바탕색	초록색	백색
그림색	백색	초록색

06 20[W] 중형 피난구 유도등 30개가 220[V]에서 점등하였다. 소요 전류를 구하시오. (이 때 역률은 80%였고, 충전은 되지 않은 상태였다.)

정답

$$\frac{20[W] \times 30[EA]}{0.8 \times 220[V]} = 3.41[A]$$

07 축광 방식의 피난 유도선의 설치 기준을 쓰시오.

1)
2)
3)

정답

1) 구획된 각 실로부터 주출입구 또는 비상구까지 설치할 것
2) 피난 유도 표시부는 50cm 이내의 간격으로 연속되도록 설치할 것
3) 바닥으로부터 높이 50cm 이하의 유치 또는 바닥면에 설치할 것

해설

피난 유도선 설치 기준
① 구획된 각 실로부터 주출입구 또는 비상구까지 설치할 것
② 설치 높이
  • 바닥으로부터 높이 50cm 이하의 위치 또는 바닥 면에 설치할 것
  • 피난유도 표시부는 50cm 이내의 간격으로 연속되도록 설치
  • 외부의 빛 또는 조명장치에 의하여 상시 조명이 제공되거나 비상조명등에 의한 조명이 제공되도록 설치할 것

출제예상문제

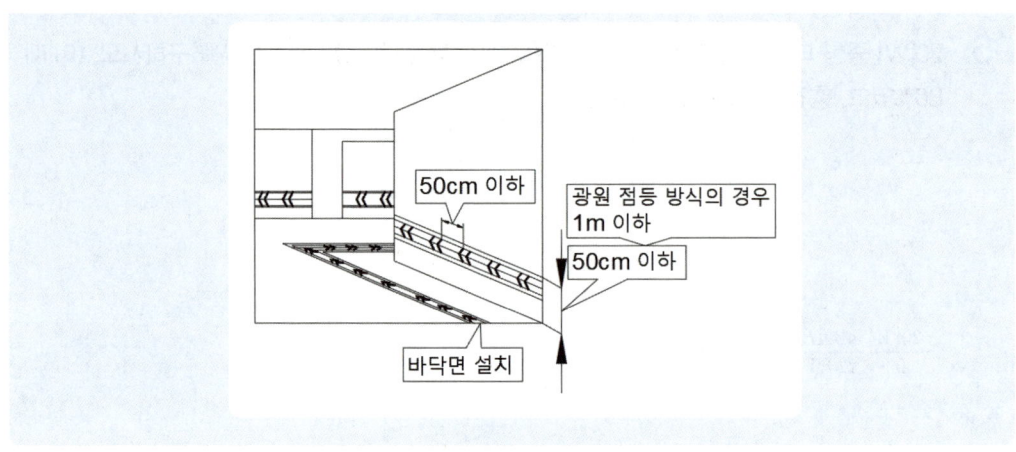

08 다음은 유도등 및 유도 표지의 설치 장소에 따른 종류에 관한 내용이다. 알맞은 종류의 유도등을 쓰시오.

종류	설치 장소
	공연장, 집회장, 관람장, 운동시설 유흥주점영업시설(손님이 춤을 출 수 있는 무대가 설치된 카바레, 나이트 클럽 또는 그 밖에 이와 비슷한 영업시설)
	위락시설, 판매시설, 운수시설, 관광 숙박업, 의료시설, 전시장, 지하상가, 지하철 역사
	숙박시설(관광 숙박업 제외), 오피스텔 지하층, 무창층 및 11층 이상의 부분
	(대형이나 중형 피난구 유도등을 설치해야 하는 건축물이 아닌 경우이면서) 근린생활시설, 노유자시설, 업무시설, 발전시설, 종교시설, 교육연구 시설, 수련 시설, 공장, 교정 및 군사시설, 기숙사, 자동차 정비 공장, 운전학원, 다중 이용 업소, 복합 건축물, 아파트

정답

해설 참조

해설

종류	설치 장소
대형 피난구 유도등 통로 유도등 객석 유도등	공연장, 집회장, 관람장, 운동시설 유흥주점영업시설(손님이 춤을 출 수 있는 무대가 설치된 카바레, 나이트 클럽 또는 그 밖에 이와 비슷한 영업시설)
대형 피난구 유도등 통로 유도등	위락시설, 판매시설, 운수시설, 관광 숙박업, 의료시설, 전시장, 지하상가, 지하철 역사 **암기팁** 대형이라서 **지하**(지하상가, 역사)**의**(의료시설) **전광판**(전시장, 관광숙박업, 판매시설)
중형 피난구 유도등 통로 유도등	숙박시설(관광숙박업 제외), 오피스텔 지하층, 무창층 및 11층 이상의 부분 **암기팁** 손을 모으고(11) **숙오**(숙박시설, 오피스텔) 하셨어요.
소형 피난구 유도등 통로 유도등	(대형이나 중형 피난구 유도등을 설치해야 하는 건축물이 아닌 경우이면서) 근린생활시설, 노유자시설, 업무시설, 발전시설, 종교시설, 교육연구시설, 수련시설, 공장, 교정 및 군사시설, 기숙사, 자동차 정비 공장, 운전학원, 다중이용업소, 복합 건축물, 아파트
피난구 유도 표지 통로 유도 표지	그 외

09 길이가 25[m]인 통로에 객석 통로 유도등을 설치하려 한다. 이 때 필요한 객석 유도등의 수량의 최소 개수를 산출하고 아래 도면에 배치하시오.

1) 개수

2) 도면 표시

정답

1) 개수

$$\frac{25}{4} - 1 = 5.25 ≒ 6(EA)$$

2) 도면 표기

10 유도등 및 비상 조명등에 관한 다음 각 물음에 답하시오.

1) 유도등의 비상 전원은?

2) 비상 조명등의 설치 기준에 관한 다음 빈칸을 쓰시오.

예비전원과 비상전원은 비상조명등을 ((가))분 이상 유효하게 작동시킬 수 있는 용량으로 할 것

다만, 다음의 특정소방대상물의 경우에는 그 부분에서 피난층에 이르는 부분의 비상조명등을 ((나))분 이상 유효하게 작동시킬 수 있는 용량으로 해야 한다.

① 지하층을 제외한 층수가 ((다))층 이상의 층

② 지하층 또는 무창층으로서 용도가 도매시장·소매시장·여객자동차터미널·지하역사 또는 지하상가

(가) :

(나) :

(다) :

정답

1) 축전지 설비
2) (가) : 20
   (나) : 60
   (다) : 11

해설

구분		비상전원수전설비 (B)	축전기설비 (C)	자가발전설비 (D)	전기저장장치 (E)
피난 구조 설비 (예외 있음)	유도등		20분		20분
	비상조명설비		20분	20분	20분

암기팁 C와 E를 합쳐서 SEE로 볼 수 있다. 보여주는 형태로 기억할 수 있다.

출제예상문제

11 유도등의 비상 전원 설치 기준에 대한 설명이다. 빈칸을 채우시오.

1) 비상 전원의 경우 내장된 배터리를 활용하고 있으며, 비상 전원 동작 후 ((가))분 이상 유지되어야 한다. (단, 지하층을 제외한 층수가 ((나))층 이상이거나 지하층 또는 무창층으로서 용도가 [지하철 역사], [도매시장], [지하 상가], [여객 자동차 터미널]인 경우 ((다))분 이상 유지되어야 한다.)

(가) :

(나) :

(다) :

> **정답**
> (가) : 20분
> (나) : 11층
> (다) : 60분

> **해설**
> • 빈번하게 출제가 되는 문항 중에 하나이다. 기존의 시간에 대한 질의는 많았기 때문에 60분 이상 기준에 해당하는 특정 소방 대상물의 용도를 숙지할 필요가 있다.

Chapter 02 비상 조명등, 휴대용 조명등

1. 개요

(1) 분류 기준
피난 보조 설비 중 피난 경로를 유도하는 용도가 아닌 조명을 확보하기 위한 설비를 말한다.

(2) 비상 조명등의 정의
"비상 조명등"이란 화재 발생 등에 따른 정전 시 안전하고 원활한 피난 활동을 할 수 있도록 거실 및 피난 통로 등에 설치되어 자동 점등하는 조명을 말한다.

(3) 휴대용 조명등의 정의
"휴대용 비상 조명등"이란 화재 발생 등으로 정전 시 안전하고 원활한 피난을 위하여 피난자가 휴대할 수 있는 조명등이다.

비상 조명등

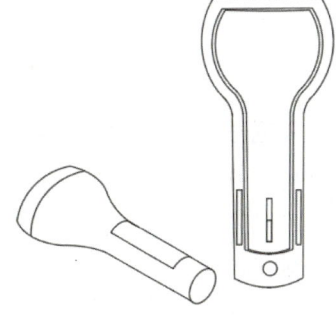

휴대용 비상 조명등

2. 비상 조명등

(1) 비상 조명등의 설치 기준

① 설치 대상
- 500m 이상의 터널
- 5층 이상이면서 연면적 3,000m^2 이상
- 지하층 또는 무창층이면서 바닥면적이 450m^2 이상

② 설치 면제 대상
- 거실의 각 부분으로부터 하나의 출입구에 이르는 보행 거리가 15m 이내인 부분
- 의원, 경기장, 공동주택, 의료시설, 학교의 거실

③ 비상 조명등의 설치 장소
비상 조명등의 경우 거실로부터 지상에 이르는 복도, 계단 및 그 밖의 통로 구간에 설치하고 있으며, 예비 전원이 내장하지 않은 경우에는 점검이 편리하고 화재 및 침수 등의 재해로 인한 피해를 받을 우려가 없는 곳에 설치해야 한다.

(2) 비상 조명등의 성능 기준

① 조명 기준
- 조도는 비상 조명등이 설치된 장소의 각 부분의 바닥에서 1lx 이상이 되도록 할 것
- 유도등의 유효범위(유도등의 조도가 바닥에서 1lx에 이상이 되는 범위)에서는 설치를 하지 않아도 된다.

② 작동 시간[20분 이상]
- 예비 전원과 비상 전원은 비상 조명등을 20분 이상 유효하게 작동시킬 수 있는 용량으로 할 것

③ 작동 시간[60분 이상] 다음의 소방 대상물의 경우
- 지하층을 제외한 층수가 11층 이상인 층
- 지하층 또는 무창층으로서 용도가 도매시장, 소매시장, 여객자동차터미널, 지하역사 또는 지하상가

(3) 비상 조명등의 전원 기준

① 정전 시에 동작하므로 상용전원으로부터 전력의 공급이 중단된 때에는 자동으로 비상 전원으로 전력을 공급받을 수 있도록 해야 한다.

② 비상 전원의 설치
- 비상 전원의 설치 장소는 다른 장소와 방화구획 할 것. 이 경우 그 장소에는 비상 전원의 공급에 필요한 기구나 설비 외의 것을 두어선 안 된다.
- 비상 전원을 실내에 설치할 때는 그 실내에 비상 조명등을 설치할 것

③ 예비 전원 내장하는 경우
- 평상시 점등 여부를 확인할 수 있는 점검 스위치를 설치하고 해당 조명등을 유효하게 작동시킬 수 있는 용량의 축전지와 예비 전원 충전 장치를 내장할 것
④ 예비 전원을 내장하지 않은 경우
- 비상 조명등의 비상 전원은 자가발전설비, 축전지 설비 또는 전기저장장치를 다음의 기준에 따라 설치해야 한다.

3. 휴대용 비상 조명등

(1) 휴대용 비상 조명등의 설치 대상과 그 기준

① 설치하는 경우

설치 대상	설치 개수	비고
숙박 시설 또는 다중 이용 업소	1개 이상	객실 또는 영업장 안의 구획된 실마다 잘 보이는 곳
대규모 점포와 영화 상영관	3개 이상	보행 거리 50m 이내 마다 설치
지하상가 및 지하역사	3개 이상	보행 거리 25m 이내 마다 설치

② 설치 면제 형태
- 지상 1층 또는 피난층으로서 복도 및 통로 또는 창문 등의 개구부를 통하여 피난이 용이한 경우
- 숙박시설로서 복도에 비상 조명등을 설치한 경우

(2) 휴대용 비상 조명등의 성능 기준

① 외함 기준
- 어둠 속에서도 위치를 확인할 수 있어야 한다.
- 사용시에 자동으로 점등되는 구조여야 한다.
- 난연 성능이 있어야 한다.

② 전원 기준
- 건전지를 사용하는 경우에는 방전 방지 조치를 해야 하고, 충전식 배터리의 경우에는 상시 충전되도록 해야 한다.
- 건전지 및 충전식 배터리의 용량은 20분 이상 유효하게 사용할 수 있는 것으로 해야 한다.

출제예상문제

01 다음은 국가 화재 안전 기준에서 정하는 옥내 소화전 설비의 전원 및 비상전원 설치기준에 대한 설명이다.

빈칸을 채우시오.

1) 비상 전원은 옥내 소화전 설비를 유효하게 ((가)) 분 이상 작동할 수 있어야 한다.
2) 비상 전원을 실내에 설치하는 때에는 그 실내에 ((나)) 을(를) 설치하여야 한다.
3) 상용전원이 저압수전인 경우에는 ((다))의 직후에서 분기하여 전용 배선으로 하여야 한다.

(가) :

(나) :

(다) :

정답

(가) : 20
(나) : 비상 조명등
(다) : 인입 개폐기

해설

사실 맥락과 별개라고 여겨질 수 있지만, 비상 조명등을 설치해야 하는 과정에서 누락할 수 있기 때문에 문제로 숙지해두는 것이 좋다.

1) 옥내소화전설비의 비상전원 설치기준(NFPC 102 8조, NFTC 102 2.5.3)
   ① 점검에 편리하고 화재 및 침수 등의 재해로 인한 피해를 받을 우려가 없는 곳에 설치
   ② 옥내소화전설비를 유효하게 20분 이상 작동할 수 있을 것 B
   ③ 상용전원으로부터 전력의 공급이 중단된 때에는 자동으로 비상전원으로부터 전력을 공급받을 수 있을 것
   ④ 비상전원의 설치장소는 다른 장소와 방화구획하여야 하며, 그 장소에는 비상전원의 공급에 필요한 기구나 설비 외의 것을 두지 말 것(단, 열병합 발전설비에 필요한 기구나 설비 제외)
   ⑤ 비상전원을 실내에 설치하는 때에는 그 실내에 비상조명등 설치

02 비상 조명등의 설치 기준에 관한 사항이다. 빈칸을 채우시오.

1) 예비 전원을 내장하는 비상조명등에는 평상시 점등 여부를 확인할 수 있는 ((가))를 설치하고 해당 조명등을 유효하게 작동시킬 수 있는 용량의 축전지와 예비 전원 충전장치를 내장할 것

2) 예비 전원을 내장하지 않은 비상 조명등의 비상 전원은 자가발전설비, ((나)) 또는 ((다))를 다음의 기준에 따라 설치해야 한다.
   ① 점검에 편리하고 화재 및 침수 등의 재해로 인한 피해를 받을 우려가 없는 곳에 설치할 것
   ② 상용전원으로부터 전력의 공급이 중단된 때에는 자동으로 비상전원으로부터 전력을 공급받을 수 있도록 할 것
   ③ 비상전원의 설치장소는 다른 장소와 방화구획 할 것. 이 경우 그 장소에는 비상전원의 공급에 필요한 기구나 설비 외의 것(열병합발전설비에 필요한 기구나 설비는 제외한다)을 두어서는 아니 된다.

3) 예비전원과 비상전원은 비상조명등을 ((라))분 이상 유효하게 작동시킬 수 있는 용량으로 할 것. 다만, 다음의 특정소방대상물의 경우에는 그 부분에서 피난층에 이르는 부분의 비상조명등을 ((마))분 이상 유효하게 작동시킬 수 있는 용량으로 해야 한다.
   ① 지하층을 제외한 층수가 ((바))층 이상의 층
   ② 지하층 또는 무창층으로서 용도가 도매시장·소매시장·여객자동차터미널·지하역사 또는 지하상가

(가)	(나)	(다)	(라)	(마)	(바)

정답

(가)	(나)	(다)	(라)	(마)	(바)
점검 스위치	축전지 설비	전기 저장 장치	20	60	11

> **해설**
>
> 1) 예비전원을 내장하는 비상조명등에는 평상시 점등 여부를 확인할 수 있는 점검 스위치를 설치하고 해당 조명등을 유효하게 작동시킬 수 있는 용량의 축전지와 예비전원 충전장치를 내장할 것
> 2) 예비전원을 내장하지 않은 비상조명등의 비상전원은 자가발전설비, 축전지설비 또는 전기저장장치를 다음의 기준에 따라 설치해야 한다.
>   ① 점검에 편리하고 화재 및 침수 등의 재해로 인한 피해를 받을 우려가 없는 곳에 설치할 것
>   ② 상용전원으로부터 전력의 공급이 중단된 때에는 자동으로 비상전원으로부터 전력을 공급받을 수 있도록 할 것
>   ③ 비상전원의 설치장소는 다른 장소와 방화구획 할 것. 이 경우 그 장소에는 비상전원의 공급에 필요한 기구나 설비 외의 것(열병합발전설비에 필요한 기구나 설비는 제외한다)을 두어서는 아니 된다.
> 3) 예비전원과 비상전원은 비상조명등을 20분 이상 유효하게 작동시킬 수 있는 용량으로 할 것. 다만, 다음의 특정소방대상물의 경우에는 그 부분에서 피난층에 이르는 부분의 비상조명등을 60분 이상 유효하게 작동시킬 수 있는 용량으로 해야 한다.
>   ① 지하층을 제외한 층수가 11층 이상의 층
>   ② 지하층 또는 무창층으로서 용도가 도매시장·소매시장·여객자동차터미널·지하역사 또는 지하상가

03 국가 화재 안전 기준에서 정하는 비상 조명등의 설치 기준을 3가지만 쓰시오.

1)

2)

3)

> **정답**
>
> 1) 조도는 비상조명등이 설치된 장소의 각 부분의 바닥에서 1 [lx] 이상이 되도록 할 것
> 2) 특정소방대상물의 각 거실과 그로부터 지상에 이르는 복도·계단 및 그 밖의 통로에 설치할 것
> 3) 예비전원을 내장하는 비상조명등에는 평상시 점등 여부를 확인할 수 있는 점검 스위치를 설치하고 해당 조명등을 유효하게 작동시킬 수 있는 용량의 축전지와 예비전원 충전장치를 내장할 것

04 비상 조명등에 사용되는 감지기의 절연 저항 시험을 하려고 한다. 사용 기기와 판정 기준 및 측정 위치를 쓰시오.

1) 사용 기기 :

2) 양부 판정 기준 :

정답

1) 사용 기기 : 직류 500[V] 절연 저항계
2) 양부 판정 기준 : 5[MΩ] 이상

Part 03

CHAPTER 01 　비상콘센트 설비
CHAPTER 02 　무선통신보조설비
CHAPTER 03 　제연설비

소화활동설비

Chapter 01 비상 콘센트 설비

1. 개요

(1) 분류 기준
소화 활동 설비는 화재 시에 출동한 소방대의 소화 활동에 필요한 설비들이다. 전원을 공급하거나 연기를 제거하거나 통신을 제공하는 설비이며, 그 중에 전원을 공급하는 설비가 비상 콘센트 설비이다.

(2) 비상 콘센트 설비의 정의
비상 콘센트 설비는 화재 시 출동한 소방대의 소화 활동에 필요한 전원을 전용회선으로 공급하는 설비를 말한다. (비상 전원과 구별되기 때문에 혼동하지 않도록 주의하기 바란다.)

(3) 비상 콘센트 설비의 설치
바닥 면적에서 먼저 구분하는데, 수평 이동 반경에 따라 구분하기 때문이다.

① 바닥 면적 $1000m^2$ 미만인 경우
  - 11층 이상의 층에 적용한다.
  - 배치는 계단의 출입구에서 5m 이내로 설치한다.
  - 2 이상의 계단 중 1개에 설치한다.

② 바닥 면적 $1000m^2$ 이상인 경우
  - 11층 이상과 지하층에 적용한다.
  - 배치는 계단의 출입구 또는 부속실에서 5m 이내로 설치한다.
  - 3 이상의 계단 중 1개에 설치한다.
  - $3000m^2$ 이상인 지하층에 대해서는 25m 이내로 적용한다.

③ 지하가 중의 터널
  - 길이가 500m 이상일 때 적용한다.
  - 차량 주행 방향 측벽 길이 50m 이내에 설치한다.
  - 지하 상가에 대해서는 수평 거리는 25m 이내를 적용한다.

암기팁 콘센트 그림 형태 활용법

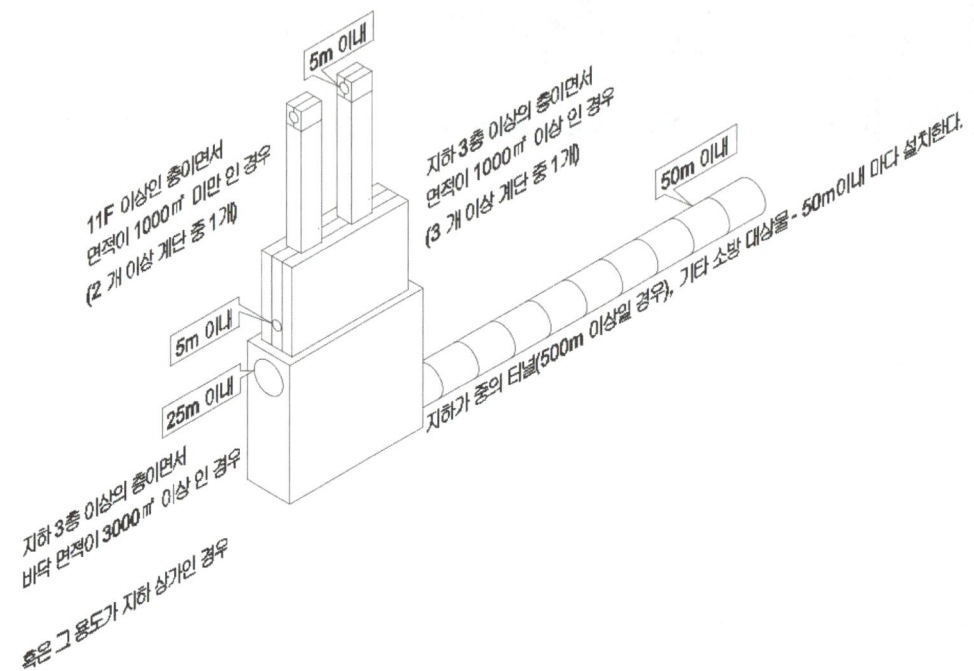

(4) 설치 방법
① 결속 및 조작이 편한 0.8m에서 1.5m의 높이로 설치한다.
② 상용 전원 회로의 배선은 전용 배선으로 하고, 사용 전원의 상시 공급에 지장이 없도록 하여야 한다.

2. 비상 콘센트의 성능 기준

(1) 비상 전원 설치 대상
비상 콘센트 설비에 자가 발전 설비, 전기 저장 장치, 축전지 설비 또는 비상 전원 수전 설비를 비상 전원으로 설치할 것

① 지하층을 제외한 층수가 7층 이상이면서 연면적 $2,000m^2$ 이상
② 지하층의 바닥 면적 합계가 $3,000m^2$ 이상

(2) 비상 전원 설치 면제 대상
① 2 이상의 변전소에서 전력을 동시에 공급받을 수 있는 경우
② 하나의 변전소로부터 전력의 공급이 중단되는 때에는 자동으로 다른 변전소로부터 전력을 공급받을 수 있도록 상용 전원을 설치한 경우

(3) 비상 전원 수전 설비의 경우 아래 기준에 따라 설치해야 한다.

① 유효하게 20분 이상 작동시킬 수 있는 용량이 있을 것
② 하나의 전용 회로에 설치하는 비상 콘센트는 10개 이하로 할 것
③ 전원 회로는 각 층에 2 이상이 되도록 설치할 것
④ 전원 회로의 단상 교류는 220V인 것으로서, 그 공급 용량은 1.5kVA 이상인 것으로 할 것

비상 콘센트 수량	공급 용량
1EA	1.5kVA 이상
2EA	3.0kVA 이상
3EA ~ 10EA	4.5kVA 이상

⑤ 상용 전원으로부터 전력의 공급이 중단된 때에는 자동으로 비상 전원으로부터 전원을 공급받을 수 있어야 할 것
⑥ 비상 콘센트용 풀박스 등은 방청 도장을 한 것으로서, 두께 1.6mm 이상의 철판으로 할 것
⑦ 전원 회로는 주배전반에서 전용회로로 할 것
⑧ 전원회로의 배선은 내화 배선으로, 그 밖의 배선은 내화 배선 또는 내열배선으로 설치할 것
⑨ 비상 콘센트의 플러그 접속기 공사
  • 접지형 2극 플러그 접속기 사용할 것
  • 칼받이의 접지극에는 접지 공사를 할 것

암기팁 시공을 한다고 생각하면서 각 구성 요소를 확인하여야 이해가 쉽다.

3. 성능 시험

(1) 절연 저항 시험

절연 저항은 전원부와 외함 사이를 500V 절연 저항계로 측정할 때 20MΩ 이상일 것

(2) 절연 내력 시험

절연 내력은 전원부와 외함 사이에 실효 전압을 가하는 시험에서 1분 이상 견디는 것으로 할 것

① [정격 전압이 150V 이하의 경우] 1,000V의 실효 전압
② [정격 전압이 150V 이상의 경우] 그 정격 전압의 2배 하여 1,000을 더한 실효 전압

출제예상문제

01 비상콘센트설비의 전원회로에 대한 다음 표를 완성하시오.

전원회로	전압[V]	공급용량[kVA]
단상교류		

정답

전원회로	전압[V]	공급용량[kVA]
단상교류	220[V]	1.5[kVA] 이상

해설

비상콘센트설비
1) 비상콘센트설비의 일반사항

구분	전압	공급용량	플러그접속기
단상 교류	220[V]	1.5[kVA] 이상	접지형 2극

2) 하나의 전용 회로에 설치하는 비상 콘센트는 10개 이하로 할 것(전선의 용량은 3개 이상일 때 3개)

설치하는 비상콘센트 수량	전선의 용량 산정 시 적용하는 비상 콘센트 수량	전선의 용량
1	1개 이상	1.5[kVA] 이상
2	2개 이상	3.0[kVA] 이상
3~10	3개 이상	4.5[kVA] 이상

02 지하 4층, 지상 11층의 건물에 비상 콘센트를 설치하려고 한다. 다음 물음에 답하시오. (단 지하 각 층의 바닥 면적은 1,000[m²]이며, 각 층의 출입구는 1개소, 계단에서 가장 먼 부분까지의 수평 거리는 20m이다.)

1) 비상 콘센트의 설치 대상에 관한 사항이다. 빈칸에 알맞은 내용을 쓰시오.
　① 층수가 ((가))층 이상인 특정 소방 대상물의 경우에는 ((가))층 이상인 층
　② 지하층의 층수가 ((나))층 이상이고 지하층의 바닥 면적의 합계가 ((다))이상인 것은 지하층의 모든층
　③ 지하가 중 터널로서 길이가 ((라)) 이상인 것

2) 이 건물에 설치하여야 하는 비상 콘센트의 설치 개수를 쓰시오.

정답

1) (가) : 11
　(나) : 3
　(다) : 1,000㎡
　(라) : 500m
2) 5개

해설

비상 콘센트 설비의 설치

1) 비상 콘센트의 설치 대상에 관한 사항이다. 빈칸에 알맞은 내용을 쓰시오.
　① 층수가 11층 이상인 특정 소방 대상물의 경우에는 11층 이상인 층
　② 지하층의 층수가 3층 이상이고 지하층의 바닥면적의 합계가 1,000㎡ 이상인 것은 지하층의 모든층
　③ 지하가 중 터널로서 길이가 500m 이상인 것

2) 지하 상가, 지하층의 바닥 면적인 3,000㎡ 이상이 아니므로 수평 거리 50m 이하마다 비상 콘센트를 설치한다. 따라서 비상 콘센트 설치 개수는 $\dfrac{실제\ 수평거리[m]}{50[m]} = \dfrac{20}{50} = 0.4 ≒ 1(절상)$

지하층의 바닥면적 합계가 1,000㎡ 이상이기 때문에 지하 전 층에 설치한다. 11층 이상의 건물이기 때문에 11층에도 1개를 설치하여야 한다.
그러므로 4(지하 설치분) + 1(11층 설치분) = 5개가 된다.

출제예상문제

03 지상 21층 건물에 비상 콘센트를 설치하려고 한다. 각 층에 하나의 비상 콘센트를 설치할 때 최소 몇 개의 회로가 필요한가? (단, 지하층은 2층까지 있고, 바닥 면적 합계가 1000㎡ 이상이다.)

정답

2회로

해설

조건1 : 비상 콘센트의 경우 11층 이상인 건물에서 설치하고 11층에서부터 설치를 한다.
조건2 : 비상 콘센트는 1회로당 10개를 제한하고 있다.
조건3 : 지하층이 3개 층이고, 바닥면적의 합계가 1000㎡ 이상일 때 지하 모든 층에 설치한다.

- 가장 먼저 조건 1을 기준으로 확인해야 한다. 계산을 하는 것도 좋지만 하나씩 세면서 실수를 줄이도록 하자.
- 21, 20, 19, ···, 11을 차례로 세보면 총 11개의 비상 콘센트를 설치해야 한다.
- 조건 2에 따라 회로 11개는 10개까지만 묶을 수 있다.
- 따라서 2개를 설치해야 하고, 조건 3은 검토하였을 때 해당 사항이 아니므로 추가하지 않는다.

04 비상 콘센트 설비에 대한 다음 각 물음에 답하시오.

1) 전원 회로의 종류, 전압 및 그 공급 용량을 쓰시오.

   ① 종류 :

   ② 전압 :

   ③ 공급 용량 :

2) 전원으로부터 각 층의 비상 콘센트에 분기되는 경우에 보호함 내에 설치하여야 하는 기구를 쓰시오.

3) 비상 콘센트 설비 배선의 설치 기준에서 전원 회로의 배선과 그 밖의 배선 종류에 대해 쓰시오.

   ① 전원 회로의 배선 :

   ② 그 밖의 배선 :

> **정답**
>
> 1) ① 종류 : 단상 교류
>   ② 전압 : 220[V]
>   ③ 공급 용량 : 1.5[kVA] 이상
> 2) 분기 배선용 차단기
> 3) ① 전원 회로의 배선 : 내화 배선
>   ② 그 밖의 배선 : 내화배선 또는 내열 배선

> **해설**
>
> - 비상용 콘센트 설비에 대한 질문의 경우는 대부분 법규에 연관된 문제가 출제된다.
> - 아래와 같은 문항들은 출제가 잦은 부분이므로 정확히 기억해야 한다.
>
> **[비상콘센트설비의 화재안전기술기준(NFTC 504)]**
> 1) 비상콘센트설비의 전원회로는 단상교류 220 [V]인 것으로서, 그 공급용량은 1.5 [kVA] 이상인 것으로 할 것
> 2) 전원 회로는 각층에 2 이상이 되도록 설치할 것. 다만, 설치해야 할 층의 비상 콘센트가 1개인 때에는 하나의 회로로 할 수 있다.
> 3) 전원으로부터 각 층의 비상 콘센트에 분기되는 경우에는 분기 배선용 차단기를 보호함 안에 설치할 것
> 4) 콘센트마다 배선용 차단기(KS C 8321)를 설치해야 하며, 충전부가 노출되지 않도록 할 것
> 5) 개폐기에는 "비상콘센트"라고 표시한 표지를 할 것
> 6) 하나의 전용회로에 설치하는 비상콘센트는 10개 이하로 할 것. 이 경우 전선의 용량은 각 비상콘센트(비상콘센트가 3개 이상인 경우에는 3개)의 공급용량을 합한 용량 이상의 것으로 해야 한다.
> 7) 비상콘센트의 플러그접속기는 접지형2극 플러그접속기(KS C 8305)를 사용해야 한다.
> 8) 비상콘센트의 플러그접속기의 칼받이의 접지극에는 접지공사를 해야 한다.

출제예상문제

05 비상 콘센트 설비의 설치 기준에 대한 다음 각 물음에 답하시오.

1) 비상 콘센트 설비의 정의를 쓰시오.
2) 플러그 접속기의 칼받이 접지극에 하는 접지 공사 종류를 쓰시오.
3) 220[V] 전원에 1[kW] 송풍기를 연결하여 운전하는 경우 회로에 흐르는 전류 [A]를 구하시오. (단, 역률은 95[%]이다.)

정답

1) 비상 콘센트란, 소화 활동 설비 중의 하나로 소방 대원의 구급 및 구조 활동에 필요한 전원을 전용 회선으로 공급하는 설비
2) 보호 접지
3) $\dfrac{1000}{220 \times 0.95} = 4.78[A]$

해설

1) 전원 회로는 각 층에 있어서 2 이상이 되도록 설치할 것. (단, 설치하여야 할 층의 콘센트가 1개인 때에는 하나의 회로로 할 수 있다.)
2) 플러그 접속기의 칼받이 접지극에는 접지 공사를 하여야 한다. (감전 보호가 목적이므로 보호 접지를 해야 한다.)
3) 풀박스는 1.6mm 이상의 철판을 사용할 것
4) 절연 저항은 전원부와 외함 사이를 직류 500[V] 절연 저항계로 측정하여 20[MΩ] 이상일 것
5) 바닥으로부터 0.8 ~ 1.5[m] 이하의 높이에 설치할 것

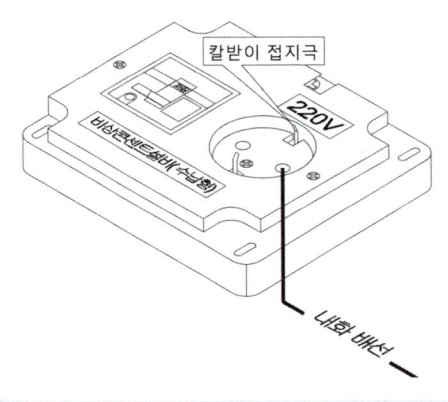

Chapter 02 무선 통신 보조 설비

1. 개요

(1) 분류 기준
소화 활동 설비는 화재 시에 출동한 소방대의 소화 활동에 필요한 설비들이다. 전원을 공급하거나 연기를 제거하거나 통신을 제공하는 설비이며, 그 중에 통신을 공급하는 설비가 무선 통신 보조 설비이다.

(2) 무선 통신 보조 설비의 정의
무선 통신 보조 설비는 소방대 상호 간에 모든 부분에서 유효하게 통신이 가능하도록 음영지역을 해소하는 소화 활동 설비이다.

2. 동축 케이블과 누설 동축 케이블

(1) 개요
① '누설 동축 케이블'이란 동축케이블의 외부 도체에 가느다란 홈을 만들어서 전파가 균일하게 외부로 방사될 수 있도록 한 케이블을 말한다. 터널, 지하철역 등 폭이 좁고 긴 지하가나 건축물에 적합하다.

② '동축 케이블'이란 전기 신호를 전송할 수 있는 데이터 통신에 사용되는 전송선로이며, 직류를 포함한 저주파에서 수십 ㎒의 고주파까지의 전기신호를 전송할 수 있다.

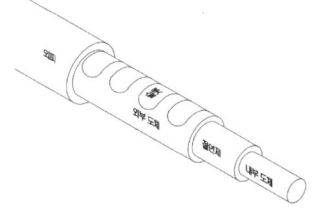

〈누설 동축 케이블(Radiax Cable 기준)〉

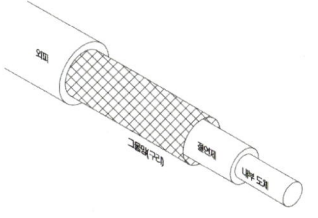

〈동축 케이블〉

(2) 연결 방식
① 누설 동축 케이블과 이에 접속하는 안테나
② 동축 케이블과 이에 접속하는 안테나

(3) 케이블 피복
① 불연 또는 난연성의 것으로서 습기 등의 환경 조건에 따라 전기의 특성이 변질되지 않는 것으로 할 것
② 노출하여 설치한 경우에는 피난 및 통행에 장애가 없도록 해야 한다.

(4) 설치
① 지지물의 경우 4m 이내마다 금속제 또는 자기제 등의 지지 금구로 벽, 천장, 기둥 등에 견고하게 고정
(불연 재료로 구획된 반자 안에 설치하는 경우는 예외)
② 이격 거리 유지 - 고압의 전로로부터 1.5m 이상 떨어진 위치에 설치한다.
(다만, 해당 전로에 정전기 차폐장치를 유효하게 설치한 경우 그렇지 않다.)
③ 증폭기의 전면에는 주회로의 전원이 정상인지의 여부를 표시하는 표시등 및 전압계를 설치한다.
④ 전자파의 반사로 인한 전자파 메아리 현상을 방지하고자 무반사 종단 저항을 견고하게 설치한다.

> **암기팁** 2, 3, 4로 기억하자. 4m 이내 지지와 3/2 이상 떨어뜨린다.

⑤ 케이블의 임피던스는 50Ω으로 하여야 한다. 이에 접속하는 안테나, 분배기 기타의 장치는 해당 임피던스에 적합한 것 선정.
(임피던스 매칭을 통한 반사 손실을 최소화하기 위하여 설치한다.)

무반사 종단 저항

3. 분파기

(1) '분파기'란, 서로 다른 주파수의 합성된 신호를 분리하기 위해서 사용하는 장치를 말한다.
(주파수를 분리 시키는 기계)

(2) 먼지 및 습기, 부식 등에 따라 기능에 이상을 가져오지 않도록 해야 한다.

(3) 점검이 편리하고 화재 등의 재해로 인한 피해의 우려가 없는 장소에 설치해야 한다.

4. 분배기

(1) '분배기'란 '신호의 전송로가 소방 외에도 다양한 설비의 주파수로 인해 송신 장애가 발생할 수 있다.'는 점, 또한 '하나의 Radiax Cable을 설치하여 겸용이 가능하다.'는 점으로 인해 필요한 설비이다. 이러한 다양한 주파수를 간섭없이 분리할 때 사용하게 되는 것으로, 임피던스 매칭과 신호 균등 분배가 가능하다.

(2) 먼지 및 습기, 부식 등에 따라 기능에 이상을 가져오지 않도록 해야 한다.

(3) 점검이 편리하고 화재 등의 재해로 인한 피해의 우려가 없는 장소에 설치해야 한다.
(임피던스 매칭이란? 전기 부하의 입력 임피던스 또는 그와 일치하는 소스의 출력 임피던스를 설계하기 위한 방법이다. 부하의 신호 반사를 최소화하고, 전력 공급을 최대화하기 위해 사용한다.)

5. 혼합기

(1) '혼합기'란 둘 이상의 입력신호를 원하는 비율로 조합한 출력이 발생하도록 하는 장치를 말한다.

(2) 먼지 및 습기, 부식 등에 따라 기능에 이상을 가져오지 않도록 해야 한다.

(3) 점검이 편리하고 화재 등의 재해로 인한 피해의 우려가 없는 장소에 설치해야 한다.

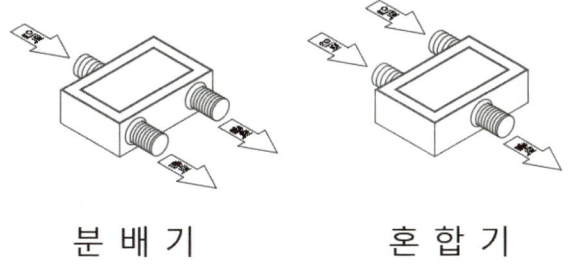

분 배 기   혼 합 기

6. 무선 중계기

안테나를 통하여 수신된 무전기 신호를 증폭한 후 음영지역에 재방사하여 무전기 상호 간 송수신이 가능하도록 하는 장치를 말한다.

7. 옥외안테나

(1) '옥외 안테나'란 감시제어반 등에 설치된 무선 중계기의 입력과 출력 포트에 연결되어 송신, 수신 신호를 원활하게 방사, 수신하기 위해 옥외에 설치하는 장치를 말한다.

(2) 수신기가 설치된 장소 등 사람이 상시 근무하는 장소에는 옥외 안테나의 위치가 모두 표시된 옥외 안테나 [위치 표시도]를 비치해야 한다.

(3) 옥외 안테나는 견고하게 파손의 우려가 없는 곳에 설치하고 그 가까운 곳의 보기 쉬운 곳에 "무선통신보조설비 안테나"라는 표시와 함께 통신 가능거리를 표시한 표지를 설치해야 한다.

(4) 건축물, 지하가, 터널 또는 공동구의 출입구와 출입구 인근에서 통신이 가능한 장소에 설치해야 한다.

8. 설치

(1) 설치 방식

① 동축 케이블과 누설 동축 케이블을 조합한 방식 : 누설 동축 케이블을 이용한 방식으로, 케이블을 노출시켜 설치하는 방식이다.
② 동축 케이블과 공중선을 조합한 방식 : 케이블이 아닌 안테나에서 전파를 송신과 수신을 하는 방식이다.
③ 누설 동축 케이블 및 공중선을 조합한 방식 : 누설 동축 케이블과 안테나 방식을 혼합한 방식이다.

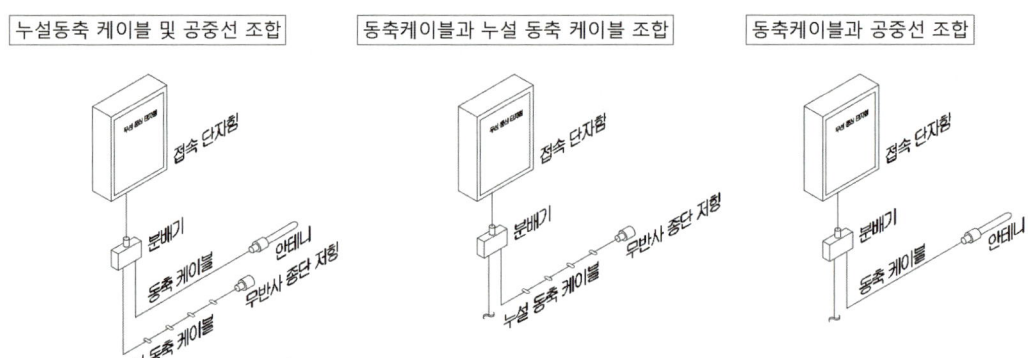

(2) 배치도

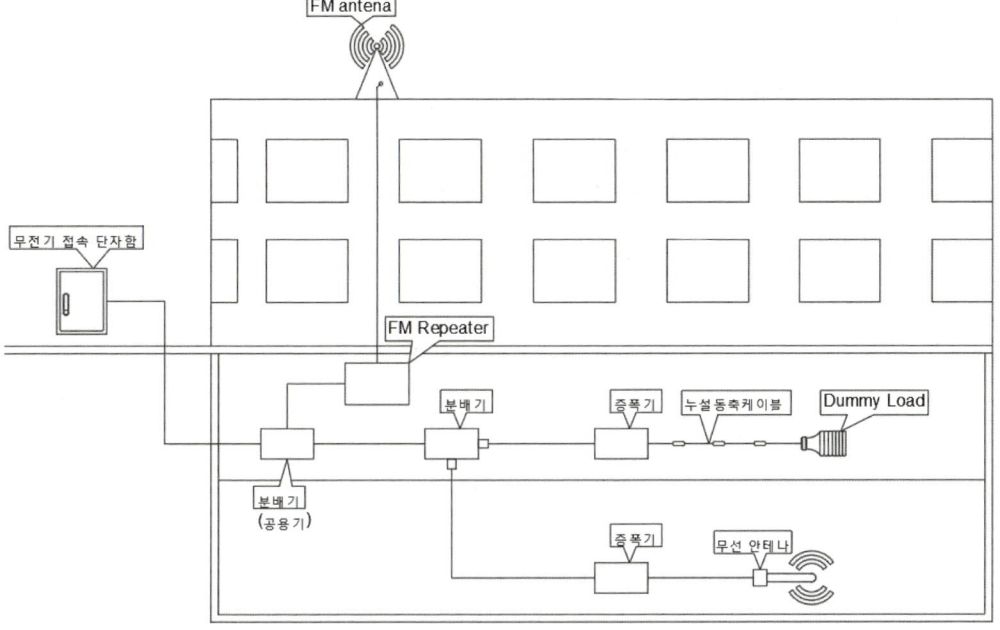

(3) 설치 대상

① 음영지역이 존재하는 건축물
- 터널 500m 이상
- 지하가로 연면적 1000m^2 이상
- 지하 3층 이상이면서 1000m^2 이상
- 지하 1층 이상이면서 바닥면적 3,000m^2 이상

② 지휘소가 멀리 떨어질 우려가 존재하는 곳
- 30층 이상 건축물 중 16층 이상
- 공동구

(4) 설치 예외 대상

① 지하층으로 특정 소방 대상물의 바닥 부분 2면 이상이 지표면과 동일
② 지표면으로부터의 깊이가 1m 이하인 경우에는 해당 층

위 두 가지 조항에 해당할 시 무선 통신 보조 설비를 설치하지 아니할 수 있다.

출제예상문제

01 무선 통신 보조 설비의 설치 기준에 관한 질문이다. 다음 물음에 답하시오.

1) 누설 동축 케이블의 끝부분에는 설치하는 장치를 쓰시오.
2) 누설 동축 케이블에 설치하는 금속제 또는 자기제 등의 지지 금구의 설치 간격을 쓰시오.
3) 누설 동축 케이블 및 안테나 고압의 전로로부터의 이격거리를 쓰시오.
4) 증폭기의 전면에는 주회로의 전원이 정상인지 여부를 표시하기 위해 설치하는 것은 무엇인가?

> **정답**
> 1) 무반사 종단 저항
> 2) 4[m]
> 3) 1.5[m]
> 4) 표시등과 전압계

> **해설**
> ① 지지물의 경우 4m 이내마다 금속제 또는 자기제 등의 지지 금구로 벽, 천장, 기둥 등에 견고하게 고정(불연 재료로 구획된 반자 안에 설치하는 경우는 예외)
> ② 이격 거리 유지 – 고압의 전로로부터 1.5m 이상 떨어진 위치에 설치한다.(다만, 해당 전로에 정전기 차폐장치를 유효하게 설치한 경우 그렇지 않다.)
> ③ 증폭기의 전면에는 주회로의 전원이 정상인지의 여부를 표시하는 표시등 및 전압계를 설치한다.
> ④ 전자파의 반사로 인한 전자파 메아리 현상을 방지하고자 무반사 종단 저항을 견고하게 설치한다.
> **암기팁** 2, 3, 4로 기억하자. 4m 이내 지지와 3/2 이상 떨어뜨린다.
> ⑤ 케이블의 임피던스는 50Ω으로 하여야 한다. 이에 접속하는 안테나, 분배기 기타의 장치는 해당 임피던스에 적합한 것 선정.(임피던스 매칭을 통한 반사 손실을 최소화하기 위하여 설치한다.)

02 무선통신보조설비의 누설 동축 케이블의 기호를 보고 빈칸을 채우시오.

$$\underline{LCX}\text{-}\underline{FR}\text{-}\underline{SS}\text{-}\underline{20}\underline{D}\text{-}\underline{14}\ \underline{6}$$
① ② ③ ④ ⑤ ⑥ ⑦

기호	의미
①	
②	
③	
④	
⑤	
⑥	
⑦	

정답

기호	의미
①	누설 동축 케이블
②	난연성(내열성)(Fire Resistance)
③	자기지지(Self Support)
④	절연체의 외경(diameter)
⑤	특성 임피던스(D : 75Ω, C : 50Ω)
⑥	사용 주파수
⑦	결합 손실 표시

해설

- 답란에 적힌 내용을 다양하게 적용하면서 한 번씩 써보길 바란다. 그러면 어느 순간 모든 내용이 다 기억되어 있을 것이다.

출제예상문제

03 무선 통신 보조 설비에 사용되는 분배기, 분파기, 혼합기의 기능에 대하여 서술하시오.

1) 분배기 :

2) 분파기 :

3) 혼합기 :

정답

1) '분배기'란 신호의 전송로가 분기되는 장소에 설치하는 것으로 임피던스 매칭과 신호 균등 분배를 위해 사용하는 장치이다.
2) '분파기'란, 서로 다른 주파수의 합성된 신호를 분리하기 위해서 사용하는 장치를 말한다.
3) '혼합기'란 둘 이상의 입력신호를 원하는 비율로 조합한 출력이 발생하도록 하는 장치를 말한다.

해설

용어	도면 기호	정의
누설동축 케이블	————	동축케이블의 외부도체에 가느다란 홈을 만들어서 전파가 외부로 새어나 갈 수 있도록 한 케이블을 말한다.
분배기		신호의 전송로가 분기되는 장소에 설치하는 것으로 임피던스 매칭(Matching)과 신호 균등분배를 위해 사용하는 장치를 말한다.
혼합기		2 이상의 입력신호를 원하는 비율로 조합한 출력이 발생하도록 하는 장치를 말한다.
분파기	F	서로 다른 주파수의 합성된 신호를 분리하기 위해서 사용하는 장치를 말한다.
증폭기	AMP	전압 · 전류의 진폭을 늘려 감도 등을 개선하는 장치를 말한다.

04 무선 통신 보조 설비에 사용되는 무반사 종단 저항의 설치 위치와 목적을 쓰시오.

1) 설치 위치 :

2) 설치 목적 :

> **정답**
> 1) 설치 위치 : 누설 동축 케이블 말단
> 2) 설치 목적 : 전송로로 전송되는 전자파가 전송로의 끝단에서 반사되어 교신을 방해하는 것을 막기 위함이다.

05 무선 통신 보조 설비의 설치 기준에 관한 설명이다. 빈칸을 채우시오.

1) 증폭기의 정의를 쓰시오.

2) 증폭기에는 비상 전원이 부착된 것으로 하고 해당 비상 전원 용량은 무선 통신 보조 설비를 유효하게 ((가))분 이상 작동시킬 수 있는 것으로 할 것

3) 증폭기의 전면에는 주 회로의 전원이 정상인지의 여부를 표시할 수 있는 ((나)) 및 ((다))를 설치할 것

4) 증폭기의 전원은 전기가 정상적으로 공급되는 ((라)), ((마)) 또는 ((바))로 하고, 전원까지의 배선은 전용으로 할 것

> **정답**
> 1) 증폭기란, 마이크로부터 전기 신호로 수신한 신호의 전압과 전류의 진폭을 늘려서 감도를 높이고 소리의 크기도 키우는 장치이다.
> 2) (가) : 30분 이상
> 3) (나) : 표시등
>   (다) : 전압계
> 4) (라) : 교류 전압 옥내 간선
>   (마) : 축전지 설비
>   (바) : 전기 저장 장치

Chapter 03 제연 설비

1. 개요

(1) 분류 기준

소화 활동 설비는 화재 시에 출동한 소방대의 소화 활동에 필요한 설비들이다. 전원을 공급하거나 연기를 제거하거나 통신을 제공하는 설비이며, 그 중에 연기를 제거하기 위한 설비가 제연설비이다.

(2) 제연 설비의 정의

제연 설비란? 화재로 인해 발생한 연기 및 유독 가스를 자연적인 방식, 기계적인 방식을 통하여 제어하여 희석, 차단, 배출 등의 효과를 거두기 위한 〈소화 활동 보조설비〉 중의 하나이다.

(3) 용어 정리

① 제연 경계 벽 : 제연 경계가 되는 가동형 또는 고정형의 벽을 말한다.
② 제연 경계의 폭 : 제연 경계가 면한 천장 또는 반자로부터 그 제연 경계의 수직하단 끝부분까지의 거리를 말한다.
③ 수직 거리 : 제연 경계의 하단 끝으로부터 그 수직한 하부 바닥면까지의 거리를 말한다.
④ 예상 제연구역 : 화재 시 연기의 제어가 요구되는 제연 구역을 말한다.
⑤ 공동 예상 제연구역 : 2개 이상의 예상 제연 구역을 동시에 제연하는 구역을 말한다.
⑥ 보행 중심선 : 통로 폭의 한 가운데 지점을 연장한 선을 말한다.

2. 재연 설비의 설치 기준

(1) 설치 대상(유해 가스의 발생하여 체류할 우려가 있는 용도의 건축물)

① 운수 시설 중 시외버스 정류장, 철도 및 도시철도 시설, 공항시설 및 항만시설의 대합실 또는 휴게시설로서 지하층 또는 무창층 바닥 면적이 $1000 m^2$ 이상인 것 (화재 시 공기보다 무거운 유증기 발생)

② 지하가 중 예상 교통량, 경사도 등 터널의 특성을 고려하여 총리령으로 정하는 터널 (화재 시 공기보다 무거운 유증기 발생)
③ 지하가로서 연면적 1000㎡이상인 것
④ 지하층이나 무창층에 설치된 근린생활시설, 판매시설, 운수시설, 숙박시설, 위락시설, 의료시설, 노유자시설 또는 창고시설로서 해당 용도로 사용되는 바닥면적 합계가 1000㎡ 이상인 층 (유해 가스가 체류할 우려가 있는 장소)

(2) 설치 대상(인원이 다수가 좁은 공간에 체류하여 공기의 공급이 요구되는 건축물)
① 문화, 집회 시설, 종교 시설, 운동 시설로 무대부 바닥 면적이 200㎡ 이상 또는 문화 및 집회 시설 중 영화상영관으로 수용인원이 100명 이상
② 특정 소방 대상물에 부설된 특별 피난 계단 또는 비상용 승강기의 승강장

(3) 설치 면제 대상
① 공기조화설비를 화재 안전기준의 제연설비기준에 적합하게 설치하고 공기 조화 설비가 화재 시 제연 설비 기능으로 자동 전환되는 구조로 설치된 경우
② 직접 외부 공기와 통하는 배출구의 면적의 합계가 바닥 면적의 100분의 1이상이고, 배출구로부터 각 부분까지 수평거리가 30m 이내이며, 공기 유입구가 화재 안전 기준에 적합하게 설치된 경우
③ 노대와 연결된 특별 피난 계단, 노대가 설치된 비상용 승강기의 승강장 또는 배연 설비가 설치된 피난용 승강기의 승강장

3. 제연 경계

(1) '제연 경계'란, 연기를 예상 제연 구역 내에 가두거나 이동을 억제하기 위한 보 또는 제연경계벽을 말한다.(제연 경계벽 : 경계가 되는 가동형 또는 고정형 벽)

(2) 제연 구역의 선정
① 하나의 제연 구역의 면적은 1,000㎡ 이내로 할 것
② 거실과 통로는 각각 제연 구획할 것
③ 통로상의 제연 구역은 보행중심선 길이가 60m를 초과하지 않을 것
④ 하나의 제연 구역은 직경 60m 원 내에 들어가야 할 것
⑤ 하나의 제연 구역은 둘 이상의 층에 미치지 않도록 할 것

암기팁 연기의 이동을 표현하는 듯한 모습으로 60을 연상하여 기억하자!

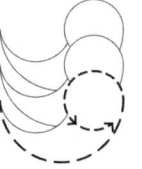

(3) 제연 구역의 구획은 보 또는 제연 경계벽(방화문, 방화 셔터)으로 해야 한다.
   ① 재질은 내화재료, 불연재료 또는 제연경계벽으로 성능을 인정받은 것으로서 화재 시 쉽게 변형·파괴되지 아니하고 연기가 누설되지 않는 기밀성 있는 재료로 할 것
   ② 제연 경계는 폭이 0.6m 이상이고, 수직거리는 2m 이내이어야 한다. 다만, 구조상 불가피한 경우는 2m를 초과할 수 있다.
   ③ 제연경계벽은 배연 시 기류에 따라 그 하단이 쉽게 흔들리지 않고, 가동식의 경우에는 급속히 하강하여 인명에 위해를 주지 않는 구조일 것

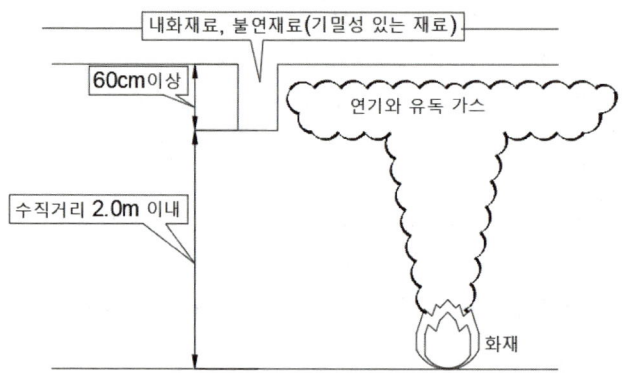

4. 재연 설비의 구분

(1) 재연 방식
① 예상 제연 구역에 대해서 화재 시 연기 배출과 동시에 공기가 유입될 수 있게 하고, 배출 구역이 거실일 경우에는 통로에도 동시에 공기가 유입될 수 있도록 해야 한다.
② 통로와 인접한 거실의 바닥면적이 $50m^2$ 미만으로 구획되고 그 거실에 통로가 인접하여 있는 경우에는 화재 시 그 거실에서 직접 배출하지 아니하고 인접한 통로의 배출로 갈음할 수 있다. (다만, 그 거실이 다른 거실의 피난을 위한 경유 거실인 경우에는 그 거실에서 직접 배출해야 한다.)
③ 통로의 주요 구조부가 내화 구조이며 마감이 불연재료 또는 난연 재료로 처리되고 통로 내부에 가연성 물질이 없는 경우에 그 통로는 예상 제연 구역으로 간주하지 않을 수 있다. 화재 시 연기의 유입이 우려되는 통로는 그렇지 아니하다.

(2) 재연 구역의 선정
일반적으로 방연 풍속은 0.5㎧를 유지하나, 거실을 면한 '③ 부속실 단독 제연', '④ 비상용 승강기 단독 제연'의 경우는 0.7㎧ 이상 유지하여야 한다.
① 계단실 및 그 부속실을 동시에 제연

② 계단실을 단독 제연
③ 부속실을 단독 제연
④ 비상용 승강기 승강장을 단독으로 제연

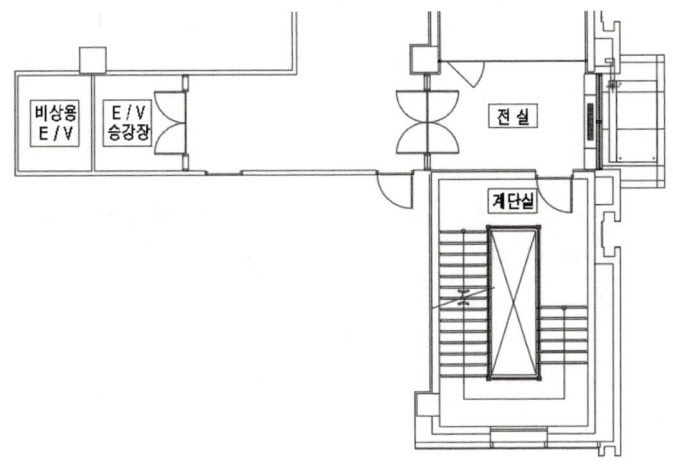

(3) 특별피난계단의 계단실 및 부속실 제연 설비

① 부속실 제연 설비란? '전실 제연 설비'라고도 하며 계단실 전실 공간에 공기를 공급하여 그 공간의 기압을 화재 공간에 기압보다 높게 하는 차압을 형성하는 설비를 말한다. 화재실의 연기가 제연 구역 내로 확대되는 것을 막는다.

② 구성요소의 동작 순서
- 감지기 : 자동 동작 시킨다.
- 발신기 : 수동 동작(버튼을 눌러서) 시킨다.
- 수동 기동 장치 : 수동 동작(버튼을 눌러서) 시킨다.
- 제연 급기팬 : 감지기, 발신기, 수동 기동 장치에서 동작 신호를 받아 기동한다.
- 급기 덕트 : 공급된 공기를 부속실 댐퍼까지 전달한다.
- 제연 댐퍼 : 급기팬으로부터 공급받은 공기를 부속실에 공급한다.

(4) 거실 제연 설비

① 거실 제연 설비란? 화재실에서 연기를 배기함과 동시에 인접한 곳에서 신선한 공기를 공급하여 연기를 신속하게 배출하는 설비이다.

② 구성요소의 동작 순서
- 감지기 : 자동 동작 시킨다.
- 수동조작함 : 수동 조작(버튼을 눌러서) 시킨다.
- 제연 커튼 : 동작과 동시에 발생한 연기의 확산을 차단한다.

- 급기팬과 배기팬 : 인근의 비화재 구역에서 급기하고 이렇게 화재실에 공급된 공기는 연기를 상부로 밀어 올린다.
- 급기덕트와 배기덕트 : 공기가 지나는 급기 덕트와 연기가 지나는 배기 덕트이다.
- 급기구와 배기구 : 천장에 설치된 배연구를 통해 옥상으로 연기를 배출하여 연기 확산을 막는다.

5. 배연창의 설비

(1) 배연창 설비의 개요

배연창 설비는 화재 시에 화재 구역을 설정하여 자연 환기를 통해 연기를 외부로 배출함으로써 연기의 확산, 화재의 확대를 방지하기 위해 사용한다.

(2) 설치 대상

① 제 2종 근린생활시설인 공연장, 종교 집회장 또는 게임 시설 제공 업소는 $300m^2$ 이상
② 이 외 6층 이상의 건축물

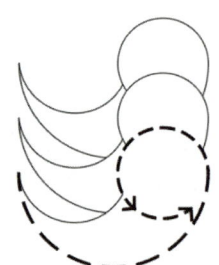

연기의 이동을 표현하는 듯한 모습으로 6층을 연상하여 기억하자!

(3) 구동 방식

구분	솔레노이드 방식	모터 방식
구동 장치	솔레노이드 밸브	모터
전원 공급 장치	없음	있음
기동	개별 기동	동시 기동
기동선	창마다 추가됨.	동일.
복구 방법	손으로 복구	복구선 1선 추가 필요

(4) 배연창의 성능 기준

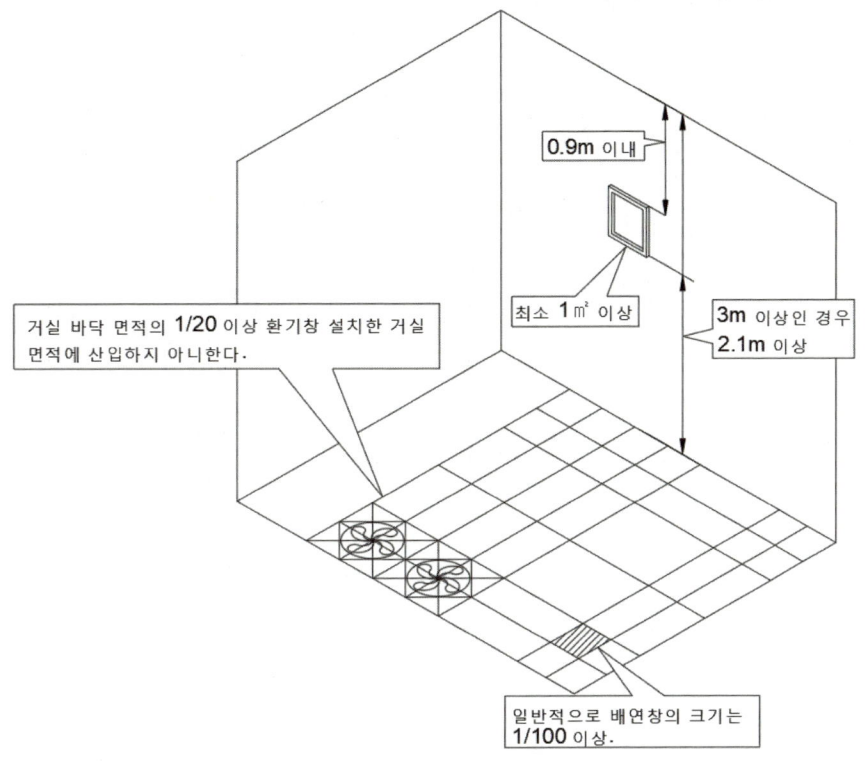

① 배연창의 크기
- 최소 1m^2 이상이어야 한다.
- 바닥면적의 1/100 이상(바닥면적은 방화 구획으로 구획된 부분의 바닥 면적)
- 바닥면적의 산정에 있어서 거실 바닥 면적의 1/20 이상으로 환기창을 설치한 거실의 면적은 이에 산입하지 않는다. (배연창의 그림자가 바닥에 졌다고 가정하고, 배연창이 1/20정도를 가리게 되고 나머지만 산정한다고 생각하자)

② 배연창의 높이
- 배연창의 상변과 천장 또는 반자로부터 수직거리가 0.9m 이내
- 반자 높이가 바닥으로부터 3m 이상인 경우에는 배연창의 하변이 바닥으로부터 2.1m 이상의 위치에 놓이도록 설치

6. 배연창의 결선
(1) 솔레노이드밸브 방식 가닥수

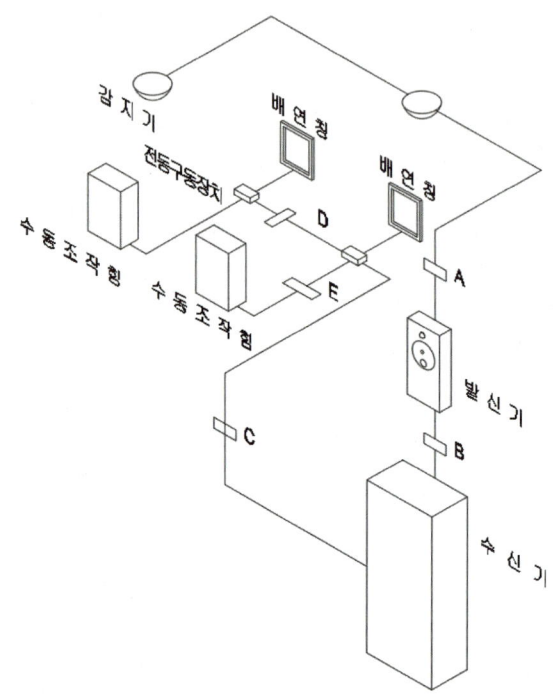

번호	구분	배선의 용도		
		기동	확인	공통
C	전동 구동 장치	2	2	1
	수신기			
D	전동 구동 장치	1	1	1
	전동 구동 장치			
E	수동 조작함	1	1	1
	전동 구동 장치			

① 전동 구동 장치와 수동 조작함 간 배선은 기동, 확인, 공통 3선
② 배연창 수가 증가하면 기동, 확인이 1가닥씩 증가하게 된다.
③ 발신기의 결선은 자동화재탐지설비와 동일하다.(후면 회로 결선)

(2) 모터 방식 가닥수

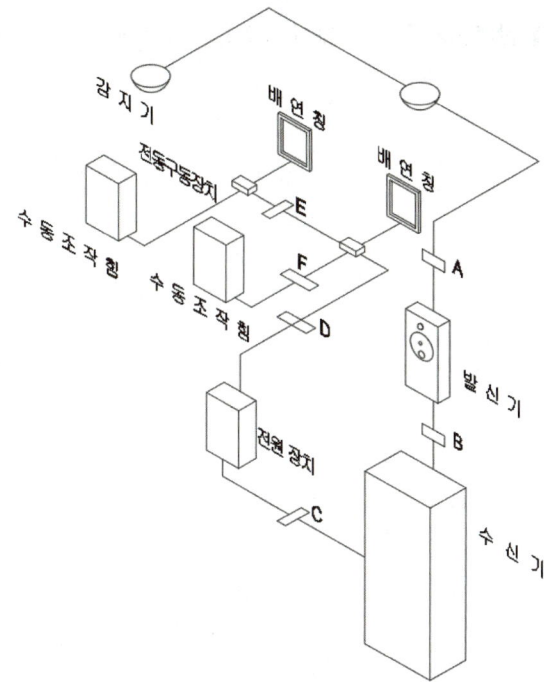

번호	구분	배선의 용도						
		전원 +	전원 -	기동	복구	동작 확인	AC	정지
C	전원 장치	1	1	1	1	2	2	
	수신기							
D	전원 장치	1	1	1	1	2		
	전동 구동 장치							
E	전동 구동 장치	1	1	1	1	1		
	전동 구동 장치							
F	전동 구동 장치	1	1	1	1			1
	수동 조작함							

출제예상문제

01 제연 설비의 수신반에서 120[m] 떨어진 장소의 감지기가 작동할 때 소비된 전류가 2[A]라 하자. 이때의 전압 강하를 산출하시오.(단, 전선 굵기는 1.5mm이며 단상 2선식을 사용하였다.)

(전기 실무 공부 이후 풀 것)

정답

$$\frac{35.6 \cdot 120 \cdot 2}{1000 \cdot (\pi \cdot 0.75^2)} = 4.83[V]$$

해설

$e = \dfrac{35.6 \cdot L \cdot I}{1000 A}$ (A : 전선의 단면적 $[mm^2]$, L : 길이 $[m]$, I : 전류 $[A]$)

※ 전선의 직경을 줄 때도 있고, 단면적을 줄 때도 있으니 주의하여야 한다.

02 다음 보기는 제연 설비에서 제연 구역을 구획하는 기준을 나열한 것이다. 빈칸을 채우시오.

1) 하나의 제연 구역의 면적은 ((가)) 이내로 한다.
2) 통로상의 제연 구역은 보행 중심선의 길이가 ((나))를 초과하지 않아야 한다.
3) 하나의 제연 구역은 직경 ((다)) 원 내에 들어갈 수 있도록 한다.
4) 하나의 제연 구역은 ((라))개 이상의 층에 미치지 않도록 한다. (단, 층의 구분이 불분명한 부분은 다른 부분과 별도로 제연 구획할 것)
5) 재질은 ((마)), ((바))또는 제연 경계벽으로 성능을 인정받은 것으로서 화재시 쉽게 변형, 파괴되지 아니하고 연기가 누설되지 않는 기밀성 있는 재료로 할 것

(가) :

(나) :

(다) :

(라) :

(마) :

(바) :

정답

(가) : 1,000[㎡]
(나) : 60[m]
(다) : 60[m]
(라) : 2
(마) : 내화 재료
(바) : 불연 재료

해설

1) 제연 구역의 경우는 기존의 자동 화재 탐지 설비의 경계 구역과는 달리 1,000[㎡]를 두고 있다.
   암기팁 연기를 구획하는 것이기 때문에 '천장'으로 구획한다고 생각하자. 따라서 1,000[㎡]로 둔다.)
2) 또한 보행 중심 거리와 수평 거리가 모두 60m를 기준으로 두고 있음을 볼 수 있다.
   암기팁 연기 감지기의 도면 기호를 보면 'S'를 넣는다. 이를 Six로 생각하여 기억하기 바란다.)
3) 재질에 대한 내용의 경우 상시 나올 수 있는 내용이므로 숙지하기 바란다.

출제예상문제

03 배연창의 성능 기준에 대한 설명이다. 빈 칸을 채우시오.

1) 배연창의 크기
   - 최소 ((가))㎡ 이상이어야 한다.
   - 바닥면적의 ((나)) 이상(바닥면적은 방화 구획으로 구획된 부분의 바닥 면적)
   - 바닥면적의 산정에 있어서 거실 바닥 면적의 ((다)) 이상으로 환기창을 설치한 거실의 면적은 이에 산입하지 않는다.

2) 배연창의 높이
   - 배연창의 상변과 천장 또는 반자로부터 수직거리가 ((라))[m] 이내
   - 반자 높이가 바닥으로부터 ((마))m 이상인 경우에는 배연창의 하변이 바닥으로부터 ((바))[m] 이상의 위치에 놓이도록 설치

(가) :

(나) :

(다) :

(라) :

(마) :

(바) :

정답

(가) : 1
(나) : 1/100
(다) : 1/20
(라) : 0.9
(마) : 3
(바) : 2.1

> **해설**
>
> 제연 문제는 자주 다루지 않는 소재에 해당한다. 하지만 새로운 문제 출제를 할 때 소재로 이용한 전례가 있으므로 해당 부분에 대해서도 미리 숙지하여 익혀둘 필요가 있다.
>
> 1) 배연창의 크기
>   - 최소 1㎡ 이상이어야 한다.
>   - 바닥면적의 1/100 이상(바닥면적은 방화 구획으로 구획된 부분의 바닥 면적)
>   - 바닥면적의 산정에 있어서 거실 바닥 면적의 1/20 이상으로 환기창을 설치한 거실의 면적은 이에 산입하지 않는다. (배연창의 그림자가 바닥에 졌다고 가정하고, 배연창이 1/20정도를 가리게 되고 나머지만 산정한다고 생각하자.)
> 2) 배연창의 높이
>   - 배연창의 상변과 천장 또는 반자로부터 수직거리가 0.9m 이내
>   - 반자 높이가 바닥으로부터 3m 이상인 경우에는 배연창의 하변이 바닥으로부터 2.1m 이상의 위치에 놓이도록 설치.

Part 04

CHAPTER 01 　전기기초-전원
CHAPTER 02 　전기기초-소방설비
CHAPTER 03 　배선 및 시공 실무
CHAPTER 04 　제어 기초
CHAPTER 05 　소방설비 회로

소방전기실무

Chapter 01 전기 기초 - 전원

1. 개요

(1) 분류 기준
앞에서 소방 설비의 다양한 종류를 배웠고, 이 부분에서는 전기 공급을 해주는 방식을 배우게 된다. 설비마다 전원의 비상 시 전원 공급에 차이가 있다.

(2) 전원의 종류
① 상용 전원 : 평상 시 일반 전원의 역할로 건물 내 모든 설비에 전력을 공급한다.
② 예비 전원 : 상용 전원의 고장 또는 점검 등으로 전원 공급이 되지 않는 경우 일시적으로 사용하는 전원이며 이는 비상 전원을 포함하는 개념이다.
③ 비상 전원 : 상용 전원의 정전이 발생하였을 때 최소한이 설비의 작동을 유지시키기 위한 전원이다.

2. 비상 전원 수전 설비

(1) 개요
화재 시 상용 전원이 공급되는 시점까지만 비상 전원으로 적용이 가능한 설비로서 상용 전원의 안전성과 내화 성능을 향상한 설비를 말한다.

> **암기팁** 우리는 A(AC 교류), B(비상 전원), C(카페시터, 축전지), D(디젤 발전기, 자가발전 설비), E(ESS, 전기 저장 장치)로 활용을 한다.

(2) 설치 기준
① 점검에 편리하고 화재 및 침수 등의 재해로 인한 피해를 받을 우려가 없는 곳에 설치해야 한다.
② 인입선
- 화재가 발생해도 화재로 인한 손상을 받지 않도록 설치해야 한다.
- 내화배선으로 해야 한다.

③ 배선의 배치
- 소방회로 배선은 일반회로배선과 불연성의 격벽으로 구획이 되어야 한다.
  (예외 : 소방회로배선과 일반회로 배선을 15cm 이상 떨어져 설치한 경우)
- 소방 회로용 개폐기 및 과전류 차단기에는 '소방시설용'이라 표시해야 한다.

(3) 큐비클형의 설치 기준
① 전용 큐비클 또는 공용 큐비클식으로 설치할 것
② 외함은 두께 2.3[mm] 이상의 강판과 이와 동등 이상의 강도와 내화성능이 있는 것으로 제작해야 하며, 개구부에는 「건축법 시행령」 제64조에 따른 방화문으로서 60분 + 방화문, 60분 방화문 또는 30분 방화문으로 설치할 것
③ 외함의 바닥에서 10[cm](시험단자, 단자대 등의 충전부는 15[cm]) 이상의 높이에 설치할 것
④ 외함 노출 설치 가능 기준
- 표시등
- 환기장치
- 전선의 인입구 및 인출구
- 전압계 및 전류계
- 계기용 전환 스위치(불연성 또는 난연성 재료로 제작된 것에 한한다.)

3. 축전지 설비

(1) 개요
전기적 에너지를 화학적 에너지로 전환하여 축적한 뒤에 필요할 때 다시 전기적 에너지로 쓸 수 있는 설비를 말한다.

(2) 축전지 설비의 종류
① 축전지 비교

구분	용량	방전율	충전시간	수명	용도	기전력
연축전지	2.0 [V/Cell]	10[h]	길다.	5~15 [년]	장시간 일정 전류 부하	2.05~2.08 [V]
알칼리 축전지	1.2 [V/Cell]	5[h]	짧다.	15~20 [년]	단시간 대전류 부하	1.32 [V]

② 연축전지의 화학식
Pb[납] + PbO_2[이산화납] + $2H_2SO_4$[황산]
→ $2PbSO_4$[황산납] + $2H_2O$[물]

③ 알칼리전지의 화학식
2NiOOH[옥시수산화니켈] + $2H_2O$[물] + Cd[카드뮴]
→ $2Ni(OH)_2$[수산화니켈] + $Cd(OH)_2$[수산화카드뮴]

④ 알칼리 전지의 특징
- 진동에 강하고, 자기 방전이 적음
- 충전 시간이 짧다.
- 수명이 길다.

(3) 축전지 설비의 구성요소 암기팁 보, 충, 제
① 보안 장치
② 충전 장치
③ 제어 장치
④ 축전지

(4) 축전지의 충전 방식
① 보통 충전 방식 : 표준 시간율로 충전하는 방식
② 급속 충전 방식 : 일반 충전 전류의 2~3배의 전류로 충전하는 방식
③ 세류 충전 방식 : 자기 방전량을 보충하기 위해 부하를 OFF한 상태에서 미소 전류를 충전하는 방식
④ 균등 충전 방식 : 각 축전지의 전압을 균등하게 유지하기 위해 3개월 전후로 12시간 정도 충전하는 방식
⑤ 회복 충전 방식 : 축전지의 과방전 상태에서 회복하는 충전방식
⑥ 초기 충전 방식 : 축전지에 아직 전해액 미충전 상태에서 전해액을 주입하여 처음으로 행하는 충전이다.
⑦ 부동 충전 방식 : 평시에 상용부하에 대한 전력 공급은 충전기가 부담하되, 일시적인 대전류 부하가 발생하였을 때 축전지가 부담하게 하는 방식. 방전 전압을 일정하게 유지할 수 있고, 배터리의 수명도 길어지게 한다.

(5) 부동충전방식의 2차 충전 전류

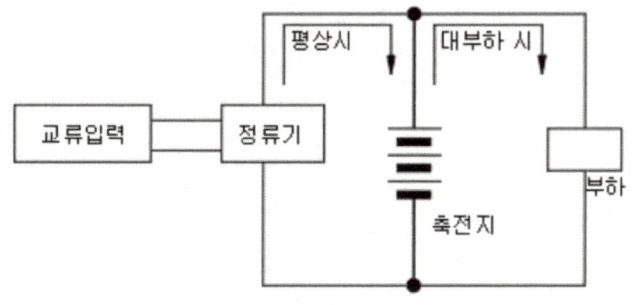

$$충전기 2차 전류[A] = \frac{축전지의 정격용량[Ah]}{축전지의 방전율[h]} + \frac{상시부하용량[W]}{표준 전압[V]}$$

(6) 축전지의 용량 계산

① 일반적인 계산

$$C = \frac{1}{L} KI \ [Ah]$$

C : 축전지의 용량[Ah], L : 보수율(조건에 없으면 0.8)
K : 용량 환산 시간[h], I : 방전 전류[A]

암기팁 cl=ik으로 click을 떠올려서 기억하자.

② 증가 부하

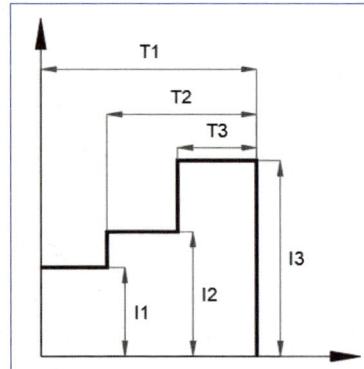

$$C = \frac{1}{L}[k1*I1 + k2*(I2-I1) + k3*(I3-I2)]$$

③ 감소 부하

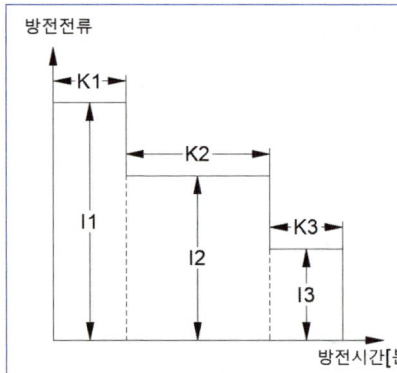

아래 계산 결과들 중에 용량이 가장 큰 것을 선정한다.

ⓐ $C = \frac{1}{L}(K1*I1)$

ⓑ $C = \frac{1}{L}[K1*I1 + K2*(I2-I1)]$

ⓒ $C = \frac{1}{L}[K1*I1 + K2*(I2-I1) + K3*(I3-I2)]$

(7) 고장 관련 현상

고장 원인	상세 증상	원인
과충전	전해액 감소가 빠르고 극판 만곡 현상이 발생한다.	• 충전 전압이 높을 때, • 전해액 비중 또는 온도가 높을 때
과방전	전체 Cell의 전압 불균형이 크고, 비중이 낮다.	
불순물 함유	전해액이 변색되고, 충전하지 않은 상태에서도 가스가 발생하며, 자기방전을 촉진한다.	
극성을 반대로 충전	전압계가 역전되고 단전지 전압의 비중이 저하된다.	
설페이션	축전지 극판에 백색 황산납이 생기는 현상	• 과방전하였을 때, • 극판이 노출 또는 단락되었을 때 • 전해액 비중이 너무 높거나 낮을 때

암기팁 과충전의 경우를 가득 먹었을 때라고 생각해보자. 위액이 계속 사용되면서 빠르게 감소하고, 움직이기 싫어서 움츠러든다. 과방전의 경우는 너무 팔로 많이 일해서 다리는 안 아픈데 팔이 아프게 되는 불균형이 생길 수 있다. 불순물이 함유된 걸 먹으면 얼굴색이 변하고, 가스가 생긴다.

(8) UPS (무정전 공급장치)

① 무정전 전원 장치란? 교류 전원의 정전 또는 입력되는 전원의 이상 상태가 발생해도 정상적인 전원을 부하측에 공급되는 설비를 말한다.

② 무정전 전원 장치 구성

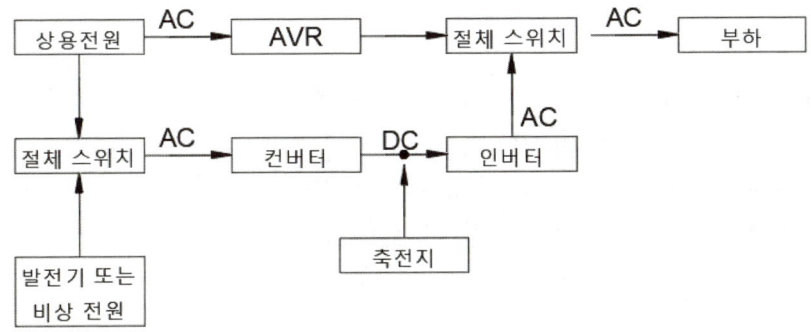

- CVCF(Constant Voltage Constant Frequency)를 유지하는 장치로 UPS 내에서는 AVR (Automatic Voltage Regulator)이 이를 수행한다.

암기팁 평상시 상용 전원의 일부를 추기하여 축전지에 저장하고 있다가 전기 이상 사고가 발생했을 때 축전지 내부의 전원이 공급되어 부하에 전원을 유지시킨다. A (교류) → B → C (컨버터) → DC → E (인버터)

4. 자가발전설비

자가발전설비란? 상용 전원이 정전되었을 때 비상 전원 또는 예비 전원으로 전기를 공급하기 위해 설치하는 비상 발전기와 부대설비를 말한다.

5. 전기저장장치(ESS, Energy Storage System)

(1) 전기 저장 장치란?

에너지 사용이 적은 시간 때에 전기를 축적하였다가 전기 사용이 많아진 시간에 공급하는 장치이다.

(2) 구성

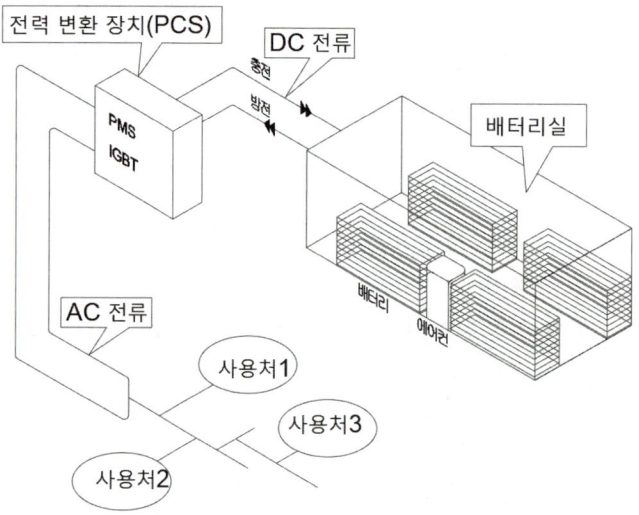

① BMS(Battery mangement system) : 배터리 시스템을 관리하는 장치
② PCS(Power Conditioning System) : 전력 변환 시스템
③ EMS(Energy Management System) : 에너지 관리 시스템
④ PMS(Power Management System) : 에너지 관리 시스템

(3) 특징

① 전력 공급 안정화
② 에너지 효율화(= 과잉 에너지 저장 및 과잉 소모 억제)
③ 연료 효율 고도화

6. 소방 설비에 따른 비상 전원 용량

구분		비상전원 수전설비 (B)	축전기 설비 (C)	자가발전 설비 (D)	전기저장 장치 (E)
비상경보 설비	비상방송설비		10분		10분
	자동화재탐지설비		10분		10분
	• 10분 이상(30층 미만) • 30분 이상(30층 이상)				
	비상경보설비		10분		10분
피난구조 설비 (예외 있음.)	유도등		20분		20분
	비상조명설비		20분	20분	20분
	※ 예외규정 : 60분 적용. (1) 11층 이상(지하층 제외) (2) 지하층·무창층으로서 도매시장, 소매시장, 여객자동차터미널, 지하철역사 지하상가				
소화활동 설비	제연설비		20분	20분	20분
	연결 송수관 설비		20분	20분	20분
	비상콘센트 설비	20분		20분	20분
	무선통신보조설비	30분	30분	30분	30분
소화 설비 (예외 있음)	옥내 소화전 설비		20분	20분	20분
	스프링클러 설비	20분	20분	20분	20분
	• 20분 이상(30층 미만) • 40분 이상(30~49층 이하) • 60분 이상(50층 이상)				
	가스계소화설비		20분	20분	20분
	물분무 설비		20분	20분	20분
	포소화설비	20분	20분	20분	20분
	스프링클러 설비	20분	20분	20분	20분

출제예상문제

01 비상용 전원 설비로서 축전지 설비를 선택하려 한다. 사용 부하의 방전 전류-시간 특성 그래프가 다음 그림과 같을 때 각 물음에 답하시오.(단, 축전지 개수는 83개이며, 단위 전지 방전 종지 전압은 1.06[V]로 하고 축전지 형식은 AH형을 채택하며 또는 축전지 용량은 다음과 같은 조건에 의하여 구한다.)

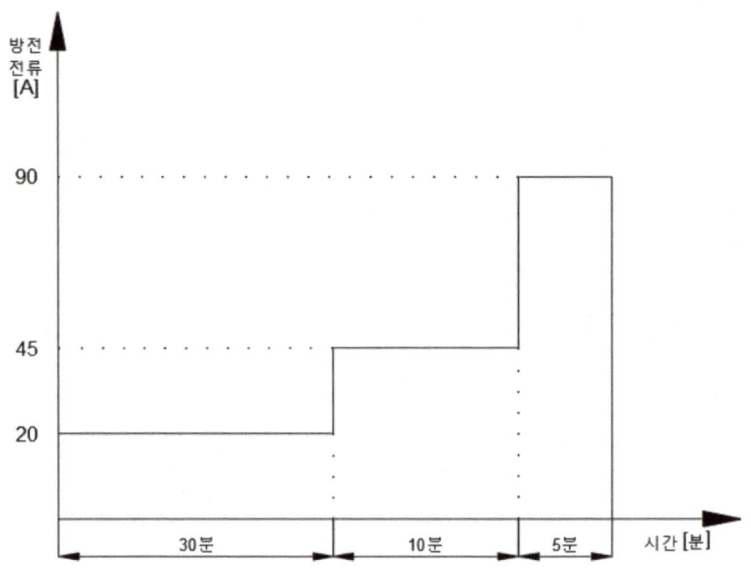

형식	최저허용전압 [V/Cell]	0.1분	1분	5분	10분	20분	30분	60분	120분
AH	1.10	0.30	0.46	0.56	0.66	0.87	1.04	1.56	2.60
	1.06	0.24	0.33	0.45	0.53	0.70	0.85	1.40	2.45
	1.00	0.20	0.27	0.37	0.45	0.60	0.77	1.30	2.30

1) 축전지 용량 C는 이론상 몇 [Ah] 이상을 선정하여야 하는지 구하시오.

2) 부동 충전 방식에 대해서 그림으로 나타내시오.

3) 축전지의 전해액이 변색되고, 충전 중이 아닌 정지 상태에서도 다량으로 가스가 발생하는 원인은 무엇인지 쓰시오.

정답

1) $C = \dfrac{1}{0.8}(0.85 \cdot 20 + 0.53 \cdot 45 + 0.45 \cdot 90) = 101.69 [Ah]$

2)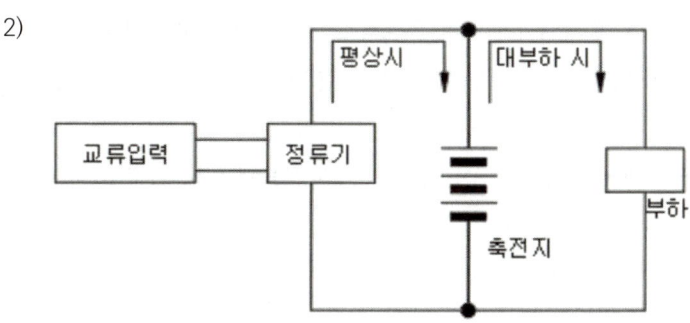

3) 불순물이 함유되었기 때문이다.

해설

1) 축전지 용량에서 $C = \dfrac{1}{L}(K_1 \cdot I_1 + K_2 \cdot I_2 + K_3 \cdot I_3)\,[Ah]$

2) 부동 충전방식이란, 평상시 상용부하에 대한 전력 공급은 충전지가 부담하되, 일시적인 대전류의 부하의 경우는 축전지가 부담하도록 하게 하는 충전방식을 말한다. 해당 문제는 그림이나 위와 같은 정의를 묻는 경우가 많다.

3) 고장 관련 현상
   ① 과충전 : 전해액 감소가 빠르고 극판 만곡 현상이 발생한다.
   ② 과방전 : 전체 Cell의 전압 불균형이 크고, 비중이 낮다.
   ③ 불순물 함유 : 전해액이 변색되고, 충전하지 않은 상태에서도 가스가 발생하며, 자기방전을 촉진한다.
   ④ 극성을 반대로 충전 : 전압계가 역전되고 단전지 전압의 비중이 저하된다.

출제예상문제

02 비상용 전원설비로 축전지 설비를 하고자 한다. 이때 다음 각 물음에 답하시오.

1) 연 축전지의 정격용량이 110[Ah]이고, 상시 부하가 25[kW], 표준전압이 100[V]인 부동 충전 방식 충전기의 2차 충전 전류값[A]을 구하시오. (단, 상시부하의 역률은 1로 본다.)
2) 축전지에 수명이 끝날 시점까지 부하에 만족하는 용량을 결정하기 위한 계수로 보통 0.8로 하는 것을 무엇이라 하는지 쓰시오.
3) 축전지의 과방전 및 설페이션(sulfation)현상 등이 생겼을 때 기능 회복을 위하여 실시하는 충전 방식의 명칭을 쓰시오.

정답

1) $\dfrac{110}{10} + \dfrac{25 \times 10^3}{100} = 261[A]$
2) 보수율
3) 회복 충전 방식

해설

① 2차 충전 전류 = $\dfrac{축전지의 정격용량}{축전기의 공칭용량} + \dfrac{상시부하}{표준전압}$
② 연 축전지이므로 공칭용량은 10[Ah]

03 연축전지가 여러 개 설치되어 그 정격용량이 200[Ah]인 축전지 설비가 있다. 상시 부하가 8[kW]이고, 표준 전압이 80[V]라고 할 때, 다음 각 물음에 답하시오. (단, 축전지 방전율은 10시간율로 한다.)

1) 연축전지는 몇 셀이 필요한가?
2) 충전 시에 발생하는 가스의 종류는?
3) 충전이 부족할 때 극판에 발생하는 현상을 무엇이라 하는가?

정답

1) $\dfrac{80}{2} = 40$
2) 수소가스
3) 설페이션 현상

해설

1) 연축전지의 공칭 전압은 2.0[V/Cell]에 해당한다. 40개의 셀을 유지하면 전압은 80V를 출력할 수 있게 된다.
2) 연축전지의 화학 반응식을 떠올리면 알 수 있다.
   [방전] Pb[납] + PbO_2[이산화납] + $2H_2SO_4$[황산] → $2PbSO_4$[황산납] + $1H_2O$[물] + $1H_2$[수소] + O[산소]
   일반적으로는 물 2분자로 기억을 하기 때문에 낯설게 느껴질 수 있는 문제에 해당한다.

   암기팁 '납' 대신에 '나'로 치환해서 보면 '나는 이상하게 화나'로 보고 화를 방출한(방전이라고 해두자.) 후에는 '화 나서 물을 벌컥 벌컥')

3) 설페이션 현상은 축전지 극판에 황산납이 붙어서 방전 상태로 방치할 경우 극판이 불활성 물질이 되는 현상이다.

출제예상문제

04 예비 전원 설비에 대한 다음 각 물음에 답하시오.

1) 부동 충전 방식에 대한 회로를 그리시오.
2) 축전지의 과방전 또는 방치 상태에서 기능 회복을 위해 실시하는 충전 방식은 무엇인가?
3) 연축전지 정격 용량이 200[Ah]이고, 상시 부하가 5[kW]이며, 표준 전압이 100[V]인 부동 충전 방식의 충전기 2차 충전 전류는 몇 [A]인가?(단, 축전지 방전율은 10시간율이다.)

정답

1)
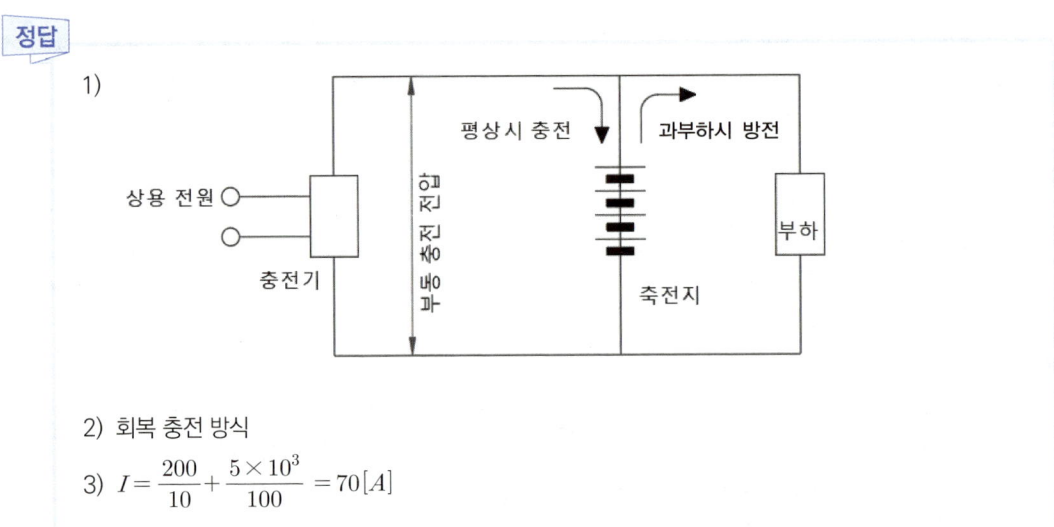

2) 회복 충전 방식

3) $I = \dfrac{200}{10} + \dfrac{5 \times 10^3}{100} = 70[A]$

해설

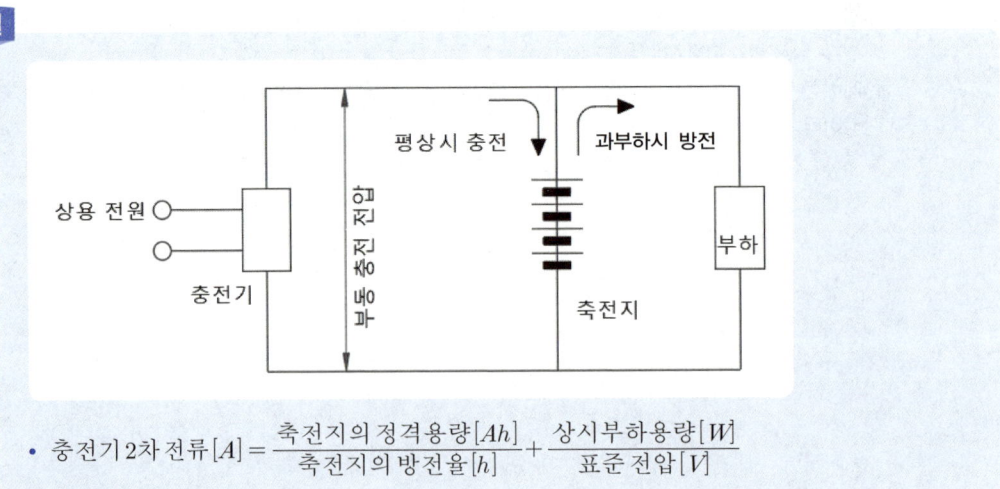

- 충전기 2차 전류 $[A] = \dfrac{축전지의 정격용량[Ah]}{축전지의 방전율[h]} + \dfrac{상시부하용량[W]}{표준 전압[V]}$

05 비상용 조명 부하의 연축전지를 설치하고자 한다. 주어진 조건과 표, 그림을 참고하여 연축전지의 용량[Ah]을 구하시오.

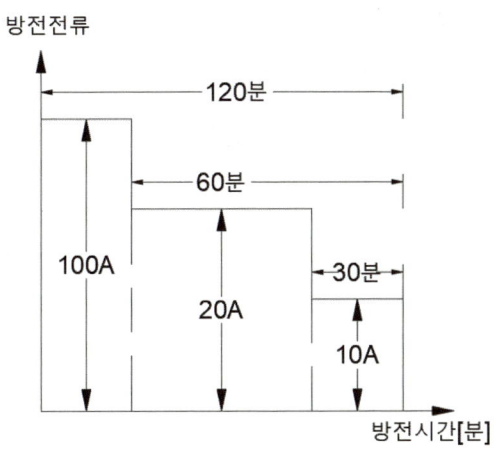

〈 조건 〉
① 허용 전압 최고 : 120[V], 최저 : 88[V]
② 부하정격전압 : 100[V]
③ 최저 허용 전압[V/Cell] : 1.8[V]
④ 보수율 : 표준으로 한다.
⑤ 최저 축전지 온도에서 용량 환산 시간

최저허용전압 [V/Cell]	1분	5분	10분	20분	30분	60분	90분	120분
1.80	1.50	1.60	1.75	2.05	2.40	3.10	3.75	4.40
1.70	0.75	0.92	1.25	1.50	1.85	2.60	3.27	3.95
1.60	0.63	0.75	1.05	1.44	1.70	2.40	3.05	3.70

출제예상문제

정답

- $C_1 = \dfrac{1}{0.8} \times 3.10 \times 100 = 387.5\,[Ah]$
- $C_2 = \dfrac{1}{0.8} \times 3.75 \times 20 = 93.75\,[Ah]$
- $C_3 = \dfrac{1}{0.8} \times 4.40 \times 10 = 55\,[Ah]$
- 3가지 값 중 가장 큰 값을 축전지 용량으로 선정한다. 따라서 387.5[Ah]로 선정한다.

해설

축전지의 용량 산정 식
① 증가 부하

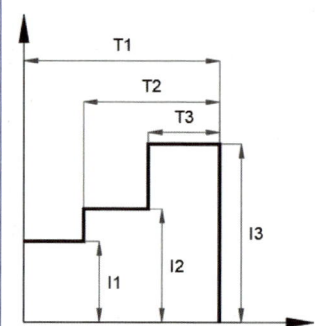

$$C = \dfrac{1}{L}[k1^* I1 + k2^*(I2 - I1) + k3^*(I3 - I2)]$$

② 감소 부하

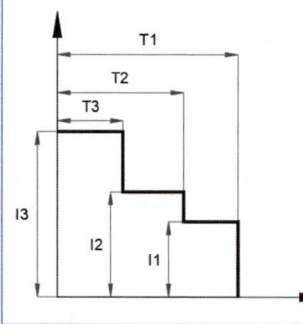

아래 계산 결과들 중에 용량이 가장 큰 것을 선정한다.

ⓐ $C = \dfrac{1}{L}(K1^* I1)$

ⓑ $C = \dfrac{1}{L}[K1^* I1 + K2^*(I2 - I1)]$

ⓒ $C = \dfrac{1}{L}[K1^* I1 + K2^*(I2 - I1) + K3^*(I3 - I2)]$

06 소방 시설용 비상 전원 수전 설비의 화재 안전 기준에서 큐비클형의 설치 기준에 관한 다음 각 물음에 답하시오. (기출 변형)

1) ((가)) 큐비클 또는 ((나)) 큐비클식으로 설치할 것
2) 외함은 두께 ((다))[mm] 이상의 강판과 이와 동등 이상의 강도와 ((라))이 있는 것으로 제작해야 하며, 개구부에는 「건축법 시행령」 제64조에 따른 방화문으로서 ((마)) 방화문, ((바)) 방화문 또는 ((사)) 방화문으로 설치할 것
3) 외함의 바닥에서 ((아))[cm](시험단자, 단자대 등의 충전부는 ((자))[cm]) 이상의 높이에 설치할 것

정답

(가) : 전용
(나) : 공용
(다) : 2.3
(라) : 내화 성능
(마) : 60분+
(바) : 60분
(사) : 30분
(아) : 10
(자) : 15

해설

소방 시설용 비상 전원 수전 설비는 자주 나오던 부분이 아니다. 하지만 정확히 기억해두지 않으면 혼동할 수 있으므로 주의할 요소들이 많은 부분이다.

[소방시설용 비상전원수전설비의 화재안전기술기준(NFTC 602)]
1) 전용큐비클 또는 공용큐비클식으로 설치할 것
2) 외함은 두께 2.3 [mm] 이상의 강판과 이와 동등 이상의 강도와 내화성능이 있는 것으로 제작해야 하며, 개구부(2.2.3.3의 각 기준에 해당하는 것은 제외한다)에는 「건축법 시행령」 제64조에 따른 방화문으로서 60분 + 방화문, 60분 방화문 또는 30분 방화문으로 설치할 것
3) 외함의 바닥에서 10[cm](시험단자, 단자대 등의 충전부는 15[cm]) 이상의 높이에 설치할 것

Chapter 02 전기 기초 - 소방설비

1. 개요

(1) 분류 기준
소방 설비에 대해 전력이 공급을 해야 하고, 공급된 전력으로 정해진 출력만큼 작동해야 한다.

(2) 전동기와 전열 장비
소방에서 유체를 다룸에 있어서 전동기를 주로 활용한다. 공기는 송풍기를 활용하고, 물의 공급 설비는 펌프를 활용한다. 전열 장비는 전구 등이 포함되는 것으로 일반적인 설비를 포함한다.

2. 유도 전동기

(1) 기동 방식

전동기 형식	기동법	내용
농형 유도 전동기	전전압 직입 기동법	• 전동기에 직접 전원을 접속하여 기동하는 방식이다. • 용량이 5kW 이하의 소용량에만 적용이 가능하다.
	기동 보상기법	• 단권 변압기의 탭을 전동기에 접속하여 기동하는 방식이다. • 용량이 5~15kW 정도에서 적용이 가능하다.
	Y-△ 기동법	• 1차 권선을 Y 접속으로 하여 전동기 기동 시 상전압을 감압하여 기동하고 속도가 상승되어 운전속도에 가깝게 도달하면 △로 접속으로 바꿔서 기동 전류를 흘리지 않고 기동하는 방식이다.
	리엑터 기동법	• 기동 전압을 떨어뜨려서 기동 전류를 제한하는 기동 방식으로 고전압 농형 유도 전동기를 기동할 때 상승한다.
권선형 유도 전동기	2차 저항 기동법	• 비례 추이 특성을 이용하여 기동하는 방법으로 회전자 회로에 슬립링을 통하여 가변 저항을 접속하고 그 저항을 속도의 상승과 더불어 순차적으로 바꿔 적게 하면서 기동하는 방법
	2차 임피던스 기동법	• 회전자 회로에 고정 저항과 리액터를 병렬 접속한 것을 삽입하여 기동하는 방법

암기팁 농장(농형) 전(전전압 기동)기(동 보상기)요(Y-△)리(리엑터 기동법)

(2) 회전수와 출력

① 일반적으로 출력은 속도와 힘의 곱셈으로 산출된다는 기본 조건으로 생각하자.

② $P = 9.8w\tau (w = 2\pi f = 2\pi \times \dfrac{N}{60})$

(w : 각속도 $[rad/s]$, N : 회전속도 $[rpm]$, τ : 토크 $[kg \cdot m]$)

(3) 펌프의 동력

펌프의 모터 동력은 모터를 기동시키는데 필요한 동력이다.

$P_m = \dfrac{\gamma \cdot Q \cdot H}{102 \times 60 \times \eta} \times K [kW]$

(K : 전달계수, γ : 비중량 $1,000 [kg/㎥]$, H : 전양정 $[m]$, Q : 유량 $[㎥/min]$, η : 펌프의 효율)

(4) 송풍기의 전동기 모터 동력

송풍기의 모터 동력으로 모터를 가동할 때 필요한 동력이다.

$P_m = \dfrac{P_T \cdot Q}{102 \times 60 \times \eta_p} \times K [kW]$

(P_T : 전압 $[mmAq]$, Q : 풍량 $[㎥/min]$, η : 효율)

출제예상문제

01 아래 사양의 모터의 역률 개선하기 위한 전력용 콘덴서의 용량을 구하시오.

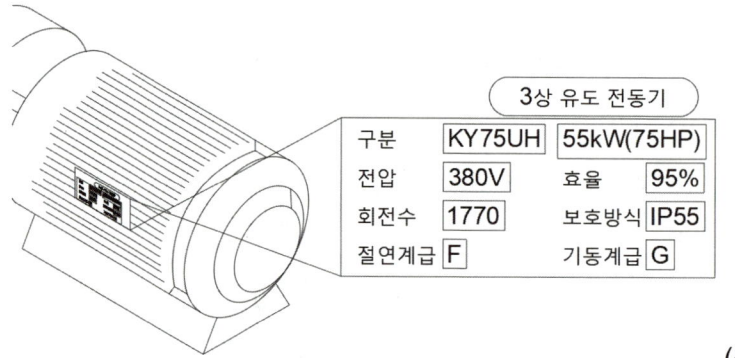

(측정 효율 55%)

해설

정격 용량을 산출하는 방법이다. 1HP의 경우는 0.746kW에 해당하고, 전력용 콘덴서의 개선식은 아래와 같다.

$$Q_c(\text{콘덴서 용량}) = P(\text{유효전력}) \times \left(\frac{\sqrt{1-\cos\theta_1^2}}{\cos\theta_1(\text{개선전})} - \frac{\sqrt{1-\cos\theta_2^2}}{\cos\theta_2(\text{개선후})} \right)$$

암기팁 마력을 의미하는 1HP의 경우로 말의 엉덩이를 '칠싸유(746)'

$0.746 \times 75 = 55.95[kW]$

$Q_c = 55.95 \times \left(\dfrac{\sqrt{1-0.55^2}}{0.55} - \dfrac{\sqrt{1-0.95^2}}{0.95} \right) = 66.57[kVA]$

02 유량 2400[L/min], 양정이 120[m]인 스프링클러 설비용 펌프 전동기의 용량을 계산하시오. (효율은 95%, 전달 계수는 1.2로 한다.)

정답

$$P = \frac{9.8 \times 2.4 \times 120 \times 1.2}{60 \times 0.95} = 59.4189 ≒ 59.42[kW]$$

해설

$$P = \frac{9.8 \times Q \times H \times K}{60 \times \eta} \, (Q[m^3/min], \, H[m], \, P[kW]) \text{에서}$$

유량(Q) 2400[L/min]은 단위 변환이 필요하다. 1,000[L]=1[m³]에 해당한다.

03 15[kW] 스프링클러 펌프용 유도 전동기가 있다. 전동기의 역률이 80%일 때 역률을 90%로 개선할 수 있는 전력용 콘덴서의 용량과 역률 개선 후의 무효 전력을 산출하시오.

1) 전력용 콘덴서의 용량
2) 역률 개선 전의 무효 전력

정답

1) 3.99[kVar]

$$15 \left(\frac{\sqrt{1-0.8^2}}{0.8} - \frac{\sqrt{1-0.9^2}}{0.9} \right) = 3.985 ≒ 3.99[kVar]$$

2) 7.27[kVar]

$$P_a = \frac{15}{0.9} = 16.667 ≒ 16.67[kVA]$$

$$16.67\sqrt{1-0.9^2} = 7.2662 ≒ 7.27[kVar]$$

해설

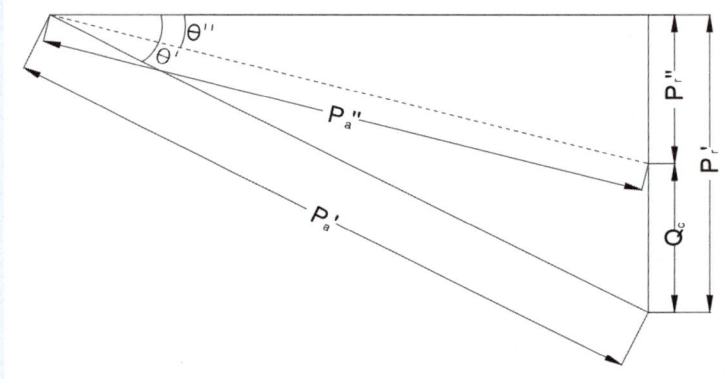

$$15\left(\frac{\sqrt{1-0.8^2}}{0.8} - \frac{\sqrt{1-0.9^2}}{0.9}\right) = 3.985 ≒ 3.99[kVar]$$

$$P_r = P_a \cdot \sin\theta = P_a \cdot (\sqrt{1-\cos^2\theta})$$

- 전력 삼각형을 활용하여 계산하는 내용이며, 굉장히 빈번히 활용하는 실무 내용이다. 관련 사항을 이해하기 어렵다면 강의를 확인하거나 유튜브의 공식 채널을 통해서 확인하기 바란다.

04 유량 3000[LPM], 양정 80[m]인 스프링클러 설비용 펌프 전동기의 용량을 계산하시오. (단, 효율은 95[%], 전달 계수는 1.2)

정답

$$\frac{9.8 \times 3.0 \times 80 \times 1.2}{60 \times 0.95} = 49.516 ≒ 49.52[\text{kW}]$$

해설

$$P = \frac{9.8 \times Q \times H \times k}{60 \times \eta} \quad (Q: 유량[l/\min],\ H: 수두[m],\ k: 전달계수)$$

05 3상 380[V] 30[kW] 스프링클러 펌프용 유도 전동기가 있다. 전동기의 역률이 55[%]일 때 역률을 95[%]로 개선할 수 있는 전력용 콘덴서의 용량은 몇 [kVA]여야 하는지 쓰시오.

정답

$$30\left(\frac{\sqrt{1-0.55^2}}{0.55} - \frac{\sqrt{1-0.95^2}}{0.95}\right) = 35.694 ≒ 35.69\,[kVA]$$

해설

$$P \times \left(\frac{\sqrt{1-\cos\theta_1^2}}{\cos\theta_1} - \frac{\sqrt{1-\cos\theta_2^2}}{\cos\theta_2}\right) = Q_c\,[kVA]$$

(P : 유효전력, Q_c : 전력용 콘덴서 용량, $\cos\theta_1$: 개선 전 역률, $\cos\theta_2$: 개선 후 연률)

- 단위변환 : $1[HP] = 0.746[kw]$

06 유량 10 [m³/min], 양정 30[m]인 펌프 전동기의 용량을 계산하시오. (단 효율은 85[%], 전달계수 1.25)

정답

$$\frac{9.8 \times 1.25 \times 30 \times 10}{0.85 \times 60} = 72.06\,[kW]$$

해설

① $\left[\dfrac{출력}{효율} = 입력\right]$ 은 $\dfrac{출력}{입력} = 효율$ 을 변형하여 산출할 수 있게 된다.

② [출력 = 압력 × 유량] 출력에 대해서는 압력 혹은 유량으로 나타난다.(기타 손실은 가정하지 않는다.)

출제예상문제

07 극수 변환식 3상 농형 유도 전동기가 있다. 고속측은 4극이고 정격 출력은 60[kW]이다. 저속측은 1/3 속도라면 저속측의 극수와 정격 출력은 몇 [kW]인지 계산하시오. (단, 슬립 및 정격 토크는 저속측과 고속측이 같다고 본다.)

1) 극수

2) 정격 출력

정답

1) $N_s(동기속도) = \dfrac{120 \times f}{P}$ 에 따라 $N_s(동기속도) \propto \dfrac{1}{P}$

저속측 : 고속측 $= N_s : 3N_s = \dfrac{1}{P} : \dfrac{1}{4}$

$\therefore P = 12(극)$

2) $P = \omega(각속도) \cdot \tau(토크) \cdot 9.8$

$\omega = 2\pi f = 2\pi \dfrac{N}{60}$ 이므로 $P \propto N$

$60 : P' = 3N_s : N_s$

$\therefore P' = 20[kW]$

해설

공급된 전력을 사용하는 부분을 제한하였다고 생각을 하면 전력은 힘 또는 속도로 변화되어 사용된다. 이를 기반으로 식을 정리하면 쉽게 $P = \omega(각속도) \cdot \tau(토크) \cdot 9.8$를 인지할 수 있다.

- 각속도의 의미가 회전하는 물체의 단위 시간당 각 위치 변화를 의미하고, 초당 보다는 분당을 선호하여 사용되는데 이는 [RPM=Rotate Per Minute]단위를 활용한다.

    $\omega = 2\pi \dfrac{N}{60}$ (속도 $= \dfrac{거리}{시간}$), $f = \dfrac{N}{60}$

- 동기 속도에 슬립을 적용하지 않아도 되었기 때문에 단순히 비례식을 활용하였다.

08 3상 380[V], 30[kW] 스프링클러 펌프용 유도 전동기가 있다. 기동 방식은 일반적으로 어떤 방식이 이용되며 전동기의 역률이 75%일 때 역률을 95%로 개선할 수 있는 전력용 콘덴서 용량은 몇 [kVA]이겠는가?

1) 기동 방식
2) 전력용 콘덴서 용량

정답

1) 일반적으로 이용하는 방식은 Y-△ 기동 방식

2) $30 \times (\dfrac{\sqrt{1-0.75^2}}{0.75} - \dfrac{\sqrt{1-0.95^2}}{0.95}) = 16.597 ≒ 16.60 [kVA]$

해설

1) 유도 전동기의 기동법

구분	내용
전전압 기동법 (직입 기동)	• 모선의 정격 전압을 낮추지 않고 그대로 전동기에 인가하여 기동하는 방식 • 5.5[kW] 미만에만 적용가능하다.
기동 보상기법	• 3상 단권 변압기를 이용하는 기동 방식이다. • 15[kW] 이상에 해당한다.
Y-△ 기동법	• 고정자 권선으로 기동 전류를 감소시키고 기동 후 △으로 운전한다. • 5.5[kW] ~ 15[kW]에 해당한다.
리엑터 기동법	• 리액터 설치로 전동기 인가 전압을 감소시킨다. • 5.5[kW] 이상에 전동기에 적용한다.

2) $P(\dfrac{\sqrt{1-\cos^2\theta_1}}{\cos\theta_1} - \dfrac{\sqrt{1-\cos^2\theta_2}}{\cos\theta_2}) = Q_c$

09 높이 20[m]의 수조에 분당 15[㎥]의 물을 양수하는 펌프용 전동기를 설치하고자 한다. 펌프 효율을 35%로 두고, 펌프 측 동력에 10[%]의 여유를 둔다고 할 때 펌프의 용량을 정하시오. (단, 역률은 0.95로 한다.)

 정답

$$P = \frac{9.8 \times 15 \times 20 \times 1.1}{60 \times 0.35 \times 0.95} = 162.11[kW]$$

 해설

펌프의 동력을 선정하는 문제에서의 가장 근본적인 부분은 규정치에 맞는 유량과 양정을 확보할 수 있어야 한다. 이후에 여유율과 효율을 고려하여 선정하면 된다.

Chapter 03 배선 및 시공 실무

1. 개요

(1) 분류 기준
다양한 소방 설비를 건축물에 시공하기 위한 다양한 부품과 자재를 배우는 파트이다. 근래 들어 공사가 대두되고 있는 시점이기 때문에 보다 주의하여 공부할 필요가 있다.

(2) 소방 시공
소방 시공은 전기 시공, 배관 시공으로 크게 나눠진다. 전기 분야에서는 전기 시공만을 다루게 된다.

2. 주요 자재

(1) 개폐 장치의 종류
① 차단기
- 차단기는 부하 전류의 개폐 및 사고 전류를 차단하여 고장 구간을 신속히 건전 구간과 분리한다.
- 전력용 차단기 종류

종류	소호 매질	내용	전용
GCB(가스 차단기)	SF6 가스	육불화황 가스를 통해서 소호하게 되고 보수 점검 회수가 적다. 차단 성능이 우수하고 저소음이다.	고압
OCB(유입 차단기)	절연유	절연유의 폭발 가능성은 있지만 사용 범위가 넓고, 소음이 없다.	고압
MBB(자기 차단기)	전자력	전자력을 활용하여 차단기를 작동한다.	고압
ABB(공기 차단기)	공기	난연성이며, 유지 보수가 쉽고 차단 능력이 좋다. 하지만 부대 설비가 필요해서 설치 면적이 소모가 크다.	고압
VCB(진공 차단기)	진공	구조가 간단하고, 화재 위험이 없다. 하지만 개폐서치가 크기 때문에 S.A(서지 흡수기)가 필요하다.	고압

종류	소호 매질	내용	전용
ACB(기중 차단기)	공기	소형 경량화가 가능하다.	저압
MCCB(배선용 차단기)	전기	• 배선용 차단기의 경우는 열이나 전자식 방식에 의해서 작동한다. • 과부하나 단락으로 작동한다.	저압
ELB(누전 차단기)	전기	• 차전류를 통해서 동작을 결정하게 되므로 누전을 차단할 수 있다. • 과부하나 단락으로도 작동한다.	저압

② 전자 접촉기(MC)
- 전자석을 사용하여 적이 회로의 개폐를 하는 장치

③ 열동 계전기(THR)
- 열에 의해 작동하는 계전기

④ 전자식 과전류 계전기(EOCR)
- 설정치 이상으로 전류값이 커지면 동작하여 모터의 소손을 방지하기 위한 목적으로 사용된다.

⑤ 전자 개폐기(MS)
- 전자접촉기와 열동 계전기를 합친 장비

⑥ 리미트 스위치(LS)
- 목푯값에 도달하면 스위치가 작동하여 전기를 차단하는 용도이다.

⑦ 자동 절환 스위치(ATS)
- 정전이 발생하였을 때 자동으로 비상용 전원으로 전환시켜주는 정치

(2) 부속

① 금속관의 설치 조건
- 전선은 절연 전선과 연선일 것(옥외용 비닐절연전선을 제외한다.)
- 전선은 금속관 안에서 접속점이 없도록 할 것
- 전선의 절연체 및 피복을 포함한 단면적이 관 내부 단면적의 $\frac{1}{3}$ 이하가 되도록 한다.

② 금속관 공사의 시설
- 금속관을 구부릴 때 금속관의 단면이 심하게 변형되지 아니하도록 구부려야 하며, 그 안측의 반지름은 관 안지름의 6배 이상이 되어야 한다.(단, 전선관의 안지름이 25[mm] 이하이고 건조물의 구조상 부득이한 경우는 관의 내단면이 현저하게 변형되지 않고 관에 금이 생기지 않을 정도까지 구부릴 수 있다.)
- 아울렛 박스 사이 또는 전선 인입구를 가지는 기구 사이의 금속관은 3개소를 초과하는 직각 또는 직각에 가까운 굴곡 개소를 만들어서는 안된다. 굴곡 개소가 많은 경우 길이가 30m 초과하는 경우 풀박스를 설치하는 것이 바람직하다.

③ 전선관

구분	박강 전선관	후강 전선관
종류	관의 두께가 1.6mm 이상의 얇은 전선관이다.	관의 두께가 2.3mm 이상의 두꺼운 전선관이다.
사용장소	일반적인 장소	두께가 두꺼워 외부 충격을 받기 쉬운 배관에 사용한다. 예 폭발성 가스나 부식성 가스가 있는 장소
관의 호칭	관의 바깥지름의 근사값을 홀수로 표시한다.	관의 안지름의 근사값을 짝수로 표시한다.
종류	15, 19, 25, 31, 39, 51	16, 22, 28, 36, 42, 54, 70

④ 전선관의 부속품

부속	설명
부싱	전선의 절연 피복을 보호하기 위해 금속관 끝에 취부하여 사용한다.
로크너트	금속관 배관 공사에서 박스에 금속관을 고정할 때 사용한다.
노멀밴드	배관의 직각 굴곡에 사용한다.
커플링	금속관을 연결할 때 사용한다.
유니온 커플링	금속관 상호 접속용으로 관을 고정하고 이 커플링을 돌려 고정한다.
유니버설 엘보	노출 배관 공사에서 관을 직각으로 굽히는 곳에 사용한다.
링리듀서	박스 또는 캐비닛의 녹아웃 지름이 금속관의 관경보다 클 때 금속관을 고정시킨다.

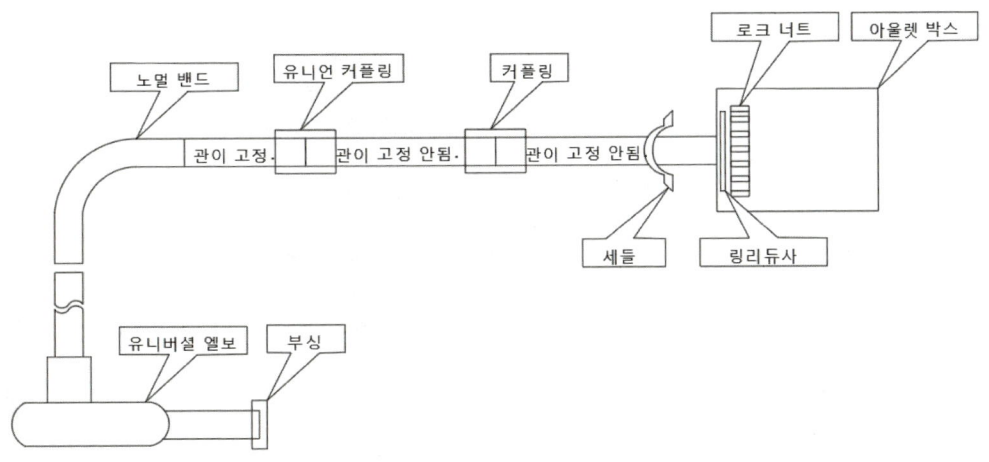

(3) 도면 기호

분류	명칭		도시기호	분류	명칭	도시기호
배관	일반배관		───	헤드류	스프링클러헤드폐쇄형 상향식(평면도)	─●─
	옥내·외소화전		─H─		스프링클러헤드폐쇄형 하향식(평면도)	
	스프링클러		─SP─		스프링클러헤드개방형 상향식(평면도)	─○─
	물분무		─WS─		스프링클러헤드개방형 하향식(평면도)	
	포소화		─F─		스프링클러헤드폐쇄형 상향식(계통도)	
	배수관		─D─		스프링클러헤드폐쇄형 하향식(입면도)	
	전선관	입상			스프링클러헤드폐쇄형 상·하향식(입면도)	
		입하			스프링클러헤드 상향형(입면도)	↑
		통과			스프링클러헤드 하향형(입면도)	↓
관이음쇠	후렌지		─┤├─		분말·탄산가스·할로겐헤드	
	유니온		─┤│├─		연결살수헤드	
	플러그		─◁		물분무헤드(평면도)	─⊗─
	90°엘보				물분무헤드(입면도)	
	45°엘보				드렌쳐헤드(평면도)	─⊘─
	티				드렌쳐헤드(입면도)	
	크로스				포헤드(평면도)	
	맹후렌지		─┤		포헤드(입면도)	
	캡		─┐		감지헤드(평면도)	

분류	명칭	도시기호	분류	명칭	도시기호
헤드류	감지헤드(입면도)		밸브류	릴리프밸브(이산화탄소용)	
	청정소화약제방출헤드(평면도)			릴리프밸브(일반)	
	청정소화약제방출헤드(입면도)			동체크밸브	
밸브류	체크밸브			앵글밸브	
	가스체크밸브			FOOT밸브	
	게이트밸브(상시개방)			볼밸브	
	게이트밸브(상시폐쇄)			배수밸브	
	선택밸브			자동배수밸브	
	조작밸브(일반)			여과망	
	조작밸브(전자식)			자동밸브	
	조작밸브(가스식)			감압밸브	
	경보밸브(습식)			공기조절밸브	
	경보밸브(건식)		계기류	압력계	
	프리액션밸브			연성계	
	경보델류지밸브			유량계	
	프리액션밸브수동조작함	SVP	소화전	옥내소화전함	
	플렉시블조인트			옥내소화전 방수용기구병설	
	솔레노이드밸브			옥외소화전	
	모터밸브			포말소화전	

Chapter 03 배선 및 시공 실무

분류	명칭	도시기호	분류	명칭	도시기호
소화전	송수구		경보설비기기류	차동식스포트형 감지기	
	방수구			보상식스포트형 감지기	
스트레이너	Y형			정온식스포트형 감지기	
	U형			연기감지기	S
저장탱크류	고가수조(물올림장치)			감지선	
	압력챔버			공기관	
	포말원액탱크	수직 수평		열전대	
레듀셔	편심레듀셔			열반도체	
	원심레듀셔			차동식분포형 감지기의검출기	
혼합장치류	프레져프로포셔너			발신기셋트 단독형	P B L
	라인프로포셔너			발신기셋트 옥내소화전내장형	P B L
	프레져사이드 프로포셔너			경계구역번호	△
	기 타			비상용누름버튼	F
펌프류	일반펌프			비상전화기	ET
	펌프모터(수평)	M		비상벨	B
	펌프모토(수직)	M		싸이렌	
저장용기류	분말약제 저장용기	P.D		모터싸이렌	M
	저장용기			전자싸이렌	S
				조작장치	E P
				증폭기	AMP

분류	명 칭	도시기호	분류	명 칭		도시기호
경보설비기기류	기동누름버튼	Ⓔ	경보설비기기류	피난구유도등		⊗
	이온화식감지기 (스포트형)	Ⓢ		통로유도등		→
	광전식연기감지기 (아날로그)	ⓈA		표시판		▽
	광전식연기감지기 (스포트형)	ⓈP		보조전원		T R
	감지기간선, HFIX1.2[mm] × 4(22C)	—F—///	제연설비	수동식제어		□
	감지기간선, HFIX1.2[mm] × 8(22C)	—F—///—///		천장용배풍기		⊛
	유도등간선 HFIX2[mm] × 3(22C)	—EX—		벽부착용 배풍기		⚘
	경보부저	ⒷZ		배풍기	일반배풍기	∞
	제어반	✕			관로배풍기	⌇
	표시반	⊞		댐퍼	화재댐퍼	⊤●
	회로시험기	⊙			연기댐퍼	⊤○
	화재경보벨	Ⓑ			화재/연기 댐퍼	⊤⦵
	시각경보기 (스트로브)	◇	스위치류	압력스위치		⒫Ⓢ
	수신기	✕		탬퍼스위치		TS
	부수신기	⊞	방연·방화문	연기감지기(전용)		Ⓢ
	중계기	⊟		열감지기(전용)		⊖
	표시등	⊗		자동폐쇄장치		ⒺⓇ
	종단저항	Ω		연동제어기		▭
				배연창기동 모터		Ⓜ
				배연창수동조작함		⊟

Chapter 03 배선 및 시공 실무

분류	명칭	도시기호	분류	명칭	도시기호
피뢰침	피뢰부(평면도)	⊙	기타	화재방화벽	──
	피뢰부(입면도)			화재 및 연기방벽	
	피뢰도선 및 지붕위 도체	──		비상콘센트	
제연설비	접지			비상분전반	
	접지저항 측정용단자	⊗		가스계소화설비의 수동조작함	RM
소화기류	ABC소화기	소		전동기구동	M
	자동확산 소화기	자		엔진구동	E
	자동소화장치	◀소▶		배관행거	
	이산화탄소 소화기	C		기압계	
	할로겐화합물 소화기	△		배기구	
기타	안테나			바닥은폐선	------
	스피커			노출배선	──
	연기 방연벽			소화가스 패키지	PAC

3. 전선의 선정

(1) 전선의 굵기 선정

① 허용 전류
② 기계적 강도
③ 전압 강하

(2) 전압 강하를 고려한 전선의 단면적 산출

전기 방식	전선 단면적
단상 2선식	$A = \dfrac{17.8 \times L \times I}{1,000e} \times 2$
3상 3선식	$A = \dfrac{17.8 \times L \times I}{1,000e} \times \sqrt{3}$
단상 3선식 3상 4선식	$A = \dfrac{17.8 \times L \times I}{1,000e}$

e : 각 선간의 전압 강하[V]　　　L : 전선 1본의 길이[m]
A : 전선의 단면적[㎟]　　　　　 I : 부하기기의 정격전류[A]

(3) 전선의 약호 및 명칭

약호	명칭
HFIX	450/750[V] 저독성 난연 가교 폴리 올레핀 절연 전선
FR-8	내화 전선
FR-3	내열 전선
NFR-8	0.6/1kV 저독성 난연 폴리 올레핀 내화 케이블
NFR-3	0.6/1kV 저독성 난연 폴리 올레핀 내열 케이블
TFR-CVV-SB	0.6/1kV 트레이용 난연 통편조 차폐 제어용 케이블
TSP	소방 신호용 케이블
DV	인입용 비닐 절연 전선
OW	옥외용 비닐 절연 전선
OC	옥외용 가교 폴리에틸렌 절연 전선
OE	옥외용 폴레에틸렌 절연 전선
VV	0.6/1kV 비닐 절연 비닐 시스 케이블
VCT	0.6/1kV 비닐 절연 비닐 캡타이어 케이블
NR	450/750V 일반용 단심 비닐 절연 전선
NF	450/750V 일반용 유연성 단심 비닐 절연 전선
NRI	300/500V 기기 배선용 유연성 단심 절연 전선
NFI	300/500V 기기 배선용 유연성 단심 비닐 절연 전선

무작정 암기를 하기보다는 아래 기준을 통해 기억하기 바란다.
① C는 가교 폴리에틸렌, E는 폴리 에틸렌
② FR은 Fire Retardant(난연성), Fire Resistance(내화성)으로 보면 된다.
③ 비닐은 W 또는 V로 표현된다.

4. 내화 배선의 공사 방법

금속관, 2종 금속제 가요 전선관 또는 합성 수지관에 수납하여 내화 구조로 된 벽 또는 바닥 등에 벽 또는 바닥의 표면으로부터 25mm 이상의 깊이로 매설하여야 한다. 다만, 다음의 기준에 적합하게 설치하는 경우에는 그러하지 아니하다.

(1) 배선을 내화 성능을 갖는 배선 전용실 또는 배선용 샤프트, 피트, 덕트 등에 설치하는 경우

(2) 배선 전용실 또는 배선용 샤프트, 피트, 덕트 등에 다른 설비의 배선이 있는 경우에는 이로부터 15[cm] 이상 떨어지게 하거나 소화 설비의 배선과 이웃하는 다른 설비의 배선 사이에 배선 지름(배선의 지름이 다른 경우 가장 큰 것에 기준한다.)의 1.5배 이상의 높이의 불연성 격벽을 설치할 것

5. 절연 저항 시험 (최근 트렌드와 적합하므로 매우 중요!)

절연 저항계	절연 저항	대상
DC 250[V]	0.1[MΩ]	1 경계 구역의 절연 저항
		1 경계 구역의 감지기 회로 및 부속 회로의 전로와 대지 사이 및 배선 상호 간
DC 500[V]	5[MΩ]	누전 경보기 (누전 경보기 변류기의 절연된 1차 권선과 2차 권선 간) 가스 누설 경보기 수신기 자동화재 속보 설비 비상 경보 설비 유도등(교류 입력 측과 외함 간 포함) 비상 조명등(교류 입력 측과 외함 간 포함)
		누전 경보기 변류기의 절연된 1차 권선과 2차 권선 간
	20[MΩ]	경종 발신기 중계기 비상콘센트 기기의 절연된 선로 간 기기의 충전부와 비충전부 간 기기의 교류 입력 측과 외함 간 (유도등, 비상 조명등 제외)
		수신기의 교류 입력 측과 외함 간
	50[MΩ]	감지기(정온식 감지선형 감지기 제외) 가스 누설 경보기(10회로 이상) 수신기(10회로 이상)
		감지기의 절연된 단자 간 및 단자와 외함 간
	1[kΩ]	정온식 감지선형 감지기
		정온식 감지선형 감지기의 선 간

출제예상문제

01 저압 옥내 배선 공사이 금속관 공사에 이용되는 부품의 명칭을 쓰시오.

1) 금속 상호 간을 연결할 때 쓰여지는 배관 부속 자재
   ① 관이 고정되지 않았을 경우
   ② 관이 고정되어 있을 경우
2) 전선의 절연 피복을 보호하기 위해 금속관 끝에 취부하는 것
3) 금속관과 박스를 고정시킬 때 쓰여지는 배관 부속 자재
4) 관을 지지하는 철물로 관의 양쪽을 벽에 고정하는 용도의 자재

정답
> 1) ① 커플링
>   ② 유니언 커플링
> 2) 부싱
> 3) 로크너트
> 4) 새들

출제예상문제

02 감지기 회로의 배선에 대한 다음 각 물음에 답하시오.

1) 송배선식의 정의를 쓰시오.
2) 교차 회로 방식의 정의를 쓰시오.
3) 교차 회로 방식의 적용 설비를 쓰시오.
   ①
   ②
   ③
   ④
   ⑤

정답

1) 송배선식이란, 감지기 회로의 도통 시험을 용이하게 하기 위해 배선을 도중에 분기하지 않는 방식이다.
2) 하나의 담당 구역 내에 2개 이상의 감지기 회로를 설치하고 2개 이상의 감지기 회로가 동시에 감지될 때 설비가 작동하는 방식이다.
3) ① 이산화탄소 소화 설비
   ② 분말 소화 설비
   ③ 할론 소화 설비
   ④ 일제 살수식 스프링클러 설비
   ⑤ 준비 작동식 스프링클러 설비

03 다음 그림은 옥내 소화전 설비의 블록선도이다. 각 구성요소 간에 내화, 내열, 일반 배선으로 배선하시오.

정답

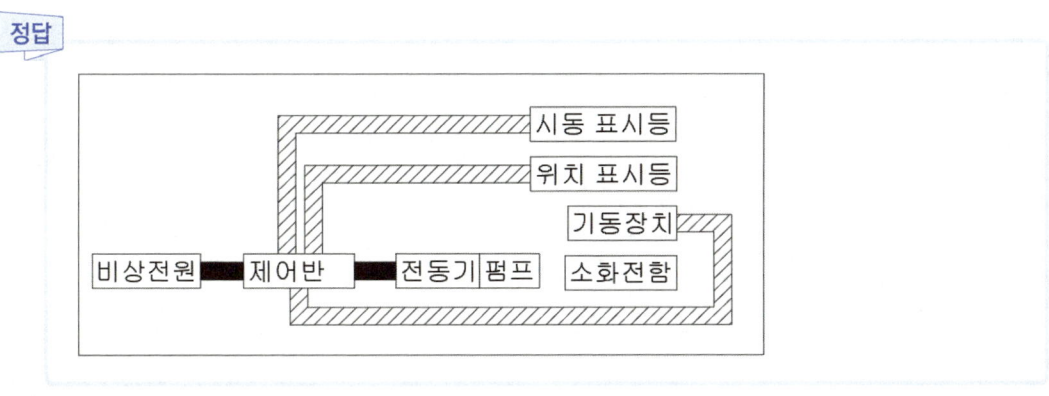

해설

- 전원 배선, 동력배선은 내화 배선을 해야 한다.

출제예상문제

04 그림은 자동화재탐지설비와 준비 작동식 스프링클러 설비를 연동시키기 위한 간선 계통도이다. 가닥수와 배선의 용도를 쓰시오.

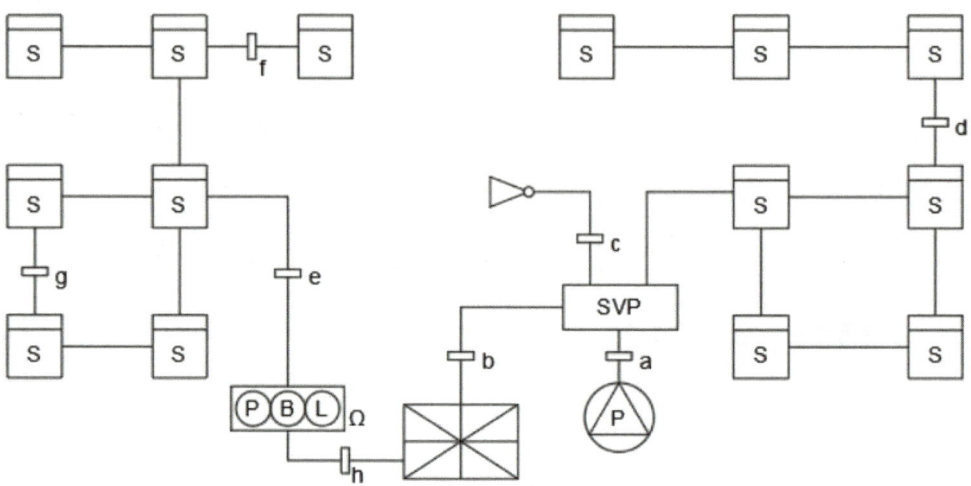

기호	가닥수	배선의 용도
a		
b		
c		
d		
e		
f		
g		
h		

정답

기호	가닥수	배선의 용도
a	4	SV(솔레노이드 밸브) 1가닥, TS(템퍼 스위치) 1가닥, PS(압력 스위치) 1가닥, 공통선 1가닥
b	9	전원+ 1가닥, 전원- 1가닥, 감지기 A 1가닥, 감지기 B 1가닥, 감지기 공통 1가닥, SV(솔레노이드 밸브) 1가닥, TS(템퍼 스위치) 1가닥, PS(압력 스위치) 1가닥, 사이렌 2가닥
c	2	사이렌 2가닥
d	4	감지기 2가닥, 감지기 공통 2가닥
e	4	감지기 2가닥, 감지기 공통 2가닥
f	4	감지기 2가닥, 감지기 공통 2가닥
g	2	감지기 1가닥, 감지기 공통 1가닥
h	6	지구선 1가닥, 지구 공통선 1가닥, 응답선 1가닥, 표시등 1가닥, 경종선 1가닥, 경종·표시등 공통선 1가닥

해설

이 문제의 포인트는 감지기에 해당한다. 스프링클러의 감지기는 교차회로를 활용하고, 자동화재탐지설비의 감지기는 송배전 회로를 사용하기 때문에 그 회로의 숫자가 다르기 때문이다.

암기팁 준비 작동식의 경우는 SVP(슈퍼비조리판넬)을 사용한다. 철자를 조합하여 다음과 같이 구성할 수 있다.

05 그림은 자동 방화문 설비의 자동 방화문 결선도 및 계통도이다. 다음 물음에 답하시오.

가) 전선의 가닥수는 최소한으로 한다.
나) 방화문 감지기 회로는 본 문제에서 제외한다.
다) 자동 방화문 설비는 층별로 구획되어 설치되어 있다.

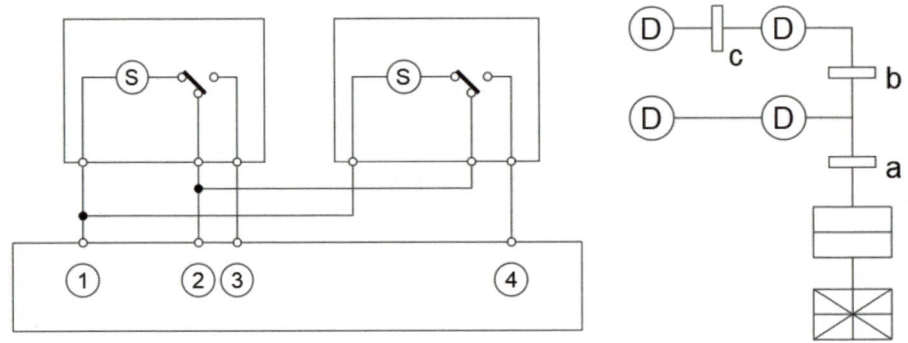

1) 배선의 용도를 쓰시오.

①	②	③	④

2) 전선의 가닥수와 배선의 용도를 쓰시오.

기호	전선 가닥수	배선 용도
c		
b		
a		

정답

1)

①	②	③	④
기동	공통	기동 확인	기동 확인

2)

기호	전선 가닥수	배선 용도
c	3	기동 1가닥, 기동확인 1가닥, 공통 1가닥
b	4	기동 1가닥, 기동확인 2가닥, 공통 1가닥
a	7	기동 2가닥, 기동확인 4가닥, 공통 1가닥

06 그림과 같이 1개의 등을 2개소에서 점멸이 가능하도록 하려 한다. 다음 각 물음에 답하시오.

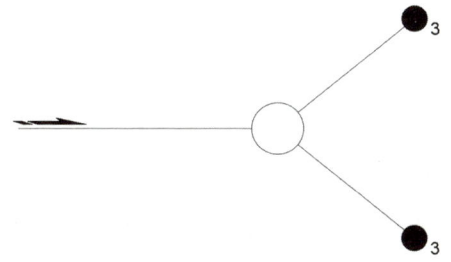

1) 기호에 해당하는 명칭을 쓰시오.

●₃	●₂P	●WP	●L

2) 배선의 가닥수를 표기하시오.

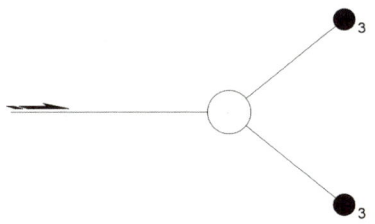

3) 전선 접속도(실제 배선도)를 그리시오.

출제예상문제

정답

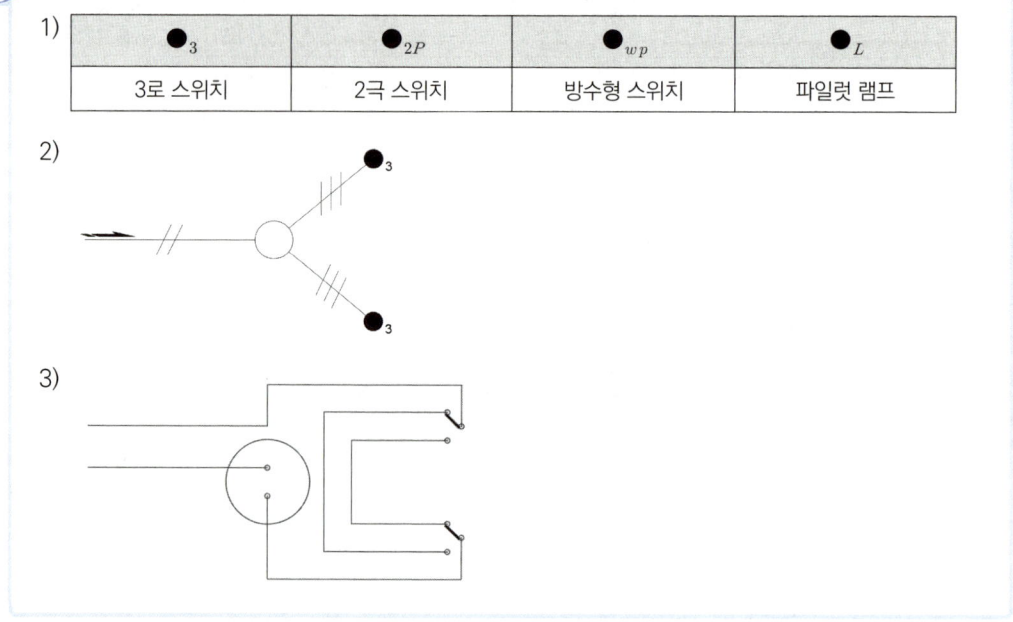

해설

제어 대상은 1개이고, 조작부는 2개인 상황이다. 따라서 2개의 전원이 각각 이어지되, 조작부를 연동하는 개념에 해당한다고 볼 수 있다. 따라서 위와 같은 모양을 확인할 수 있게 된다.

07 다음 그림은 스프링클러 설비의 블록다이어그램을 표현하였다. 각 구성 요소 간 배선을 내화배선, 내열배선, 일반배선으로 구분하여 블록다이어그램을 완성하시오.

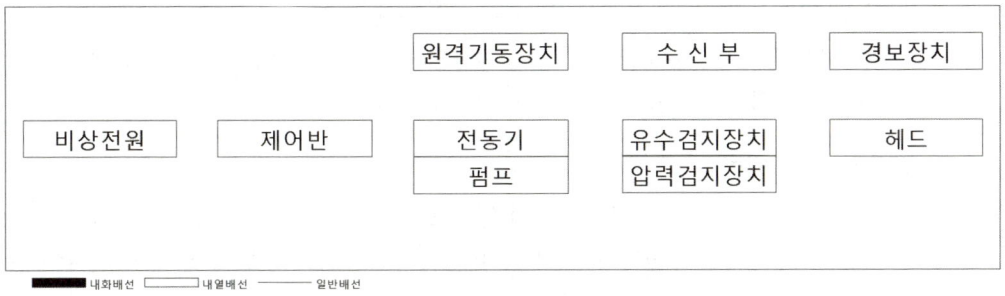

정답

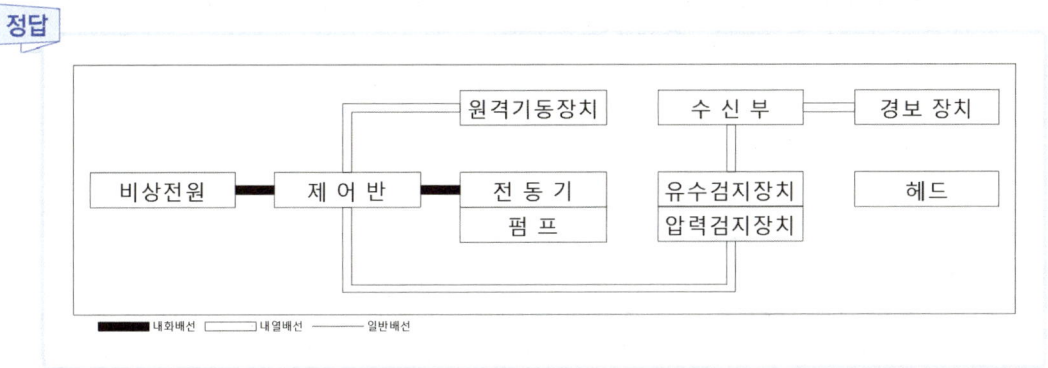

출제예상문제

08 자동화재탐지설비의 배선의 공사 방법에 대한 서술이다. 빈칸을 채우시오.

내열배선 공사방법

1) HFIX, FR-3, 난연성 CV 등 내열성을 가진 전선이 사용된다.
2) 내열배선 공사 방법은 내열 케이블을 활용할 경우 (   )에 설치하고 노출 배선일 경우 내열전선(HFIX)을 (   )공사, (   )공사를 해야 한다.

내화배선 공사방법

(   ), (   ) 또는 (   )에 수납하여 내화 구조로 된 벽 또는 바닥 등에 벽 또는 바닥의 표면으로부터 (   )의 깊이로 매설하여야 한다. 다만, 다음 기준에 적합하게 설치하는 경우에는 그러지 아니한다.

1) 배선을 내화 성능을 갖는 배선 전용실 또는 배선용 샤프트, 피트, 덕트 등에 설치하는 경우
2) 배선 전용실 또는 배선용 샤프트, 피트, 덕트 등에 다른 설비의 배선이 있는 경우에는 (   ) 떨어지게 하거나 소화 설비의 배선과 이웃하는 다른 설비의 배선 사이에 배선 지름의 (   ) 높이의 불연성 격벽을 설치하는 경우

정답

내열배선 공사방법
1) HFIX, FR-3, 난연성 CV 등 내열성을 가진 전선이 사용된다.
2) 내열배선 공사 방법은 내열 케이블을 활용할 경우 (케이블 트레이)에 설치하고 노출 배선일 경우 내열전선(HFIX)을 (금속관)공사, (금속제 가요 전선관)공사를 해야 한다.

암기팁 노출 배선일 경우 외부의 충격으로부터 전선을 보호할 수 있어야 한다.)

내화배선 공사방법
(금속관), (2종 금속제 가요 전선관) 또는 (합성 수지관)에 수납하여 내화 구조로 된 벽 또는 바닥 등에 벽 또는 바닥의 표면으로부터 (25mm 이상)의 깊이로 매설하여야 한다. 다만, 다음 기준에 적합하게 설치하는 경우에는 그러지 아니한다.

1) 배선을 내화 성능을 갖는 배선 전용실 또는 배선용 샤프트, 피트, 덕트 등에 설치하는 경우
2) 배선 전용실 또는 배선용 샤프트, 피트, 덕트 등에 다른 설비의 배선이 있는 경우에는 (15cm 이상) 떨어지게 하거나 소화 설비의 배선과 이웃하는 다른 설비의 배선 사이에 배선 지름의 (1.5배 이상) 높이의 불연성 격벽을 설치하는 경우

09 유도 전동기의 운전을 A실과 B실 어느 쪽에서도 기동 및 정지 제어가 가능하도록 가장 간단하게 배선하시오. (PB-on 2개, PB-off 2개, 전자 접촉기 a 접점 1개(자기 유지용을 사용))

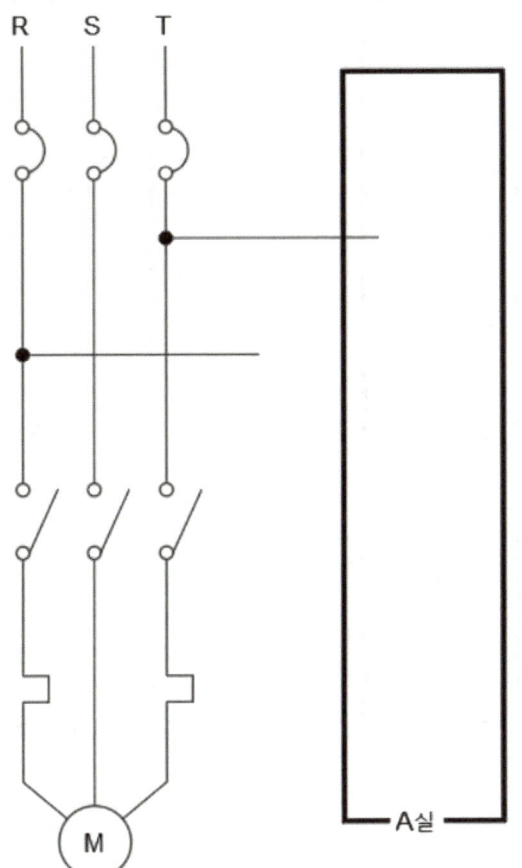
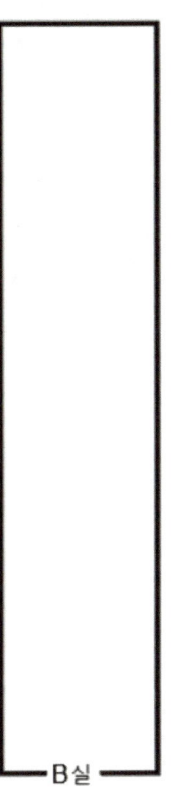

출제예상문제

정답

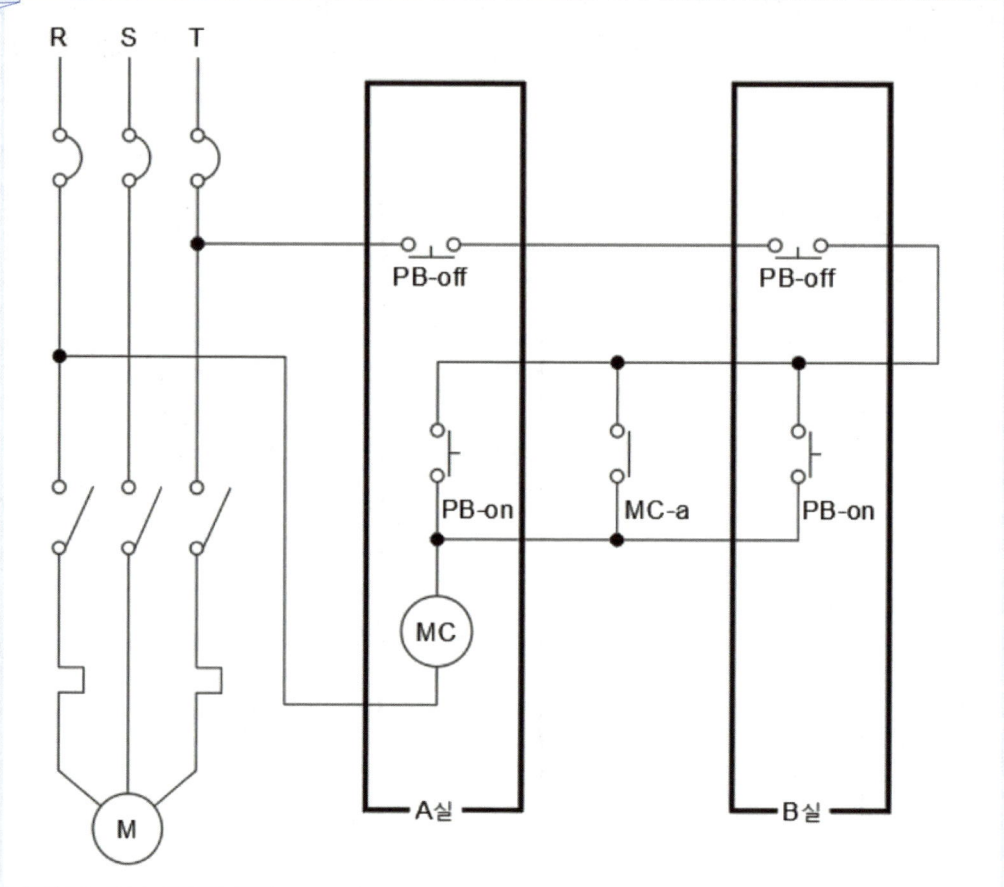

해설

- 회로를 설계하는 방법에서 기본은 회로도를 세우는 것이다.
- 모든 버튼이 PB였기 때문에 자기 유지 회로를 설치해야 한다.(회로 구성에서 PB를 많이 사용하기 때문에 PB가 기본이다.) 자기 유지 회로는 병렬형 MC-a접점, 직렬형 MC가 기본이라고 볼 수 있다.
- 그리고 off의 경우는 위와 같이 회로의 최초에 있어서 공급을 차단해야 하고, On의 경우 MC를 통해 제어되어야 한다.

10 다음은 화재 안전 기준상 내화 배선의 공사 방법에 관한 사항이다. 빈칸에 들어갈 말을 쓰시오.

금속관, 2종 금속제 가요 전선관 또는 합성 수지관에 수납하여 내화 구조로 된 벽 또는 바닥 등에 벽 또는 바닥의 표면으로부터 ((가))이상의 깊이로 매설하여야 한다. 다만, 다음의 기준에 적합하게 설치하는 경우에는 그러하지 아니하다.

가. 배선을 내화 성능을 갖는 배선 전용실 또는 배선용 샤프트, 피트, 덕트 등에 설치하는 경우

나. 배선 전용실 또는 배선용 샤프트, 피트, 덕트 등에 다른 설비의 배선이 있는 경우에는 이로부터 ((나))이상 떨어지게 하거나 소화 설비의 배선과 이웃하는 다른 설비의 배선 사이에 배선 지름(배선의 지름이 다른 경우 가장 큰 것에 기준한다.)의 ((다))배 이상의 높이의 불연성 격벽을 설치할 것

(가)

(나)

(다)

정답

(가) 25[mm]
(나) 15[cm]
(다) 1.5배

해설

금속관, 2종 금속제 가요 전선관 또는 합성 수지관에 수납하여 내화 구조로 된 벽 또는 바닥 등에 벽 또는 바닥의 표면으로부터 25[mm] 이상의 깊이로 매설하여야 한다. 다만, 다음의 기준에 적합하게 설치하는 경우에는 그러하지 아니하다.

가. 배선을 내화 성능을 갖는 배선 전용실 또는 배선용 샤프트, 피트, 덕트 등에 설치하는 경우

나. 배선 전용실 또는 배선용 샤프트, 피트, 덕트 등에 다른 설비의 배선이 있는 경우에는 이로부터 15[cm] 이상 떨어지게 하거나 소화 설비의 배선과 이웃하는 다른 설비의 배선 사이에 배선 지름(배선의 지름이 다른 경우 가장 큰 것에 기준한다.)의 1.5배 이상의 높이의 불연성 격벽을 설치할 것

Chapter 04 제어 기초

1. 개요

(1) 분류 기준
시퀀스 제어의 경우에는 회로를 파악하기 위한 기본적인 부분에 해당한다.

(2) 시퀀스 제어의 종류
① 유접점 방식 : 접점이 표시되어 있는 일반적인 회로 형태에 해당한다.
② 무접점 방식 : 접점 대신에 논리 기호를 사용하는 형태에 해당한다.

(3) 유접점 회로 – 시퀀스 소자
① a접점과 b접점

a 접점(arbeit contact)	b 접점(break contact)
• 평상시에는 개방되어 있는 상태이다. • 작동시에 통전되어 전기가 흐르게 된다.	• 평상시에는 닫혀 있는 상태이다. • 작동시에 개방되어 전기가 차단 된다.
R-a접점 PB-a접점	R-b접점 PB-b접점

② 기타 접점

명칭	기호	비고
계전기 접점	Relay	• 계전기가 동작했을 때 붙는 접점이다. • 계전기가 동작을 멈추었을 때 순시 복귀한다.

명칭	기호	비고
수동조작 자동복귀	Push Botton	• 손으로 누르는 시점에만 동작한다. • 누르는 동작이 멈췄을 때 복귀한다.
열동 계전기 수동 복귀	THR	• 열동 계전기가 동작했을 때 동작한다.
한시 동작 순시 복귀	on-delay	• 설정된 일정 시간 이후에 동작하고, • 타이머가 종료되었을 때 복귀한다.
순시 동작 한시 복귀	off-delay	타이머 동작에 함께 동작하고, 타이머가 종료되고 일정 시간 이후에 복귀한다.

암기팁 화살표 방향으로 쭉 보냈을 때 동작을 위해선 보낸 정도 만큼 지연된다.
(한시 동작을 기준으로 기억하자)

(4) 무접점 회로 – 논리 회로 소자

무접점 회로의 경우 회로의 접점에서 발생하는 관계성을 논리로 표현하는 회로이기 때문에 논리 회로 소자를 학습하여야 한다.

① 논리 회로 소자의 종류

Gate 명칭	논리 회로 기호	내용
AND 회로	입력A, 입력B → 출력X	두 개의 접점 A, B가 모두 동작해야 출력을 하는 회로
OR 회로	입력A, 입력B → 출력X	두 개의 접점 A, B 중 하나만 동작해도 출력하는 회로
NOT 회로	입력A → 출력X	입력의 반대를 출력하는 회로

Gate 명칭	논리 회로 기호	내용
NAND 회로	입력A, 입력B → 출력X	AND Gate로 입력된 출력 결과에 대해 반대로 출력하는 회로
NOR 회로	입력A, 입력B → 출력X	OR Gate로 입력된 출력 결과에 대해 반대로 출력하는 회로

② 논리 회로의 치환

Gate 명칭	논리 회로 기호	논리 회로의 치환 기호
AND 회로	입력A, 입력B → 출력X	입력A, 입력B → 출력X
OR 회로	입력A, 입력B → 출력X	입력A, 입력B → 출력X
NAND 회로	입력A, 입력B → 출력X	입력A, 입력B → 출력X
NOR 회로	입력A, 입력B → 출력X	입력A, 입력B → 출력X

(5) 불대수의 기본 법칙

항등 법칙	$A+0=A, A+1=1$	$A \cdot 0 = 0, A \cdot 1 = A$
동일 법칙	$A+A=A$	$A \cdot A = A$
보원 법칙	$A+\overline{A}=1$	$A \cdot \overline{A} = 0$
다중 부정	$\overline{\overline{A}}=A$	
교환 법칙	$A+B=B+A$	$A \cdot B = B \cdot A$
결합 법칙	$A+(B+C)=(A+B)+C$	$A \cdot (B \cdot C) = (A \cdot B) \cdot C$
분배 법칙	$A \cdot (B+C) = AB + AC$	
흡수 법칙	$A + A \cdot B = A$	$A \cdot (A+B) = A$
드 모르간 정리	$\overline{A+B} = \overline{A} \cdot \overline{B}$	$\overline{A \cdot B} = \overline{A} + \overline{B}$

① 불대수의 기본은 밴다이어그램이다. 1은 전체 집합, 0은 공집합을 의미한다.
② 해당 부분에 대해서 밴다이어그램에서는 표시되는 부분에서는 논리 1의 값을 가지고, 표시되지 않는 부분의 논리는 0의 값을 가진다.

2. 다양한 논리 회로의 구성

(1) 자기유지 회로

① 자기 유지 회로는 PB-a가 동작하였을 때 계전기 R가 동작하고, R-a접점이 폐로되어 전기가 공급된다. PB-b접점이 동작되면 자기 유지를 끌 수 있다.

② 유접점 회로

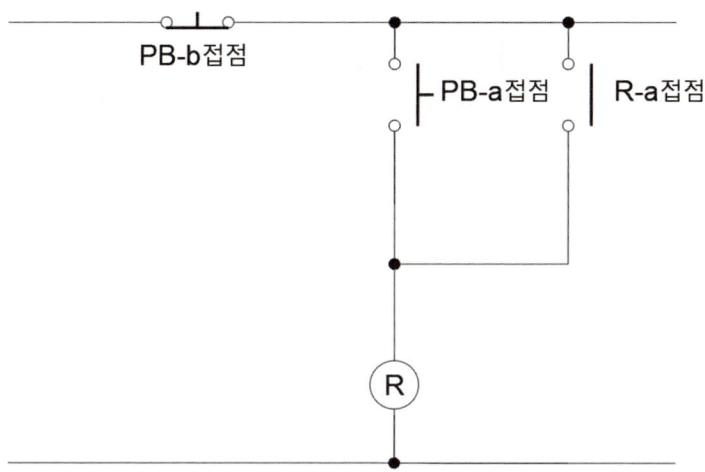

③ 무접점 회로

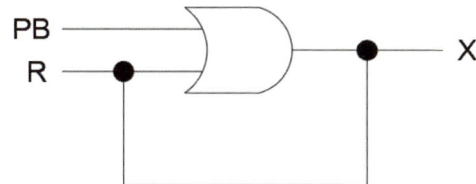

④ 논리 표현

$\overline{PB} \cdot (PB + R)$

(2) 인터록 회로

① 동작 중인 설비가 있을 때 다른 설비의 동작을 차단하는 회로이면서 앞서 PB를 동작시키면 X1이 동작하고, 이 과정에서 X1-b접점이 동작하여 X2의 동작을 차단한다.

② 유접점 회로

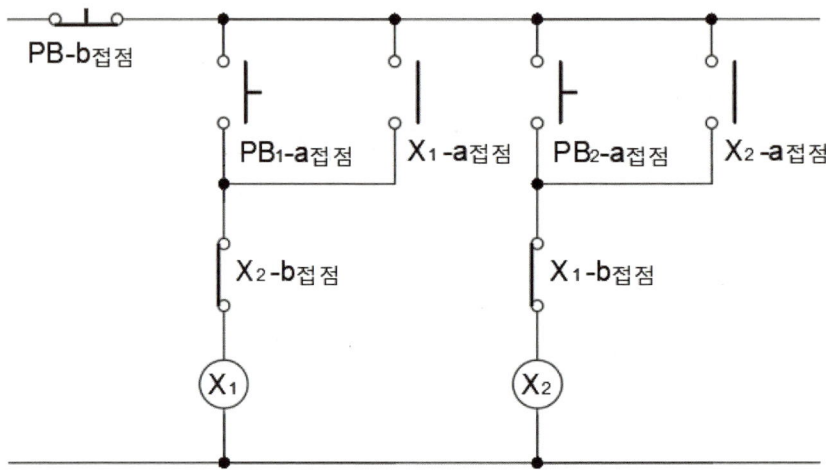

③ 무접점 회로

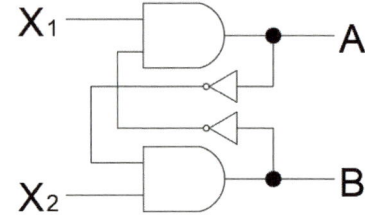

④ 논리 표현

$\overline{X_2} \cdot (X_1 + PB_1) + \overline{X_1} \cdot (X_2 + PB_2)$

(3) 시한 회로

① 동작 신호가 들어왔을 때 바로 작동하지 않고 일정 시간 이후에 동작하게 되는 회로이다. 소방 설비에서는 가스계 소화설비의 분사가 되기 전 대피 시간을 마련하기 위해서 사용한다.

② 유접점 회로

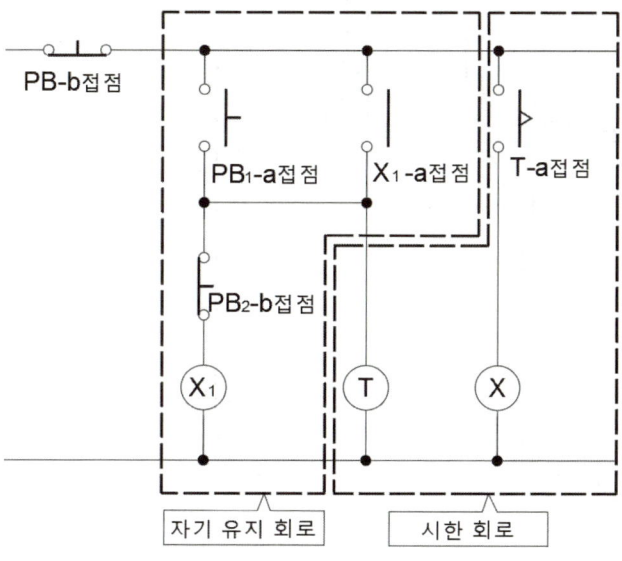

③ 논리 표현

$T = \overline{PB_2}(X_1 + PB_1)$

$X = T$

(4) 시한 복귀 회로

① 순시 동작으로 동작한 뒤에 타이머가 종료된 이후에도 일정 시간 이후에 복귀하는 회로이다.

② 유접점 회로

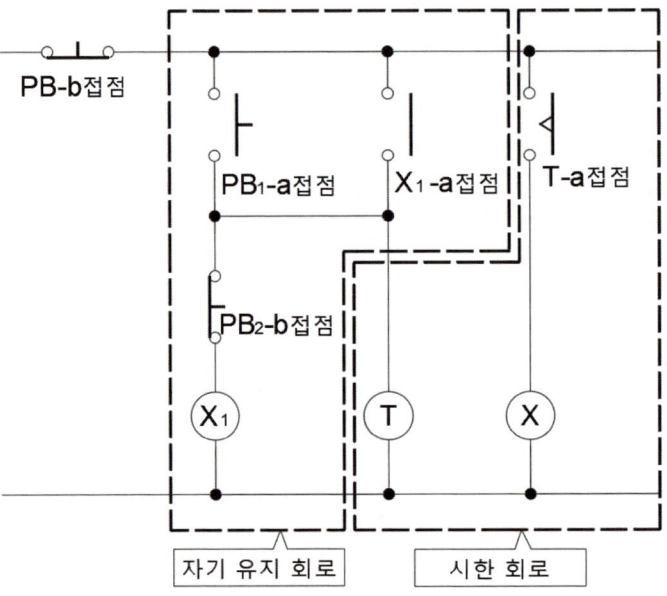

③ 논리 표현

$$T = \overline{PB_2}(X_1 + PB_1)$$

$$X = T$$

출제예상문제

01 다음은 Y-△ 기동에 대한 시퀀스 회로도이다. 그림을 보고 다음 각 물음에 답하시오.

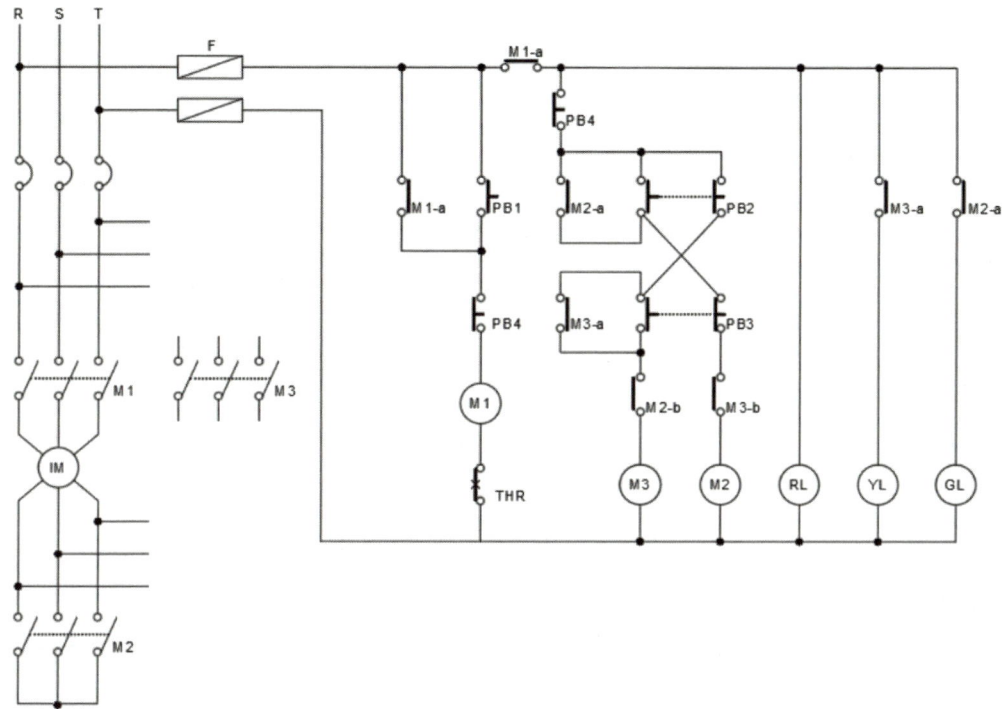

1) 도면의 미완성 부분을 보완하여 작성하시오.
2) 각 표시등의 상태를 설명하시오.

출제예상문제

정답

1)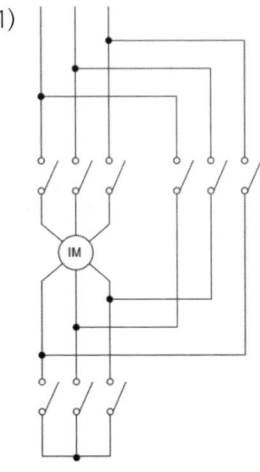

2) YL : △ 운전, RL : 정지, GL : Y 기동

해설

우선 우리는 Y를 통해 기동한다는 것을 알고 있다. 따라서 Y가 있는 M3가 기동을 먼저 해야 한다는 것을 알고 있다.
이어 기동 후에 일정 속도에 도달했을 때 △로 운전하게 된다. 즉, 이어서 M2가 신호에 따라 운전해야 한다.
① PB1을 눌렀을 때 M1의 자기 유지가 되고, 주회로 M1이 닫히고, 제어 회로 상부의 a접점이 붙어 RL가 점등이 된다.
② 이어서 PB2를 눌렀을 때 M2의 릴레이에 전기가 흐르고 주회로가 닫히면서 Y회로로 기동을 시작한다. 이때 상단의 제어회로 M2-a접점이 붙게되면서 GL이 점등된다.
③ 일정 속도에 도달되면 PB3를 누르고, 이로 인해 기존 M2에 흐르던 전류가 끊어지고, M3가 붙는다. 이 때 △가 기동하게 된다.

02 유도 전동기의 운전을 A실과 B실 어느 쪽에서도 기동 및 정지 제어가 가능하도록 가장 간단하게 배선하시오. (PB-on 2개, PB-off 2개, 전자 접촉기 a 접점 1개(자기 유지용을 사용))

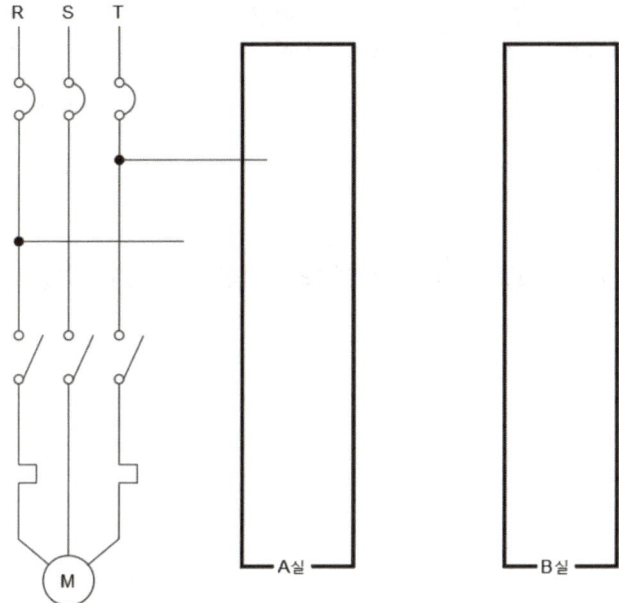

정답

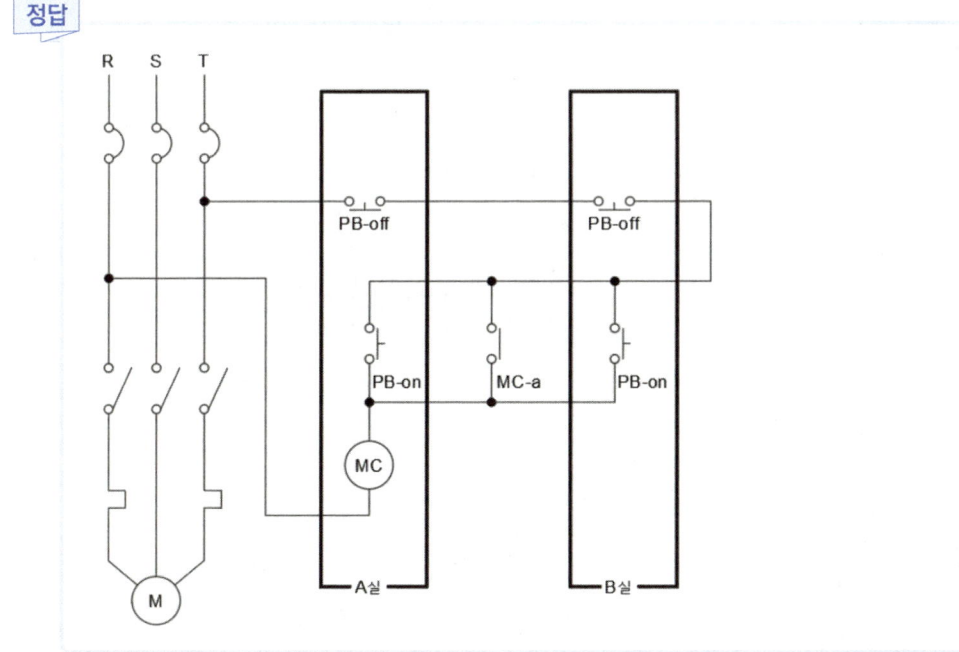

> **해설**
> - 회로를 설계하는 방법에서 기본은 회로도를 세우는 것이다.
> - 모든 버튼이 PB였기 때문에 자기 유지 회로를 설치해야 한다.(회로 구성에서 PB를 많이 사용하기 때문에 PB가 기본이다.) 자기 유지 회로는 병렬형 MC-a접점, 직렬형 MC가 기본이라고 볼 수 있다.
> - 그리고 off의 경우는 위와 같이 회로의 최초에 있어서 공급을 차단해야 하고, On의 경우 MC를 통해 제어되어야 한다.

03 다음은 Y-△ 기동에 대한 시퀀스 회로도이다. 그림을 보고 다음 각 물음에 답하시오.

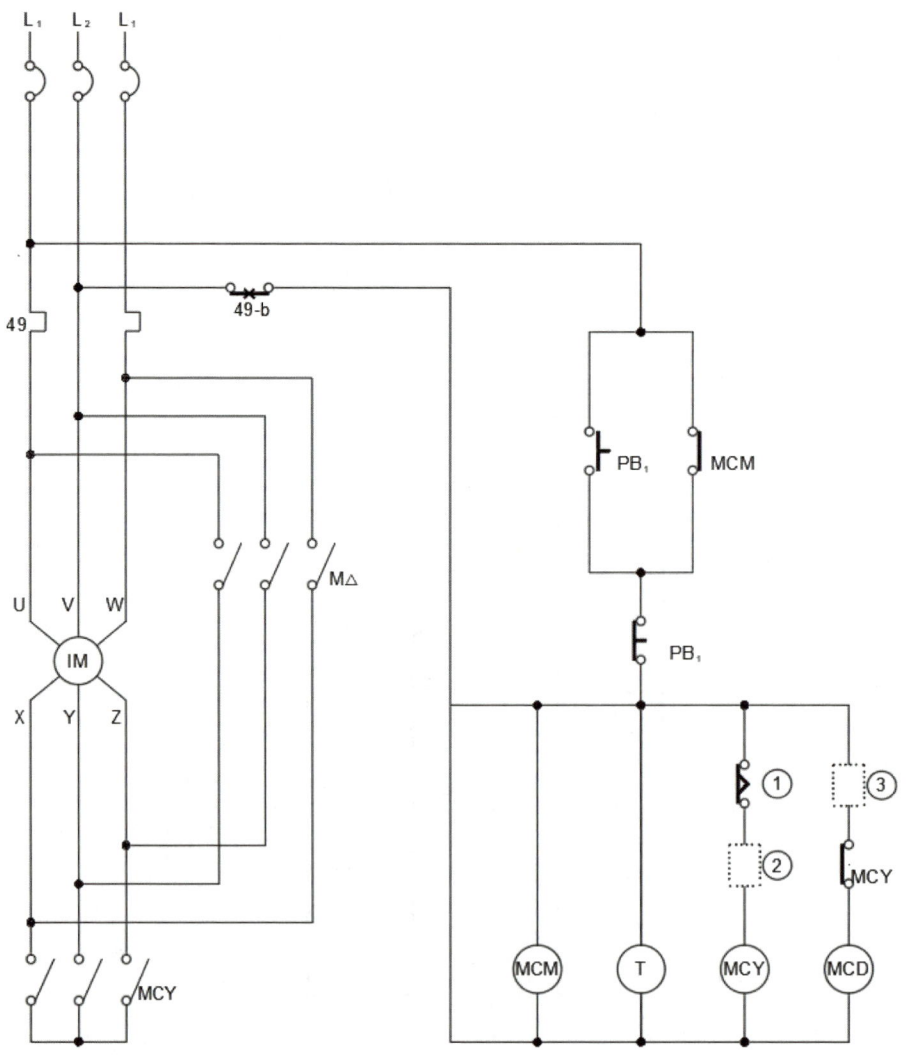

1) Y-△ 기동 회로를 사용하는 이유를 쓰시오.

2) Y-△ 운전이 가능하도록 보조 회로(제어 회로)에서 기호 ① 부분의 접점 명칭을 쓰시오.

3) 기호 ②, ③의 접점 기호를 그리시오.

구분	②	③
접점 기호	─○ ○─	─○ ○─

4) Y-△ 운전이 가능하도록 주회로 부분을 완성하시오.

정답

1) 기동 전류를 낮추기 위해서
2) 한시 동작 b접점
3)

구분	②	③
접점 기호	─○ MCD ○─	─○ T-a ○─

4)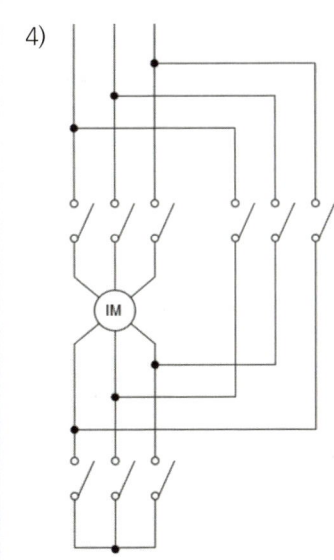

출제예상문제

해설
- Y-△ 기동법은 Y로 기동하고 △로 운전하는 방식의 회로이다.
- 해당 회로는 기동 후에 타이머를 통해 운전 형태로 전환하는 형태이다.
- 자기 유지, 인터록 회로, 시한 회로가 쓰였다.

기동 순서
① 최초에 PB1을 누르면 MCM의 릴레이가 작동하고 자기 유지를 통해 계속 전원이 유지 된다.
② 동시에 타이머 회로도 동작하고, 한시 동작 b접점은 동작하지 않고, MCY가 기동할 수 있게 된다.
  (이 때 MCD의 동작은 인터록 회로에 의해 차단된다.)
③ 타이머에 입력된 설정 시 이후에 MCY 에서의 접점이 떨어지고, 동시에 한시 동작 a접점이 있던 MCD의 릴레이가 붙게 되고 운전을 시작한다.

04 다음은 사용 전원 정전시에 예비 전원으로 절환하고 상용 전원 복구 시 예비 전원에서 상용 전원으로 절환하여 운전하는 시퀀스 제어 회로의 미완성 도면이다. 시퀀스 제어도를 완성하시오.

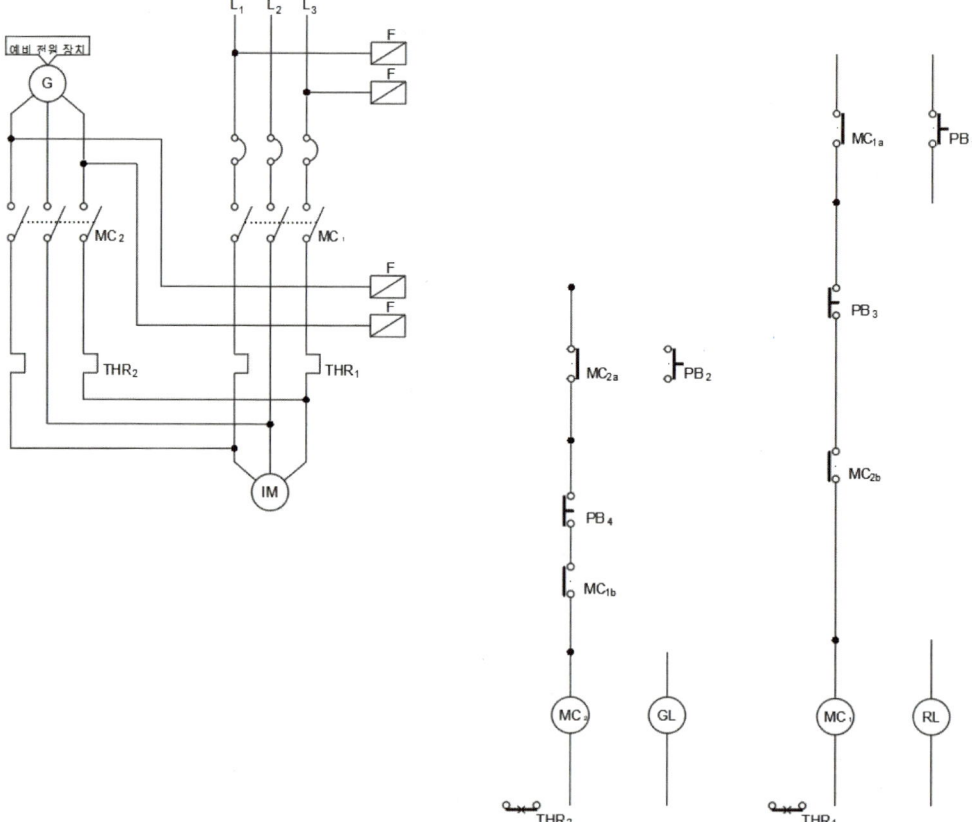

정답

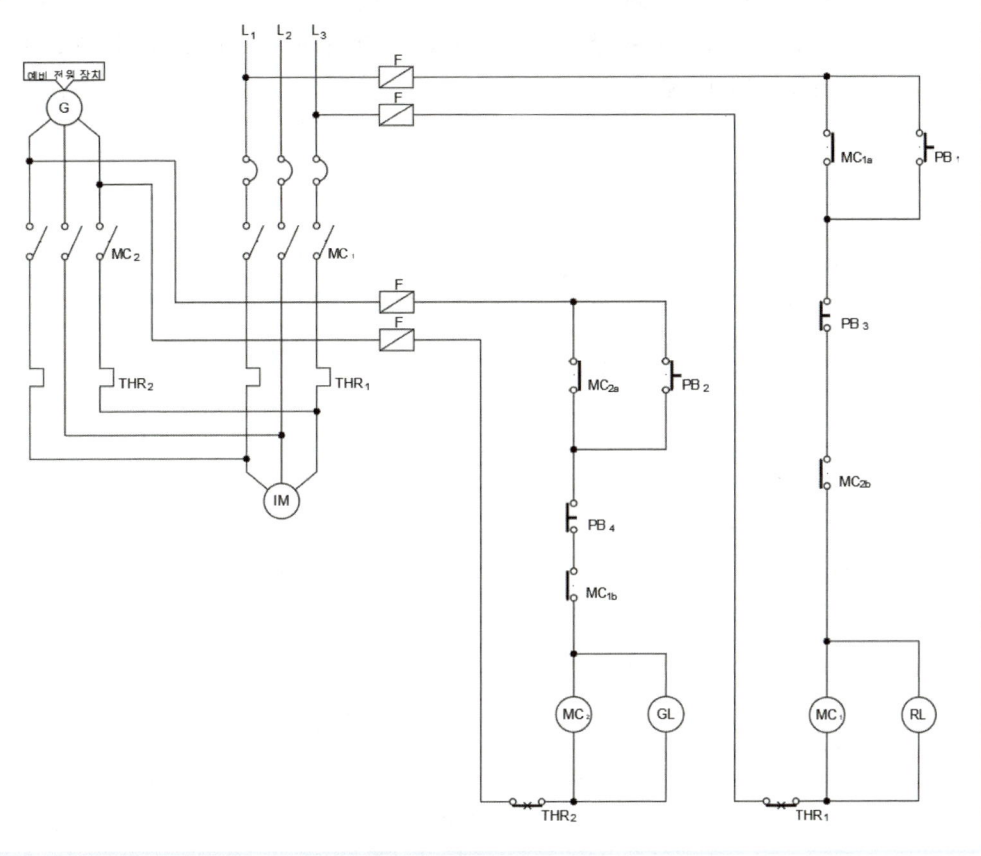

해설

- 절환이 된다는 의미는 인터록을 의미하고, 자기 유지는 기본으로 삽입되어야 한다.
- 하지만 수동으로 조작하는 과정이 수반되어야 한다. 이를 위해서 인터록에 삽입해야 하는 푸시 버튼 스위치가 필요하다.

05 다음은 PB-on 동작 시 X 릴레이가 동작하고 특정 시간 셋팅 후 타이머가 동작하여 MC가 동작하는 시퀀스 회로도이다. PB-on을 동작시킨 후 x 릴레이와 타이머 가 소자되어도 MC가 동작하도록 시퀀스를 수정하시오.

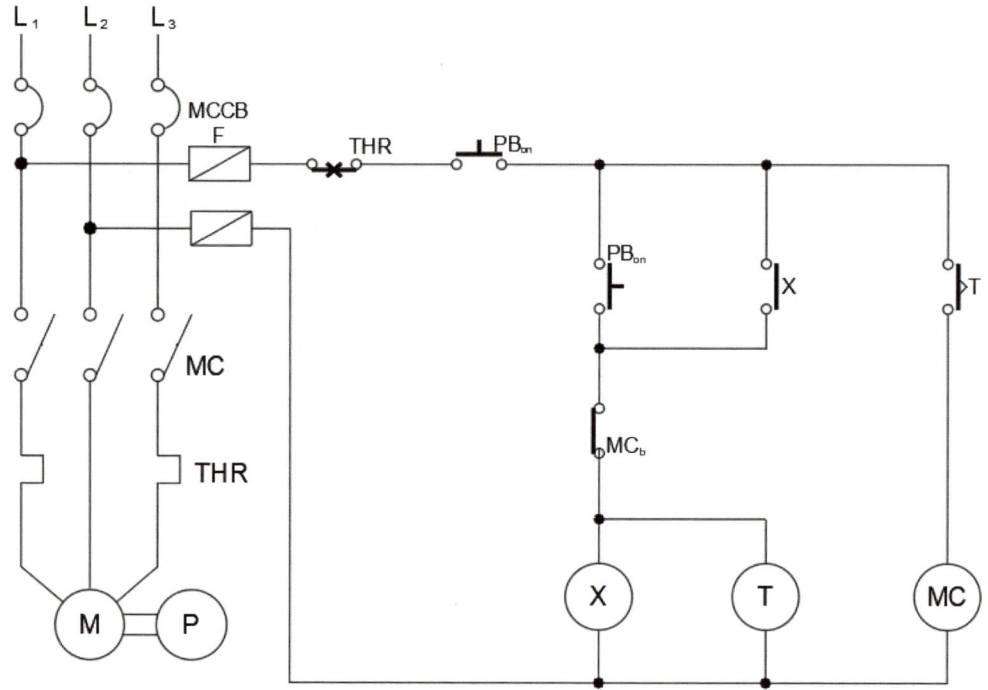

정답

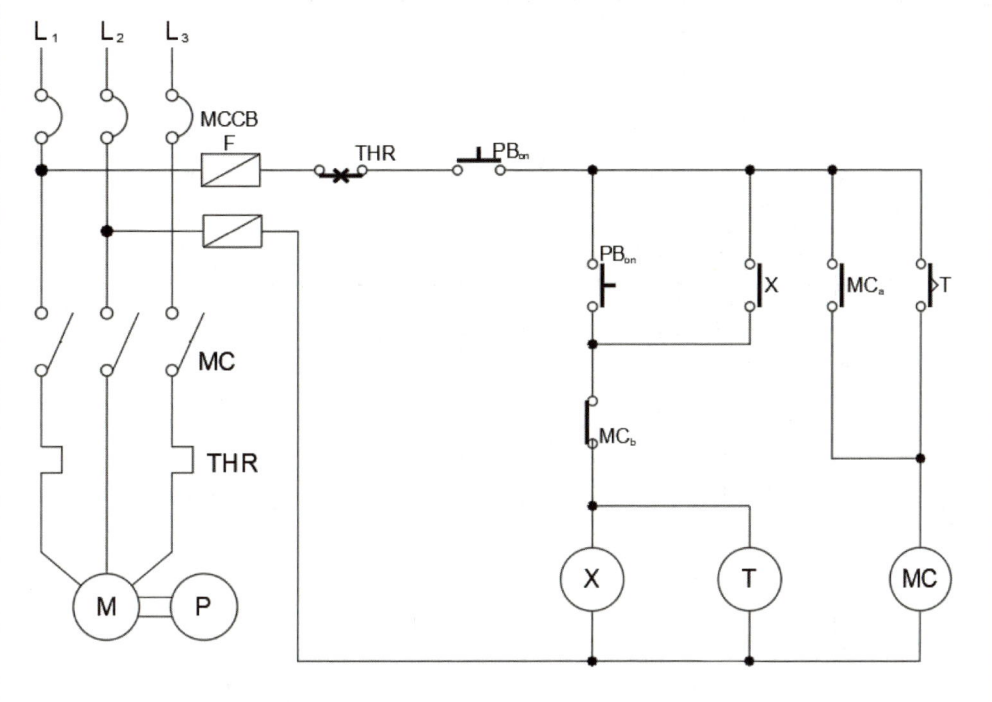

해설

- 문제상의 동작에서는 X가 PB 접점으로 인해 여자가 되면서 자기 유지를 형성하는 회로에 해당했다.
- 동시에 타이머도 여자가 되면서 T회로가 일정 시간 이후에 동작하게 되어 MC를 작동 시켰다.
- 추가로 요구되는 부분은 MC의 '자기 유지'이지만, 앞선 요구 사항에 릴레이의 소자가 되었을 때를 담고 있기 때문에 MC 접점에 대한 인터록을 추가하여 설치하여야 하였다.

06 다음은 Y-△ 기동에 대한 시퀀스 회로도이다. 그림을 보고 다음 각 물음에 답하시오.

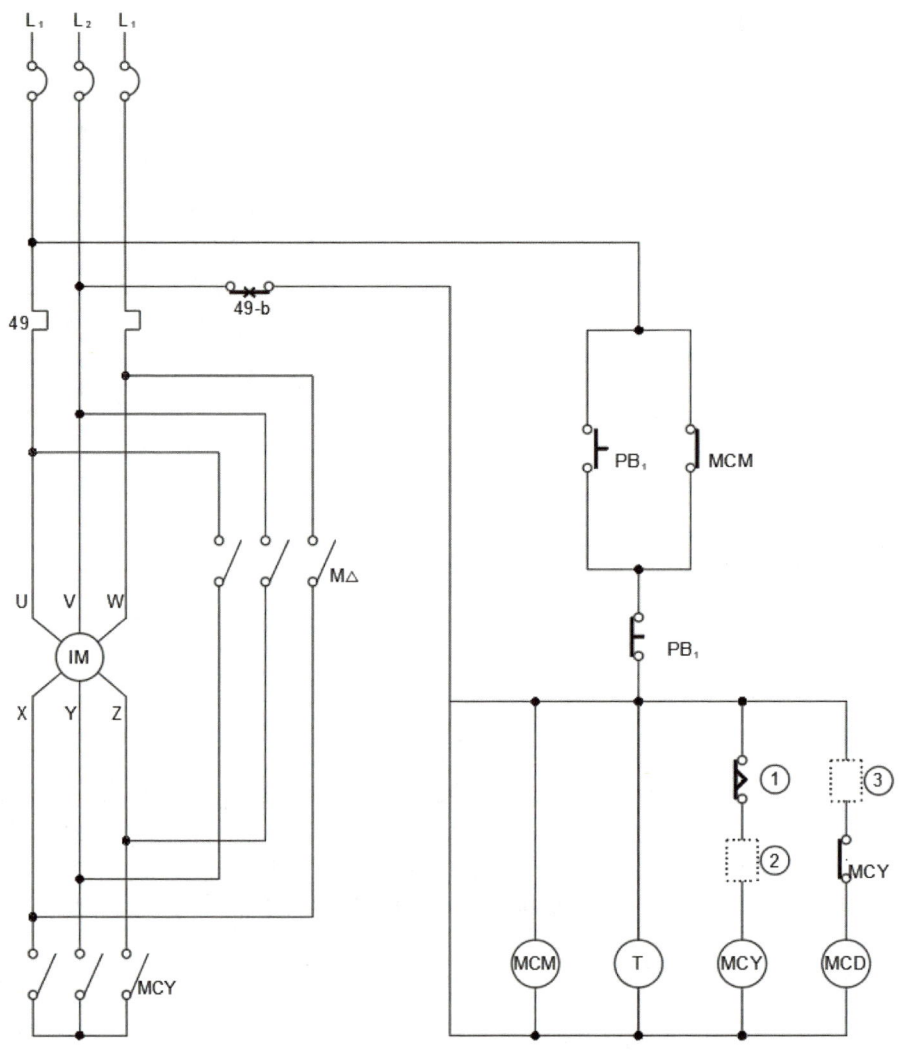

1) Y-△ 기동 회로를 사용하는 이유를 쓰시오.

2) Y-△ 운전이 가능하도록 보조 회로(제어 회로)에서 기호 ① 부분의 접점 명칭을 쓰시오.

3) 기호 ②, ③의 접점 기호를 그리시오.

구분	②	③
접점 기호	─○ ○─	─○ ○─

4) Y-△ 운전이 가능하도록 주회로 부분을 완성하시오.

정답

1) 기동 전류를 낮추기 위해서
2) 한시 동작 b접점
3)

구분	②	③
접점 기호	MCD	T-a

4)
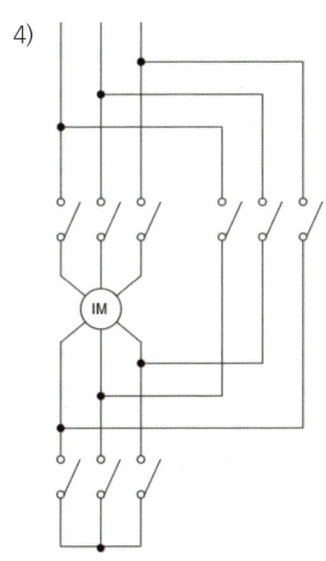

해설

- Y-△ 기동법은 Y로 기동하고 △로 운전하는 방식의 회로이다.
- 해당 회로는 기동 후에 타이머를 통해 운전 형태로 전환하는 형태이다.
- 자기 유지, 인터록 회로, 시한 회로가 쓰였다.

기동 순서

① 최초에 PB1을 누르면 MCM의 릴레이가 작동하고 자기 유지를 통해 계속 전원이 유지 된다.
② 동시에 타이머 회로도 동작하고, 한시 동작 b접점은 동작하지 않고, MCY가 기동할 수 있게 된다. (이 때 MCD의 동작은 인터록 회로에 의해 차단된다.)
③ 타이머에 입력된 설정 시 이후에 MCY 에서의 접점이 떨어지고, 동시에 한시 동작 a접점이 있던 MCD의 릴레이가 붙게 되고 운전을 시작한다.

출제예상문제

07 다음 회로에서 램프 L의 작동을 주어진 타임차트에 표시하고, 각 회로에 대한 논리회로를 그리시오.

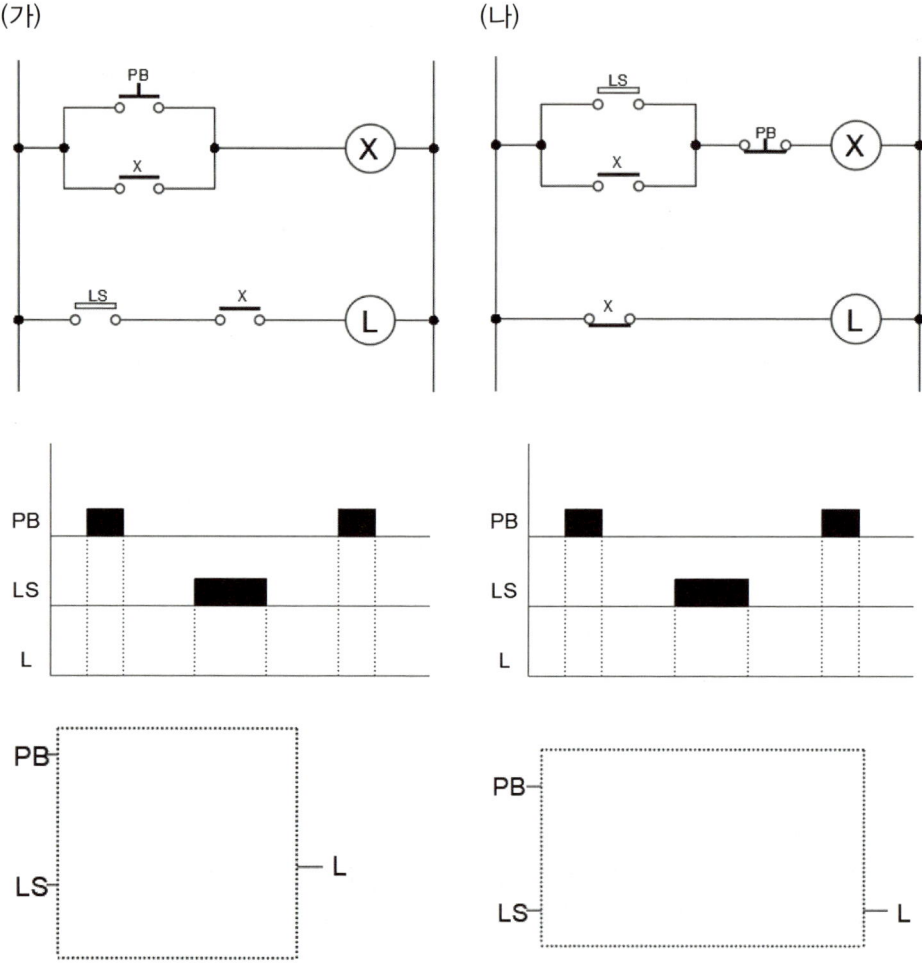

정답

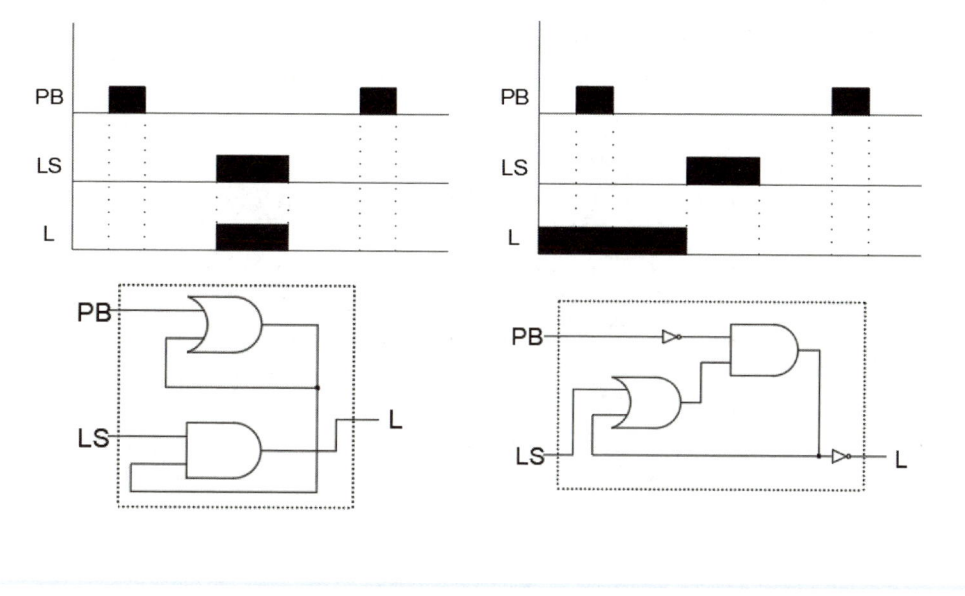

해설

1) 작동 원리
   ① 작동 원리를 확인해보면 (가)에서는 자기 유지 회로를 구성하였으며 이를 통해서 2차 제어를 하고 있다. 기계적 접점인 LS의 경우는 눌렸을 때 램프를 작동시켜 목적에 도달했음을 표현하는 형태이다.
   ② 반면에 (나)에서는 최초에 불이 먼저 들어오다가 LS 접점이 붙었을 때부터 릴레이X가 작동하여 자기 유지를 하게 된다. 동시에 인터록이 존재하는 불은 꺼지게 된다.
2) 위와 같은 원리를 기반으로 이뤄진 회로로 타임차트를 그릴 수 있고, 무접점(논리) 회로의 구성도 이를 기반하여 자기 유지 회로와 인터록 회로를 구성하는 (가)형과 off접점을 기반으로 한 리미트 동작형 회로를 구성할 수 있다.

Chapter 04 제어 기초

출제예상문제

08 그림과 같은 시퀀스 회로에서 타임 차트를 완성하시오.(단 T1은 1초, T2는 2초이며 설정 시간 이외의 시간 지연은 없다고 본다.)

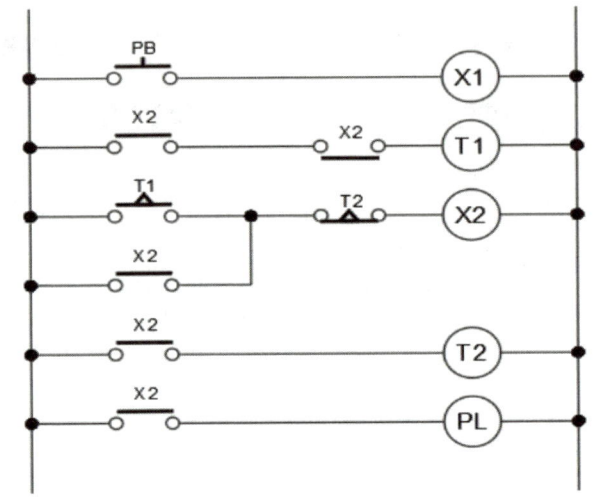

정답

	T1	T2	T1	T2	T1	T2
PB						
X1						
T1						
X2						
T2						
PL						

해설

- X1의 용도는 자기 유지에 해당한다. X2의 설치는 신입 우선 회로, T2과 PL의 동작 신호 용도와 자기 유지를 포함한다.
- 이렇게 용도를 정하고 타임차트를 완성하면 된다.

Chapter 05 소방 설비 회로

1. 개요

(1) 결선법에 대해

전기 시공에서 발생할 수 있는 문제점 중 선을 잘못 연결하거나 빠뜨리거나 다른 선을 연결하는 문제가 있다. 이러한 문제로 인해 기계의 고장이나 오동작의 우려가 있고 특히나 소방에서는 그 피해가 검사 전까지 확인이 되지 않아 인명 피해로도 이어질 우려가 있기에 더욱 치명적이라고 볼 수 있다. 장비마다 약간의 차이를 이해하고 명확한 결선을 설정하기 바란다.

(2) 감지기 결선 방법

감지기에 연결되는 선은 '지구선'과 '지구공통선'이다. 또한 반드시 말단에는 종단저항이 삽입된다. 종단저항의 대부분은 발신기 내에 삽입되어 있는데 이를 고려하면 결선이 항상 루프 형태로 구성이 되고 있음을 알 수 있다. 이를 활용하여 굵은 한 선을 루프 형태로 구성된 선로의 2배를 해주면 선의 개수를 산출할 수 있다.

① 송배전 방식 결선

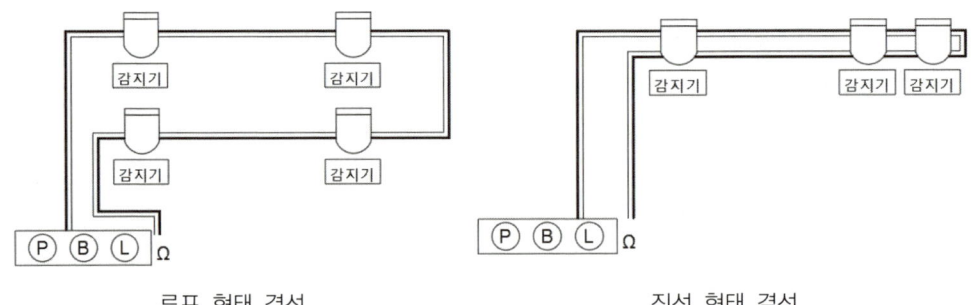

루프 형태 결선   직선 형태 결선

• 2개의 겹치는 원형의 틀을 누르고 변화시켜서 배치한다고 생각하면 수월하다.

② 교차회로 방식 결선

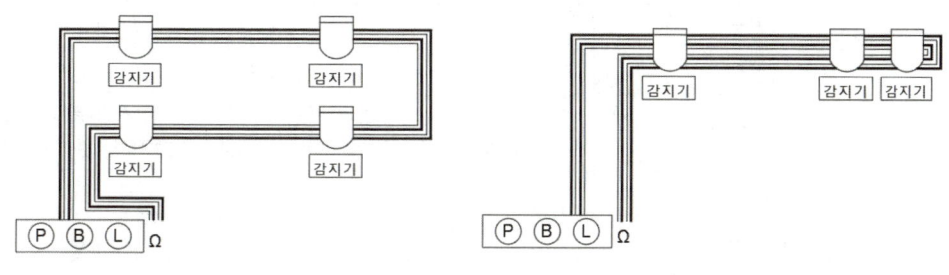

루프 형태 결선   직선 형태 결선

- 2개의 겹치는 원형의 툴을 누르고 변화시켜서 배치하는 것을 2회한다고 생각하면 수월하다.

(3) MCC반 결선 방법

① MCC반(Motor Control Center) (공통 사항)

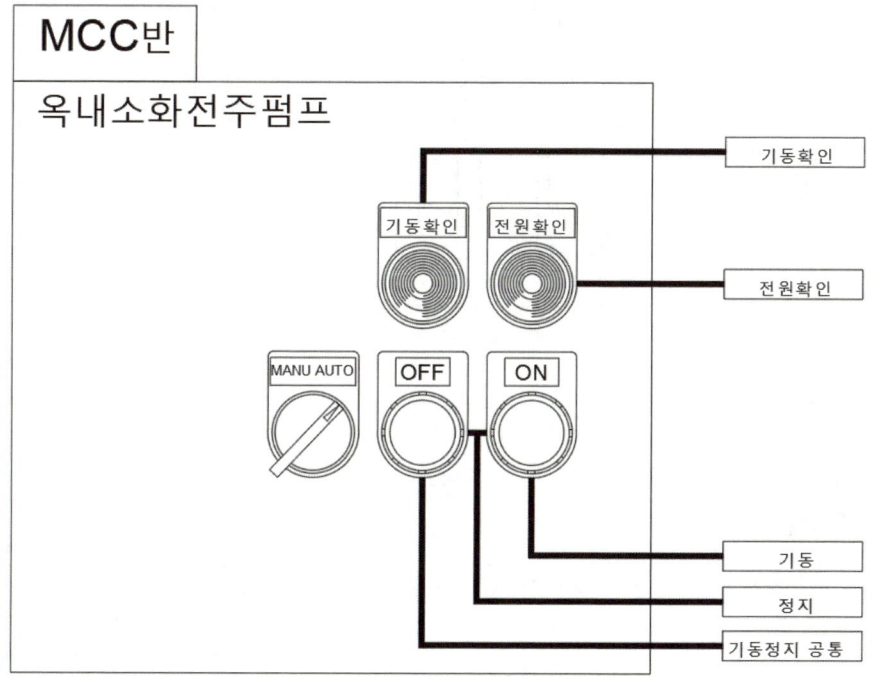

② 선의 종류별 특징

선의 종류	결선특징
기동	공통
정지	공통
(기동정지 공통)	발신기와 연계되어 스위치 공통선과 표시등 공통선을 묶을 수 있고, 이 값을 기본으로 한다. 다만, 문제상 분리를 지시하면 추가한다.
기동 확인	공통
전원 확인	공통

2. 자동화재 탐지 설비

(1) 연결부의 종류

- 수신부의 결선

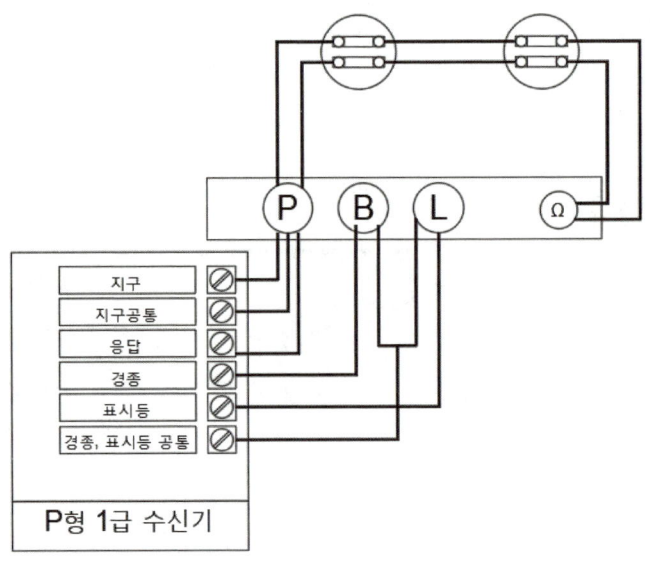

(2) 선의 종류별 특징

선의 종류	결선특징	
지구선	지구선은 감지기의 회선이 증가할 때마다 추가된다. 즉, 종단저항의 수	
지구공통선	• 지구선 7가닥당 1가닥 • 예를 들어 지구선이 23가닥이면 4가닥	
응답선	공통(증설이 되더라도 일정하게 유지된다.)	
경종선	일제 경보의 경우	증설이 되더라도 일정하게 유지된다.
	우선 경보의 경우	증설이 되면 층수 별로 회선수가 증가한다.

선의 종류	결선특징
표시등선	공통(증설이 되더라도 일정하게 유지된다.)
경종, 표시등 공통선	공통(증설이 되더라도 일정하게 유지된다.)
전화선(삭제)	기존의 존재하던 화재 안전 기준 개정에 따라서 적용하지 않음.

(3) 수압 개폐 방식 소화전일 경우 추가 사항(자동화재탐지설비 결선 + (추가내용))

선의 종류	결선특징
기동 확인	공통(증설이 되더라도 일정하게 유지된다.)

(4) 수동 조작 소화전일 경우 추가 사항(자동화재탐지설비 결선 + 수압 개폐방식 + (추가 내용))

선의 종류	결선특징
기동 및 정지	• 각 소화전마다 각각 1개씩 추가 된다. • 소화전 2개인 경우 – 기동 2, 정지 2
(기동, 정지 공통)	구분하는 경우에 추가한다.

3. 옥내 소화전

(1) 소화전 기동 방식

옥내 소화전은 수압 개폐 방식과 ON-OFF 방식이 있다.

① 기동용 수압 개폐 장치 방식은 앵글 밸브를 개방함과 동시에 압력 변동을 검지하여 자동적으로 펌프를 기동 및 정지시키는 것으로 압력 챔버 또는 기동용 압력 스위치라고 한다.

② ON-OFF 방식의 경우 [화재안전기술기준]에 의거하여 학교, 공장, 창고시설로서 동결의 우려가 있는 장소에 있어서는 기동 스위치에 보호판을 부착하여 설치할 수 있고 이에 따라 설치한 방식이다.

(2) 연결부의 종류

① 소화전의 결선은 제어반으로 향하는 1차 회선을 파악하면 된다. (MCC반 결선은 공통 사항)

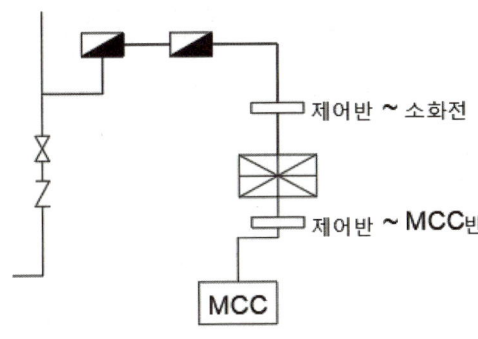

② 소화전의 결선 (수압 개폐 장치)
- 별도의 결선은 추가하지 않고, 작동을 표시하는 기동 확인 2선이 추가된다.

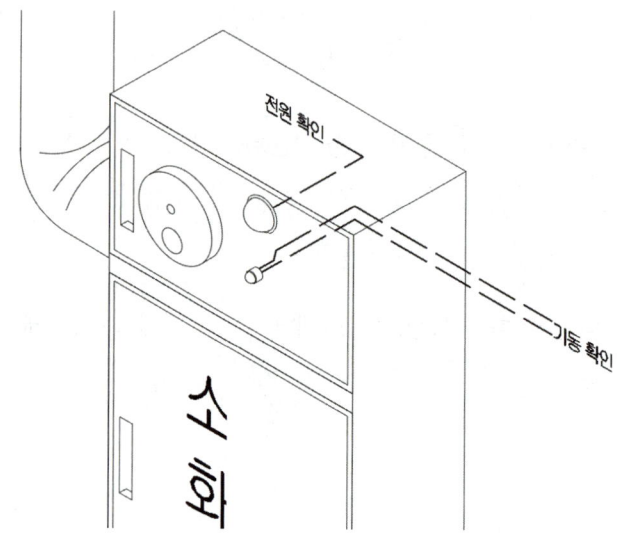

③ 소화전의 결선 (기동 스위치 부착식)
- 기동, 정지 스위치에 대한 결선이 추가되고, 조건에 따라 공통선이 추가될 수 있다.

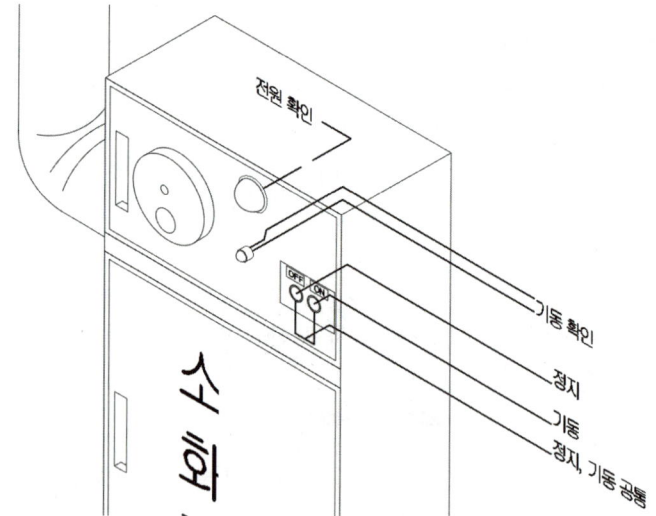

4. 준비 작동식 스프링클러

(1) 작동 순서
① 교차회로 감지기 중 하나의 감지기가 작동하였을 때 경보를 울린다.
② 나머지 감지기가 작동하였을 때 유수검지장치가 작동하여 폐쇄형 헤드까지 물을 송수한다.
③ 스프링클러 헤드가 열에 의해 개방되면서 물이 방출된다.

(2) 프리액션 밸브의 기능

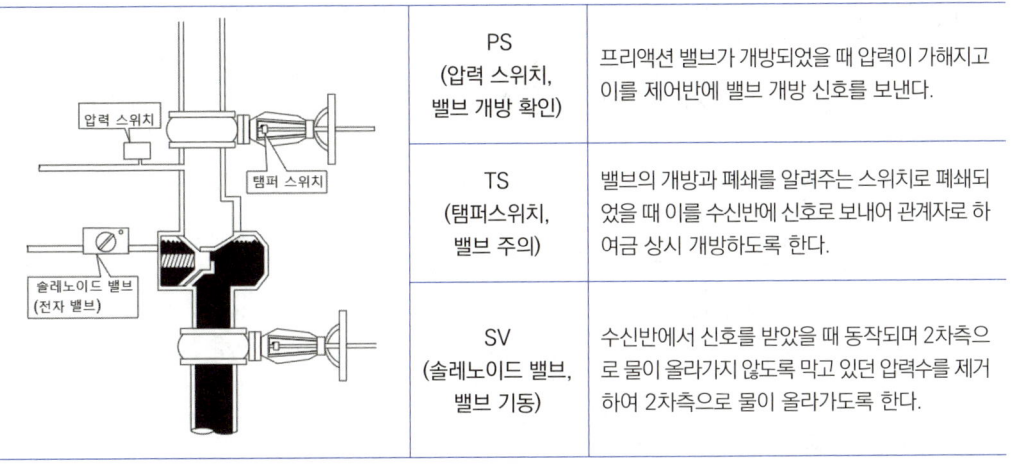

PS (압력 스위치, 밸브 개방 확인)	프리액션 밸브가 개방되었을 때 압력이 가해지고 이를 제어반에 밸브 개방 신호를 보낸다.	
TS (탬퍼스위치, 밸브 주의)	밸브의 개방과 폐쇄를 알려주는 스위치로 폐쇄되었을 때 이를 수신반에 신호로 보내어 관계자로 하여금 상시 개방하도록 한다.	
SV (솔레노이드 밸브, 밸브 기동)	수신반에서 신호를 받았을 때 동작되며 2차측으로 물이 올라가지 않도록 막고 있던 압력수를 제거하여 2차측으로 물이 올라가도록 한다.	

(3) SVP (슈퍼비조리판넬, 수동 조작함) 결선 방법

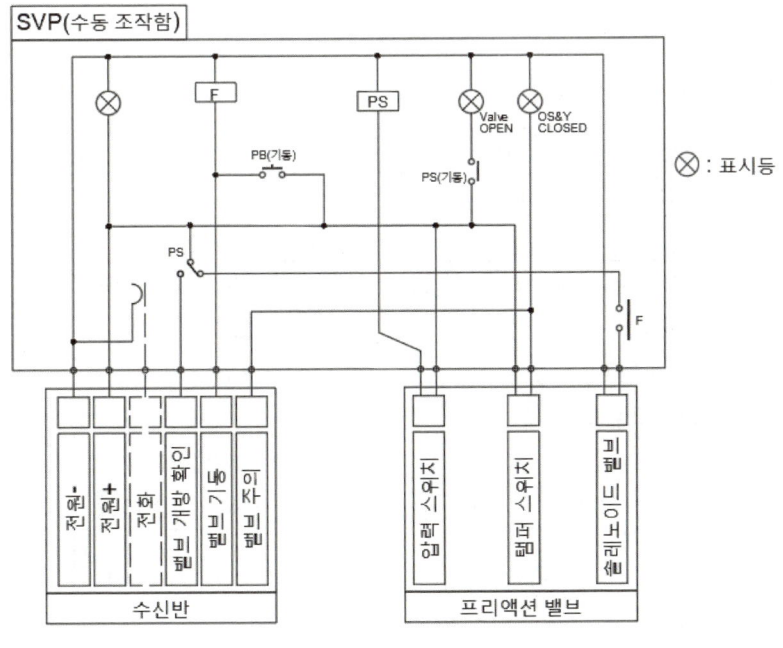

(4) 회로 결선 방법

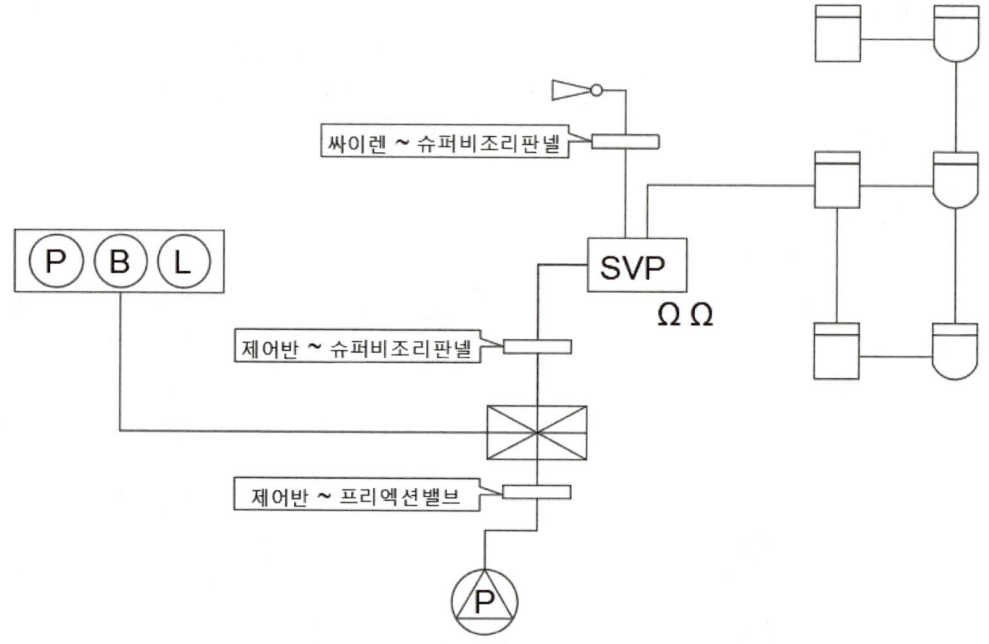

① 구간 배선 확인

구간	배선 종류
제어반 ~ 프리액션 밸브	압력 스위치 2가닥, 템퍼 스위치 2가닥, 솔레노이드 밸브 2가닥
제어반 ~ 슈퍼비조리판넬	전원+ 1가닥, 전원- 1가닥, 밸브 개방 확인 1가닥, 밸브 기동 1가닥, 밸브 주의 1가닥

② 배선의 종류별 확인 사항

배선	가닥수
전원+	공통
전원-	공통
감지기A	SVP 1기당 1가닥
감지기B	SVP 1기당 1가닥
사이렌	SVP 1기당 1가닥
PS(압력 스위치)	SVP 1기당 1가닥
TS(탬퍼 스위치)	SVP 1기당 1가닥
SV(솔레노이드 밸브)	SVP 1기당 1가닥

5. 습식 스프링클러

(1) 개요

습식 스프링클러는 항시 2차측 까지 물이 대기하고 있다가 교차 회로 감지기가 모두 동작했을 때 작동한다.

(2) 전체 회로 결선

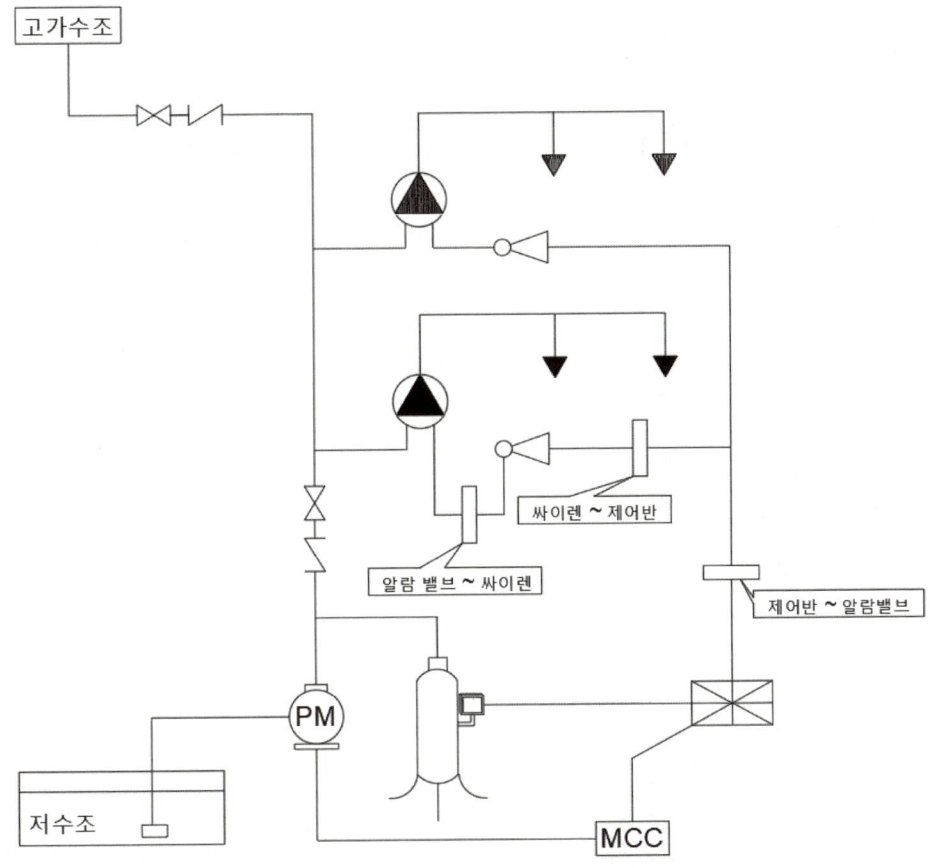

① 배선의 종류별 확인 사항

배선	가닥수
싸이렌	구역당 1가닥
탬퍼 스위치	구역당 1가닥
공통선 (싸이렌, 탬퍼 스위치)	공통
압력 스위치 (유수 검지 스위치)	탱크 측은 2가닥, 구역당 1가닥

② 구간 배선 확인

구간	배선 종류
알람밸브 ~ 싸이렌	탬퍼 스위치 1, 압력 스위치 1, 공통 1
싸이렌 ~ 제어반	탬퍼 스위치 1, 압력 스위치 1, 공통 1, 사이렌 1
제어반 ~ 알람밸브 (2 ZONE)	탬퍼 스위치 2, 압력 스위치 2, 공통 1, 사이렌 2
압력 탱크 ~ 수신반	압력 스위치 2

6. 할론 소화 설비

(1) 개요

① 가스 소화 설비는 대체로 비슷하며, 기본적으로 방출을 알려서 피난할 시간을 알려주어야 한다.
② 잘못된 경보에 따라 카운트를 멈출 수 있는 지연 스위치가 필요하며, 수동 또는 능동 (교차회로)로 동작한다.
③ 동작 순서
가스계 소화설비는 교차 회로 방식으로 감지기를 결선한다. A 또는 B 감지기 신호가 발하였을 때 싸이렌 경보가 울리고 나머지 감지기가 신호를 발했을 때 일정 시간이 지난 뒤에 솔레노이드 밸브가 동작해서 가스를 방출하게 된다. 가스 방출에 따라서 압력의 변화가 생기고 압력 스위치가 동작하게 되고 방출 표시등이 동작한다.

(2) RM (수동 조작함)

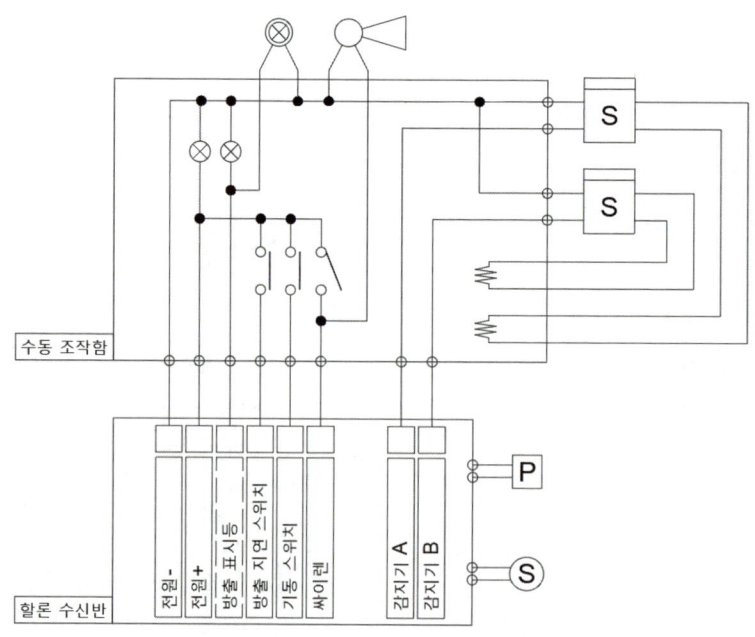

배선	가닥수
전원 +	공통
전원 -	공통
감지기 A	수동 조작함당 1가닥
감지기 B	수동 조작함당 1가닥
감지기 공통	공통
방출 지연 스위치	공통
(복구 스위치)	공통
기동 스위치	수동 조작함당 1가닥
(도어 스위치)	수동 조작함당 1가닥
사이렌	수동 조작함당 1가닥
방출 표시등	수동 조작함당 1가닥

(3) 회로 결선 방법

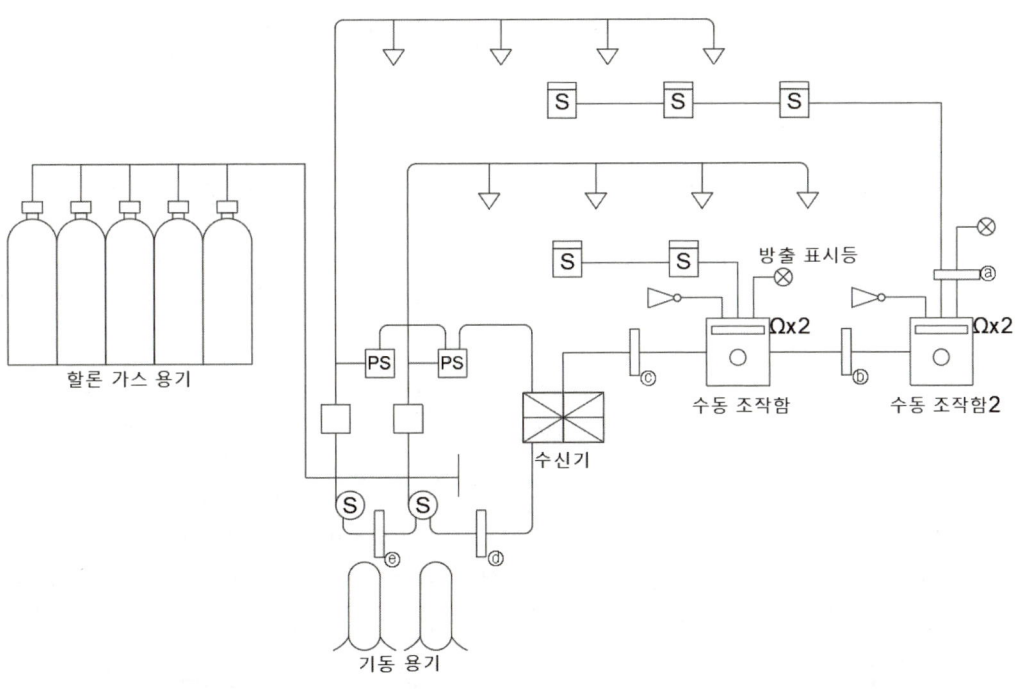

기호	구간	배선 용도
ⓐ	사이렌 및 방출 표시등 ~ 수동 조작함	사이렌 - 기동 1, 공통 1 방출 표시등 - 기동 1, 공통 1
ⓑ	수동 조작함 ~ 수동 조작함	전원 +, 전원 -, 감지기A 1, 감지기B 1, 기동 1, 사이렌 1, 방출 표시등 1, 방출 지연 스위치 1
ⓒ	수동 조작함 ~ 할론 수신반	전원 +, 전원 -, 감지기A 2, 감지기B 2, 기동 2, 사이렌 2, 방출 표시등 2, 방출 지연 스위치 1
ⓓ	수신반 ~ 압력 스위치(PS)	기동 2, 공통 1 (2개의 압력 스위치에 각각 연결)
ⓔ	솔레노이드ⓢ ~ 솔레노이드ⓢ	기동 1, 공통 1
ⓕ	수신반 ~ 솔레노이드	기동 2, 공통 1 (2개의 솔레노이드에 각각 연결)

7. 자동 방화문 설비

(1) 자동 방화문 설비

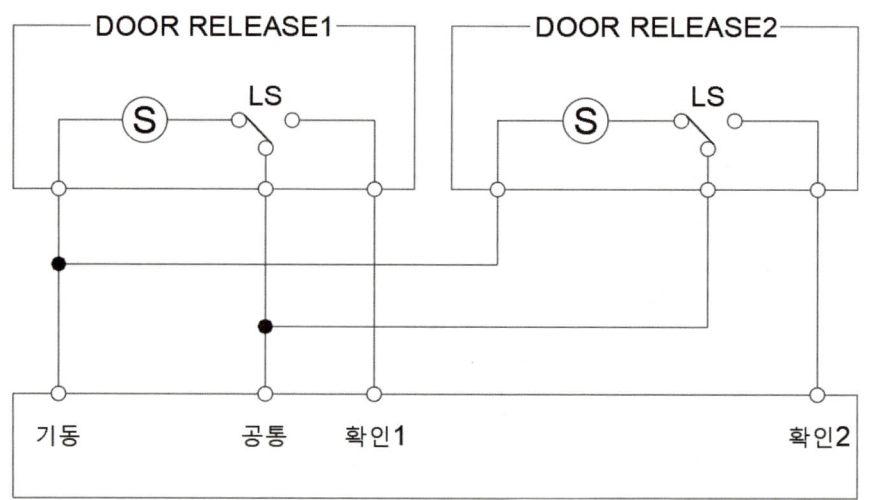

① 방화문은 폐쇄가 원칙이지만 자동 방화문 설비를 설치하면 상시 개방 상태가 가능하다.
② 화재가 발생하였을 때 감지기의 작동 신호에 의해 또는 수동 조작에 의해 기동하여 문을 폐쇄한다. 화재가 확산되는 것을 막는 역할을 한다.

배선	가닥수
기동	문당 1가닥
공통	공통
기동 확인	DOOR REALEASE 당 1가닥

(2) 회로 결선 방법

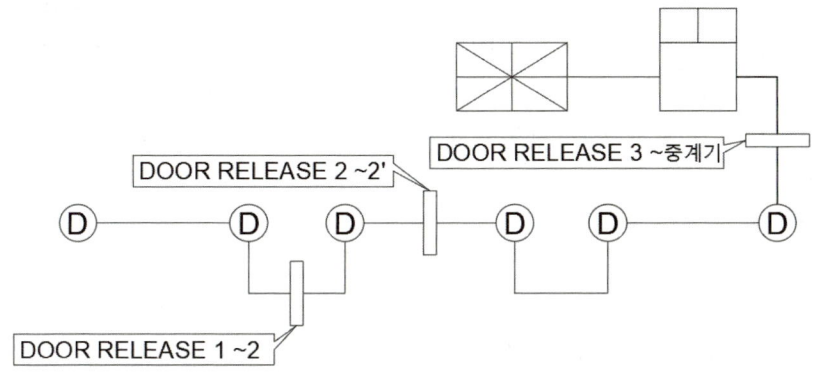

구간	배선 용도
도어 릴리즈 3 ~ 중계기	기동 3, 기동 확인 6, 공통 1
도어 릴리즈 2 ~ 도어 릴리즈 2	기동 2, 기동 확인 3, 공통 1
도어 릴리즈 1 ~ 도어 릴리즈 2	기동 1, 기동 확인 1, 공통 1

8. 배연창 설비의 결선 방식(제연 설비 파트 참조)

(1) 솔레노이드 방식

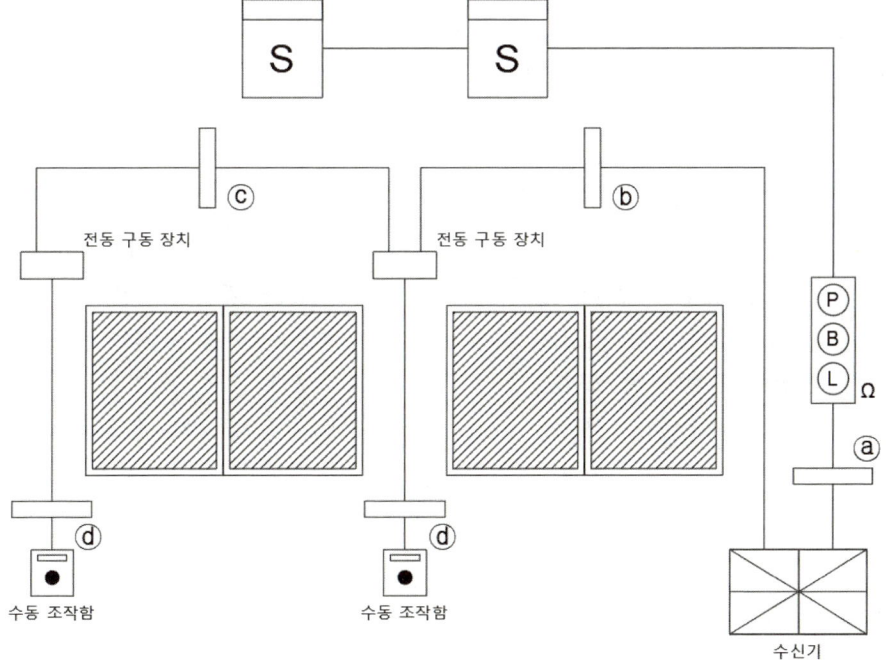

기호	구간	배선 용도
ⓐ	감지기 ~ 발신기	(자동화재탐지설비 참조)
ⓑ	수신기 ~ 전동 구동 장치	기동 2, 기동 확인 2, 공통 1
ⓒ	전동 구동 장치 ~ 전동 구동 장치	기동 1, 기동 확인 1, 공통 1
ⓓ	전동 구동 장치 ~ 수동 조작함	기동 1, 기동 확인 1, 공통 1

(2) 모터 방식

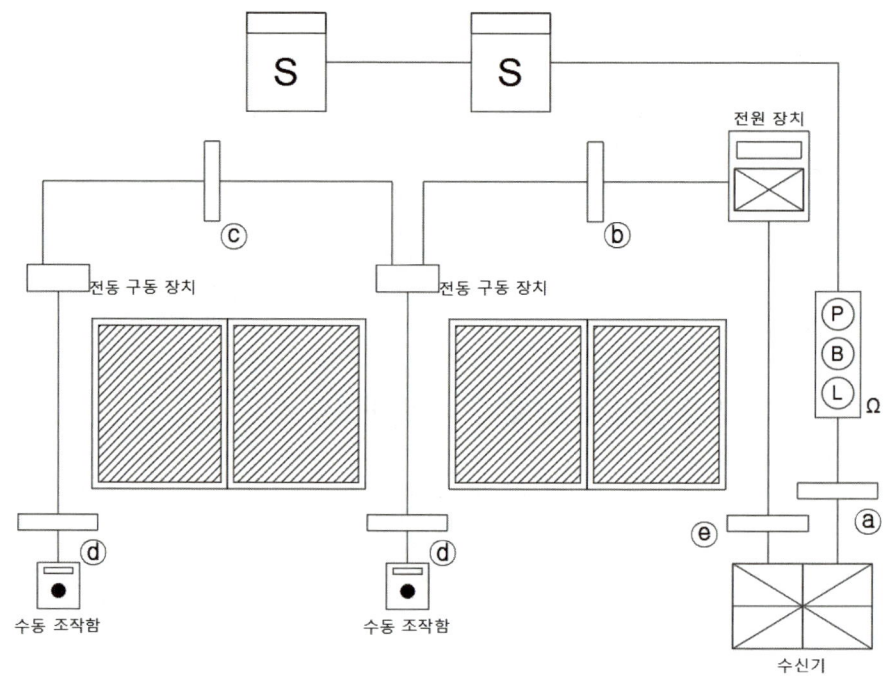

기호	구간	배선 용도
ⓐ	감지기 ~ 발신기	(자동화재탐지설비 참조)
ⓑ	전동 구동 장치 ~ 전원 장치	전원 +, 전원 −, 기동, 기동 확인, 복구
ⓒ	전동 구동 장치 ~ 전동 구동 장치	전원 +, 전원 −, 기동, 기동 확인, 복구
ⓓ	전동 구동 장치 ~ 수동 조작함	전원 +, 전원 −, 기동, 기동 확인, 복구
ⓔ	전동 구동 장치 ~ 수신기	전원 +, 전원−, 기동, 기동 확인 2, 복구, 교류전원 2

9. 제연 설비

(1) 개요

① 화재를 감지하였을 때 급기로 공기를 공급하여 배기를 밀어 올림과 동시에 배기 휀으로 하여금 연기를 배출하도록 한다.
② 따라서 배기 휀, 급기 휀, 배기 댐퍼, 급기 댐퍼가 동작하여야 한다.

(2) 회로 결선 방법

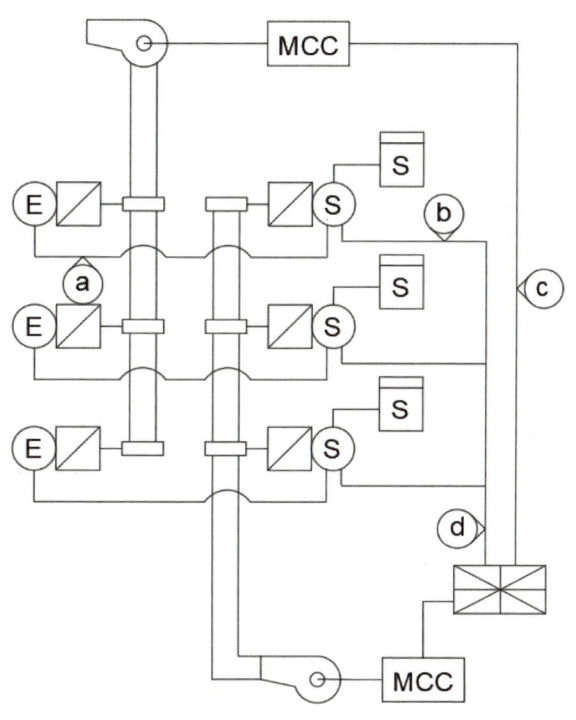

기호	구간	배선 용도
ⓐ	배기 댐퍼 ~ 급기 댐퍼	전원 +, 전원 -, 기동 1, 배기 댐퍼 확인 1, 복구 1 (동시 동작에 해당하므로)
ⓑ	급기 댐퍼 ~ 수신반	전원 +, 전원 -, 기동 1, 배기 댐퍼 확인 1, 복구 1 급기 댐퍼 확인 1, 지구(감지기) 1, 수동 기동 확인 1가닥
ⓒ	MCC반 ~ 수신반(공통)	기동, 정지, 기동 확인, 전원 확인, 공통(기동,정지)
ⓓ	급기 댐퍼 ~ 수신반	전원 +, 전원 -, 기동3, 배기 댐퍼 확인 3, 복구 1 급기 댐퍼 확인 3, 지구(감지기) 3

출제예상문제

01 그림은 자동화재탐지설비와 준비 작동식 스프링클러 설비를 연동시키기 위한 간선 계통도이다. 가닥수와 배선의 용도를 쓰시오.

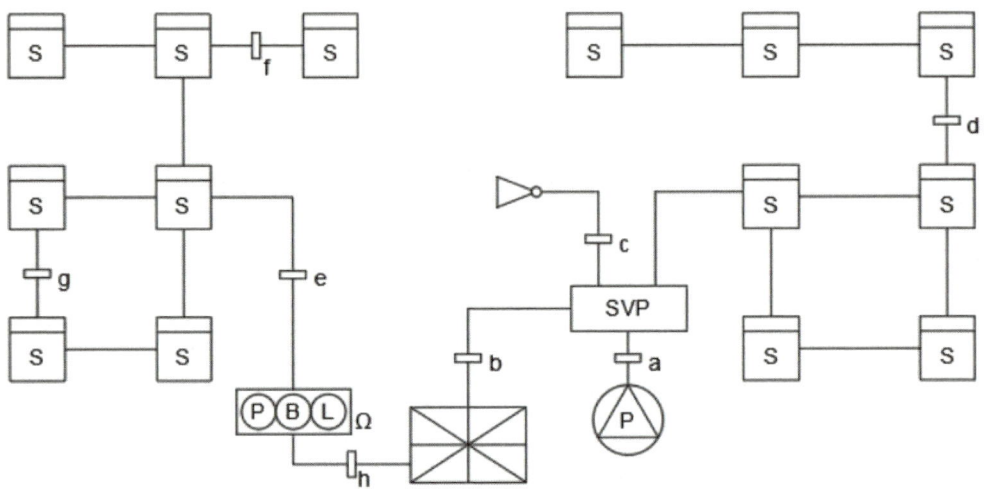

기호	가닥수	배선의 용도
a		
b		
c		
d		
e		
f		
g		
h		

정답

기호	가닥수	배선의 용도
a	4	SV(솔레노이드 밸브) 1가닥, TS(템퍼 스위치) 1가닥, PS(압력 스위치) 1가닥, 공통선 1가닥
b	9	전원+ 1가닥, 전원- 1가닥, 감지기 A 1가닥, 감지기 B 1가닥 감지기 공통 1가닥, SV(솔레노이드 밸브) 1가닥, TS(템퍼 스위치) 1가닥, PS(압력 스위치) 1가닥, 사이렌 1가닥
c	2	사이렌 2가닥
d	4	감지기 2가닥, 감지기 공통 2가닥
e	4	감지기 2가닥, 감지기 공통 2가닥
f	4	감지기 2가닥, 감지기 공통 2가닥
g	2	감지기 1가닥, 감지기 공통 1가닥
h	6	지구선 1가닥, 지구 공통선 1가닥, 응답선 1가닥, 표시등 1가닥 경종선 1가닥, 경종,표시등 공통선 1가닥

해설

이 문제의 포인트는 감지기에 해당한다. 스프링클러의 감지기는 교차회로를 활용하고, 자동화재탐지설비의 감지기는 송배전 회로를 사용하기 때문에 그 회로의 숫자가 다르기 때문이다.

암기팁 준비 작동식의 경우는 SVP(슈퍼비조리판넬)을 사용한다.
철자를 조합하여 다음과 같이 구성할 수 있다.

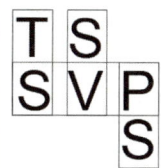

출제예상문제

02 다음은 옥내 소화전 설비를 겸용한 자동화재탐지설비의 계통도이다. 기호 지점에 해당하는 최소 가닥수를 쓰시오.(단, 옥내 소화전은 기동용 수압 개폐장치를이용하는 방식을 채택하였다.)

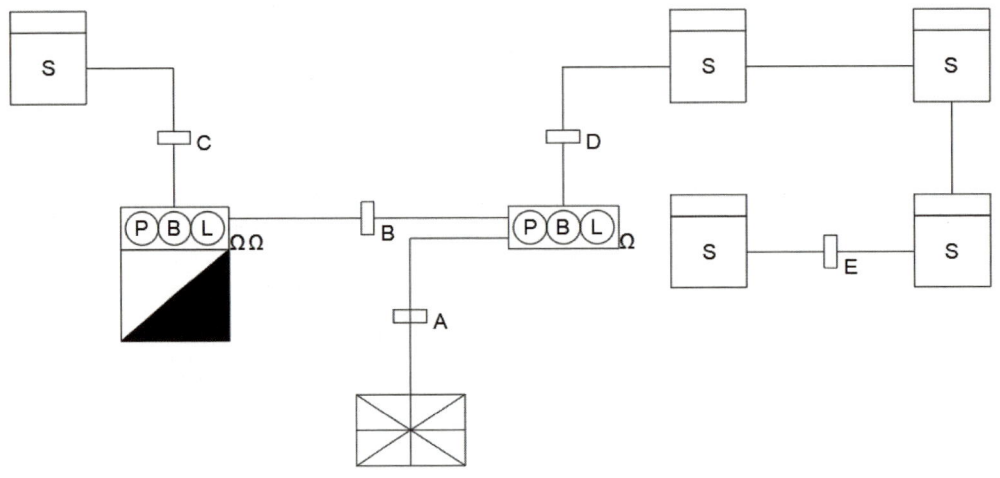

기호	가닥수	상세 용도
A		
B		
C		
D		
E		

> **정답**

기호	가닥수	상세 용도
A	10	지구선 3가닥, 공통선 1가닥, 응답선 1가닥, 표시등선 1가닥, 경종 1가닥, 경종 표시등 공통선 1가닥 전원 표시 2가닥
B	9	지구선 2가닥, 공통선 1가닥, 응답선 1가닥, 표시등선 1가닥, 경종 1가닥, 경종 표시등 공통선 1가닥 전원 표시 2가닥

기호	가닥수	상세 용도
C	4	지구선 2가닥, 공통선 2가닥
D	4	지구선 2가닥, 공통선 2가닥
E	4	지구선 2가닥, 공통선 2가닥

① 경계 구역마다 지구선이 추가되어야 한다.
② 자동 기동 장치에 대해서는 2개선이 추가되어야 한다.

03 도면은 준비 작동식 스프링클러 설비에 사용되는 슈퍼 비조리 판넬에서 수신기까지의 내부 결선도이다. 도면을 완성하고 각 기호의 용도를 쓰시오.

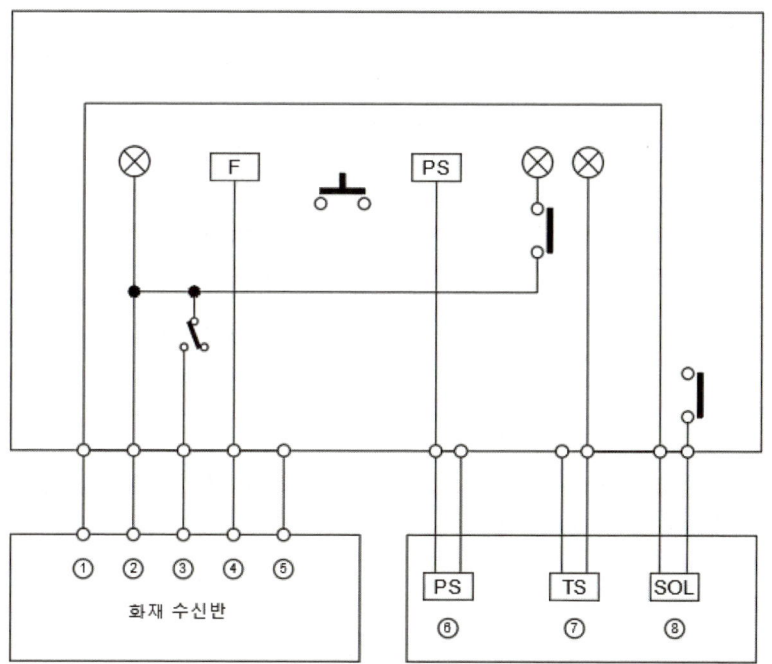

①	②	③	④	⑤	⑥	⑦	⑧

출제예상문제

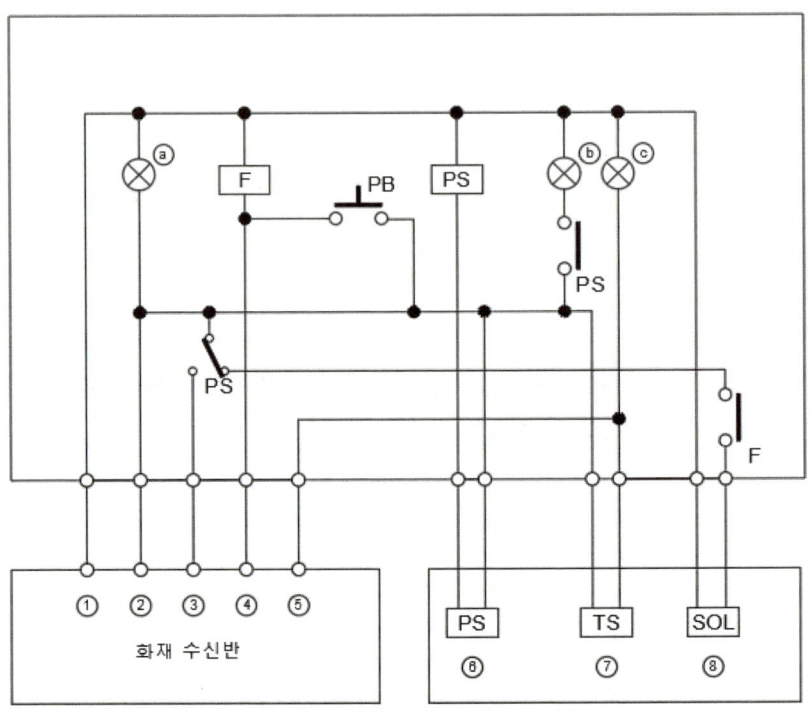

①	②	③	④	⑤	⑥	⑦	⑧
전원-	전원+	밸브 개방 확인	밸브 기동	밸브 주의	압력 스위치	탬퍼 스위치	솔레노이드 밸브

해설

프리액션 밸브의 기능

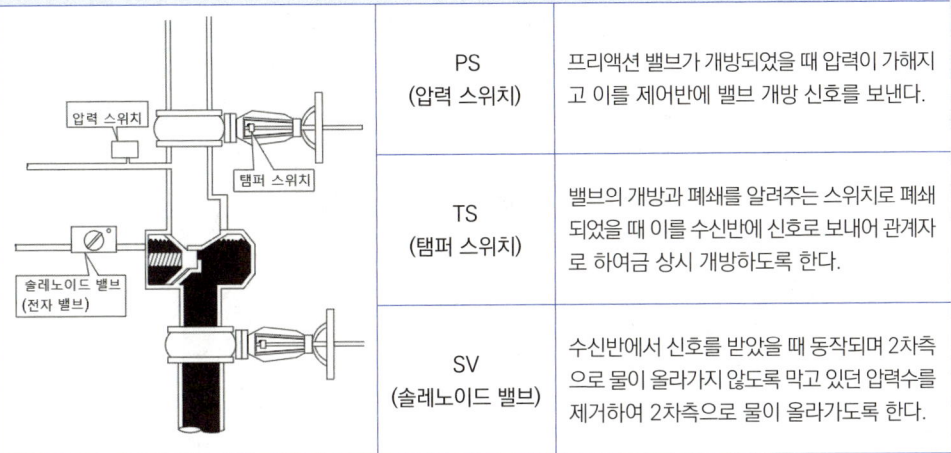

PS (압력 스위치)	프리액션 밸브가 개방되었을 때 압력이 가해지고 이를 제어반에 밸브 개방 신호를 보낸다.
TS (탬퍼 스위치)	밸브의 개방과 폐쇄를 알려주는 스위치로 폐쇄되었을 때 이를 수신반에 신호로 보내어 관계자로 하여금 상시 개방하도록 한다.
SV (솔레노이드 밸브)	수신반에서 신호를 받았을 때 동작되며 2차측으로 물이 올라가지 않도록 막고 있던 압력수를 제거하여 2차측으로 물이 올라가도록 한다.

1) 해당 부분이 위 회로 연결의 핵심이기 때문에 함께 확인할 필요가 있다.
   [솔레노이드 밸브]에 의해 동작하거나, 수동 스위치에 의해 동작하게 되므로 해당 부분을 기반으로 회로의 기본적인 형태를 확인할 수 있다.
2) 탬퍼 스위치에 연결된 등의 경우 OS&Y 밸브의 개폐 사실을 공유한다. 항상 개방되어야 하는데 닫혀 있는 경우에 신호를 [밸브 주의]를 보내야 하고, 개방되어 있음은 확인할 수 있어야 한다.

출제예상문제

04 다음 도면은 할론 소화 설비와 연동하는 감지기 설비를 나타낸 그림이다. 조건을 참조하여 다음 각 물음에 답하시오.

[조건]
① 연기 감지기 4개를 설치한다. 수동 조작함 1개, 사이렌 1개, 방출 표시등 1개, 종단 저항 2개를 표시한다.
② 전선관은 후강 전선관을 사용하고, 콘크리트에 매입한다.
③ 기동을 만족하는 최소의 배선을 하도록 한다.
④ 건축물은 내화 구조로 각 층의 높이는 3.8m이다.

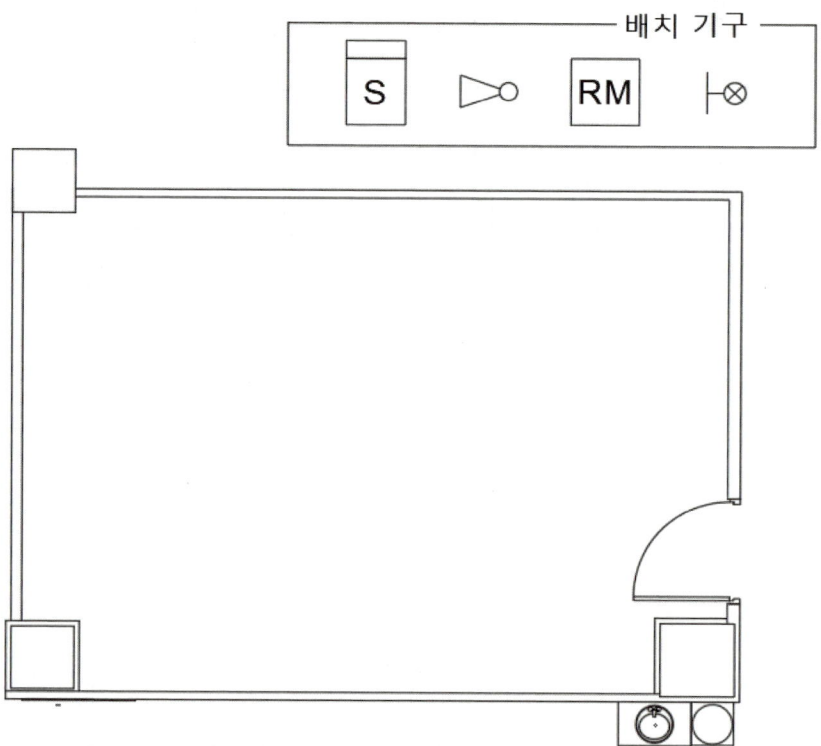

1) 평면도를 완성하시오.
2) 수신반과 수동 조작함 사이 배선 명칭을 쓰시오.

정답

1)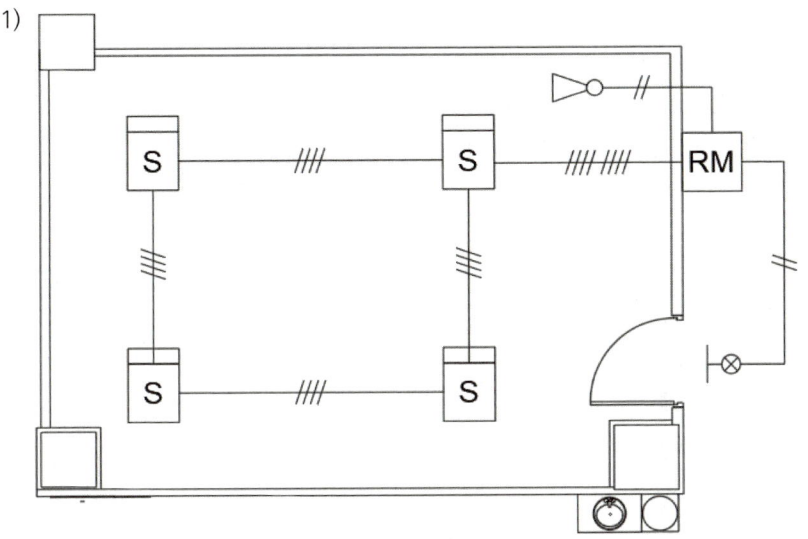

2) 전원 +, 전원 -, 감지기 A, 감지기 B, 사이렌, 방출 표시등, 방출 지연 스위치, 기동 스위치

해설

1) ① 우선 도면에 기구를 배치하는 것이 우선이다.
   ② 감지기에 대한 연동을 하고, 수동 조작함을 외부로 배치한다.
   ③ 사이렌은 내부에 배치하여 피난을 유도하여야 한다.
2) 수신반과 수동 조작함의 배선 명칭

전원부	전원+	전원-
감지부	감지기 A	감지기 B
표시부	사이렌	방출 표시등
안전부, 조작부	방출 지연 스위치	기동 스위치

- 배선의 역할이 분산되어 있지만, 기본적으로 자동화재탐지설비의 맥락을 맞춰가기 때문에 이를 참조하여 기억하는 것이 좋다.

출제예상문제

05 그림은 자동 방화문 설비의 자동 방화문 결선도 및 계통도이다. 다음 물음에 답하시오.

> 가) 전선의 가닥수는 최소한으로 한다.
> 나) 방화문 감지기 회로는 본 문제에서 제외한다.
> 다) 자동 방화문 설비는 층별로 구획되어 설치되어 있다.

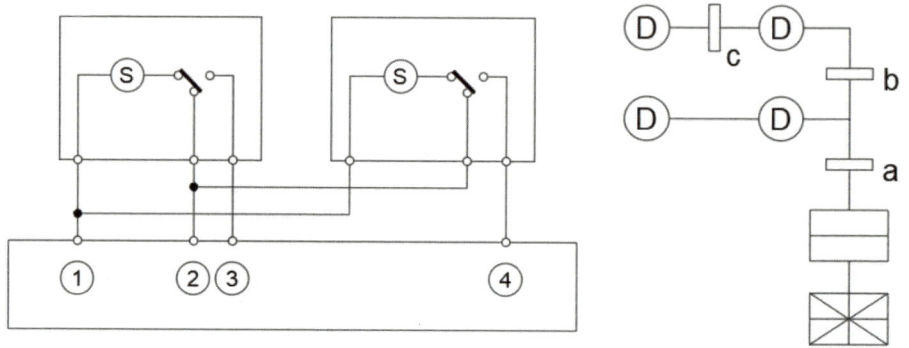

1) 배선의 용도를 쓰시오.

①	②	③	④

2) 전선의 가닥수와 배선의 용도를 쓰시오.

기호	전선 가닥수	배선 용도
c		
b		
a		

1)

①	②	③	④
기동	공통	기동 확인	기동 확인

2)

기호	전선 가닥수	배선 용도
c	3	기동 1가닥, 기동확인 1가닥, 공통 1가닥
b	4	기동 1가닥, 기동확인 2가닥, 공통 1가닥
a	7	기동 2가닥, 기동확인 4가닥, 공통 1가닥

06 다음은 이산화탄소 소화설비의 간선 계통이다. 각 물음에 답하시오. (단, 감지기 공통선과 전원 공통선은 각각 분리하여 사용하는 조건이다.)

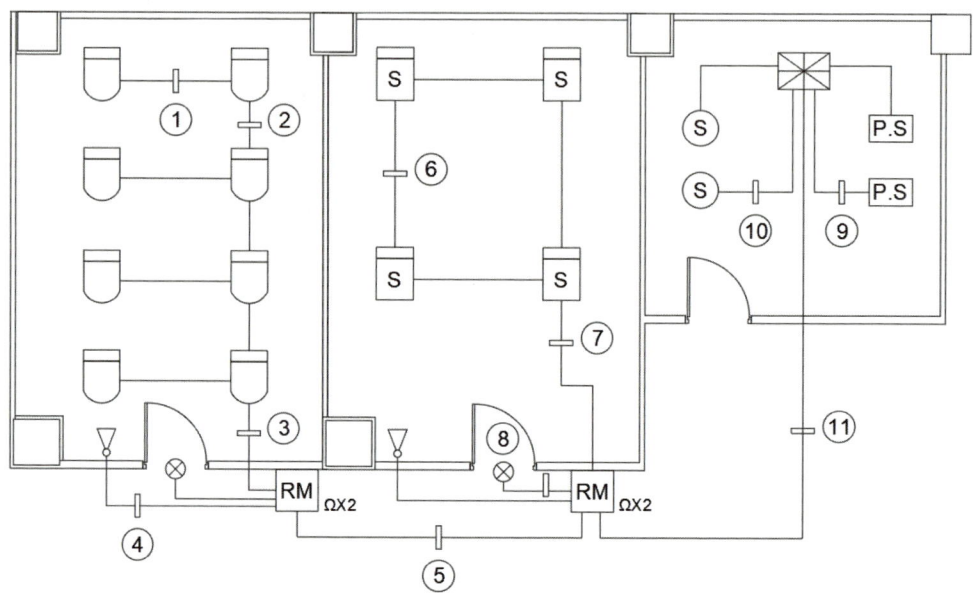

1)

기호	가닥수	배선의 용도
①		
②		
③		
④		
⑤		
⑥		
⑦		
⑧		
⑨		
⑩		

1)

기호	가닥수	배선의 용도
①	4	지구선 2가닥, 공통선 2가닥
②	8	지구선 4가닥, 공통선 4가닥
③	8	지구선 4가닥, 공통선 4가닥
④	2	사이렌 2가닥
⑤	9	전원 + 1가닥, 전원− 1가닥, 감지기 A 1가닥, 감지기 B 1가닥, 공통선 1가닥, 사이렌 1가닥, 방출 표시등 1가닥, 방출 지연 스위치 1가닥, 기동 스위치 1가닥
⑥	4	지구선 2가닥, 공통선 2가닥
⑦	8	지구선 4가닥, 공통선 4가닥
⑧	2	표시등 2가닥
⑨	2	압력 스위치 2가닥
⑩	2	솔레노이드 밸브 기동 2가닥
⑪	14	전원 + 1가닥, 전원− 1가닥, 감지기 A 2가닥, 감지기 B 2가닥, 공통선 1가닥, 사이렌 2가닥, 방출 표시등 2가닥, 방출 지연 스위치 1가닥, 기동 스위치 2가닥

2)

전원부	전원+	전원−
감지부	감지기 A	감지기 B
표시부	사이렌	방출 표시등
안전부, 조작부	방출 지연 스위치	기동 스위치

Part 05

CHAPTER 01 2020년 소방설비기사 전기분야 실기 과년도 출제문제
CHAPTER 02 2021년 소방설비기사 전기분야 실기 과년도 출제문제
CHAPTER 03 2022년 소방설비기사 전기분야 실기 과년도 출제문제
CHAPTER 04 2023년 소방설비기사 전기분야 실기 과년도 출제문제
CHAPTER 05 2024년 소방설비기사 전기분야 실기 과년도 출제문제

과년도 출제문제

Chapter 01 2020년 소방설비기사 전기분야 실기 과년도 출제문제

2020년 1회 소방설비기사(전기 분야) 실기 시험

시행일자 2020년 05월 09일

01 그림과 같은 논리 회로를 보고 다음 각 물음에 답하시오.

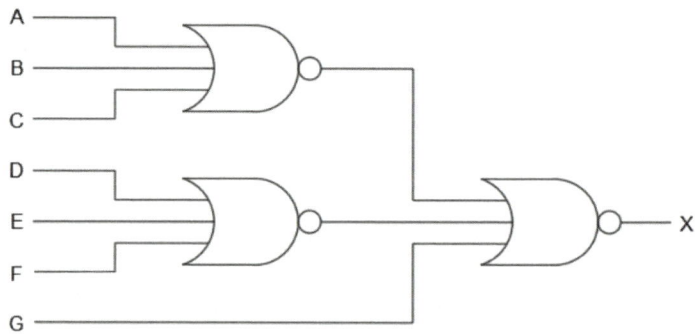

1) 논리식으로 표현하시오.
2) AND, OR, NOT 회로를 이용하여 등가회로를 구성하시오.
3) 유접점 릴레이 회로를 그리시오.

정답

1) $(A+B+C) \cdot (D+E+F) \cdot \overline{G}$
2) 해설 참조
3) 해설 참조

해설

1) 어떤 경우에서는 2번처럼 간소화 시킨 뒤에 하는 것이 훨씬 빠르게 정리될 수 있다.
2)

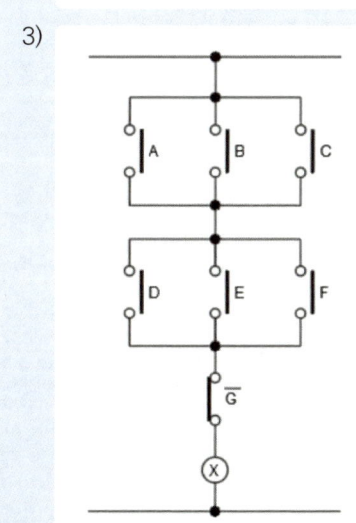

3)

과년도 출제문제

02 누전 경보기의 구성요소 4가지와 각각의 기능에 대해 쓰시오.

구성 요소	기능

정답

구성 요소	기능
영상 변류기	누설 전류 검출
차단기구	누설 전류가 흐를 때 전원 차단
수신기	누설 전류 증폭
음향 장치	누설 전류 발생시 경보 발생

해설

3가지를 요구할 경우 차단기구를 제외한 나머지 요소를 적으면 된다.

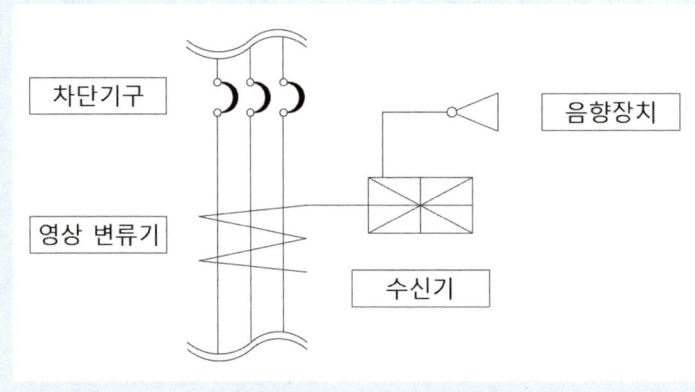

03 P형 수신기의 1 경계 구역에 대한 결선도를 연결하고, 각 선의 역할을 쓰시오.

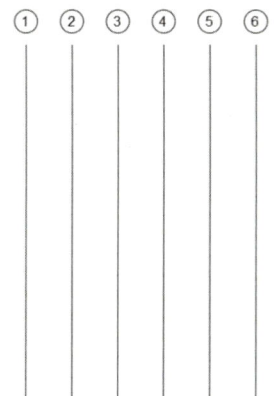

① :
② :
③ :
④ :
⑤ :
⑥ :

정답

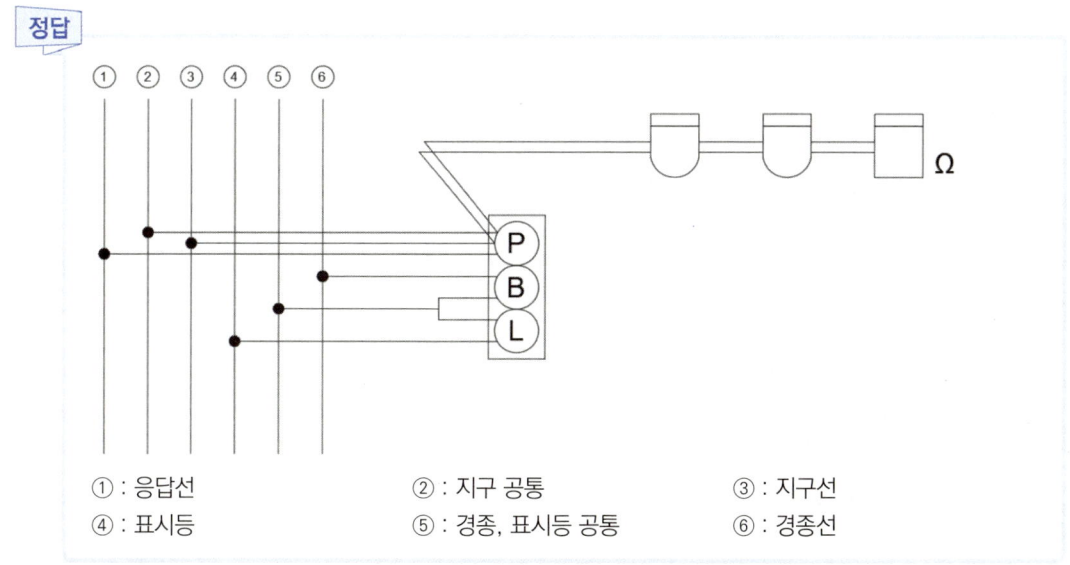

① : 응답선
② : 지구 공통
③ : 지구선
④ : 표시등
⑤ : 경종, 표시등 공통
⑥ : 경종선

과년도 출제문제

04 다음은 스프링클러의 음향 장치의 구조 및 성능기준에 해당한다. 빈 칸을 채우시오.

스프링클러 설비의 음향 장치의 구조 및 성능 기준

1) 정격 전압의 ((가)) 전압에서 음향을 발할 수 있는 것으로 할 것
2) 음량은 부착된 음향 장치의 중심으로부터 ((나)) 떨어진 위치에서 ((다)) 이상이 되는 것으로 할 것

(가) :

(나) :

(다) :

정답

(가) : 80%
(나) : 1m
(다) : 90dB

해설

1) 정격 전압의 80% 전압에서 음향을 발할 수 있는 것으로 할 것
2) 음량은 부착된 음향 장치의 중심으로부터 1m 떨어진 위치에서 90dB 이상이 되는 것으로 할 것

05 어느 특정 소방 대상물에 자동화재탐지설비용 공기관식 차동식 분포형 감지기를 설치하려고 한다. 다음 각 물음에 답하시오.

1) 공기관의 두께 및 바깥지름은 몇 mm 이상이어야 하는가?

　① 공기관의 두께 :

　② 공기관의 바깥지름 :

2) 공기관 상호 간의 거리는 내화구조 및 비내화 구조에서 각각 몇 m 이하이어야 하는가?

　① 내화구조인 경우 :

　② 비내화 구조인 경우 :

3) 공기관의 감지구역의 각 변과 수평 거리는 몇 m 이하여야 하는가?

4) 하나의 검출 부분에 접속하는 공기관의 길이는 몇 m 이하이어야 하는가?

5) 감지구역마다 공기관의 노출 부분의 길이는 몇 m 이상이어야 하는가?

정답

1) ① 0.3mm
　② 1.9mm
2) ① 9m
　② 6m
3) 1.5m
4) 100m
5) 20m

해설

단순히 암기를 하는 것을 넘어서 왜 길이의 설정이 존재하는지를 확인해야 한다.

06 차동식 분포형 감지기의 종류 3가지를 쓰시오.

1)
2)
3)

정답
1) 공기관식
2) 열반도체식
3) 열전대식

07 청각 장애인용 시각 경보 장치의 설치 기준을 3가지만 쓰시오. (단, 화재 안전 기준 각 호의 내용을 1가지로 본다.)

1)
2)
3)

정답
1) 복도·통로·청각장애인용 객실 및 공용으로 사용하는 거실에 설치
2) 공연장·집회장·관람장 또는 이와 유사한 장소에 설치하는 경우에는 시선이 집중되는 무대부 부분 등에 설치할 것
3) 설치 높이는 바닥으로부터 2m 이상 2.5m 이하의 장소에 설치할 것

> **해설**
>
> 청각 장애인용 시각 경보 장치 설치 기준
> 1) 복도·통로·청각장애인용 객실 및 공용으로 사용하는 거실에 설치
> 2) 공연장·집회장·관람장 또는 이와 유사한 장소에 설치하는 경우에는 시선이 집중되는 무대부 부분 등에 설치할 것
> 3) 설치 높이는 바닥으로부터 2m 이상 2.5m 이하의 장소에 설치할 것 (다만, 천장의 높이가 2m 이하인 경우에는 천장으로부터 0.15미터 이내의 장소에 설치해야 한다.)
> 4) 시각경보장치의 광원은 전용의 축전지설비 또는 전기저장장치에 의하여 점등되도록 할 것 (다만, 시각경보기에 작동 전원을 공급할 수 있도록 형식승인을 얻은 수신기를 설치한 경우에는 그렇지 않다.)
>
> **암기팁** SEE를 보다. 우리가 정한 것으로 C(축전지), E(전기저장장치))

08 감지기의 부착 높이 및 특정 소방 대상물의 구분에 따른 설치 면적 기준이다. 다음 표를 쓰시오.

열 감지기의 부착 높이와 바닥 감지 면적(스포트형 감지기)

(단위 : m^2)

부착 높이 및 특정 소방 대상물의 구분		감지기의 종류						
		차동식		보상식		정온식		
		1종	2종	1종	2종	특종	1종	2종
4m 미만	내화 구조	90	70	90	70	70	(다)	(마)
	기타 구조	(가)	40	(가)	40	40	30	15
4m 이상 8m 미만	내화 구조	45	(나)	45	(나)	35	(라)	-
	기타 구조	30	25	30	25	25	15	-

(가) :

(나) :

(다) :

(라) :

(마) :

과년도 출제문제

> **정답**
> (가) : 50
> (나) : 35
> (다) : 60
> (라) : 30
> (마) : 20

> **해설**
> 열 감지기의 부착 높이와 바닥 감지 면적(스포트형 감지기)
>
> (단위 : ㎡)
>
> | 부착 높이 및 특정 소방 대상물의 구분 | | 감지기의 종류 | | | | | | |
> |---|---|---|---|---|---|---|---|---|
> | | | 차동식 | | 보상식 | | 정온식 | | |
> | | | 1종 | 2종 | 1종 | 2종 | 특종 | 1종 | 2종 |
> | 4m 미만 | 내화 구조 | 90 | 70 | 90 | 70 | 70 | 60 | 20 |
> | | 기타 구조 | 50 | 40 | 50 | 40 | 40 | 30 | 15 |
> | 4m 이상 8m 미만 | 내화 구조 | 45 | 35 | 45 | 35 | 35 | 30 | – |
> | | 기타 구조 | 30 | 25 | 30 | 25 | 25 | 15 | – |

09 다음은 PB-on스위치를 ON한 후 일정 시간이 지난 다음에 MC가 작동하여 전동기 M이 운전하는 회로를 나타낸 것이다. 여기에 사용한 타이머는 입력 신호가 소멸했을 때 열려서 이탈되는 형식으로 전동기가 회전하면 릴레이가 복구되어 타이머에 입력 신호가 소멸되고 전동기는 계속 회전할 수 있도록 하고 PB를 눌러 꺼지도록 이 시퀀스를 수정하시오.

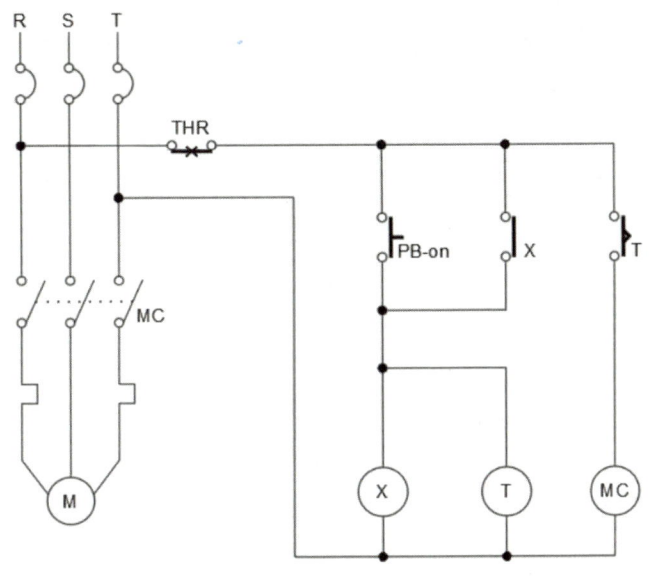

 정답

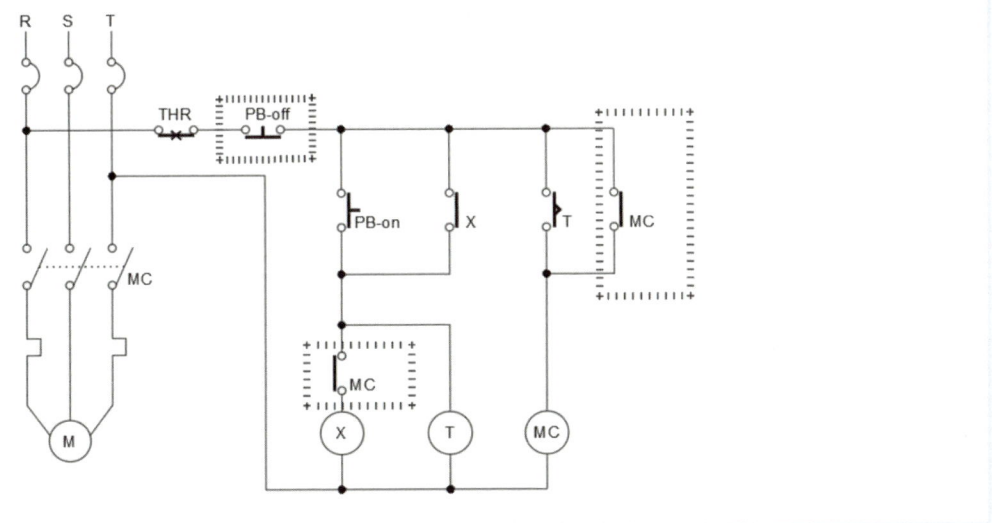

해설

우선 시퀀스를 확인하기 전에 요구하는 조건을 확인해야 한다. 현재 자기 유지 회로면서, 시한 회로에 해당한다. 여기에서 시간이 종료했을 때도 타이머가 떨어지지 않도록 자기 유지를 설치하였다. 동시에 회전하면 복구되어야 하는 것으로 인터록 회로를 적용하였다.

과년도 출제문제

10 그림은 자동화재탐지설비와 준비 작동식 스프링클러 설비를 연동시키기 위한 간선 계통도이다. 가닥수와 배선의 용도를 쓰시오.

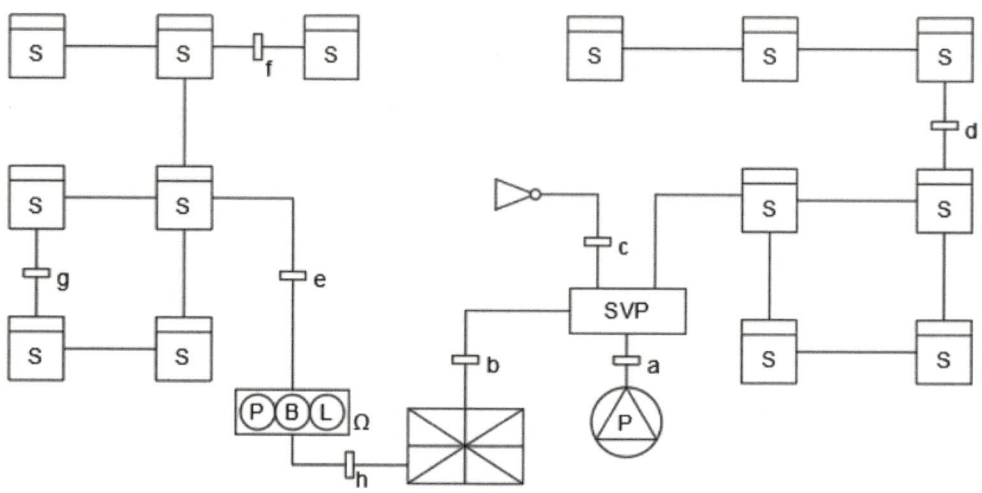

기호	가닥수	배선의 용도
a		
b		
c		
d		
e		
f		
g		
h		

정답

기호	가닥수	배선의 용도
a	4	SV(솔레노이드 밸브) 1가닥, TS(템퍼 스위치) 1가닥, PS(압력 스위치) 1가닥, 공통선 1가닥
b	9	전원+ 1가닥, 전원- 1가닥, 감지기 A 1가닥, 감지기 B 1가닥 감지기 공통 1가닥, SV(솔레노이드 밸브) 1가닥, TS(템퍼 스위치) 1가닥, PS(압력 스위치) 1가닥, 사이렌 1가닥
c	2	사이렌 2가닥
d	4	감지기 2가닥, 감지기 공통 2가닥
e	4	감지기 2가닥, 감지기 공통 2가닥
f	4	감지기 2가닥, 감지기 공통 2가닥
g	2	감지기 1가닥, 감지기 공통 1가닥
h	6	지구선 1가닥, 지구 공통선 1가닥, 응답선 1가닥, 표시등선 1가닥 경종선 1가닥, 경종,표시등 공통선 1가닥

해설

이 문제의 포인트는 감지기에 해당한다. 스프링클러의 감지기는 교차회로를 활용하고, 자동화재탐지설비의 감지기는 송배전 회로를 사용하기 때문에 그 회로의 숫자가 다르기 때문이다.

암기팁 준비 작동식의 경우는 SVP(슈퍼비조리판넬)을 사용한다.
철자를 조합하여 다음과 같이 구성할 수 있다.

11 그림은 자동 방화문 설비의 자동 방화문 결선도 및 계통도이다. 다음 물음에 답하시오.

> 가) 전선의 가닥수는 최소한으로 한다.
> 나) 방화문 감지기 회로는 본 문제에서 제외한다.
> 다) 자동 방화문 설비는 층별로 구획되어 설치되어 있다.

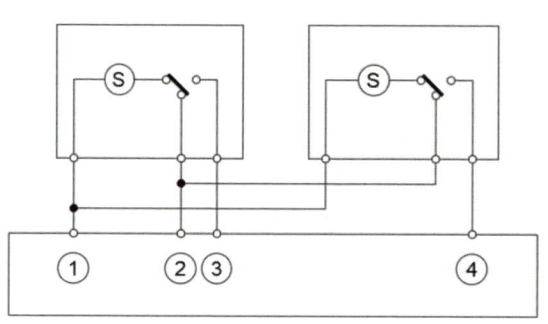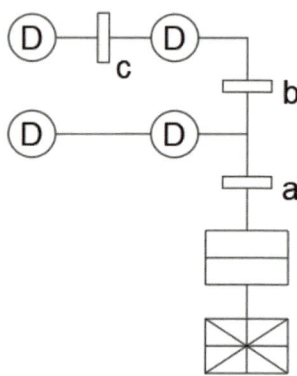

1) 배선의 용도를 쓰시오.

①	②	③	④

2) 전선의 가닥수와 배선의 용도를 쓰시오.

기호	전선 가닥수	배선 용도
c		
b		
a		

정답

1)

①	②	③	④
기동	공통	기동 확인	기동 확인

2)

기호	전선 가닥수	배선 용도
c	3	기동 1가닥, 기동확인 1가닥, 공통 1가닥
b	4	기동 1가닥, 기동확인 2가닥, 공통 1가닥
a	7	기동 2가닥, 기동확인 4가닥, 공통 1가닥

12 무선통신보조설비의 누설 동축 케이블의 기호를 보고 빈칸을 채우시오.

LCX-FR-SS-20D-14 6
① ② ③ ④ ⑤ ⑥ ⑦

기호	의미
①	
②	
③	
④	
⑤	
⑥	
⑦	

정답

기호	의미
①	누설 동축 케이블
②	난연성(내열성)(Fire Resistance)
③	자기지지(Self Support)
④	절연체의 외경(diameter)
⑤	특성 임피던스(D : 75Ω, C : 50Ω)
⑥	사용 주파수
⑦	결합 손실 표시

13 그림과 같이 1개의 등을 2개소에서 점멸이 가능하도록 하려 한다. 다음 각 물음에 답하시오.

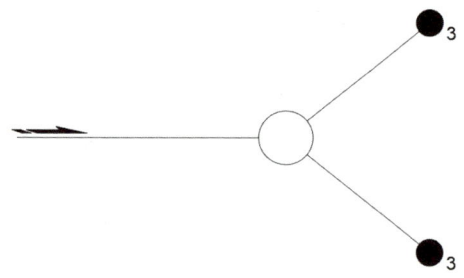

1) 기호에 해당하는 명칭을 쓰시오.

●₃	●₂ₚ	●_WP	●_L

2) 배선의 가닥수를 표기하시오.

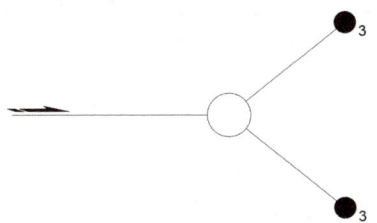

3) 전선 접속도(실제 배선도)를 그리시오.

정답

1)

●₃	●₂ₚ	●_{wp}	●_L
3로 스위치	2극 스위치	방수형 스위치	파일럿 램프

2)

3)

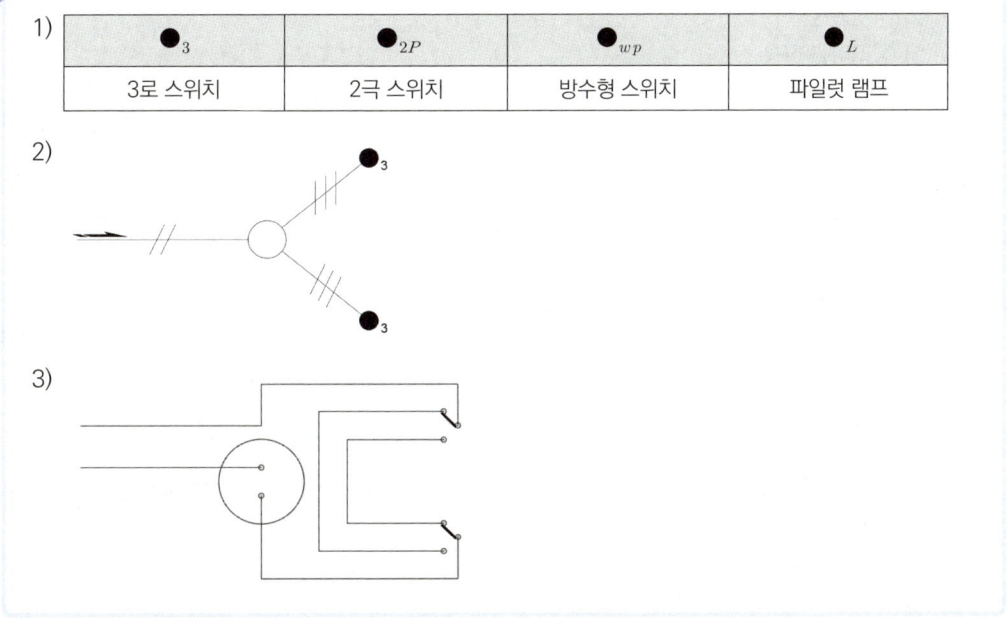

해설

제어 대상은 1개이고, 조작부는 2개인 상황이다. 따라서 2개의 전원이 각각 이어지되, 조작부를 연동하는 개념에 해당한다고 볼 수 있다. 따라서 위와 같은 모양을 확인할 수 있게 된다.

과년도 출제문제

14 연축전지가 여러 개 설치되어 그 정격용량이 200[Ah]인 축전지 설비가 있다. 상시 부하가 8[kW]이고, 표준 전압이 80[V]라고 할 때, 다음 각 물음에 답하시오. (단, 축전지 방전율은 10시간율로 한다.)

1) 연축전지는 몇 셀이 필요한가?
2) 충전 시에 발생하는 가스의 종류는?
3) 충전이 부족할 때 극판에 발생하는 현상을 무엇이라 하는가?

정답

1) $\dfrac{80}{2} = 40$
2) 수소가스
3) 설페이션 현상

해설

1) 연축전지의 공칭 전압은 2.0[V/Cell]에 해당한다. 40개의 셀을 유지하면 전압은 80V를 출력할 수 있게 된다.
2) 연축전지의 화학 반응식을 떠올리면 알 수 있다.
   [방전] Pb[납] + PbO$_2$[이산화납] + 2H$_2$SO$_4$[황산] → 2PbSO$_4$[황산납] + 1H$_2$O[물] + 1H$_2$[수소] + O[산소]
   일반적으로는 물 2분자로 기억을 하기 때문에 낯설게 느껴질 수 있는 문제에 해당한다.

   암기팁 '납' 대신에 '나'로 치환해서 보면 '나는 이상하게 화나'로 보고 화를 방출한(방전이라고 해두자.) 후에는 '화나서 물을 벌컥 벌컥')
3) 설페이션 현상은 축전지 극판에 황산납이 붙어서 방전 상태로 방치할 경우 극판이 불활성 물질이 되는 현상이다.

15 P형 1급 수신기와 감지기와의 배선 회로 사이에 종단 저항이 20[kΩ], 릴레이 저항이 150[Ω], 회로의 전압이 DC 24[V]이며, 감시 전류는 1.19[mA]이다. 감지기가 작동할 때 흐르는 전류는 몇 [mA]인가?

정답

1) $R_l(\text{선로저항}) = \dfrac{24}{1.19 \times 10^{-3}} - 20 \times 10^3 - 150 = 18.067 ≒ 18.07[\Omega]$

2) $I_a(\text{동작 전류}) = \dfrac{24}{150 + 18.07} = 0.143[A] ≒ 143[mA]$

해설

※ 시험지에서 답란만 있어도 반드시 문제의 계산 과정을 적어야 한다.

1) 감지기의 동작 전/후 상태

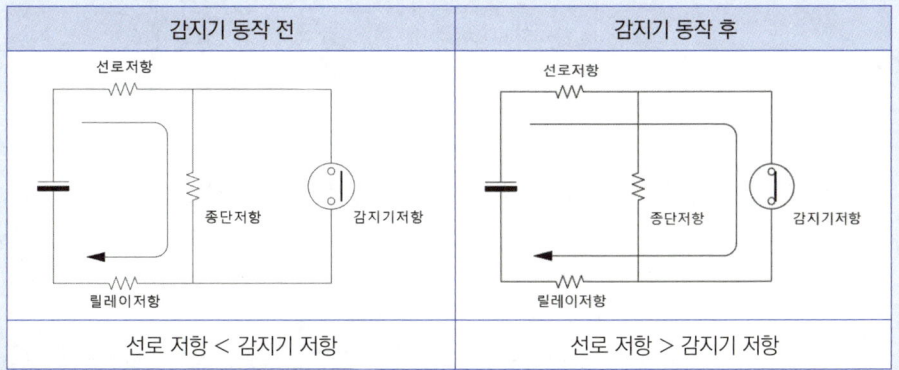

감지기의 동작 전후 그림을 통해 식에 대해 이해해야 한다. 감시 전류를 통해서 선로 저항 또는 릴레이 저항을 파악하고, 감지기가 동작할 때 전류를 구하는 것은 굉장히 자주 나오는 문제에 해당한다.

16 높이 20[m]의 수조에 분당 15[㎥]의 물을 양수하는 펌프용 전동기를 설치하고자 한다. 펌프 효율을 35%로 두고, 펌프 측 동력에 10[%]의 여유를 둔다고 할 때 펌프의 용량을 정하시오.(단, 역률은 0.95로 한다.) (KEC 현행법에 따라 다른 문제로 대체하였습니다.)

계산과정 :
답 :

 정답

$$P = \frac{9.8 \times 15 \times 20 \times 1.1}{60 \times 0.35 \times 0.95} = 162.11 [kW]$$

 해설

펌프의 동력을 선정하는 문제에서의 가장 근본적인 부분은 규정치에 맞는 유량과 양정을 확보할 수 있어야 한다. 이후에 여유율과 효율을 고려하여 선정하면 된다.

17 다음은 P형 1급 수동 발신기의 내부 결선을 나타낸 것이다. 각 물음에 답하시오.

(현행 소방법에 따라 문제를 변형하였습니다.)

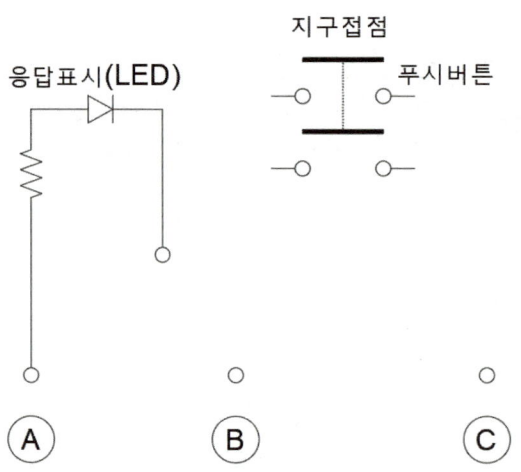

1) 내부 결선을 완성하시오.
2) 각 기호에 맞는 선로 이름을 쓰고, 기능을 서술하시오.

기호	선로 명칭	연결 장비 명칭	기능
A	응답선	응답표시(LED)	
B	지구선(회로선)	푸시버튼 스위치	
C	지구공통선		

1)

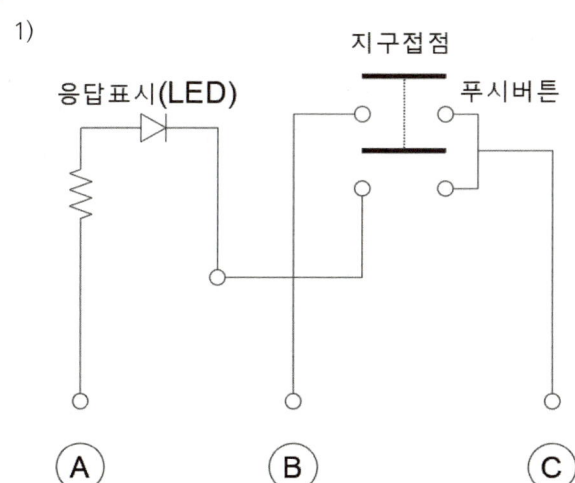

2)

기호	선로 명칭	연결 장비 명칭	기능
A	응답선	응답표시(LED)	수동 스위치 동작 시 발신기 신호가 수신기에 전달되었는지 확인하는 램프이다.
B	지구선(회로선)	푸시버튼 스위치	수동 조작으로 화재 신호를 수신기에 보내기 위한 스위치이다.
C	지구공통선		

과년도 출제문제

2020년 2회 소방설비기사(전기 분야) 실기 시험

시행일자 2020년 07월 25일

01 다음은 중계기의 설치 기준이다. 빈칸을 채우시오.

① 수신 개시로부터 발신 개시까지 시간은 ((가)) 이내여야 한다.

② 수신기가 감지기 회로의 도통 시험을 하지 않는 것은 중계기가 ((나))을 할 수 있도록 ((다))에 중계기를 설치해야 한다.

③ 집합형과 같이 별도의 전력으로 기동하는 것에 대해 ((라))를 설치하고, 전력 등의 상태를 수신기에 공유해야 한다.

정답

(가) : 5초 이내
(나) : 도통 시험
(다) : 감지기와 수신기 사이
(라) : 과전류 차단기

해설

중계기 설치 기준
① 수신 개시로부터 발신 개시까지 시간은 5초 이내여야 한다.
② 수신기가 감지기 회로의 도통 시험을 하지 않는 것은 중계기가 도통 시험을 할 수 있도록 감지기와 수신기 사이에 중계기를 설치해야 한다.
③ 집합형과 같이 별도의 전력으로 기동하는 것에 대해 과전류 차단기를 설치하고, 전력 등의 상태를 수신기에 공유해야 한다.

02 배선용 차단기 기호이다. 의미하는 바를 쓰시오.

```
┌───┐
│ B │  3P     ← ①
│   │  225AF  ← ②
└───┘  150A   ← ③
```

기호	의미	설명
①		
②		
③		

정답

기호	의미	설명
①	3극	차단기에 접속하는 단자 수가 3개임을 의미한다.
②	암페어 프레임 전류	몰드 케이스인 프레임이 견디는 정격 전류로 암페어 트립 전류보다 같거나 크다.
③	정격 전류	차단기에서 정격 출력으로 동작하는 경우의 전류값

과년도 출제문제

03 논리식 $Y=(A \cdot B \cdot C)+(A \cdot \overline{B} \cdot \overline{C})$에 대한 진리표를 완성하고 릴레이 회로(유접점 회로)와 논리 회로(무접점 회로)로 바꾸어 그리시오.

1) 진리표

A	B	C	Y
0	0	0	
0	0	1	
0	1	0	
0	1	1	
1	0	0	
1	0	1	
1	1	0	
1	1	1	

2) 릴레이 회로

3) 논리 회로

1) 벤다이어그램을 그려서 확인하면 수월하다. 앞선 기출을 통해 확인하기 바란다.

A	B	C	Y
0	0	0	0
0	0	1	0
0	1	0	0
0	1	1	0
1	0	0	1 (A값이 1, B, C가 0일 때)
1	0	1	0
1	1	0	0
1	1	1	1 (A, B, C 값이 1일 때)

2) 세워도 되고, 눕혀도 된다.

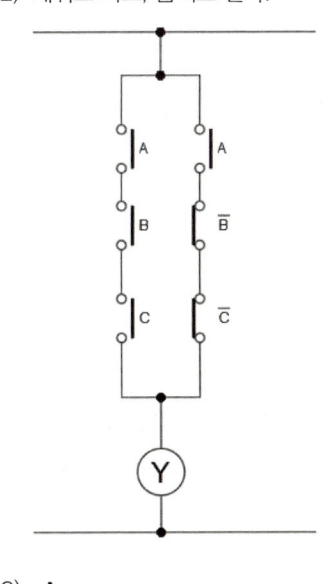

3)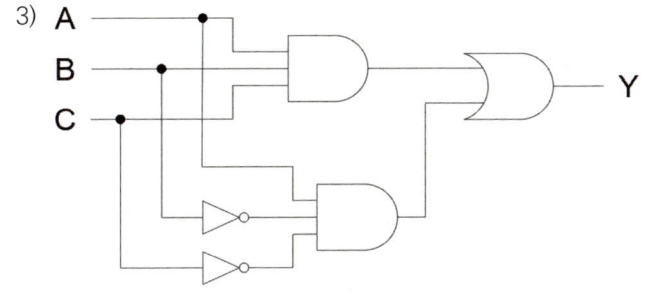

04 자동화재속보설비의 절연 저항 시험에 대한 내용이다. 빈칸을 채우시오.

1) 절연된 충전부와 외함 간의 절연 저항은 ((가))의 절연 저항계로 측정한 값이 ((나))이상이어야 한다. (교류 입력측과 외함 간에는 20[MΩ])
2) 절연된 선로 간의 절연 저항은 직류 500[V]의 절연 저항계로 측정한 값이 ((다))이상이어야 한다.

정답

(가) : 500V   (나) : 5[MΩ]   (다) : 20[MΩ]

해설

자동 화재 속보 설비의 절연 저항 시험
1) 절연된 충전부와 외함 간의 절연 저항은 직류 500[V]의 절연 저항계로 측정한 값이 5[MΩ] 이상이어야 한다. (교류 입력측과 외함 간에는 20[MΩ])
2) 절연된 선로 간의 절연 저항은 직류 500[V]의 절연 저항계로 측정한 값이 20[MΩ] 이상이어야 한다.

05 40[W] 중형 피난구 유도등이 AC 220V 상용 전원에 연결되어 있다. 전원에 연결된 유도등은 8개이며, 유도등의 역률은 95%이다. 공급 전류를 계산하시오. (단, 유도등의 배터리 충전 전류는 무시하고, 전원 공급 방식은 단상 2선식이다.)

정답

$$\frac{40 \times 8}{220 \times 0.95} = 1.53[A]$$

해설

$P = V \cdot I \cdot \cos\theta \cdot \eta$ (단상 2선식)

06 옥내 소화전 설비의 비상 전원에 대한 설명이다. 빈칸을 채우시오.

1) 옥내 소화전 설비에 비상 전원을 설치하는 경우
   ① 층수가 ((가))층 이상이면서 연면적이 ((나))이상인 것
   ② ①에 해당하지 않는 경우로서 지하층의 바닥 면적의 합계가 ((다))이상인 것

2) 옥내 소화전 설비의 비상 전원 설치 기준
   ① 옥내 소화전 설비를 유효하게 ((라)) 이상 작동할 수 있어야 할 것
   ② 상용 전원으로부터 전력의 공급이 중단된 때에는 자동으로 비상 전원으로부터 전력을 공급받을 수 있어야 한다.
   ③ 비상 전원(내연 기관의 기동 및 제어용 축전기 제외)의 설치 장소는 다른 장소와 ((마))할 것 (이 경우 그 장소에는 비상 전원의 공급에 필요한 기구나 설비 외의 것을 두어선 아니 된다.) (열병합발전설비에 필요한 기구나 설비 제외)
   ④ 비상 전원을 실내에 설치한 때에는 그 실내에 비상 조명등을 설치할 것

정답

(가) :
(나) :
(다) :
(라) :
(마) :

해설

(1) 옥내 소화전 설비에 비상 전원을 설치하는 경우
   ① 층수가 7층 이상이면서 연면적이 2,000[㎡] 이상인 것
   ② ①에 해당하지 않는 경우로서 지하층의 바닥 면적의 합계가 3,000[㎡] 이상인 것
(2) 옥내 소화전 설비의 비상 전원 설치 기준
   ① 옥내 소화전 설비를 유효하게 20분 이상 작동할 수 있어야 할 것
   ② 상용 전원으로부터 전력의 공급이 중단된 때에는 자동으로 비상 전원으로부터 전력을 공급받을 수 있어야 한다.
   ③ 비상 전원(내연 기관의 기동 및 제어용 축전기 제외)의 설치 장소는 다른 장소와 방화구획할 것 (이 경우 그 장소에는 비상 전원의 공급에 필요한 기구나 설비 외의 것을 두어선 아니 된다.) (열 병합발전설비에 필요한 기구나 설비 제외)
   ④ 비상 전원을 실내에 설치한 때에는 그 실내에 비상 조명등을 설치할 것

과년도 출제문제

07 예비 전원 설비에 대한 다음 각 물음에 답하시오.

1) 부동 충전 방식에 대한 회로를 그리시오.
2) 축전지의 과방전 또는 방치 상태에서 기능 회복을 위해 실시하는 충전 방식은 무엇인가?
3) 연축전지 정격 용량이 200[Ah]이고, 상시 부하가 5[kW]이며, 표준 전압이 100[V]인 부동 충전 방식의 충전기 2차 충전 전류는 몇 [A]인가?(단, 축전지 방전율은 10시간율이다.)

정답

1)
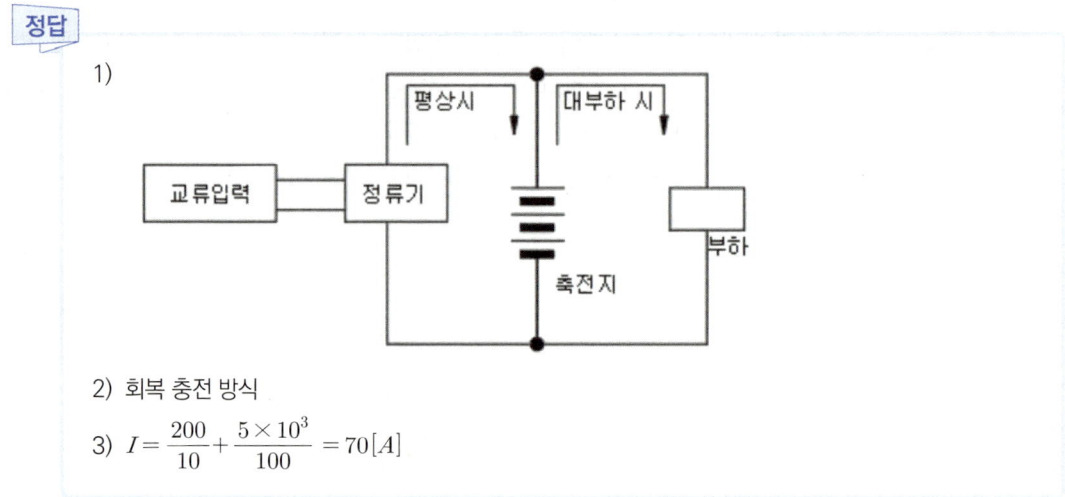

2) 회복 충전 방식

3) $I = \dfrac{200}{10} + \dfrac{5 \times 10^3}{100} = 70[A]$

해설

$$\text{충전기 2차 전류}[A] = \dfrac{\text{축전지의 정격용량}[Ah]}{\text{축전지의 방전율}[h]} + \dfrac{\text{상시부하용량}[W]}{\text{표준 전압}[V]}$$

08 유도등의 설치 제외 장소를 쓰시오.

정답

구부러지지 아니한 복도 또는 통로로서 그 길이가 30[m] 미만인 복도 또는 통로 등의 경우에는 통로 유도등을 설치하지 않을 수 있다.

해설

※ 법령 관련 문제는 안전 관련 분야 시험에서 자주 언급되는 항목이다. 이러한 법령 문제는 가급적 표현을 변형하는 것보다는 최대한 유사하게 적는 것이 중요하다.

NFPC 303 제11조(유도등 및 유도표지의 제외)
① 바닥면적이 1,000[㎡] 미만인 층으로서 옥내로부터 직접 지상으로 통하는 출입구 또는 거실 각 부분으로부터 쉽게 도달할 수 있는 출입구 등의 경우에는 피난구 유도등을 설치하지 않을 수 있다.
② 구부러지지 아니한 복도 또는 통로로서 그 길이가 30미터 미만인 복도 또는 통로 등의 경우에는 통로 유도등을 설치하지 않을 수 있다.
③ 주간에만 사용하는 장소로서 채광이 충분한 객석 등의 경우에는 객석유도등을 설치하지 않을 수 있다.

09 길이 22[m]의 통로에 객석 유도등을 설치하려 한다. 이 때 필요한 객석 유도등의 수량은 최소 몇 개인가?

정답

$$\frac{22}{4} - 1 = 4.5 ≒ 5$$

> **해설**
>
> 객석통로유도등 최소 설치 개수 $= \dfrac{\text{직선부분의 길이}}{4} - 1$
>
> (복도, 거실)통로유도등 최소 설치 개수 $= \dfrac{\text{구부러진 곳이 없는 부분의 보행거리}}{20} - 1$
>
> 유도표지 최소 설치 개수 $= \dfrac{\text{구부러진 곳이 없는 부분의 보행거리}}{15} - 1$

10 어느 특정 소방 대상물에 자동화재탐지설비용 공기관식 차동식 분포형 감지기를 설치하려고 한다. 다음 각 물음에 답하시오.

1) 공기관의 두께 및 바깥지름은 몇 mm 이상이어야 하는가?
   ① 공기관의 두께 :
   ② 공기관의 바깥지름 :
2) 공기관 상호 간의 거리는 내화구조 및 비내화 구조에서 각각 몇 m 이하이어야 하는가?
   ① 내화구조인 경우 :
   ② 비내화 구조인 경우 :
3) 공기관의 감지구역의 각 변과 수평 거리는 몇 m 이하여야 하는가?
4) 하나의 검출 부분에 접속하는 공기관의 길이는 몇 m 이하이어야 하는가?
5) 감지구역마다 공기관의 노출 부분의 길이는 몇 m 이상이어야 하는가?

> **정답**
>
> 1) ① 0.3mm, ② 1.9mm
> 2) ① 9m   ② 6m
> 3) 1.5m
> 4) 100m
> 5) 20m

> **해설**
>
> 단순히 암기를 하는 것을 넘어서 왜 길이의 설정이 존재하는지를 확인해야 한다.

11 지하 4층, 지상 11층의 건물에 비상 콘센트를 설치하려고 한다. 다음 물음에 답하시오. (단 지하 각 층의 바닥 면적은 1,000[㎡]이며, 각 층의 출입구는 1개소, 계단에서 가장 먼 부분까지의 수평 거리는 20m이다.)

1) 비상 콘센트의 설치 대상에 관한 사항이다. 빈칸에 알맞은 내용을 쓰시오.
   ① 층수가 ((가))층 이상인 특정 소방 대상물의 경우에는 ((가))층 이상인 층
   ② 지하층의 층수가 ((나))층 이상이고 지하층의 바닥 면적의 합계가 ((다))이상인 것은 지하층의 모든층
   ③ 지하가 중 터널로서 길이가 ((라)) 이상인 것

2) 이 건물에 설치하여야 하는 비상 콘센트의 설치 개수를 쓰시오.

정답

1) (가) : 11
   (나) : 3
   (다) : 1,000㎡
   (라) : 500m
2) 5개

해설

비상 콘센트 설비의 설치
1) 비상 콘센트의 설치 대상
   ① 층수가 11층 이상인 특정 소방 대상물의 경우에는 11층 이상인 층
   ② 지하층의 층수가 3층 이상이고 지하층의 바닥면적의 합계가 1,000㎡ 이상인 것은 지하층의 모든층
   ③ 지하가 중 터널로서 길이가 500m 이상인 것
2) 지하 상가, 지하층의 바닥 면적인 3,000㎡ 이상이 아니므로 수평 거리 50m 이하마다 비상 콘센트를 설치한다. 따라서 비상 콘센트 설치 개수는 $\dfrac{실제\ 수평거리[m]}{50[m]} = \dfrac{20}{50} = 0.4 ≒ 1(절상)$

지하층의 바닥면적 합계가 1,000㎡ 이상이기 때문에 지하 전 층에 설치한다. 11층 이상의 건물이기 때문에 11층에도 1개를 설치하여야 한다.
그러므로 4(지하 설치분) + 1(11층 설치분) = 5개가 된다.

12 자동화재탐지설비의 경계 구역의 설정 기준이다. 빈칸을 채우시오.

① 하나의 경계 구역이 둘 이상의 건축물에 미치지 아니하도록 할 것

② 하나의 경계 구역이 둘 이상의 층에 미치지 아니할 것. 다만, ((가))이하의 범위 안에서는 2개의 층을 하나의 경계 구역으로 할 수 있다.)

③ 하나의 경계 구역의 면적은 ((나)) 이하로 하고 한 변의 길이는 ((다)) 이하로 해야 한다. 다만, 해당 특정 소방 대상물의 주된 출입구에서 그 내부 전체가 보이는 것에 있어서는 한 변의 길이가 ((다))의 범위 내에서 ((라)) 이하로 할 수 있다.)

④ 계단, 경사로, 엘리베이터 승강로, 린넨슈트, 파이프 피트 및 덕트 기타 이와 유사한 부분에 대하여는 별도로 경계 구역을 설정하되, 하나의 경계 구역은 높이 ((마)) 이하로 하고, 지하층의 계단 및 경사로는 별도로 하나의 경계 구역으로 하여야 한다. (지하가 1층이면 제외)

⑤ 외기에 면하여 상시 개방된 부분이 있는 차고·주차장·창고 등에 있어서는 외기에 면하는 각 부분으로부터 ((바)) 미만의 범위 안에 있는 부분은 경계 구역의 면적에 산입하지 아니한다.

(가) :

(나) :

(다) :

(라) :

(마) :

(바) :

> **정답**

(가) : 500[㎡]
(나) : 600[㎡]
(다) : 50[m]
(라) : 1000[㎡]
(마) : 45[m]
(바) : 5[m]

> **해설**

① 하나의 경계 구역이 둘 이상의 건축물에 미치지 아니하도록 할 것
② 하나의 경계 구역이 둘 이상의 층에 미치지 아니할 것
  – 다만, 500[㎡] 이하의 범위 안에서는 2개의 층을 하나의 경계 구역으로 할 수 있다.)
③ 하나의 경계 구역의 면적은 600[㎡] 이하로 하고 한 변의 길이는 50[m] 이하로 해야 한다.
  – 다만, 해당 특정 소방 대상물의 주된 출입구에서 그 내부 전체가 보이는 것에 있어서는 한 변의 길이가 50[m]의 범위 내에서 1000[㎡] 이하로 할 수 있다.)
④ 계단, 경사로, 엘리베이터 승강로, 린넨슈트, 파이프 피트 및 덕트 기타 이와 유사한 부분에 대하여는 별도로 경계 구역을 설정하되, 하나의 경계 구역은 높이 45[m] 이하로 하고, 지하층의 계단 및 경사로는 별도로 하나의 경계 구역으로 하여야 한다. (지하가 1층이면 제외)
⑤ 외기에 면하여 상시 개방된 부분이 있는 차고 · 주차장 · 창고 등에 있어서는 외기에 면하는 각 부분으로부터 5[m] 미만의 범위 안에 있는 부분은 경계 구역의 면적에 산입하지 아니한다.

13 동작 설명을 듣고 회로의 미완성 부분을 완성하시오.

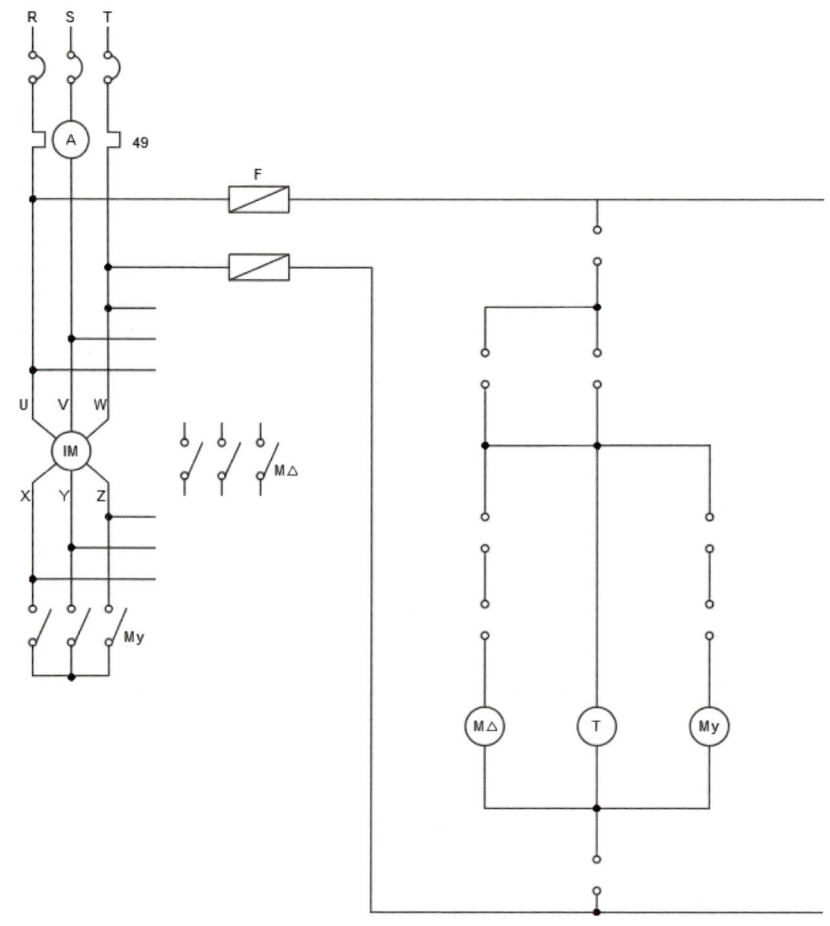

[조건]

1. 전원이 투입되면 파일럿 램프가 작동된다.
2. 푸시 버튼 스위치를 눌렀을 때 My 릴레이가 작동한다.
3. 일정 시간이 지난 뒤에 My 릴레이는 차단되고, M△ 릴레이가 작동한다.
4. 푸시 버튼 스위치(off)를 눌렀을 때 모든 회로가 차단된다.

> **정답**

[회로도: R, S, T 3상 전원, 전류계 A, 49 열동계전기, 퓨즈 F, 유도전동기 IM (U,V,W,X,Y,Z 단자), M△ 및 My 접촉기 접점, 제어회로에 PB-off, PB-on, T-a, T-b, My, M△ 접점과 M△, T, My 코일 및 PL 파일럿 램프, 49-b 접점 포함]

> **해설**

조건문을 분석하는 것이 회로를 잇기 위해서 가장 중요한 부분이다.

[조건]

1. 전원이 투입되면 파일럿 램프가 작동된다.
   → 직접 연결된다.
2. 푸시 버튼 스위치를 눌렀을 때 My 릴레이가 작동한다.
   → 자기 유지는 생략되는 경우가 많다. 자기 유지를 넣어줄 릴레이를 선택해야 한다.
3. 일정 시간이 지난 뒤에 My 릴레이는 차단되고, M△ 릴레이가 작동한다.
   → 차단을 시켜야 하므로 인터록이 필요하고, 작동을 위해선 일정 시간 뒤에 붙는 회로가 필요하다.
4. 푸시 버튼 스위치(off)를 눌렀을 때 모든 회로가 차단된다.
   → 회로의 전단에 위치하여 모든 회로를 조정할 수 있어야 한다.

14 차동식 스포트형 감지기는 리크 구멍에 따라 달라지는 동작 특성을 쓰시오.

1) 리크 구멍이 확대된 경우 :

2) 리크 구멍이 축소된 경우 :

정답

1) 리크 구멍이 확대된 경우 : (공기관실이 채워지는 게 지연되므로) 동작이 느려진다.
2) 리크 구멍이 축소된 경우 : (공기관실이 채워지는 게 빨라져서) 동작이 빨라진다.

해설

① 지연동작
   - 리크공의 구멍이 큰 경우(리크 저항이 기준치보다 작을 때)
   - 공기관이나 다이어프램에 추가적인 구멍으로 손상이 있을 때
   - 접점수고치가 규정치보다 높을 때
② 비화재보
   - 리크공의 구멍이 작은 경우(리크 저항이 기준치보다 클 때)
   - 리크 구멍이 막히거나 작아진 경우
   - 접점수고치가 규정치보다 낮을 때
   * '접점 수고치'란, 다이어프램의 접점 압력을 말한다.
     '다이어프램이 가지는 저항(팽팽한 정도)'으로 생각하면 조금 더 쉽게 이해할 수 있다.

15 유량 2400[LPM], 양정 90[m]인 스프링클러설비용 펌프 전동기의 용량[kW]를 계산하시오. (단, 효율은 95%, 전달계수는 1.1이다.)

정답

$$P = \frac{9.8 \times 2.4 \times 90 \times 1.1}{0.95 \times 60} = 40.851 ≒ 40.85[\text{kW}]$$

해설

$P = \dfrac{9.8 \times 초당 유량 \times 수두 \times 전달계수}{효율}$ 의 식을 적용하기 위해

[LPM]은 'Liter Per Minute'이므로 1000[ℓ]=1[㎥]으로 전환하여 초당 유량을 산출하여야 한다.

과년도 출제문제

16 자동화재탐지설비의 P형 1급 수신기의 미완성 결선도이다. 다음 각 물음에 답하시오.

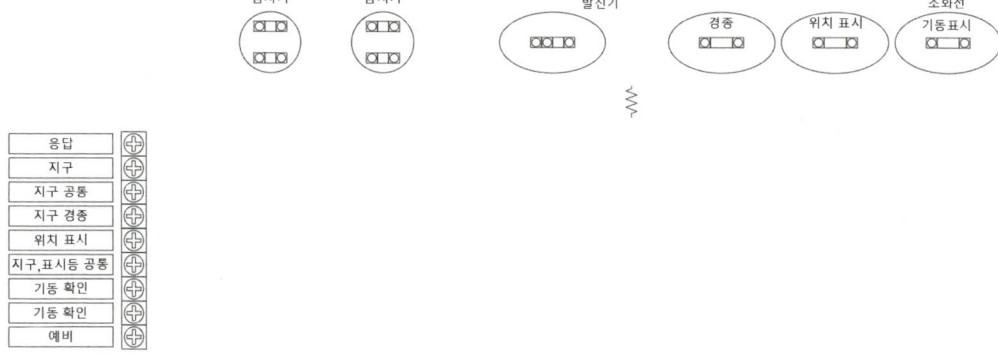

1) 수신기의 단자에 알맞게 각 기기 장치를 연결하시오.
2) 소화전 기동 표시등의 색깔을 쓰시오.
3) 발신기 위치 표시등에 대한 다음 각 물음에 답하시오.
   ① 불빛의 식별 범위 :
   ② 표시등의 색깔 :

정답

1)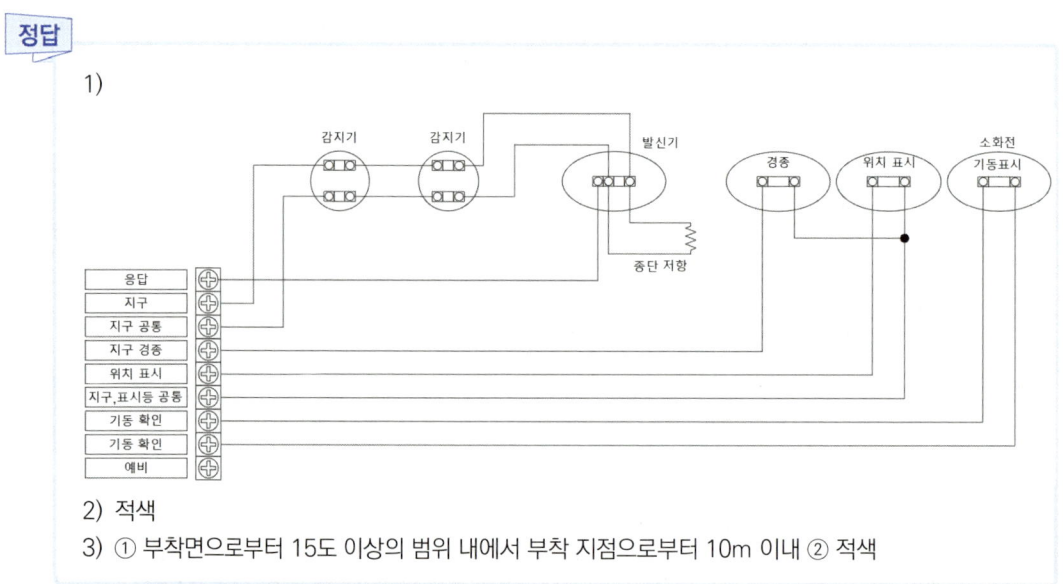

2) 적색
3) ① 부착면으로부터 15도 이상의 범위 내에서 부착 지점으로부터 10m 이내 ② 적색

17 전동기 주파수 50[Hz]에서 극수 4일 때 회전 속도가 1,440[rpm]이다. 주파수를 60[Hz]로 하면 회전 속도는 몇 [rpm]이 되는가? (단, 슬립은 일정하다.)

정답

$$s = 1 - \frac{4 \times 1,440}{120 \times 50} = 0.04$$

$$N' = \frac{120 \times 60}{4}(1 - 0.04) = 1,728 [rpm]$$

해설

$$N = \frac{120f}{P}(1-s) \quad (P: 극수, s: 슬립, f: 주파수)$$

18 도면은 어느 사무실 건물의 1층 자동 화재 탐지 설비의 미완성 평면도를 나타낸 것이다. 이 건물은 지상 3층으로 연면적은 2,000m²이다. 각 층의 평면은 1층과 동일하다고 할 경우 평면도 및 주어진 조건을 이용하여 다음 각 물음에 답하시오.

(가) 계통도 작성 시 각 층의 수동 발신기는 1개씩 설치하는 것으로 한다.

(나) 간선의 사용 전선은 HFIX 전선 2.5[mm²]이며, 공통선은 발신기 공통 1선, 경종 표시등 공통 1선을 각각 사용한다.

(다) 계통도 작성 시 전선수는 최소로 한다.

(라) 전선관 공사는 후강 전선관으로 콘크리트 내 매입 시공한다.

(마) 각 실은 이중 천장이 없는 구조이며, 천장에 감지기를 바로 취부한다.

(바) 각 실의 바닥에서 천장까지의 높이는 3.2[m]이다.

(사) 후강 전선관의 굵기 표는 다음과 같다.

도체 단면적 [mm²]	전선본수									
	1	2	3	4	5	6	7	8	9	10
	전선관의 최소 굵기[mm]									
2.5	16	16	16	16	22	22	22	28	28	28
4	16	16	16	22	22	22	28	28	28	28
6	16	16	22	22	22	28	28	28	36	36
10	16	22	22	28	28	36	36	36	36	36

1) 도면의 P형 1급 수신기는 최소 몇 회로용을 사용하여야 하는지 쓰시오.

2) 수신기에서 발신기 세트까지의 배선 가닥수는 몇 가닥이며, 여기에 사용되는 후강 전선관은 몇 [mm]를 사용하는지 쓰시오.

 ① 가닥수 :

 ② 후강 전선관 :

3) 연기 감지기를 매입인 것으로 사용할 경우 그림 기호를 그리시오.

4) 주어진 평면도에 배관 및 배선을 하여 자동화재 탐지 설비의 도면을 완성하시오. (단, 배선 가닥수도 표기하도록 하시오.)

5) 본 설비에 대한 간선 계통도를 그리시오. (단, 계통도에서 배선 가닥수도 표시하도록 하시오.)

1) 5회로용
2) ① 가닥수 : 10가닥
   ② 후강 전선관 : 28[mm]
3)
4)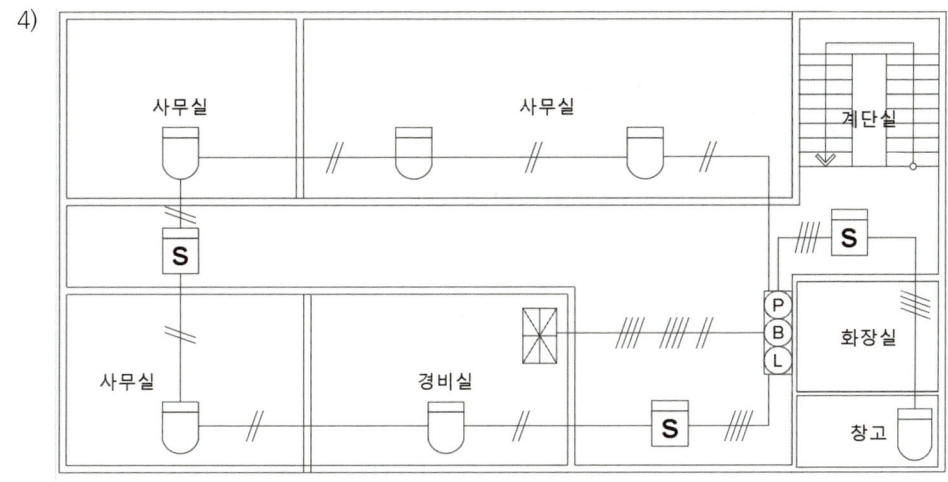
5)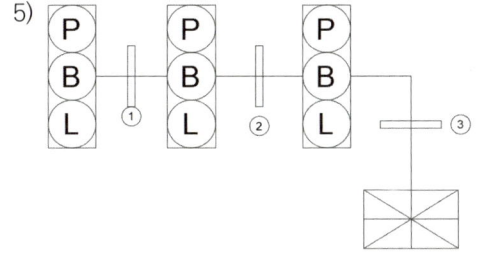

1) 각 층이 1회로이다. 지상은 3층까지 있으며, 공칭 회로수에 따라 5회로를 적용하면 된다.
2) 접지선을 포함한 케이블 또는 절연 도체의 내부 단면적(피복 절연물 포함)이 금속관, 합성 수지관, 가요 전선관 등

   전선관 단면적의 $\dfrac{1}{3}$을 초과하지 않도록 할 것

   $\pi r^2 \times \dfrac{1}{3} \geq$ 전선단면적(피복 절연물 포함) × 가닥수

   암기팁 박강 전선관은 바깥 전선관이라고 생각해보면 된다.(후강 전선관은 자연스럽게 반대인 안지름으로 표기한다.)

2020년 3회 소방설비기사(전기 분야) 실기 시험

시행일자 2020년 10월 17일

01 다음 그림은 습식 스프링클러 설비의 전기적 계통도이다. 그림을 보고 ⓐ~ⓔ의 배선수와 각 배선의 용도를 쓰시오.

1) 각 유수 검지 장치에는 밸브 개폐 감시용 스위치가 부착되어 있다.
2) 사용 전선은 HFIX 전선이다.

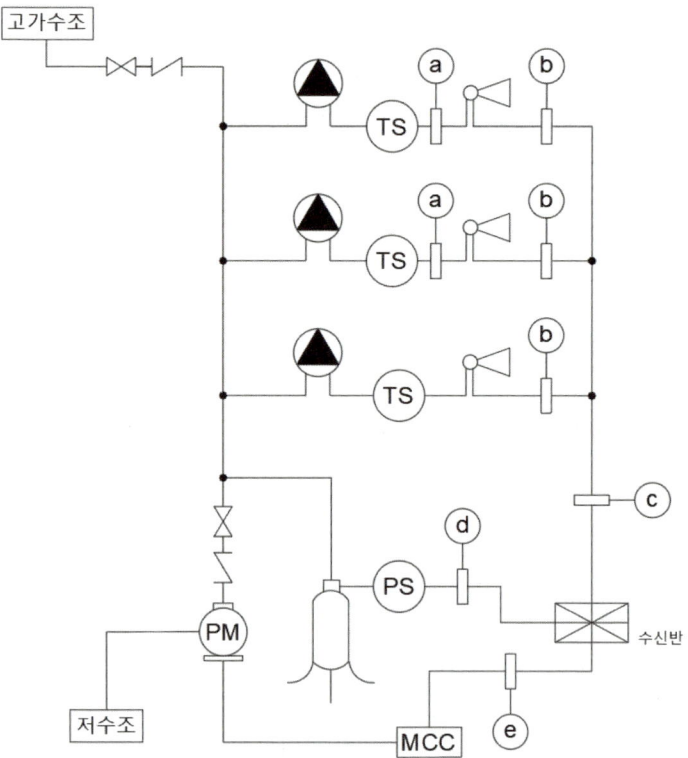

기호	가닥수	배선의 용도
ⓐ		
ⓑ		
ⓒ		
ⓓ		
ⓔ		

정답

기호	가닥수	배선의 용도
ⓐ	3	유수 검지 스위치 1가닥, 공통 1가닥, 탬퍼 스위치 1가닥
ⓑ	4	유수 검지 스위치 1가닥, 공통 1가닥, 탬퍼 스위치 1가닥, 사이렌 1가닥
ⓒ	10	유수 검지 스위치 3가닥, 공통 1가닥, 탬퍼 스위치 3가닥, 사이렌 3가닥
ⓓ	2	압력 스위치 2가닥
ⓔ	5	기동 1가닥, 정지 1가닥, 공통 1가닥, 전원 표시등 1가닥, 기동 확인 표시등 1가닥

과년도 출제문제

02 어떤 건물의 사무실 바닥면적이 800[m²]이고, 천장높이가 4m로서 내화구조이다. 이 사무실에 차동식 스포트형(1종) 감지기를 설치하려고 한다. 최소 몇 개가 필요한지 구하시오.

정답

$$\frac{400}{45} + \frac{400}{45} = 18(EA)$$

03 단상 교류 220[V]인 비상 콘센트 플러그 접속기의 칼받이의 접지극에 적용하는 접지 시스템은 무엇이며 구리를 사용하는 접지 도체의 최소 단면적을 쓰시오.

정답

- 접지 시스템 : 보호 접지
- 단면적 : 6[mm²]

04 그림은 옥상에 시설된 탱크에 물을 올리는데 사용되는 양수 펌프의 수동 및 자동제어 운전 회로이다. 다음 각 물음에 답하시오.

[사용 기계 기구]					
플로트 스위치	88-b접점	88-a접점	PB-on 접점	PB-off 접점	49-b접점
FS	88-b	88-a	PB-on	PB-off	49

[운전 조건]
1) 자동 운전과 수동 운전이 가능하도록 하여야 한다.
2) 3로 스위치가 자동으로 향해 있을 때는 아래와 같이 동작해야 한다.
   ① 저수위가 되면 플로트 스위치가 작동하여 전자 접촉기가 여자되고 전동기가 운전된다.
   ② 동시에 RL 램프는 점등되고 GL 램프는 소등된다.
3) 3로 스위치가 수동으로 향해 있을 때는 아래와 같이 동작해야 한다.
   ① 운전용 누름 버튼 스위치에 의하여 전자 접촉기가 여자되어 전동기가 운전되도록 한다.
   ② 동시에 RL 램프도 점등되고 GL 램프는 소등된다.
4) 전동기 운전 중 과부하 또는 과열이 발생되면 열동 계전기가 동작되어 전동기가 정지되도록 한다. (단, 자동 운전시에서도 열동계전기가 동작하면 전동기가 정지하도록 한다.)

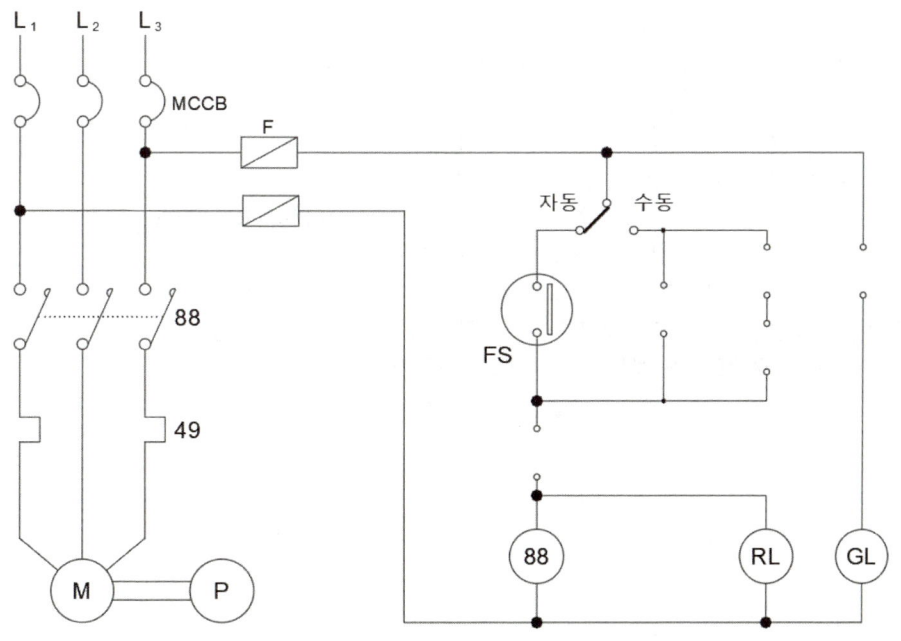

과년도 출제문제

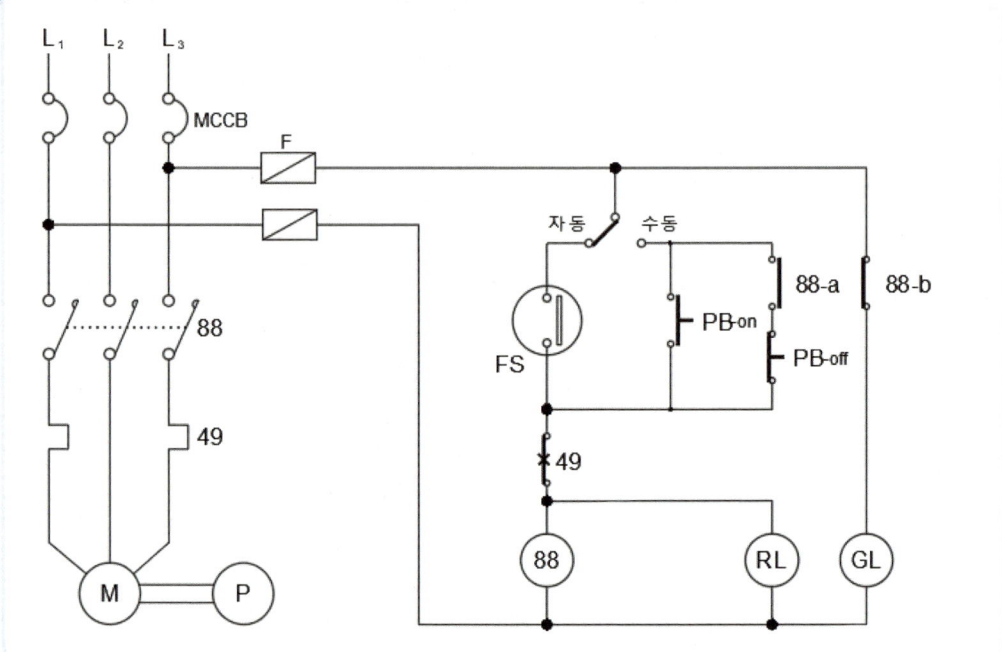

해설

1) 자동 운전과 수동 운전이 가능하도록 하여야 한다.
   ☞ 2가지로 나뉜다.
2) 자동 운동일 때 아래와 같이 동작하여야 한다.
   ① 저수위가 되면 플로트 스위치가 작동하여 전자 접촉기가 여자되고 전동기가 운전된다. ☞
   ② 동시에 RL램프는 점등되고 GL램프는 소등된다.
      ☞ 점등되는 RL램프는 자동을 의미하며 GL램프는 인터록으로 한다.
3) 수동 운전인 경우에는 다음과 같이 동작되도록 한다.
   ① 운전용 누름 버튼 스위치에 의하여 전자 접촉기가 여자되어 전동기가 운전되도록 한다.
   ② 동시에 RL램프도 점등되고 GL램프는 소등된다.
      ☞ 점등되는 GL램프는 수동을 의미하며 RL램프는 인터록으로 한다.
4) 전동기 운전 중 과부하 또는 과열 발생 시에 열동 계전기가 동작하여 전동기가 정지되도록 한다. (단, 자동 운전시에서도 열동 계전기가 동작하면 전동기가 정지하도록 한다.)

05 높이 20[m] 이상 되는 곳에 설치할 수 있는 감지기를 2가지 쓰시오.

1)

2)

정답

1) 불꽃감지기
2) 광전식(분리형, 공기흡입형) 중 아날로그방식

해설

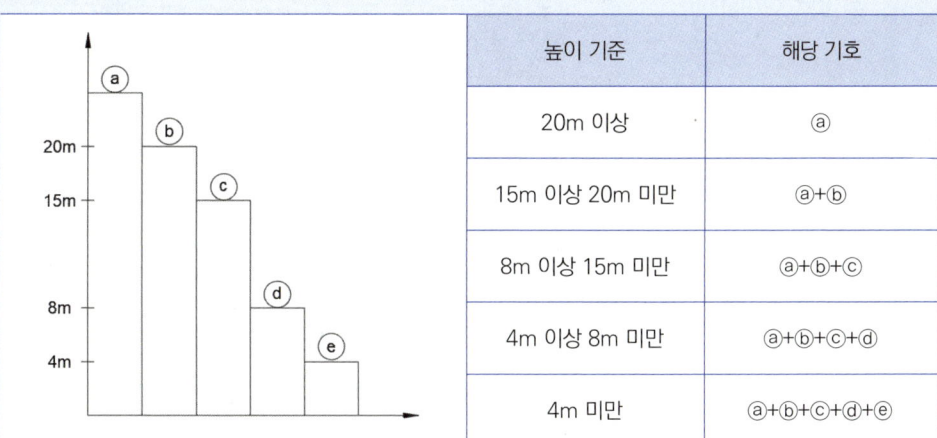

높이 기준	해당 기호
20m 이상	ⓐ
15m 이상 20m 미만	ⓐ+ⓑ
8m 이상 15m 미만	ⓐ+ⓑ+ⓒ
4m 이상 8m 미만	ⓐ+ⓑ+ⓒ+ⓓ
4m 미만	ⓐ+ⓑ+ⓒ+ⓓ+ⓔ

해당 기호	해당 감지기의 종류	
ⓐ	광전식(분리형, 공기흡입형) 중 아날로그식	불꽃감지기
ⓑ	광전식(스포트형, 분리형, 공기흡입형) 1종	이온화식 1종 연기복합형
ⓒ	광전식(스포트형, 분리형, 공기흡입형) 2종	차동식 분포형 감지기 이온화식 2종
ⓓ	차동식 스포트형 감지기 보상식 스포트형 감지기 정온식(스포트형, 감지선형) 특종 또는 1종	열복합형 열연기복합형
ⓔ	정온식(스포트형, 감지선형)	

과년도 출제문제

06 3상 380[V], 60[Hz], 4P, 50[HP]의 전동기가 있다. 다음 각 물음에 답하시오.

1) 동기 속도는 몇 [rpm]인가?
2) 회전 속도는 몇 [rpm]인가?

정답

1) 계산과정 : $\dfrac{120 \times 60}{4} = 1800\,rpm$

   답 : 1800[rpm]

2) 계산과정 : $\dfrac{120 \times 60}{4}(1 - 0.05) = 1710\,rpm$

   답 : 1710[rpm]

해설

1) $N_s = \dfrac{120f}{P}[rpm]\,(N_s : 동기속도)$

2) $N = \dfrac{120f}{P}(1-s)[rpm]\,(N : 회전속도)$

완전한 원리 이해를 요구하는 시험이 아니기 때문에 위 내용 정도만 기억해도 충분하다.

07 휴대용 비상조명등을 설치하여야 하는 특정 소방 대상물에 대한 사항이다. 소방시설 적용기준으로 빈칸을 채우시오.

1) ((가)) 시설

2) 수용 인원 ((나))명 이상의 영화상영관, 판매시설 중 ((다)), 철도 및 도시철도 시설 중 지하역사, 지하가 중 ((라))

> **정답**
>
> (가) 숙박
> (나) 100
> (다) 대규모 점프
> (라) 지하상가

> **해설**
>
> 휴대용 비상 조명등의 설치 지역을 검토해보면 문이 많은 방을 가진 특정 소방 대상물이 대부분이다. 예를 들어 숙박 시설은 호텔을 떠올릴 수 있고, 100명 이상의 상영관은 역시나 여러 개의 상영관을 가지고 있다. 철도 및 도시 철도 또한 여러 개의 탑승구를 갖는다. 판매 시설도 아울렛 매장을 떠올리면 된다. 마찬가지로 판매점마다 개별 실을 운영하여 많은 문을 가지고 있다.

08 자동화재탐지설비 및 시각경보장치의 화재 안전 기준에서 배선의 설치기준에 관한 다음 각 물음에 답하시오.

1) 감지기회로 및 부속 회로의 전로와 대지 사이 및 배선 상호 간의 절연저항은 1 경계 구역마다 직류 250[V]의 절연 저항 측정기를 사용하여 측정한 절연저항이 몇 [MΩ] 이상이 되도록 하여야 하는가?

2) P형 수신기 및 G.P형 수신기의 감지기회로의 배선에 있어서 하나의 공통선에 접속할 수 있는 경계구역은 몇 개 이하로 하여야 하는가?

3) 감지기회로의 도통 시험을 위한 종단저항 설치기준 2가지를 쓰시오.
   ①
   ②

> **정답**
>
> (가) 0.1[MΩ]
> (나) 7개
> (다) ① 점검 및 관리가 쉬운 장소에 설치할 것
>   ② 전용함을 설치하는 경우 그 설치 높이는 바닥으로부터 1.5m 이내로 할 것

과년도 출제문제

09 차동식 분포형 공기관식 감지기 시험 방법에 대한 설명이다. 빈칸을 채우시오.

1) 검출부의 시험공 또는 공기관의 한쪽 끝에 ((가))을(를) 접속하고 시험 코크 등을 유통 시험 위치에 맞춘 뒤 다른 끝에 ((나))을(를) 접속 시킨다.
2) ((나))(으)로 공기를 주입하고 ((가))의 수위를 눈금의 0점으로부터 100[mm] 상승 시켜 수위를 정지시킨다.
3) 시험 코크 등에 의해 송기구를 개방하여 상승 수위의 1/2 까지 내려가는 시간(유통 시간)을 측정한다.

(가) 마노미터
(나) 테스트 펌프

- 테스트 펌프가 공기를 주입하면 다른쪽에서 마노미터가 측정하는 단순한 형태의 시험이다.
- 정지시킨 후에는 공기관의 누설 유무를 확인할 수 있고, 그러다가 중간에 공기구가 개방되었을 때 얼마나 빨리 빠지는지에 대한 실험으로는 감지 성능을 확인할 수 있다.

10 P형 수신기와 감지기와의 배선 회로에서 종단 저항은 10[kΩ], 배선 저항은 10[Ω], 릴레이 저항은 75[Ω]이고, 회로 전압은 직류 24[V]일 때 다음 물음에 답하시오.

1) 평소 감시 전류는 몇 [mA]인가?
2) 감지기가 동작할 때의 전류는 몇 [mA]인가?

1) $\dfrac{24}{10,000+75+10} = 2.38\,[\text{mA}]$

2) $\dfrac{24}{75+10} = 282\,[\text{mA}]$

해설

감지기가 동작하면 종단저항을 지나지 않는다. 감지기를 지나느냐, 종단저항을 지나느냐의 차이를 갖고 있다.

11 구부러진 곳이 없는 부분의 보행거리가 45[m]일 때 유도 표지의 최소 설치 개수를 구하시오.

정답

$$\frac{45}{15} - 1 = 2\,(EA)$$

해설

1) 시작점과 끝점에서 1/2씩 위치시키므로 1을 빼주는 것이다.
2) 유도등의 경우는 20[m]를 기준으로 두고 있다. 유도 표지는 15[m], 객석 유도등은 4[m]이다.

암기팁

유도등	객석 유도등
(S 기호)	(원 안의 삼각형과 4)

과년도 출제문제

12 복도 통로 유도등의 설치 기준에 관한 사항이다. 빈칸을 채우시오.

1) 구부러진 모퉁이 및 통로 유도등을 기점으로 보행거리 ((가))[m]마다 설치할 것
2) 바닥으로부터 높이 ((나))[m] 이하의 위치에 설치할 것

> **정답**
> (가) : 20, (나) : 1

> **해설**
> 20[m]를 간격으로 하는 것은 소형 소화기의 배치 간격과 유사하다고 하였고, 통로를 이동할 때는 어깨를 낮추어 이동하기 때문에 해당 기준으로 1[m] 이하로 설치한다.

13 지상 20[m]가 되는 곳에 37[m³]의 저수조가 있다. 이곳에 10마력의 전동기를 사용하여 양수한다면 저수조에는 몇 분 후에 물이 가득 차겠는가? (단, 펌프의 효율은 70%, 여유 계수는 1.2에 해당하며, 분 단위는 소숫점 첫 번째 자리에서 반올림한다.)

> **정답**
> 1) $t[s] = \dfrac{9.8 \times 37 \times 20 \times 1.2}{10 \times 0.746 \times 0.70} = 1666.488[s]$
> 2) 초를 분으로 환산 $1[\min] : 60[\sec] = x[\min] : 1666.488[s]$
> $x = \dfrac{1666.488}{60} = 27.774 ≒ 28[분]$

> **해설**
> 1) $Pt\eta = 9.8QHk$을 기본 공식으로 활용하여 $t = \dfrac{9.8QHk}{P\eta}$
> 2) 환산과 관련해서는 1[HP]는 0.746[kW]이며, 위와 같이 비례식을 세워 산출할 수 있다.

14 예비 전원 설비로 활용되는 축전지에 대한 다음 각 물음에 답하시오.

1) 보수율의 의미를 쓰시오.

2) 비상용 조명 부하 220[V]용, 100[W] 80등, 60[W] 70등이 있다. 방전 시간은 30분이고, 축전지는 HS형 110[cell]이며, 허용 최저 전압은 190[V], 최저 축전지 온도가 5[℃]일 때 축전지 용량 [Ah]를 구하시오. (단, 보수율은 0.8, 용량 환산 시간은 1.1h)

3) 연축전지와 알칼리 축전지의 공칭 전압을 쓰시오.
   ① 연축전지의 공칭전압 :
   ② 알칼리 축전지의 공칭 전압 :

정답

1) 수명에 따라 용량 저하를 고려하여 설계시에 미리 감안하여 보상하는 값

2) $\dfrac{100 \times 80 + 60 \times 70}{220} = 55.4545 ≒ 55.45[A]$

   $\dfrac{1}{0.8}(1.1 \times 55.45) = 76.243 ≒ 76.24[Ah]$

3) ① 연축전지의 공칭전압 : 2[V]
   ② 알칼리 축전지의 공칭 전압 : 1.2[V]

해설

- 축전지의 용량은 $C[Ah] = \dfrac{1}{L}KT$이다. 보수율이 별도로 제시가 없더라도 기준값은 0.8이다.
- 해당하는 문제가 용량을 구하는 것이기 때문에 필요한 부분만 집중하여 산출해야 한다.

15 지상 15층, 지하 5층 연면적 7,000[㎡]의 특정 소방 대상물에 자동화재탐지설비의 음향 장치를 설치하고자 한다. 다음 각 물음에 답하시오.

1) 11층에서 발화한 경우 경보를 발하여야 하는 층 :

2) 1층에서 발화한 경우 경보를 발하여야 하는 층 :

3) 지하 1층에서 발화한 경우 경보를 발하여야 하는 층 :

> **정답**
>
> 1) 11층, 12층, 13층, 14층, 15층
> 2) 지하 전층, 1층, 2층, 3층, 4층, 5층
> 3) 지하 전층, 1층

> **해설**
>
> 직상 4개층, 발화층

16 그림과 같은 자동화재탐지설비의 평면도에서 기호에 해당하는 가닥수를 쓰시오.

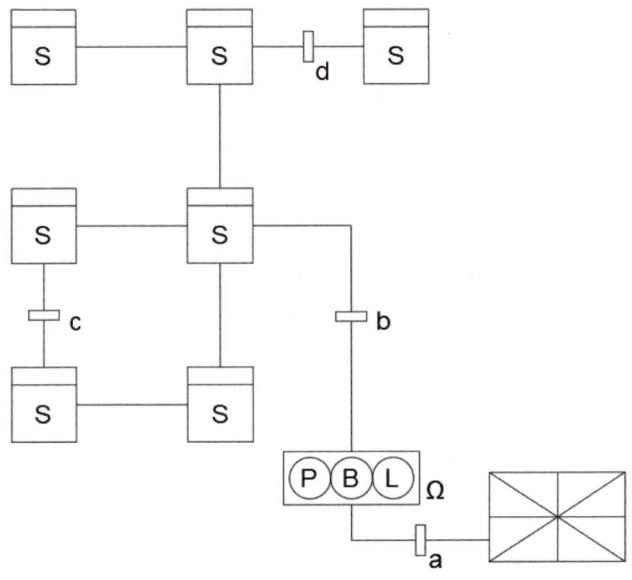

기호	가닥수	상세 용도
a		
b		
c		
d		

정답

기호	가닥수	상세 용도
a	6	지구선 1가닥, 공통선 1가닥, 응답선 1가닥, 경종선 1가닥, 표시등 1가닥, 경종, 표시등 공통선 1가닥
b	4	감지기 2가닥, 공통선 2가닥
c	2	감지기 1가닥, 공통선 1가닥
d	2	감지기 1가닥, 공통선 1가닥

17 유접점 회로를 참고하여 물음에 답하시오.

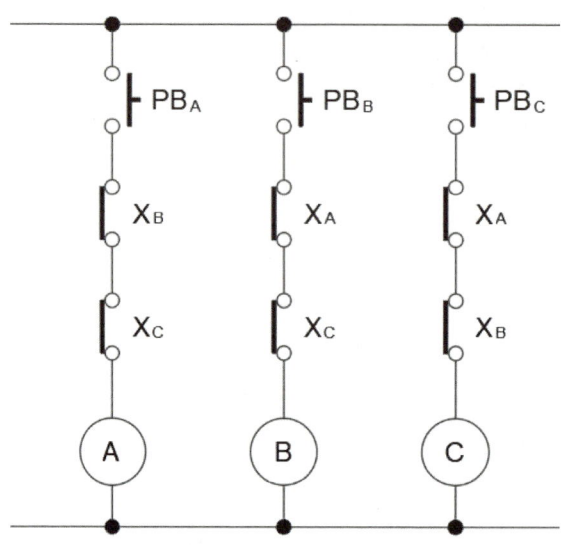

1) 타임차트를 완성하시오.

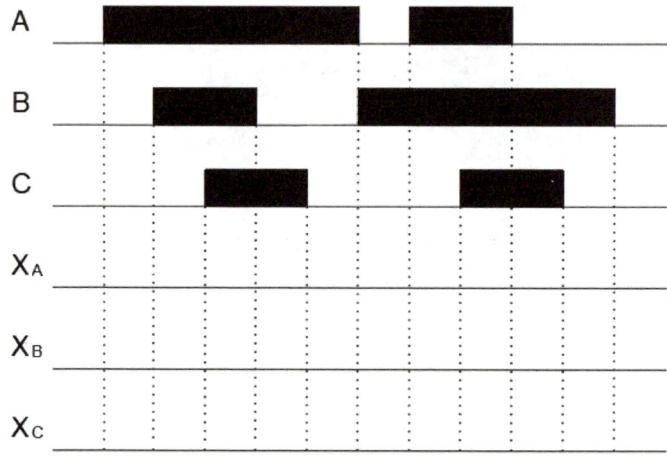

2) 해당 회로를 무엇이라고 하는지 쓰시오.

1)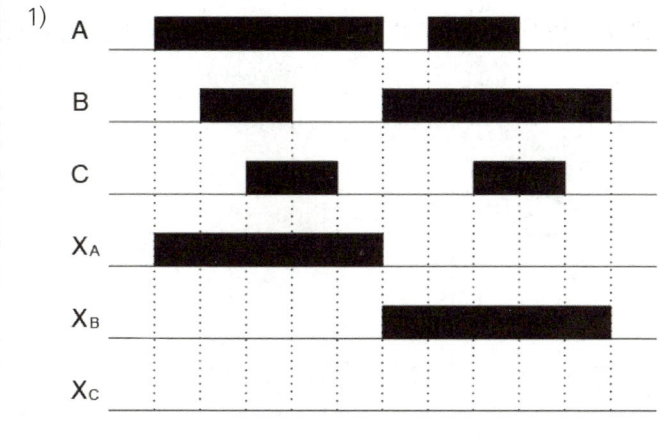

2) 인터록 회로

과년도 출제문제

18 다음 그림은 3상 교류 회로에 설치된 누전 경보기의 결선도이다. 정상 상태와 누전 발생 시 a점, b점 및 c점에서 키르히호프의 제 1법칙을 이용하여 선전류 및 선전류의 벡터합 계산과 관련된 물음에 답하시오.

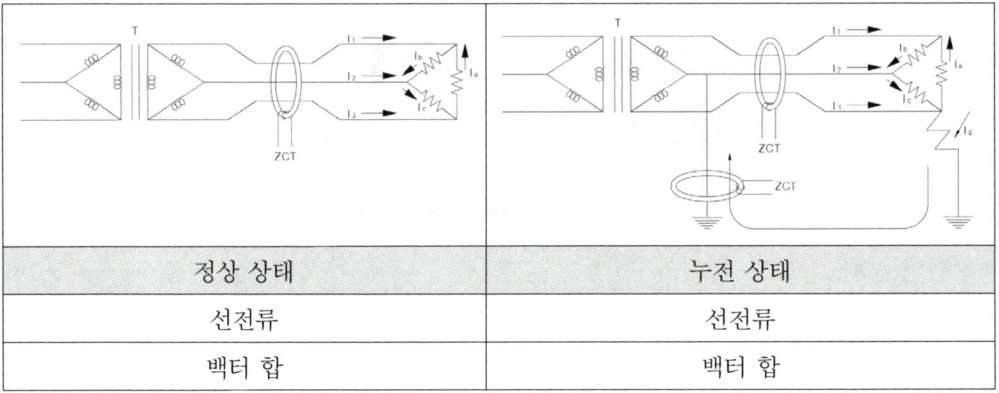

정상 상태	누전 상태
선전류	선전류
벡터 합	벡터 합

1) 정상 상태 시에 선전류
2) 정상 상태 시 선전류의 벡터합
3) 누전시 선전류
4) 누전시 선전류의 벡터합

정답

1) 정상 상태 시에 선전류
   ① $\dot{I_1} = \dot{I_b} - \dot{I_a}$
   ② $\dot{I_2} = \dot{I_c} - \dot{I_b}$
   ③ $\dot{I_3} = \dot{I_a} - \dot{I_c}$
2) 정상 상태 시 선전류의 벡터합
   $\dot{I_1} + \dot{I_2} + \dot{I_3} = 0$
3) 누전시 선전류
   ① $\dot{I_1} = \dot{I_b} - \dot{I_a}$
   ② $\dot{I_2} = \dot{I_c} - \dot{I_b}$
   ③ $\dot{I_3} = \dot{I_a} - \dot{I_c} + \dot{I_g}$
4) 누전시 선전류의 벡터합
   $\dot{I_1} + \dot{I_2} + \dot{I_3} = \dot{I_g}$

2020년 4회 소방설비기사(전기 분야) 실기 시험

시행일자 2020년 11월 14일

01 비상 콘센트 설비에 대한 다음 각 물음에 답하시오.

1) 하나의 전용 회로에 설치하는 비상 콘센트가 있다. 비상 콘센트 수량에 따른 전선의 최소용량에 대한 설명이다. 빈 칸을 채우시오.(단, 각 비상 콘센트의 공급 용량은 최소로 한다.)

콘센트 수량	전선의 최소 용량
1개	
2개	
3개~10개	

2) 비상 콘센트 설비의 전원부와 외함 사이의 절연 저항 500[V] 절연 저항계로 측정하였을 때의 기준치를 쓰고, 약 5[MΩ]일 때의 적합성 여부를 쓰시오.

정답

1)

콘센트 수량	전선의 최소 용량
1개	1.5[kVA]
2개	3.0[kVA]
3개~10개	4.5[kVA]

2) 비상 콘센트는 절연 저항 20[MΩ] 이상일 때 '적합'으로 판정함으로 5[MΩ]은 적합하지 않다.

해설

절연 저항 시험(최근 트렌드와 적합하므로 매우 중요!)

절연 저항계	절연 저항	대상	
DC 250[V]	0.1[MΩ]	1경계 구역의 절연 저항	
		1 경계 구역의 감지기 회로 및 부속 회로의 전로와 대지 사이 및 배선 상호 간	
DC 500[V]	5[MΩ]	피난 구조 설비	경보 설비
		유도등 (교류 입력 측과 외함 간 포함) 비상 조명등 (교류 입력 측과 외함 간 포함)	수신기 자동화재 속보 설비 비상 경보 설비 누전 경보기 가스 누설 경보기
		누전 경보기 변류기의 절연된 1차 권선과 2차 권선 간	
	20[MΩ]	피난 구조 설비(전열용)	자동화재탐지설비
		비상콘센트 기기의 절연된 선로 간 기기의 충전부와 비충전부 간 기기의 교류 입력 측과 외함 간 (유도등, 비상 조명등 제외)	경종 발신기 중계기
		수신기의 교류 입력 측과 외함 간	
	50[MΩ]	경보설비	
		감지기(정온식 감지선형 감지기 제외) 가스 누설 경보기(10회로 이상) 수신기(10회로 이상)	
		감지기의 절연된 단자 간 및 단자와 외함 간	
	1[kΩ] (=0.1[MΩ])	경보설비	
		정온식 감지선형 감지기 (1경계 구역의 절연 저항과 같다.)	
		정온식 감지선형 감지기의 선 간	

02 자동화재탐지설비의 P형 수신기와 R형 수신기의 신호 전달 방식을 쓰고, 신호의 종류를 쓰시오.

1) P형 수신기

① 신호 종류 :

② 신호 전달 방식 :

2) R형 수신기

① 신호 종류 :

② 신호 전달 방식 :

정답

1) ① 공통 신호
② 개별 신호 방식
2) ① 고유 신호
② 다중 전송 방식

해설

1) 공통의 신호를 개별마다 부여한다고 생각하자
2) 각각의 고유의 신호를 전송하는 방식이다. 고유한 요소가 있으니까 전송 방식도 다양하게 설정해야 한다.

03 저항이 100[Ω]인 경동선의 온도가 20[℃]이고 이 온도에서 저항 온도 계수가 0.00332이다. 경동선의 온도가 100[℃]로 상승할 때의 저항값을 구하시오.

정답

$$R_{100} = 100 \times [1 + 0.00332 \cdot (100 - 20)] = 126.56 [\Omega]$$

해설

$R_t = R_1 \times [1 + \alpha \cdot (\triangle t)][\Omega]$
(α : 저항온도계수, $\triangle t$: 온도변화율($= t_2 - t_1$))

04 지상 31[m]인 곳에 수조가 있다. 이 수조에 분당 12[㎥]의 물을 양수하는 펌프용 전동기를 설치하여 3상 전력을 공급하려고 한다. 펌프 효율이 75[%]이고, 펌프 측 동력에 10[%]의 여유를 둔다고 할 때 다음 각 물음에 답하시오. 단, 펌프용 3상 농형 유도 전동기의 역률을 95[%]로 가정한다.

1) 펌프용 전동기의 용량은 몇 [kW]인가?
2) 3상 전력을 공급하고자 단상 변압기 2대를 V결선하고자 할 때 단상 변압기 1대의 용량은 몇 [kVA]인가?

정답

1) $\dfrac{9.8 \times 12 \times 31 \times 1.1}{60 \times 0.75 \times 0.95} = 93.8049 = 93.80 [\text{kW}]$

2) $\dfrac{93.80}{\sqrt{3}} = 54.158 \fallingdotseq 54.16 [\text{kW}]$

해설

1) $P = \dfrac{9.8 \times Q \times H \times k}{60 \times \eta \times \cos}$ [kW]

2) $\sqrt{3} \cdot P_V = P$

   $P_V = \dfrac{P}{\sqrt{3} \cdot \cos\theta}$

산출된 유효전력에 대해 $\cos\theta$를 나눠서 피상 전력을 산출하고, 그에 따라 총 용량을 선정할 수 있다.

---

05 수신기로부터 배선 거리 100[m]의 위치에 사이렌이 설치되어 있을 때 작동 시 단자 전압을 구하시오. (단, 수신기 정격 전압은 24[V]라고 하고 전선은 2.5[㎟] HFIX 전선이며, 사이렌의 정격 전류는 2[A]이며, 전류 변동에 의한 전압 강하는 없다고 가정한다. 2.5[㎟] 동선의 [km]당 전기 저항은 8[Ω]이라고 한다.)

정답

$e = 2 \cdot I \cdot R = 2 \cdot 2[A] \cdot (8 \cdot \dfrac{100[m]}{1000[m]})$

$V_r = V_s - e = 24 - 3.2 = 20.8[V]$

해설

1) 전압 강하를 감안하여 산출하게 된다. 여기에서 V_s가 의미하는 바가 단자 전압이므로 아래와 같은 식을 변형하여 산출할 수 있다.

   $e = 2 \cdot I \cdot R[V]$

   $e = V_s - V_r$

2) 배선 저항은 [km]를 기준으로 선정되었기 때문에 단위를 변환하여 환산하였다.

06 비상 조명등에 사용하는 비상 전원의 종류 3가지를 쓰고 그 용량은 해당 비상 조명등을 유효하게 몇 분 이상 동작시킬 수 있어야 하는지 쓰시오.

    1) 비상 전원의 종류

    2) 용량

        ① 지하층을 포함한 층수가 11층인 특정 소방 대상물의 경우 :

        ② 도매 시장의 경우 :

1) ① 축전지 설비
   ② 전기 저장 장치
   ③ 자가 발전 설비
2) ① 20분 이상
   ② 60분 이상

해설

구분		비상전원 수전설비 (B)	축전기 설비 (C)	자가발전 설비 (D)	전기저장 장치 (E)
피난 구조 설비 (예외 있음.)	유도등		20분		20분
	비상조명설비		20분	20분	20분
	※ 예외규정 : 60분 적용 (1) 11층 이상(지하층 제외) (2) 지하층·무창층으로서 도매시장, 소매시장, 여객자동차터미널, 지하철역사 지하상가.				

07 길이가 60[m]의 통로에 객석 유도등을 설치하려고 한다. 이때 필요한 객석 유도등의 수량을 산출하시오.

정답

$$\frac{60}{4} - 1 = 14\,(EA)$$

해설

$$객석유도등의 수 = \frac{객석 통로의 직선 부분의 길이[m]}{4} - 1$$

08 굴곡이 심한 장소에 적합하게 구부러지기 쉽도록 된 전선관으로 굴곡 장소가 많거나 전동기와 옥내 배선을 연결할 경우 조명 기구의 인입선 배관 등 비교적 짧은 거리에 적용되는 배선 공사 방법을 쓰시오.

정답

가요전선관 공사

해설

가요전선관 공사의 시공 적용
1) 진동이 많은 장소에서는 결합이 틀어질 수 있다.
   ☞ 전동기와 옥내 배선을 연결할 경우
2) 배관의 설치가 제약되기 때문이다.
   ☞ 조명 기구의 인입선 배관 등 비교적 짧은 거리
   ☞ 굴곡이 많거나 금속관 공사를 시공하기 어려운 경우

과년도 출제문제

09 청각 장애인용 시각 경보 장치의 설치에 대한 설명이다. 빈칸을 채우시오.

1) 공연장, 집회장, 관람장 또는 이와 유사한 장소에 설치하는 경우에는 시선이 집중되는 ((가)) 부분 등에 설치할 것
2) 바닥으로부터 ((나))[m] 이상 ((다))[m] 이하의 장소에 설치할 것 (단, 천장의 높이가 2[m] 이하는 천장에서 ((라))[m] 이내로 설치하여야 한다.)
3) 시각경보장치의 광원은 전용의 ((마)) 또는 ((바))에 의하여 점등되도록 할 것

정답

(가) : 무대부
(나) : 2
(다) : 2.5
(라) : 0.15
(마) : 축전지 설비
(바) : 전기 저장 장치

해설

청각장애인용 시각경보장치

1) 복도·통로·청각장애인용 객실 및 공용으로 사용하는 거실에 설치
2) 공연장·집회장·관람장 또는 이와 유사한 장소에 설치하는 경우에는 시선이 집중되는 무대부 부분 등에 설치할 것
3) 설치 높이는 바닥으로부터 2m 이상 2.5m 이하의 장소에 설치할 것 (다만, 천장의 높이가 2m 이하인 경우에는 천장으로부터 0.15m 이내의 장소에 설치해야 한다.)
4) 시각경보장치의 광원은 전용의 축전지 설비 또는 전기 저장 장치에 의하여 점등되도록 할 것
   (다만, 시각경보기에 작동 전원을 공급할 수 있도록 형식승인을 얻은 수신기를 설치한 경우에는 그렇지 않다.)

암기팁 SEE를 보다. 우리가 정한 것으로 C(축전지), E(전기저장장치)

10 어느 특정 소방 대상물에 자동화재탐지설비용 공기관식 차동식 분포형 감지기를 설치하려고 한다. 다음 각 물음에 답하시오.

1) 공기관의 두께 및 바깥지름은 몇 mm 이상이어야 하는가?
    ① 공기관의 두께 :
    ② 공기관의 바깥지름 :
2) 공기관 상호 간의 거리는 내화구조 및 비내화 구조에서 각각 몇 m 이하이어야 하는가?
    ① 내화구조인 경우 :
    ② 비내화 구조인 경우?
3) 공기관의 감지구역의 각 변과 수평 거리는 몇 m 이하여야 하는가?
4) 하나의 검출 부분에 접속하는 공기관의 길이는 몇 m 이하이어야 하는가?
5) 감지구역마다 공기관의 노출 부분의 길이는 몇 m 이상이어야 하는가?

정답

1) ① 0.3mm,   ② 1.9mm
2) ① 9m,   ② 6m
3) 1.5m
4) 100m
5) 20m

해설

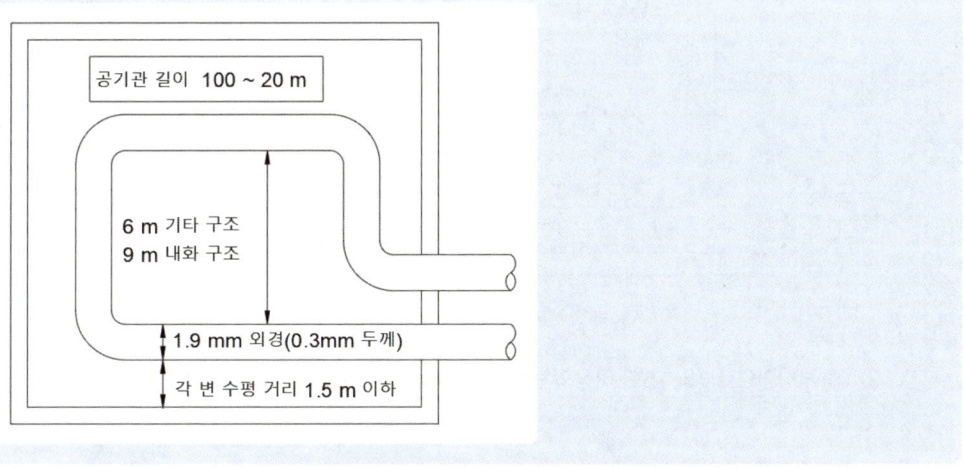

과년도 출제문제

11 자동화재탐지설비의 P형 1급 수신기의 미완성 결선도이다. 다음 각 물음에 답하시오.

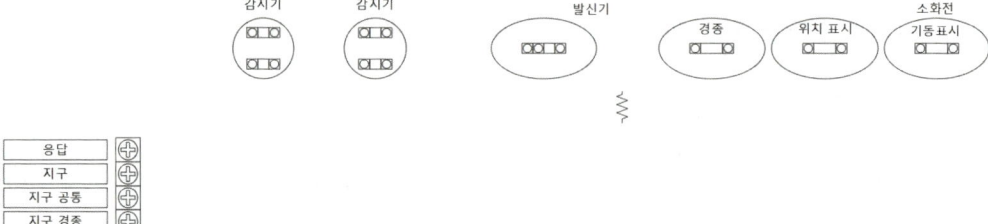

1) 수신기의 단자에 알맞게 각 기기 장치를 연결하시오.
2) 소화전 기동 표시등의 색깔을 쓰시오.
3) 발신기 위치 표시등에 대한 다음 각 물음에 답하시오.
   ① 불빛의 식별 범위 :
   ② 표시등의 색깔 :

정답

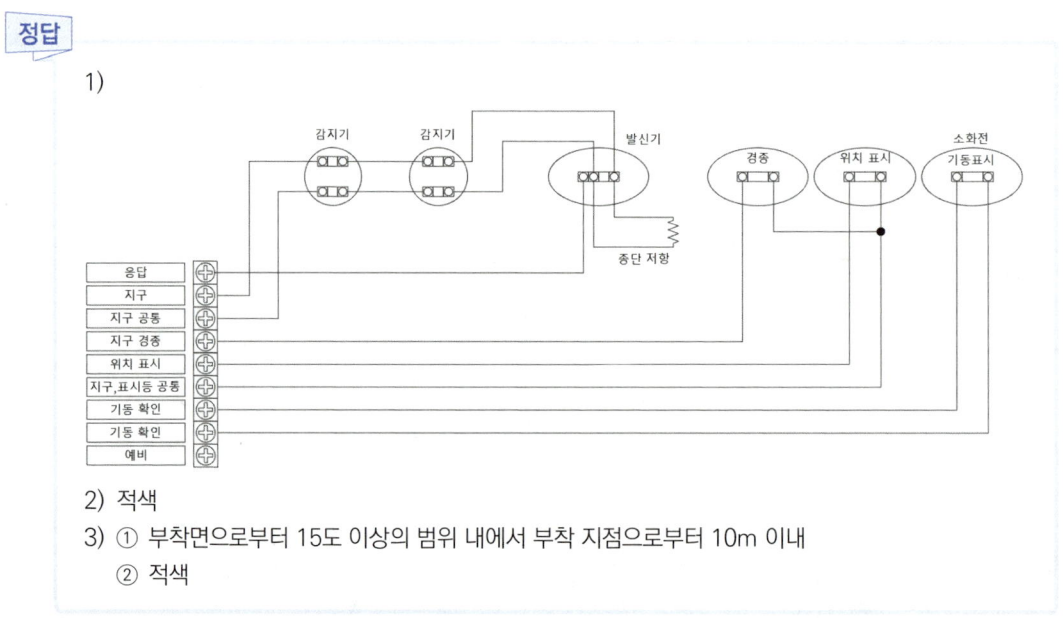

2) 적색
3) ① 부착면으로부터 15도 이상의 범위 내에서 부착 지점으로부터 10m 이내
   ② 적색

> **해설**
> 1) 연결 순서
>   ① 감지기로 향하는 지구선은 가장 먼저 연결한다. 종단 저항까지 연결했다면 다시 종단저항에서 공통선까지 연결한다.
>   ② 경종과 표시등 또한 함께 연결되므로 공통선을 먼저 연결하여 분기하여 양측에 연결하고 하나씩 직접 연결한다.
>   ③ 소화전에 대한 기동 확인선은 2가닥이므로 자동 기동 장치로 확인되며, 직접 연결한다.
> 3) 부착면을 기준으로한 조도 기준은 파악에 신중할 필요가 있다.

12 광전식 분리형 감지기의 설치 기준에 대한 설명이다. 빈칸을 채우시오.

○ 광축(송광면과 수광면의 중심을 연결한 선)은 나란한 벽에서 ((가)) 이상으로 설치하여야 한다.
○ 감지기의 송광부와 수광부는 설치된 뒷벽으로부터 ((나)) 이내의 위치에 설치하여야 한다.
○ 광축의 높이는 천장 등 높이의 ((다)) 이상일 것(Ceiling Jet flow와 Wall jet에 대한 부분을 염두) (천장 등 : 천장의 실내에 면한 부분 또는 상층의 바닥 하부면을 말한다.)
○ 감지기의 수광면은 ((라))을(를) 직접 받지 않도록 설치할 것
○ 감지기의 광축의 길이는 ((마)) 범위 이내일 것

(가)	(나)	(다)	(라)	(마)

> **정답**
>
> | (가) | (나) | (다) | (라) | (마) |
> |---|---|---|---|---|
> | 0.6 | 1 | 80% | 햇빛 | 공칭 감시 거리 |

> **해설**
> - 광축(송광면과 수광면의 중심을 연결한 선)은 나란한 벽에서 0.6m 이상으로 설치하여야 한다.
> - 감지기의 송광부와 수광부는 설치된 뒷벽으로부터 1m 이내의 위치에 설치하여야 한다.
> - 광축의 높이는 천장 등 높이의 80% 이상일 것(Ceiling Jet flow와 Wall jet에 대한 부분을 염두)
>   (천장 등 : 천장의 실내에 면한 부분 또는 상층의 바닥 하부면을 말한다.)
> - 감지기의 수광면은 햇빛을 직접 받지 않도록 설치할 것
> - 감지기의 광축의 길이는 공칭 감시 거리 범위 이내일 것

13 다음은 감지기에 대한 설명이다. 빈칸을 채우고 해당하는 감지기 5종류를 쓰시오.

1) 자동화재탐지설비의 수신기는 특정 소방 대상물 또는 그 부분이 지하층·무창층 등으로서 환기가 잘되지 아니하거나 실내 면적이 ((가)) 미만인 장소, 감지기의 부착면과 실내 바닥과의 거리가 ((나)) 이하인 장소로서 일시적으로 발생한 열·연기 또는 먼지 등으로 인하여 감지기가 화재 신호를 발신할 우려가 있는 때에는 축적 기능 등이 있는 것(축적형 감지기가 설치된 장소에는 감지기회로의 감시 전류를 단속적으로 차단시켜 화재를 판단하는 방식 외의 것을 말한다)으로 설치해야 한다.

   (가) :

   (나) :

2) 다만, 아래 감지기를 설치한 경우에는 그렇지 않다.

   ①
   ②
   ③
   ④
   ⑤

정답

1) (가) : 40[m²]
   (나) : 2.3[m]
2) ① 불꽃 감지기
   ② 아날로그 감지기
   ③ 광전식 분리형 감지기
   ④ 분포형 감지기
   ⑤ 복합형 감지기

해설

(NFTC 203)
1) 자동화재탐지설비의 수신기는 특정 소방 대상물 또는 그 부분이 지하층·무창층 등으로서 환기가 잘되지 아니하거나 실내 면적이 40[m²] 미만인 장소, 감지기의 부착면과 실내 바닥과의 거리가 2.3[m] 이하인 장소로서 일시적으로 발생한 열·연기 또는 먼지 등으로 인하여 감지기가 화재 신호를 발신할 우려가 있는 때에는 축적 기능 등이 있는 것(축적형 감지기가 설치된 장소에는 감지기회로의 감시 전류를 단속적으로 차단시켜 화재를 판단하는 방식 외의 것을 말한다)으로 설치해야 한다.
2) 아래 중 5가지 선택!
   ① 불꽃감지기
   ② 정온식 감지선형 감지기
   ③ 분포형감지기
   ④ 복합형감지기
   ⑤ 광전식분리형감지기
   ⑥ 아날로그방식의 감지기
   ⑦ 다신호방식의 감지기
   ⑧ 축적 방식의 감지기

과년도 출제문제

14 비상 콘센트를 11층 4개소, 12층 3개소, 13층 4개소를 설치할 때 전체 회로수를 쓰시오.

정답

4회로

해설

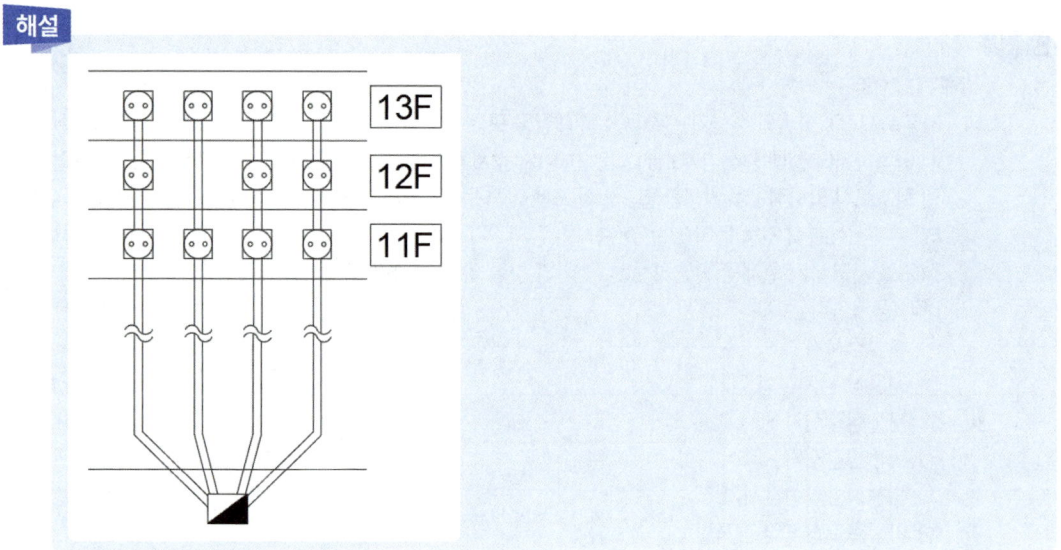

15 미완성된 제어 회로를 설명에 맞게 완성하시오. (단, 기구 및 접점은 최소로 하여야 한다.)

1) 전원을 투입하면 GL램프가 점등 된다.
2) 전동기 운전용 누름 버튼 스위치인 PB-on을 누르면 전자 접촉기 MC가 여자되어 전동기가 기동하고, 동시에 전자 접촉기에 의해 자기 유지가 되면서 전동기 운전등인 RL등이 점등된다. 이때 전자 접촉기 MC-b접점에 의해 GL등이 소등된다.
3) 전동기가 정상 운전 중 정지용 누름 버튼 스위치인 PB-off를 누르면 PB-on을 누르기 전으로 돌아간다.
4) 전동기에 과전류가 흐르면 열동 계전기 접점인 THR이 떨어져서 전동기는 정지하고 모든 접점은 PB-on을 누르기 전의 상태로 복귀하며 부저가 울린다.

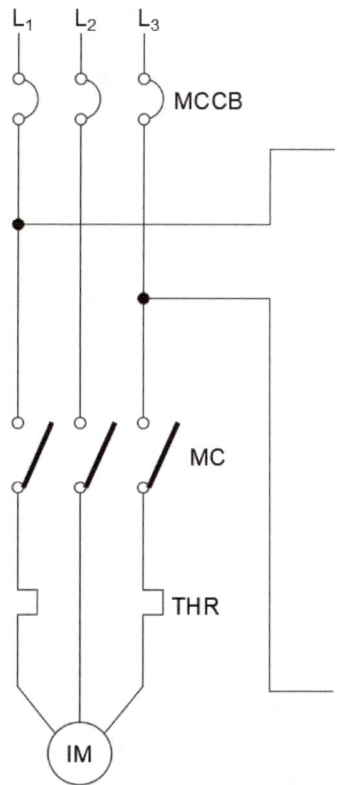

과년도 출제문제

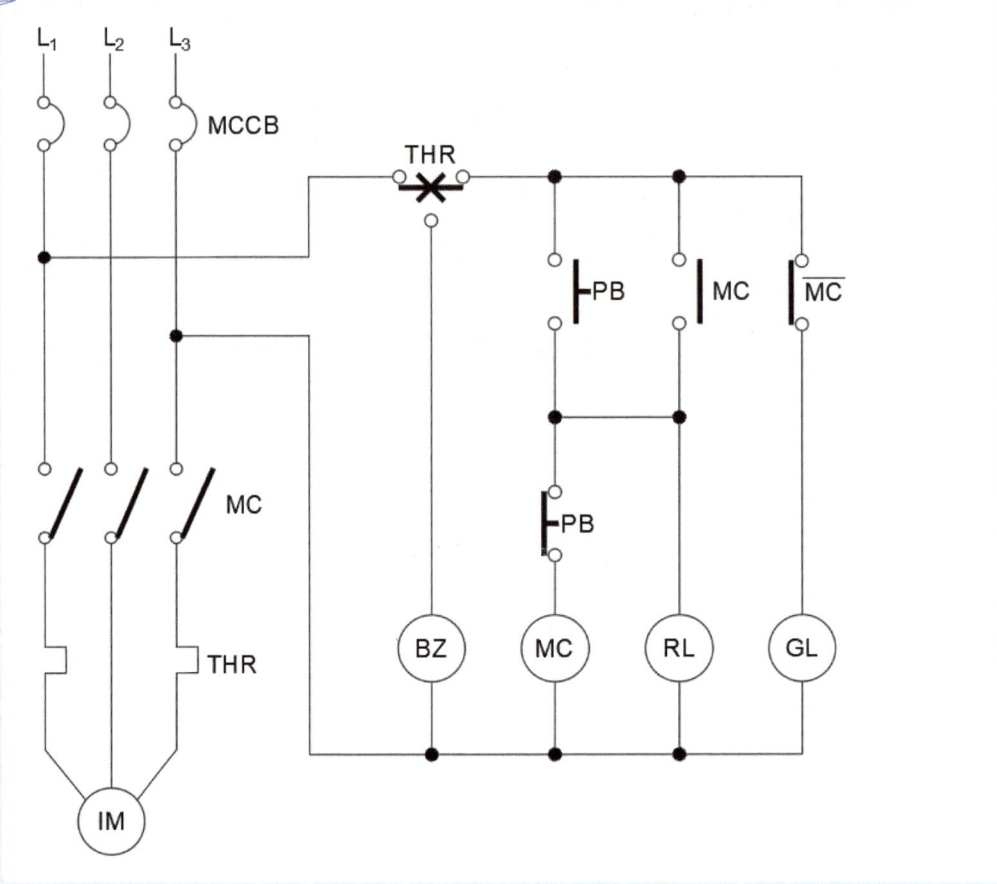

해설

1) 전원을 투입하면 GL램프가 점등 된다.
   ☞ 전원과 직접 연결되거나 또는 경로상 b접점이 존재한다.
2) 전동기 운전용 누름 버튼 스위치인 PB-on을 누르면 전자 접촉기 MC가 여자되어 전동기가 기동하고, 동시에 전자 접촉기에 의해 자기 유지가 되면서 전동기 운전등인 RL등이 점등된다. 이때 전자 접촉기 MC-b접점에 의해 GL등이 소등된다.
   ☞ 누름 버튼 스위치와 MC-a접점이 병렬로 존재하여 자기 유지를 담당하고 있다.
   ☞ 출력은 2가지가 동시에 이뤄지고 있으므로 출력에서도 병렬이 존재한다.
3) 전동기가 정상 운전 중 정지용 누름 버튼 스위치인 PB-off를 누르면 PB-on을 누르기 전으로 돌아간다.
   ☞ 정지를 눌렀을 때 자기 유지를 담당하고 있는 MC가 소자되어야 하므로 직렬 b접점이 존재한다.
4) 전동기에 과전류가 흐르면 열동 계전기 접점인 THR이 떨어져서 전동기는 정지하고 모든 접점은 PB-on을 누르기 전의 상태로 복귀하며 부저가 울린다.
   ☞ THR을 3로 스위치로 연결하고 끝에 부저 출력을 연결하여야 한다.

16 다음은 브리지 정류 회로(전파 정류 회로)의 미완성 회로도이다. 정류 다이오드 4개를 이용하여 회로도를 완성하고 회로상의 콘덴서의 역할을 쓰시오.

1) 미완성 도면을 완성하시오.

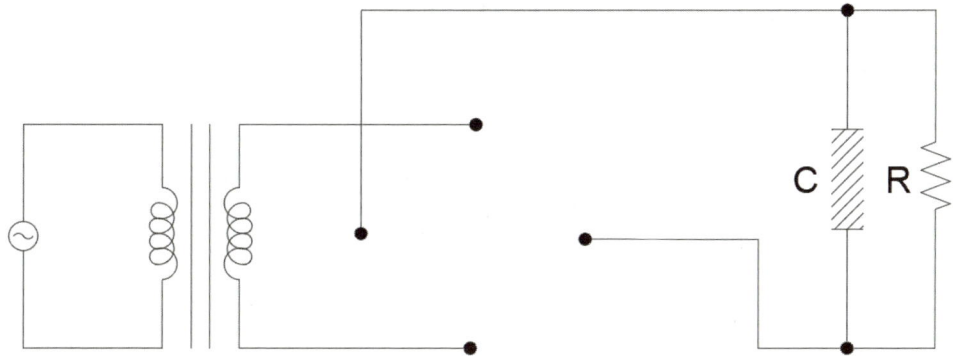

2) 회로상의 콘덴서 역할을 쓰시오.

정답

1)

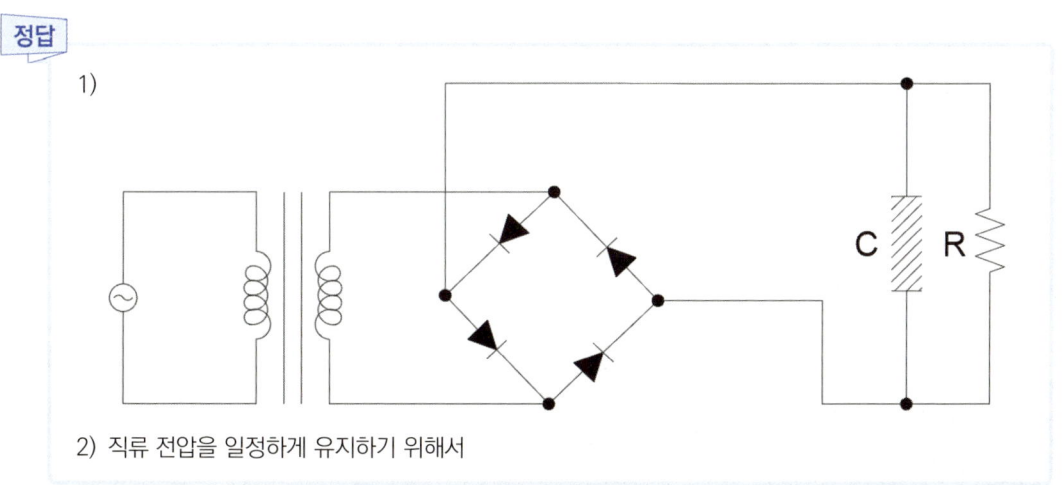

2) 직류 전압을 일정하게 유지하기 위해서

해설

직류로 검토하면 보다 쉬운 식을 확인할 수 있다.

과년도 출제문제

17 자동화재탐지설비를 설치한 건축물이다. ●를 화재층이라고 할 때 우선 경보인지, 일제 경보인지 쓰고, 실제 경보를 하는 층을 쓰시오.

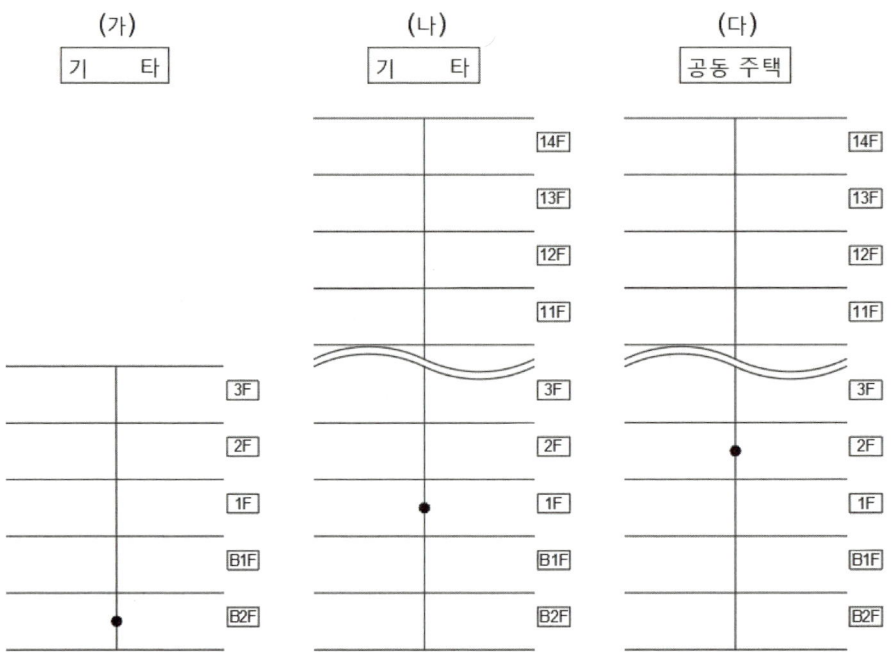

(가) 건물
 ① 경보 방식 :
 ② 경보층 :

(나) 건물
 ① 경보 방식 :
 ② 경보층 :

(다) 건물
 ① 경보 방식 :
 ② 경보층 :

> **정답**
>
> (가) 건물
> ① 경보 방식 : 일제 경보 방식
> ② 경보층 : 전층
> (나) 건물
> ① 경보 방식 : 우선 경보 방식
> ② 경보층 : 지하 전층, 1층(화재층), 2층, 3층, 4층, 5층(직상 4개 층)
> (다) 건물
> ① 경보 방식 : 일제 경보 방식
> ② 경보층 : 전층

18 유접점 시퀀스 회로에 대한 다음 각 물음에 답하시오.

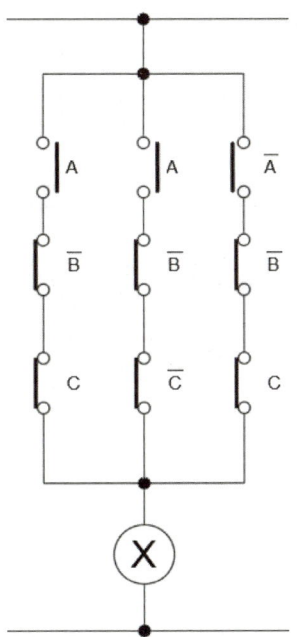

1) 위 그림의 시퀀스도를 가장 간략화한 논리식으로 쓰시오.
2) 해당 논리식을 무접점 회로로 그리시오.

과년도 출제문제

3) 타임 차트를 완성하시오.

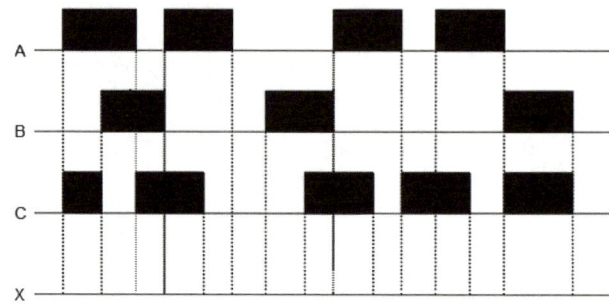

정답

1) $A + \overline{B} + C = X$

2)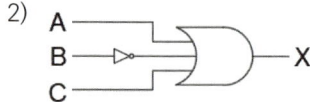

3)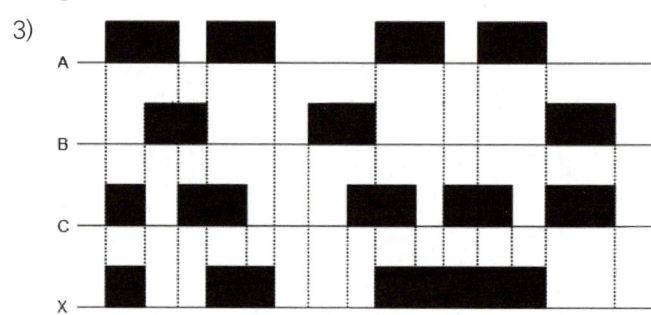

해설

1) $\overline{B}(AC + A\overline{C} + \overline{A}C)$
   $= \overline{B}(A + \overline{A}C)$
   $= A + \overline{B} + C$

드 모르간의 법칙과 흡수 법칙에 따라서 해당 값을 얻을 수 있다.

2020년 5회 소방설비기사(전기 분야) 실기 시험

시행일자 2020년 11월 21일

01 비상 방송 설비의 설치 기준에 관한 설명이다. 빈칸을 채우시오.

설치 기준

① 확성기의 음성입력은 ((가))[W](실내에 설치하는 것에 있어서는 ((나))[W]) 이상일 것

② 각 층마다 설치하고, 수평거리는 ((다))[m] 이하가 되어야 한다.

③ 음량 조정기를 설치하는 경우 음량 조정기의 배선은 ((라))선식으로 할 것

④ 조작부의 조작 스위치는 바닥으로부터 ((마))[m] 이상 ((바))[m] 이하의 높이에 설치할 것

⑤ 수위실 등 상시 사람이 근무하는 장소로서 점검이 편리하고 방화상 유효한 곳에 설치해야 하는 것은 ((사)), ((아))이다.

(가)	(나)	(다)	(라)	(마)	(바)	(사)	(아)

정답

(가)	(나)	(다)	(라)	(마)	(바)	(사)	(아)
3	1	25	3	0.8	1.5	증폭기	조작부

과년도 출제문제

02 다음 회로에서 X_1과 X_2를 동시에 투입되지 않도록 회로를 수정하시오. (단, X_1 b접점과 X_2 b접점을 1개씩만 적용한다.)

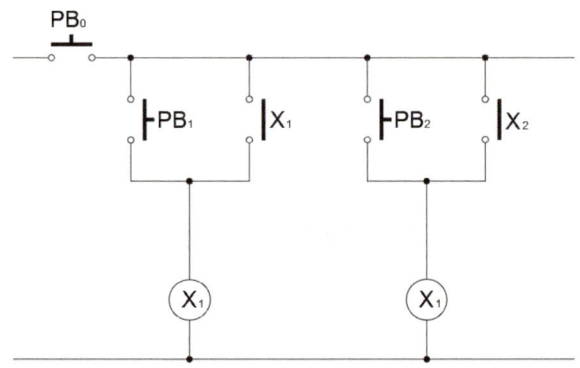

정답

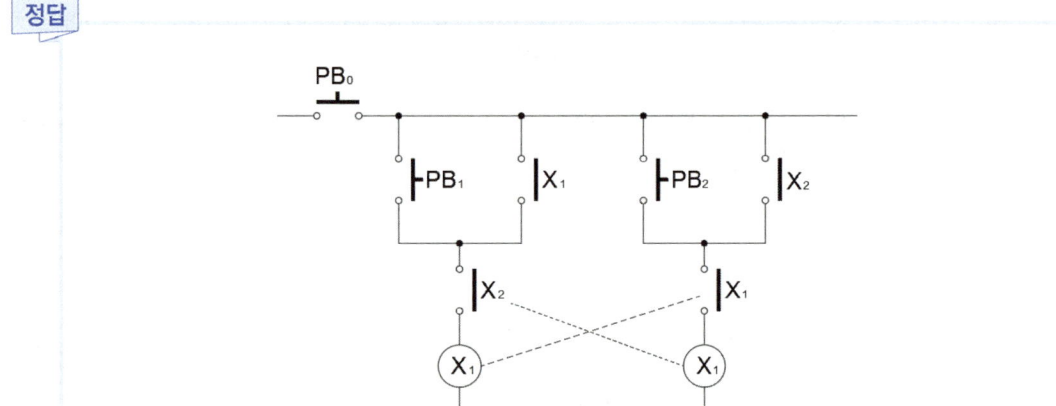

해설

'동시에 투입되지 않도록'은 [인터록 회로]를 의미한다. 하나의 회로가 동작할 때 동시에 다른 회로가 동작하지 않도록 조정하는 것에 해당한다. 기존의 자기 유지를 적용한 회로 식 $(PB_1 + X_1) = X_1$에 대해 X_2를 수식에 적용하여 $(PB_1 + X_1) \cdot X_2 = X_1$가 되도록 수정하면 된다.

03 전실 제연 설비의 계통도이다. 빈칸을 채우시오.

1) 모든 댐퍼는 모터 구동 방식이다.
2) 급기 댐퍼와 감지기 사이의 배선에서 공통선은 별도로 한다.
3) 배선은 최소 가닥수로 하며, 자동 복구 방식이다.
4) MCC반에는 전원을 감시하는 전원 표시등이 있다.

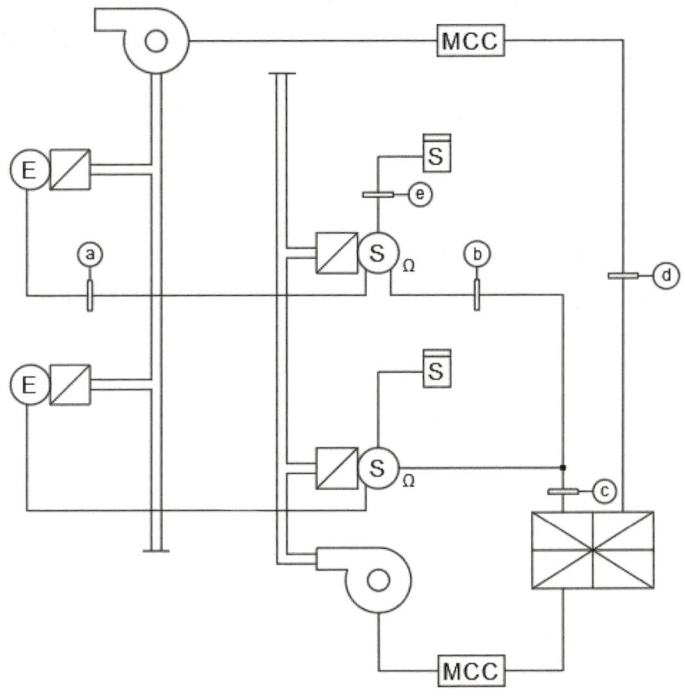

번호	가닥수	상세 용도
a		
b		
c		
d		
e		

과년도 출제문제

정답

번호	가닥수	상세 용도
a	4	전원 + 1가닥, 전원 − 1가닥, 기동 1가닥, 배기 기동 확인 1가닥
b	7	전원 + 1가닥, 전원 − 1가닥, 기동 1가닥, 급기 기동 확인 1가닥, 배기 기동 확인 1가닥, 감지기 회로 1가닥, 수동 기동 확인 1가닥
c	12	전원 + 1가닥, 전원 − 1가닥, 기동 2가닥, 급기 기동 확인 2가닥, 배기 기동 확인 2가닥, 감지기 회로 2가닥, 수동 기동 확인 2가닥
d	5	기동 확인 1가닥, 기동 1가닥, 공통 1가닥, 정지 1가닥, 전원 표시 1가닥
e	4	감지기 회로 2가닥, 가지기 공통 2가닥

해설

단순히 암기를 하려고 하기 보다는 댐퍼를 수신반에서 조작하여 기동이 가능하다는 점, 수신반에서 그 기동을 확인해볼 수 있다는 점, 감지기가 연동되더라도 수신반에서 제어한다는 점 등 기본적인 작동 원리를 파악만 하더라도 선로의 연결을 파악하기 쉽다.

04 무선 통신 보조 설비의 설치 기준에 관한 질문이다. 다음 물음에 답하시오.

1) 누설 동축 케이블의 끝부분에는 설치하는 장치를 쓰시오.
2) 누설 동축 케이블에 설치하는 금속제 또는 자기제 등의 지지 금구의 설치 간격을 쓰시오.
3) 누설 동축 케이블 및 안테나 고압의 전로로부터의 이격거리를 쓰시오.
4) 증폭기의 전면에는 주회로의 전원이 정상인지 여부를 표시하기 위해 설치하는 것은 무엇인가?

정답

1) 무반사 종단 저항
2) 4[m]
3) 1.5[m]
4) 표시등과 전압계

해설

① 지지물의 경우 4m 이내마다 금속제 또는 자기제 등의 지지 금구로 벽, 천장, 기둥 등에 견고하게 고정 (불연 재료로 구획된 반자 안에 설치하는 경우는 예외)
② 이격 거리 유지 - 고압의 전로로부터 1.5m 이상 떨어진 위치에 설치한다.(다만, 해당 전로에 정전기 차폐장치를 유효하게 설치한 경우 그렇지 않다.)
③ 증폭기의 전면에는 주회로의 전원이 정상인지의 여부를 표시하는 표시등 및 전압계를 설치한다.
④ 전자파의 반사로 인한 전자파 메아리 현상을 방지하고자 무반사 종단 저항을 견고하게 설치한다.
  암기팁 2, 3, 4로 기억하자. 4m 이내 지지와 3/2 이상 떨어뜨린다.
⑤ 케이블의 임피던스는 50Ω으로 하여야 한다. 이에 접속하는 안테나, 분배기 기타의 장치는 해당 임피던스에 적합한 것 선정.(임피던스 매칭을 통한 반사 손실을 최소화하기 위하여 설치한다.)

과년도 출제문제

05 건물 내부에 가압 송수 장치를 기동용 수압 개폐 장치로 사용하는 옥내 소화전함과 P형 발신기 세트를 다음과 같이 설치하였다. 다음 각 물음 답하시오.

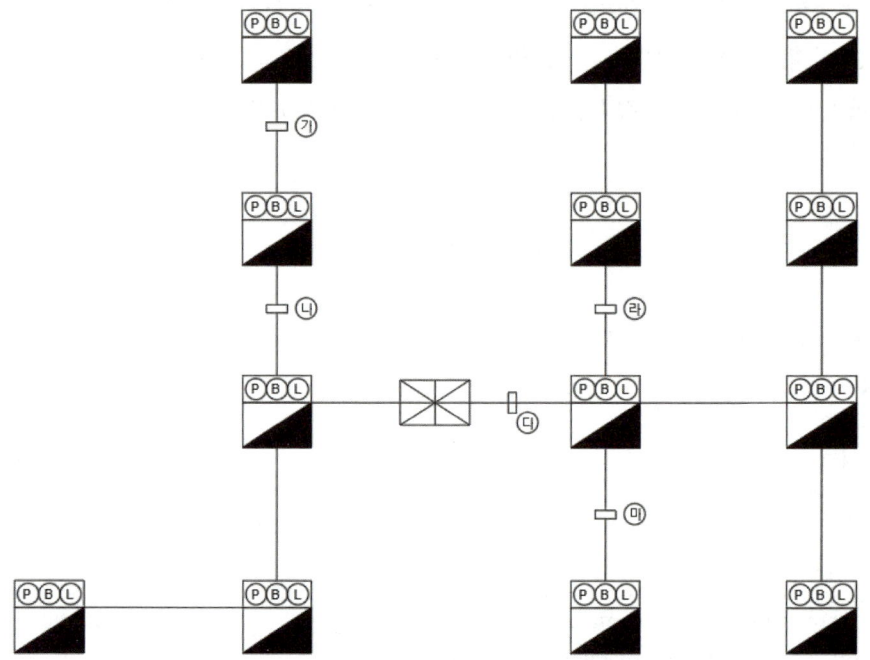

1) 가닥수와 상세 용도를 쓰시오.

기호	가닥수	상세 용도
(가)		
(나)		
(다)		
(라)		
(마)		

2) 자동화재탐지설비의 배선 설치 기준에 관한 다음 빈칸을 채우시오.

> 자동화재탐지설비의 감지기 회로의 전로 저항은 ((가))[Ω] 이하가 되도록 해야 하며, 수신기의 각 회로 별 종단에 설치되는 감지기에 접속되는 배선의 전압은 감지기 정격 전압의 ((나))[%] 이상이어야 할 것

(가) :

(나) :

정답

1)

기호	가닥수	상세 용도
(가)	8	지구선 1가닥, 응답선 1가닥, 공통선 1가닥, 경종선 1가닥, 표시등선 1가닥, 경종 표시등 1가닥, 전원 표시 2가닥
(나)	9	지구선 2가닥, 응답선 1가닥, 공통선 1가닥, 경종선 1가닥, 표시등선 1가닥, 경종 표시등 1가닥, 전원 표시 2가닥
(다)	16	지구선 8가닥, 응답선 1가닥, 공통선 2가닥, 경종선 1가닥, 표시등선 1가닥, 경종 표시등 1가닥, 전원 표시 2가닥
(라)	9	지구선 2가닥, 응답선 1가닥, 공통선 1가닥, 경종선 1가닥, 표시등선 1가닥, 경종 표시등 1가닥, 전원 표시 2가닥
(마)	8	지구선 1가닥, 응답선 1가닥, 공통선 1가닥, 경종선 1가닥, 표시등선 1가닥, 경종 표시등 1가닥, 전원 표시 2가닥

2) (가) : 50
   (나) : 80

해설

① 지상 11층 미만(공동 주택 16층 미만)의 경우는 일제 경보에 해당한다.
② 경종선은 일제 경보 방식, 발화층 및 직상 4개 층 우선 경보 방식 관계 없이 층수를 세면 된다.

과년도 출제문제

06 자동화재 탐지 설비의 감지기 설치 제외 장소 5가지를 쓰시오.

1)

2)

3)

4)

정답

아래 내용 8가지 중 5가지를 선택할 것
① 천장 또는 반자의 높이가 20m 이상인 곳 (감지기의 부착 높이에 따라 적응성이 있는 장소 제외)
② 헛간 등 외부와 기류가 통하는 장소로서 감지기에 따라 화재 발생을 유효하게 감지할 수 없는 장소
③ 부식성 가스가 체류하고 있는 장소
④ 고온도 및 저온도로서 감지기의 기능이 정지되기 쉽거나 감지기의 유지 관리가 어려운 장소
⑤ 목욕실, 욕조나 샤워시설이 있는 화장실, 기타 이와 유사한 장소
⑥ 파이프 덕트 등 그 밖의 이와 비슷한 것으로서 2개 층 마다 방화 구획된 것이나 수평 단면적이 5[㎡] 이하인 것
⑦ 먼지, 가루 또는 수증기가 다량으로 체류하는 장소 또는 주방 등 평상시 연기가 발생하는 장소 (단, 연기 감지기에 한한다.)
⑧ 프레스 공장, 주조 공장 등 화재 발생의 위험이 적은 장소로서 감지기의 유지 관리가 어려운 장소

해설

암기팁 **목**이 **붓**고, **가스**가 차고, **열**나고, 입 **천장**이 까져서 **맛**을 감지하지 못함
　　　　 - 목욕실, 화장실(샤워시설)
　　　　 - 부식성 가스 체류 장소
　　　　 - 고온도, 저온도
　　　　 - 천장 또는 반자의 높이가 20m 이상
　　　　 - 헛간, 마굿간 등 외기가 개방된 장소

07 다음 논리회로를 보고 타임 차트를 완성하시오.

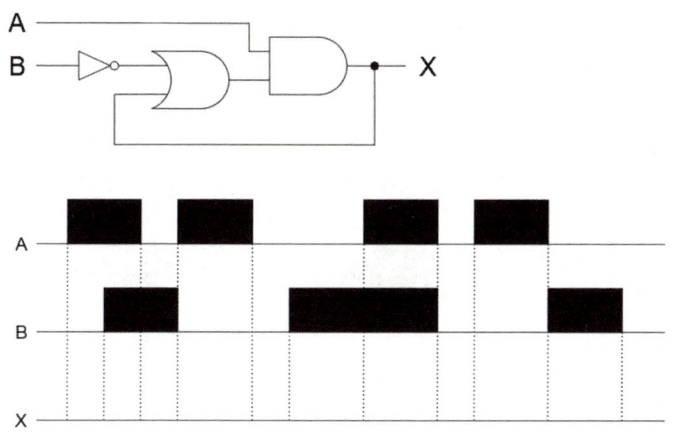

정답

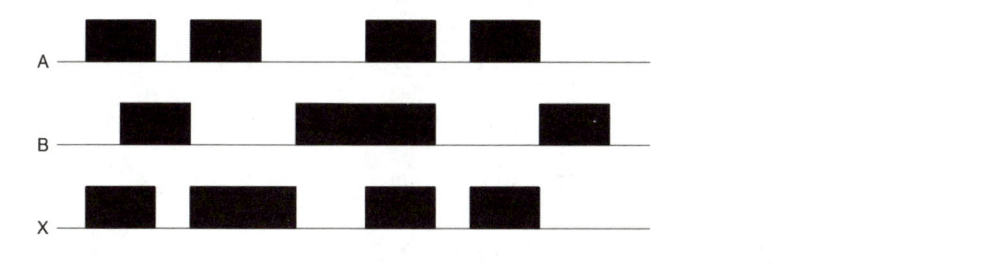

해설

- 자기 유지 회로의 경우이거나 인터록의 경우는 타임 차트를 보기 위해서 유접점을 활용하는 것이 좋다.
- A가 작동 중일 때 X가 동작하여 출력을 할 수 있는데 B가 동작했을 때 끊어지게 된다.
- 즉 B는 OFF 접점이고, A는 무조건 ON 접점이다.

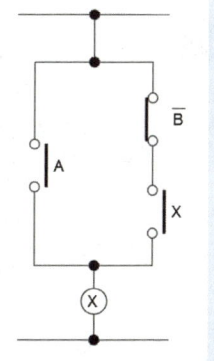

과년도 출제문제

08 건축물은 모두 바닥 면적이 500[㎡]이지만 조건이 상이하다. 이를 고려하여 감지기의 수량을 산출하시오.

1) 철근 콘크리트조의 건축물이며, 천장 높이 3.8[m]

① 차동식 스포트형 1종

② 보상식 스포트형 2종

③ 정온식 1종

2) 기타 구조의 건축물이며, 천장 높이 4.2[m]

① 차동식 스포트형 1종

② 보상식 스포트형 2종

③ 정온식 1종

정답

1) ① 차동식 스포트형 1종 $\dfrac{500}{90} = 5.56 ≒ 6[EA]$

② 보상식 스포트형 2종 $\dfrac{500}{70} = 7.14 ≒ 8[EA]$

③ 정온식 1종 $\dfrac{500}{60} = 8.33 ≒ 9[EA]$

2) ① 차동식 스포트형 1종 $\dfrac{500}{30} = 16.67 ≒ 17[EA]$

② 보상식 스포트형 2종 $\dfrac{500}{25} = 20[EA]$

③ 정온식 1종 $\dfrac{500}{15} = 33.33 ≒ 34[EA]$

해설

부착 높이 및 특정 소방 대상물의 구분		감지기의 종류				
		차동식, 보상식		정온식		
		1종	2종	특종	1종	2종
4m 미만	내화 구조	90	70	70	60	20
	기타 구조	100/2	80/2	80/2	30	15
4m 이상 8m 미만	내화 구조	90/2	70/2	70/2	30	–
	기타 구조	60/2	50/2	50/2	15	–

09 다음 논리식에 의해서 릴레이 회로를 그리시오.

$A \cdot B + \overline{A+B} = X$	$(A+B) \cdot (\overline{A \cdot B}) = Z$

정답

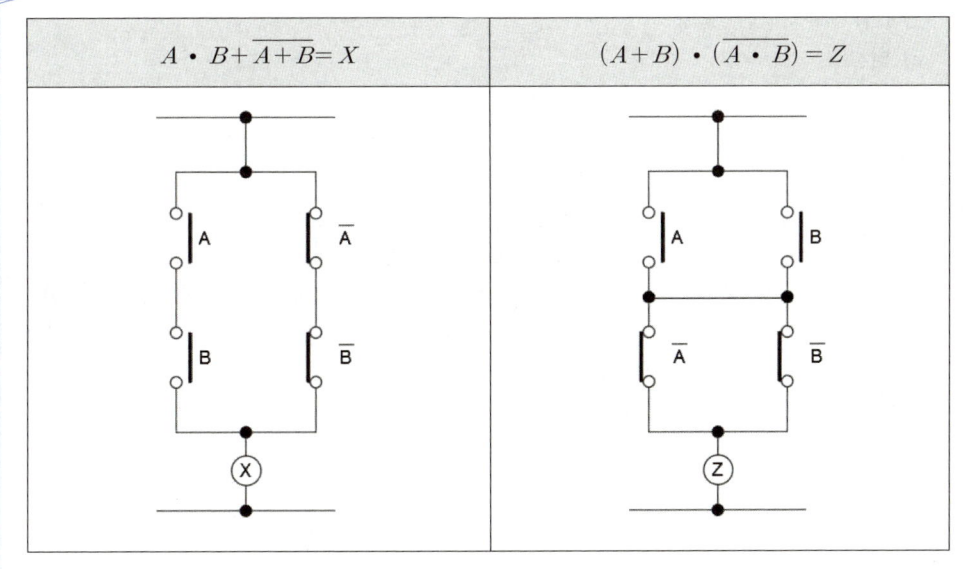

과년도 출제문제

10 가스누설경보기에 관한 다음 각 물음에 답하시오.

1) 가스의 누설을 표시하는 표시등과 가스가 누설된 경계 구역의 위치를 표시하는 표시등은 등이 켜질 때 어떤 색으로 표시되는지 각각 쓰시오.

2) 가스 누설 경보기의 분류 기준이다. 빈칸을 채우시오.

구조에 따라 구분		비고
((가))	가정용	-
((나))	영업용	1회로용
	공업용	1회로 이상용

3) 가스 누설 경보기 중 가스 누설을 검지하여 중계기 또는 수신부에 가스 누설의 신호를 발신하는 부분 또는 가스 누설을 검지하여 이를 음향으로 경보하고 동시에 중계기 또는 수신부에 가스 누설의 신호를 발신하는 부분을 무엇이라 하는가?

정답

1) 황색, 황색
2) (가) 단독형, (나) 분리형
3) 탐지부

해설

암기팁 ① 가스에 대해서 방구를 떠올리면 노랑색이 친숙하게 느껴질 것이다.
② 구조에 따라 구분을 할 때는 가정용에 대해서는 단독으로 유지를 하지만, 영업용이나 공업용에서는 수신부가 분리되어 있어서 여러 구간에 설치하여 감지한 부분을 하나의 탐지부를 공유할 수 있다.

11 다음의 자동화재탐지설비의 평면도이다. 도면의 각 배선에 전선 가닥수를 표시하시오. (단, 모든 배관은 슬래브 내에 매입하며, 이중 천장은 없는 구조에 해당한다.)

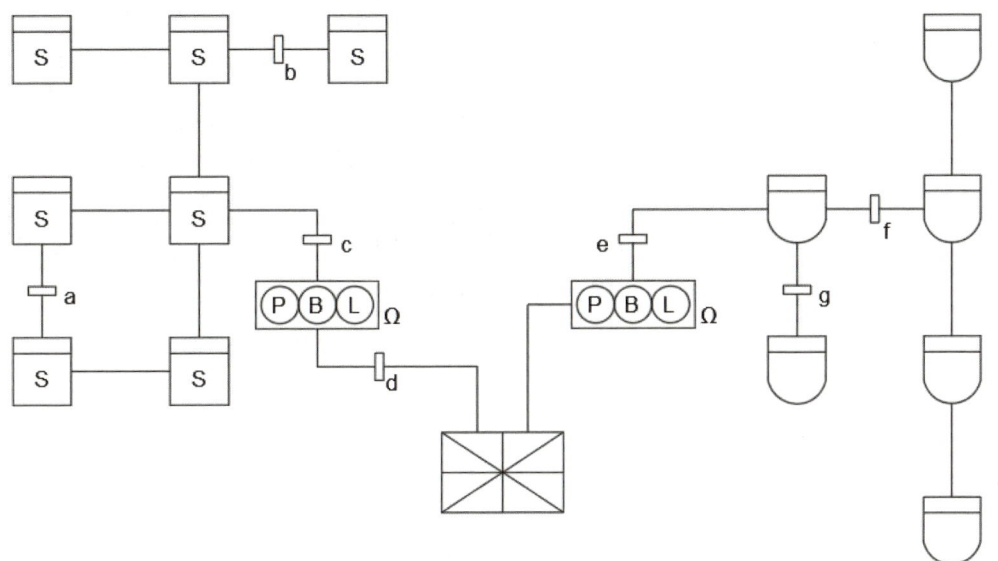

기호	가닥수	상세 용도
a		
b		
c		
d		
e		
f		
g		

과년도 출제문제

 정답

기호	가닥수	상세 용도
a	2	지구선 1가닥, 공통선 1가닥
b	4	지구선 2가닥, 공통선 2가닥
c	4	지구선 2가닥, 공통선 2가닥
d	6	지구선 1가닥, 공통선 1가닥, 응답선 1가닥, 경종선 1가닥, 표시등선 1가닥, 경종 표시등 공통선 1가닥
e	2	지구선 1가닥, 공통선 1가닥
f	4	지구선 2가닥, 공통선 2가닥
g	4	지구선 2가닥, 공통선 2가닥

12 광전식 스포트형 감지기와 광전식 분리형 감지기의 검출 방식, 작동 원리를 쓰시오.

1) 광전식 스포트형 감지기
   ① 작동 원리 :
   ② 검출 방식 :

2) 광전식 분리형 감지기
   ① 작동 원리 :
   ② 검출 방식 :

정답

1) ① 난반사된 빛의 증폭량을 감지
   ② 산란광식
2) ① 수광량의 감속된 양을 감지
   ② 감광식

해설

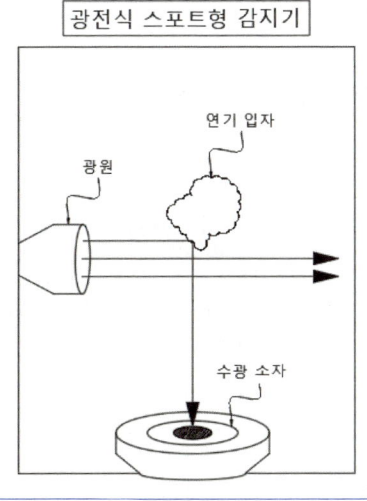

광전식 스포트형 감지기

수광 소자로 유입되는 빛이 증가할 때
이를 감지하여 화재 신호를 발신한다.

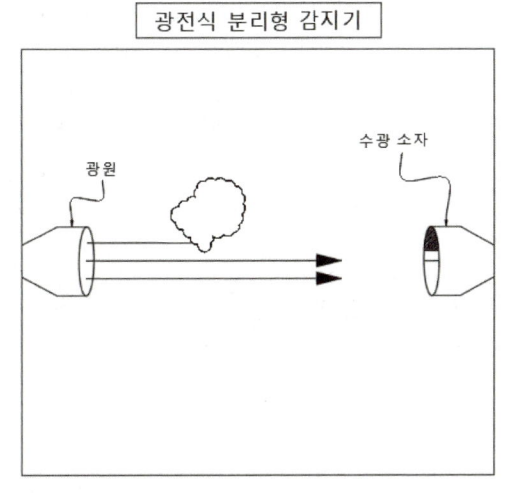

광전식 분리형 감지기

수광 소자로 유입되는 빛이 줄어들었을 때
이를 감지하여 화재 신호를 발신한다.

13 3상 380[V], 30[kW] 스프링클러 펌프용 유도 전동기가 있다. 기동 방식은 일반적으로 어떤 방식이 이용되며 전동기의 역률이 75%일 때 역률을 95%로 개선할 수 있는 전력용 콘덴서 용량은 몇 [kVA]이겠는가?

1) 기동 방식 :

2) 전력용 콘덴서 용량 :

정답

1) 일반적으로 이용하는 방식은 Y-△ 기동 방식

2) $30 \times (\dfrac{\sqrt{1-0.75^2}}{0.75} - \dfrac{\sqrt{1-0.95^2}}{0.95}) = 16.597 ≒ 16.60 [kVA]$

해설

1) 유도 전동기의 기동법은 '전, 기, Y-△, 리'로 기억하기 바란다.

구분	내용
전전압 기동법 (직입 기동)	모선의 정격 전압을 낮추지 않고 그대로 전동기에 인가하여 기동하는 방식. 5.5[kW] 미만에만 적용가능하다.
기동 보상기법	3상 단권 변압기를 이용하는 기동 방식이다. 15[kW] 이상에 해당한다.
Y-△ 기동법	고정자 권선으로 기동 전류를 감소시키고 기동 후 △으로 운전한다. 5.5[kW] ~ 15[kW]에 해당한다.
리액터 기동법	리액터 설치로 전동기 인가 전압을 감소시킨다. 5.5[kW] 이상에 전동기에 적용한다.

2) $P(\dfrac{\sqrt{1-\cos^2\theta_1}}{\cos\theta_1} - \dfrac{\sqrt{1-\cos^2\theta_2}}{\cos\theta_2}) = Q_c$

14 자동화재탐지설비에 사용되는 경종의 절연 저항 시험을 하려고 한다. 사용 기기와 판정 기준은 무엇인가?

1) 사용기기

2) 판정 기준

정답

1) 직류 500[V] 절연 저항계
2) 20[MΩ] 이상

해설

절연 저항계	절연 저항	대상	
DC 250[V]	0.1[MΩ]	1경계 구역의 절연 저항	
DC 500[V]	5[MΩ]	유도등 비상 조명등	누전 경보기 가스 누설 경보기 수신기 자동화재 속보 설비 비상 경보 설비
	20[MΩ]	교류 입력 측과 외함 간 포함	
		비상콘센트 기기의 절연된 선로 간 기기의 충전부와 비충전부 간 기기의 교류 입력 측과 외함 간 (유도등, 비상 조명등 제외)	경종 발신기 중계기
	50[MΩ]	감지기(정온식 감지선형 감지기 제외) 가스 누설 경보기(10회로 이상) 수신기(10회로 이상)	
	1[kΩ]	정온식 감지선형 감지기	

과년도 출제문제

15 감지기의 교차 회로 방식에 대한 질문에 답하시오.

1) 감지기 교차 회로의 목적을 쓰시오.

2) 동작 원리를 쓰시오.

3) 적용 설비를 4가지 쓰시오.

정답

1) 감지기의 오동작 시 작동 설비로 인해 피해를 일으킬 수 있으므로 이를 방지하고자 적용하는 회로 방식
2) 하나의 담당 구역 내 2 이상의 감지기 회로를 설치하고 동시에 감지할 때 설비가 작동하는 회로 방식이다.
3) 아래 6개 중의 4개
   ① 일제 살수식
   ② 준비 작동식
   ③ 이산화탄소 소화 설비
   ④ 분말 소화 설비
   ⑤ 할론 소화 설비
   ⑥ 할로겐 화합물 및 불활성 기체 소화 설비

해설

암기팁 이, 분, 할하여 준비하여 일제히 동작 시 동작

16 차동식 스포트형 감지기와 정온식 스포트형 감지기의 작동 원리에 대해 설명하시오.

1) 차동식 스포트형 감지기

2) 정온식 스포트형 감지기

정답

1) 주위 온도가 일정 상승률 이상이 될 때 작동하는 감지기
2) 일국소의 주위 온도가 일정 온도 이상이 될 때 작동하는 감지기

17 피난구 유도등에 대한 내용이다. 다음 각 물음에 답하시오.

1) 피난구 유도등을 설치해야 하는 장소의 기준 4가지를 쓰시오.

①
②
③
④

2) 피난구 유도등의 설치 높이를 쓰시오.

3) 피난구 유도등의 바탕색과 글자색을 순서대로 쓰시오.

정답

1) ① 직통 계단, 직통 계단의 계단실 및 그 부속실의 출입구
② 출입구에 이르는 복도 또는 통로로 통하는 출입구
③ 안전 구획된 거실로 통하는 출입구
④ 옥내로부터 직접 지상으로 통하는 출입구 및 그 부속실의 출입구
2) 1.5m 이상
3) 바탕색 – 녹색, 글자색 – 백색

해설

1) 계단, 복도, 거실, 지상 이렇게 4가지의 큰 형태를 기준으로 하고 있다.
부가적인 단어도 잘 써야 답이 되기 때문에 위 내용을 모두 외워야 한다.

3)

구분	바탕색	글자색
피난구 유도등	녹색	백색
통로 유도등	백색	녹색

과년도 출제문제

18 다음의 표는 어느 특정 소방 대상물의 자동화재탐지설비 공사에 소요되는 자재의 물량을 나타낸 것이다. 주어진 품셈표를 이용하여 내선 전공의 노임요율과 공량의 빈칸을 채우고 인건비를 산출하시오.

(가) 콘크리트 박스는 매입을 원칙으로 하며, 박스 커버의 내선 전공은 적용하지 않는다.

(나) 공구손료는 인건비의 3[%], 내선 전공의 M/D는 100,000원을 적용한다.

(다) 빈칸에 숫자를 적을 필요가 없을 땐 공란으로 둔다.

1) 내선 전공의 노임요율 및 공량

품명	규격	수량	노임요율	공란
수신기	P형 1급 5회로	1[EA]		
발신기	P형 1급	5[EA]		
경종	DC-24V	5[EA]		
표시등	DC-24V	5[EA]		
차동식 감지기	스포트형	60[EA]		
전선관(후강)	Steel 16호	70[m]		
전선관(후강)	Steel 22호	100[m]		
전선관(후강)	Steel 28호	400[m]		
전 선	1.5[mm^2]	10,000[m]		
전 선	2.5[mm^2]	15,000[m]		
콘크리트 박스	4각	5[EA]		
콘크리트 박스	8각	55[EA]		
박스 커버	4각	5[EA]		
박스 커버	8각	55[EA]		
계				

2) 인건비

품명	단위	공량	단가(원)	금액(원)
내선전공	인			
공구손료	식			
계				

[품셈표 1] 옥내 배선

규격	관내배선	규격	관내배선
6[mm^2] 이하	0.010	120[mm^2] 이하	0.077
16[mm^2] 이하	0.023	150[mm^2] 이하	0.088
38[mm^2] 이하	0.031	200[mm^2] 이하	0.107
50[mm^2] 이하	0.043	250[mm^2] 이하	0.130
60[mm^2] 이하	0.052	300[mm^2] 이하	0.148
70[mm^2] 이하	0.061	325[mm^2] 이하	0.160
100[mm^2] 이하	0.064	400[mm^2] 이하	0.197

[품셈표 2] 전선관 배관

합성수지 전선관		금속(후강)전선관		금속가요전선관	
14	0.04	-	-	-	-
16	0.05	16	0.08	16	0.044
22	0.06	22	0.11	22	0.059
28	0.08	28	0.14	28	0.072
36	0.10	36	0.20	36	0.087
42	0.13	42	0.25	42	0.104
54	0.19	54	0.34	54	0.136
70	0.28	70	0.44	70	0.156

[품셈표 3] 박스(BOX) 신설

구분	내선전공
4각 콘크리트 박스	0.12
8각 콘크리트 박스	0.12
8각 아울렛 박스	0.20
중형 4각 아울렛 박스	0.20
대형 4각 아울렛 박스	0.20
1개용 스위치 박스	0.20
2~3개용 스위치 박스	0.20
4~5개용 스위치 박스	0.25
노출형 박스(콘크리트 노출 기준)	0.29
플로어 박스	0.20

과년도 출제문제

[품셈표 4] 자동화재경보장치 설치

공종	단위	내선전공	비고
SPOT형 감지기(자동식, 정온식, 보상식) 노출형	개	0.13	참조 (가)
시험기(공기관 포함)	개	0.15	(1) 상동 (2) 상동
분포형의 공기관	[m]	0.025	(1) 상동 (2) 상동
검출기	개	0.30	
공기관식의 Booster	개	0.10	
발신기 P형	개	0.30	
회로 시험기	개	0.10	
수신기 P형(기본 공수) (회선수 공수 산출 가산요)	대	6.0	참조 (나)
부수신기(기본공수)	대	3.0	
소화전 기동 릴레이	대	1.5	
경종	개	0.15	
표시등	개	0.20	
표지판	개	0.15	

참조 (가)
1) 천장 높이 4[m] 기준 1[m]증가 시마다 5[%]씩 가산
2) 매입형 또는 특수 구조인 경우 조건에 따라 산정

참조 (나)
1) 회선수에 대한 선정
   매 1회선에 대해서

직종과 형식	내선 전공
P-1	0.3
R형	0.2

2) R형은 수신반 인입 감시 회선수 기준

[참고]
산정예 : p형의 10회분 기본 공수는 6인, 회선당 할증수는 $(10 \times 0.3) = 3$ ∴ $6 + 3 = 9$인

> **정답**

1) 내선 전공의 노임요율 및 공량

품명	규격	수량	노임요율	공란
수신기	P형 1급 5회로	1[EA]	6 + 5 × 0.3 = 7.5	1 × 7.5 = 7.5
발신기	P형 1급	5[EA]	0.3	5 × 0.3 = 1.5
경종	DC-24V	5[EA]	0.15	5 × 0.15 = 0.75
표시등	DC-24V	5[EA]	0.2	5 × 0.2 = 1
차동식 감지기	스포트형	60[EA]	0.13	60 × 0.13 = 7.8
전선관(후강)	Steel 16호	70[m]	0.08	60 × 0.018 = 5.6
전선관(후강)	Steel 22호	100[m]	0.11	100 × 0.11 = 11
전선관(후강)	Steel 28호	400[m]	0.14	400 × 0.14 = 56
전 선	1.5[㎟]	10,000[m]	0.01	10,000 × 0.01 = 100
전 선	2.5[㎟]	15,000[m]	0.01	15,000 × 0.01 = 150
콘크리트 박스	4각	5[EA]	0.12	5 × 0.12 = 0.6
콘크리트 박스	8각	55[EA]	0.12	55 × 0.12 = 6.6
박스 커버	4각	5[EA]		
박스 커버	8각	55[EA]		
계		7.5 + 1.5 + 0.75 + 1 + 7.8 + 5.6 + 11 + 56 + 100 + 150 + 0.6 + 6.6 = 348.35		

2) 인건비

품명	단위	공량	단가(원)	금액(원)
내선전공	인	348.35	100,000	34,835,000
공구손료	식	3[%]	34,835,000	1,045,050
계				35,880,050

Chapter 02 2021년 소방설비기사 전기분야 실기 과년도 출제문제

2021년 1회 소방설비기사(전기 분야) 실기 시험

시행일자 2021년 04월 24일

01 화재 안전 기준에 따른 아래 용어의 정의에 대하여 쓰시오.

1) 경계 구역 :

2) 수신기 :

3) 중계기 :

4) 감지기 :

해설

해당 내용은 〈화재 안전 기술 기준〉의 내용으로 키워드를 포함하여 작성해야 한다.
1) 경계 구역 : 화재 신호를 발신하고 그 신호를 수신 및 유효하게 제어할 수 있는 구역
2) 수신기 : 감지기나 발신기에서 발하는 화재신호를 직접 수신하거나 중계기를 통하여 수신하여 화재의 발생을 표시 및 경보하여 주는 장치를 말한다.
3) 중계기 : 감지기·발신기 또는 전기적인 접점 등의 작동에 따른 신호를 받아 이를 수신기에 전송하는 장치
4) 감지기 : 화재 시 발생하는 열, 연기, 불꽃 또는 연소생성물을 자동적으로 감지하여 수신기에 화재신호 등을 발신하는 장치

(+) 발신기 : 수동누름버턴 등의 작동으로 화재 신호를 수신기에 발신하는 장치를 말한다.
(+) 시각경보장치 : 자동화재탐지설비에서 발하는 화재신호를 시각경보기에 전달하여 청각장애인에게 점멸형태의 시각경보를 하는 것

02 공기관식 차동식 분포형 감지기의 공기관 길이가 480m이다. 검출부 수량을 구하시오.(이 때 공기관의 길은 최대 길이를 적용한다.)

해설

$$\frac{480}{100} = 4.8 ≒ 5(개)$$

공기관의 길이는 20m 이상이어야 하고 100m 이하여야 한다.

과년도 출제문제

03 높이 25[m]의 수조에 분당 15[m³]의 물을 양수하는 펌프용 전동기를 설치하고자 한다. 펌프 효율을 35%로 두고, 펌프 측 동력에 10[%]의 여유를 둔다고 할 때 다음 물음에 답하시오.(단, 역률은 1로 가정한다.)

1) 펌프의 용량을 정하시오.[kW]
2) 3상 전력을 공급하고자 단상 변압기 2대를 V결선하고자 하면, 단상 변압기 1대 용량은 몇 [kVA] 인지 구하시오.

해설

$$P = \frac{9.8 \times 15 \times 25 \times 1.1}{60 \times 0.35} = 192.5\,[kW]$$

1) 192.5 [kW]
   앞서 실무에서 공부하였듯이 출력을 산출할 때는 속도와 힘을 곱하여 산출하였고, 이 식에서도 분당 유량을 초당 속도로 변환하는 과정인 15를 60초로 나누는 과정이 존재하여 속도를 산출하였고, 수두를 힘으로 변환시키는 과정이 존재하였다.

2) 111.14 [kW]
   필기에서 배웠듯이 V결선 적용할 때 식을 적용하면 된다. $P_{V1} = \dfrac{P_V}{\sqrt{3}}$ 을 통해

   $$P_{V1} = \frac{192.5}{\sqrt{3}} = 111.14\,[kW]$$

04 비상 콘센트 설치 대상을 쓰시오.

1)

2)

3)

해설

바닥면적으로 최초 구분하여야 한다.
1) 11층 이상인 층이면서 면적이 1,000㎡ 미만인 경우
2) 지하 3층 이상의 층이면서 면적이 1000㎡ 이상인 경우
3) 지하가 중의 터널로 500m 이상일 경우

05 다음은 어느 특정 소방 대상물의 평면도이다. 건축물의 구조는 비내화 구조이고, 층간 높이는 3.8m일 때 다음 각 물음에 답하시오.(정온식 스포트형 감지기 1종을 설치한다.)

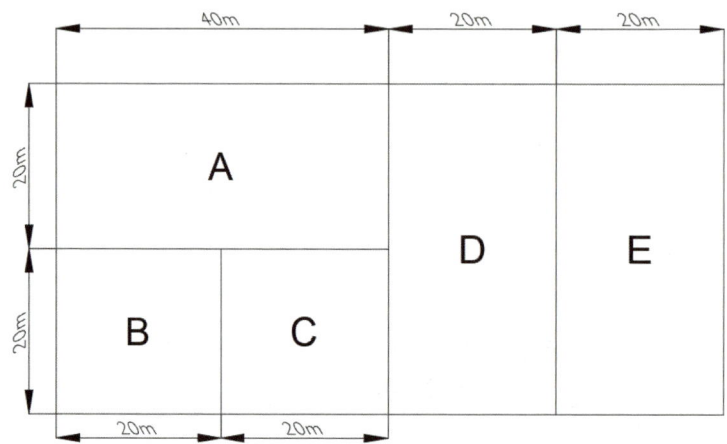

1) 정온식 스포트형 감지기가 각 실에 필요한 개수를 구하시오.
   ○ A실 :
   ○ B실 :
   ○ C실 :
   ○ D실 :
   ○ E실 :
2) 해당 특정 소방 대상물의 경계 구역 수를 산출하시오.

해설

1) 정온식 스포트형 1종 감지기의 경우 비내화 건물의 층고 4m 미만에서 30㎡의 감지 구역을 가지고 있다.

   (풀이 과정) $\dfrac{40 \times 20}{30} = 26.67 ≒ 27(EA)$ (← A실, D실, E실)

   $\dfrac{20 \times 20}{30} = 13.33 ≒ 14(EA)$ (← B실, C실)

2) 해당 특정 소방 대상물의 경계 구역 수를 산출할 때 하나의 경계 구역의 면적은 600㎡ 이하로 하며, 한 변의 길이는 50m 이하로 해야 한다. 따라서 한 변의 길이는 전부 50m 이내이므로 별도의 구분을 하지 않으며, 각 실의 면적을 산출하여 값을 산출하면 된다.

   (풀이 과정) $\dfrac{40 \times 20}{600} = 1.33 ≒ 2(EA)$ (← A실, D실, E실)

   $\dfrac{20 \times 20}{600} = 0.67 ≒ 1(EA)$ (← B실, C실)

06 다음 그림은 스프링클러 설비의 블록다이어그램을 표현하였다. 각 구성 요소 간 배선을 내화배선, 내열배선, 일반배선으로 구분하여 블록다이어그램을 완성하시오.

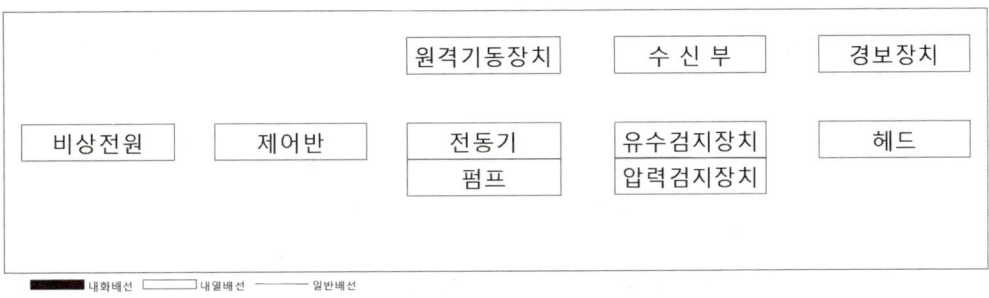

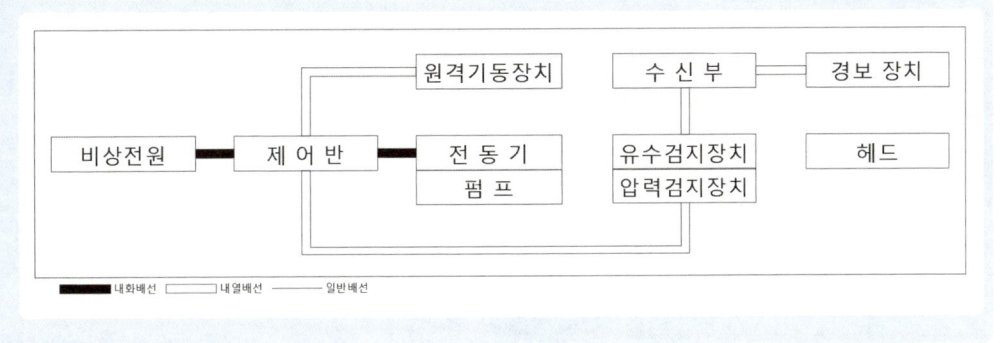

과년도 출제문제

07 P형 발신기를 수동으로 기동하여 수신기에서 복구 스위치를 눌렀지만 복구되지 않았다. 그 이유와 발신기의 복구 방법을 쓰시오.

1) 이유 :

2) 복구 방법 :

해설

1) 이유 : 발신기의 스위치는 수동 기동, 수동 복구를 기본으로 한다. 화재에 대해 관계자가 그 신호를 직접 확인하여야 하기 때문이다.
2) 복구 방법 : 상기 설명한 이유에 따라 발신기에서 먼저 복구를 진행하고 수신기로 돌아와서 복구하여야 한다.

08 아래 사양의 모터의 역률 개선하기 위한 전력용 콘덴서의 용량을 구하시오.

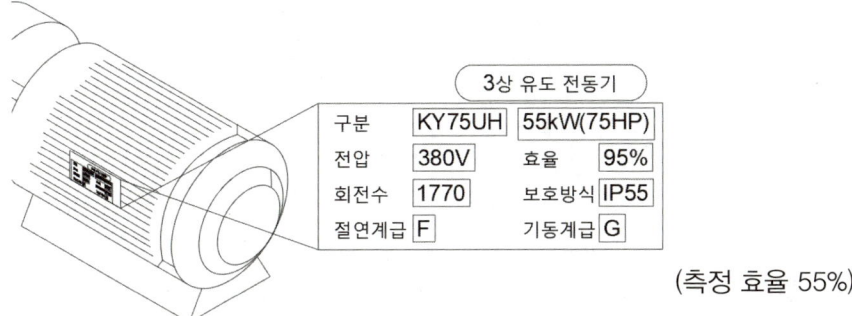

(측정 효율 55%)

해설

정격 용량을 산출하는 방법이다. 1HP의 경우는 0.746kW에 해당하고, 전력용 콘덴서의 개선식은 아래와 같다.

$$Q_c(콘덴서\ 용량) = P(유효전력) \times \left(\frac{\sqrt{1-\cos\theta_1^2}}{\cos\theta_1(개선전)} - \frac{\sqrt{1-\cos\theta_2^2}}{\cos\theta_2(개선후)} \right)$$

암기팁 마력을 의미하는 1HP의 경우로 말의 엉덩이를 '칠싸유(746)'

$0.746 \times 75 = 55.95[kW]$

$Q_c = 55.95 \times \left(\frac{\sqrt{1-0.55^2}}{0.55} - \frac{\sqrt{1-0.95^2}}{0.95} \right) = 66.57[kVA]$

과년도 출제문제

09 아래 물음에 답하시오.

1) 설치 높이를 쓰시오

구분	설치 높이
피난구 유도등	
거실 통로 유도등	
복도 통로 유도등	
계단 통로 유도등	

2) 거실 통로 설치 높이를 1.5m 이하로 설치하는 경우를 쓰시오.

3) 유도등의 색상을 쓰시오.

구분	피난구 유도등	복도 통로 유도등
바탕색		
그림색		

> **해설**
>
> 1)
>
> | 구분 | 설치 높이 |
> |---|---|
> | 피난구 유도등 | (화장실이 표시 팻말처럼) 1.5m 이상에 위치하여야 한다. |
> | 거실 통로 유도등 | (회의실 표시 팻말처럼) 1.5m 이상에 위치하여야 한다. |
> | 복도 통로 유도등 | 이동하면 시야가 하부로 향하므로 1.0m 이하에 위치하여야 한다. |
> | 계단 통로 유도등 | 이동하면 시야가 하부로 향하므로 1.0m 이하에 위치하여야 한다. |
>
> 2) '거실 통로에 기둥이 설치된 경우에는 기둥 부분의 바닥으로부터 높이 1.5m 이하의 위치에 설치할 수 있다.'
>
> 3)
>
> | 구분 | 피난구 유도등 | 복도 통로 유도등 |
> |---|---|---|
> | 바탕색 | 초록색 | 백색 |
> | 그림색 | 백색 | 초록색 |

10 자동화재탐지설비의 배선의 공사 방법에 대한 서술이다. 빈칸을 채우시오.

- 내열배선 공사방법

  1) HFIX, FR-3, 난연성 CV 등 내열성을 가진 전선이 사용된다.

  2) 내열배선 공사 방법은 내열 케이블을 활용할 경우 (　　)에 설치하고 노출 배선일 경우 내열전선(HFIX)을 (　　)공사, (　　)공사를 해야 한다.

- 내화배선 공사방법

  (　　), (　　) 또는 (　　)에 수납하여 내화 구조로 된 벽 또는 바닥 등에 벽 또는 바닥의 표면으로부터 (　　)의 깊이로 매설하여야 한다. 다만, 다음 기준에 적합하게 설치하는 경우에는 그러지 아니한다.

  1) 배선을 내화 성능을 갖는 배선 전용실 또는 배선용 샤프트, 피트, 덕트 등에 설치하는 경우

  2) 배선 전용실 또는 배선용 샤프트, 피트, 덕트 등에 다른 설비의 배선이 있는 경우에는 (　　) 떨어지게 하거나 소화 설비의 배선과 이웃하는 다른 설비의 배선 사이에 배선 지름의 (　　) 높이의 불연성 격벽을 설치하는 경우

해설

- 내열배선 공사방법
  1) HFIX, FR-3, 난연성 CV 등 내열성을 가진 전선이 사용된다.
  2) 내열배선 공사 방법은 내열 케이블을 활용할 경우 (케이블 트레이)에 설치하고 노출 배선일 경우 내열전선(HFIX)을 (금속관)공사, (금속제 가요 전선관)공사를 해야 한다.

  암기팁 노출 배선일 경우 외부의 충격으로부터 전선을 보호할 수 있어야 한다.

- 내화배선 공사방법

  (금속관), (2종 금속제 가요 전선관) 또는 (합성 수지관)에 수납하여 내화 구조로 된 벽 또는 바닥 등에 벽 또는 바닥의 표면으로부터 (25mm 이상)의 깊이로 매설하여야 한다. 다만, 다음 기준에 적합하게 설치하는 경우에는 그러지 아니한다.

  1) 배선을 내화 성능을 갖는 배선 전용실 또는 배선용 샤프트, 피트, 덕트 등에 설치하는 경우
  2) 배선 전용실 또는 배선용 샤프트, 피트, 덕트 등에 다른 설비의 배선이 있는 경우에는 (15cm 이상) 떨어지게 하거나 소화 설비의 배선과 이웃하는 다른 설비의 배선 사이에 배선 지름의 (1.5배 이상) 높이의 불연성 격벽을 설치하는 경우

  암기팁 내화 배선은 마지막까지 살아있어야 하는 배선이기 때문에 외부 충격에서 보호 받아야 한다.

과년도 출제문제

11 다음의 조건에 맞는 감지기의 명칭을 쓰시오.

○ 조건 1 : 공칭 작동 온도 75℃
○ 조건 2 : 작동 방식은 반전 바이메탈식으로 60V, 0.1A
○ 조건 3 : 부착 높이 8m 미만

정답

정온식 스포트형 감지기
조건 1에 따르면 공칭 작동 온도가 일정하고, 작동은 온도에 따른다.

12 이산화탄소소화설비의 음향 경보 장치에 관한 내용이다. 빈칸을 채우시오.

이산화탄소소화설비의 음향경보장치는 다음의 기준에 따라 설치해야 한다.

① 소화약제의 방출개시 후 (   )분 이상 경보를 계속할 수 있는 것으로 할 것

② 방호구역 또는 방호대상물이 있는 구획 안에 있는 자에게 유효하게 경보할 수 있는 것으로 할 것

③ 방송에 따른 경보장치를 설치할 경우에는 다음의 기준에 따라야 한다.

④ 증폭기 재생장치는 화재 시 연소의 우려가 없고, 유지관리가 쉬운 장소에 설치할 것

⑤ 방호구역 또는 방호대상물이 있는 구획의 각 부분으로부터 하나의 확성기까지의 수평거리는 (   )m 이하가 되도록 할 것

⑥ 제어반의 복구스위치를 조작하여도 경보를 계속 발할 수 있는 것으로 할 것

해설

이산화탄소소화설비의 음향경보장치는 다음의 기준에 따라 설치해야 한다.
① 소화약제의 방출개시 후 (1분 이상) 경보를 계속할 수 있는 것으로 할 것
② 방호구역 또는 방호대상물이 있는 구획 안에 있는 자에게 유효하게 경보할 수 있는 것으로 할 것
③ 방송에 따른 경보장치를 설치할 경우에는 다음의 기준에 따라야 한다.
④ 증폭기 재생장치는 화재 시 연소의 우려가 없고, 유지관리가 쉬운 장소에 설치할 것
⑤ 방호구역 또는 방호대상물이 있는 구획의 각 부분으로부터 하나의 확성기까지의 수평거리는 (25m 이하)가 되도록 할 것
⑥ 제어반의 복구스위치를 조작하여도 경보를 계속 발할 수 있는 것으로 할 것

과년도 출제문제

13 자동화재탐지설비의 계통도이다. 주어진 조건을 참조하여 다음 각 물음에 답하시오.

○ 조건 1 : 설비의 설계는 경제성을 고려하여 선정하여야 한다.

○ 조건 2 : 건물의 연면적은 5,000㎡ 이다.

○ 조건 3 : 감지기의 공통선은 별도로 한다.

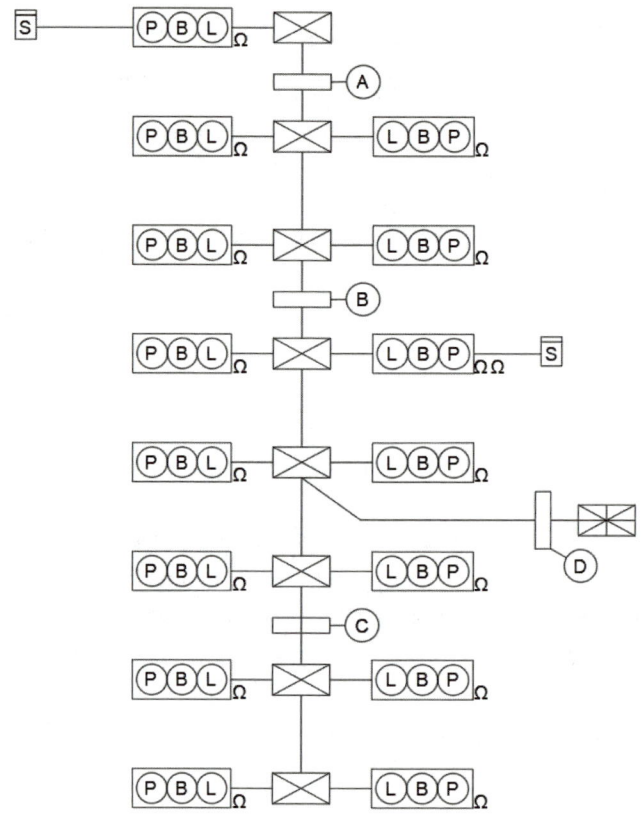

1) 도면에서 A부터 D까지에 이르는 전선 가닥수와 용도를 쓰시오.

번호	가닥수	용도
A		
B		
C		
D		

2) 자동식 소화전과 수동식 소화전을 발신기에 설치할 경우 늘어나는 선의 용도를 쓰시오.

구분	가닥수	용도
자동식 소화전인 경우		
수독식 소화전인 경우		

해설

1) 도면에서 A부터 D까지에 이르는 전선 가닥수와 용도는 아래와 같다.

번호	가닥수	용도
A	6	지구회로 1가닥, 지구 공통선 1가닥, 경종 1가닥, 표시등 1가닥, 경종 표시등 공통선 1가닥, 응답선 1가닥
B	10	지구회로 5가닥, 지구 공통선 1가닥, 경종 1가닥, 표시등 1가닥, 경종 표시등 공통선 1가닥, 응답선 1가닥
C	9	지구회로 4가닥, 지구 공통선 1가닥, 경종 1가닥, 표시등 1가닥, 경종 표시등 공통선 1가닥, 응답선 1가닥
D	23	지구회로 16가닥, 지구 공통선 3가닥, 경종 1가닥, 표시등 1가닥, 경종 표시등 공통선 1가닥, 응답선 1가닥

2) 자동식 소화전과 수동식 소화전을 발신기에 설치할 경우 늘어나는 선의 용도는 아래와 같다.

구분	가닥수	용도
자동식 소화전	2	기동 표시 2가닥
수독식 소화전	5	기동 1가닥, 정지 1가닥, 공통 1가닥, 전원표시 1가닥, 기동 표시 1가닥

과년도 출제문제

14 20[W] 중형 피난구 유도등 30개가 220[V]에서 점등하였다. 소요 전류를 구하시오. (이 때 역률은 80%였고, 충전은 되지 않은 상태였다.)

 정답

$$\frac{20[W] \times 30[EA]}{0.8 \times 220[V]} = 3.41[A]$$

 해설

$P = V \cdot I \cdot \cos\theta$
(P: 단상유효전력, V: 교류전압, I: 소요전류)

15 3개의 입력 A, B, C가 주어졌을 때 출력 X_A, X_B, X_C의 논리식이 다음과 같이 주어져 있다. 주어진 논리식을 참고하여 물음에 답하시오.

$$X_A = PB_A \cdot \overline{X_B} \cdot \overline{X_C}$$

$$X_B = PB_B \cdot \overline{X_A} \cdot \overline{X_C}$$

$$X_C = PB_c \cdot \overline{X_A} \cdot \overline{X_B}$$

1) 논리식을 참고하여 유접점 회로와 무접점 회로를 그리시오.

유접점 회로	무접점 회로

2) 논리식을 참고하여 타임 차트를 완성하시오.

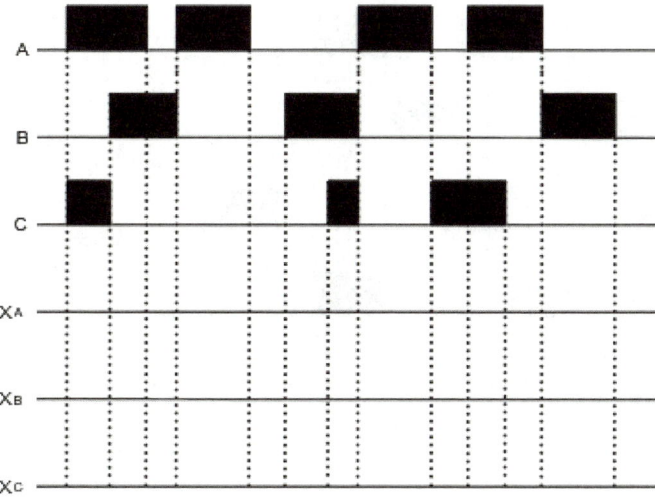

과년도 출제문제

 정답

1)

유접점 회로 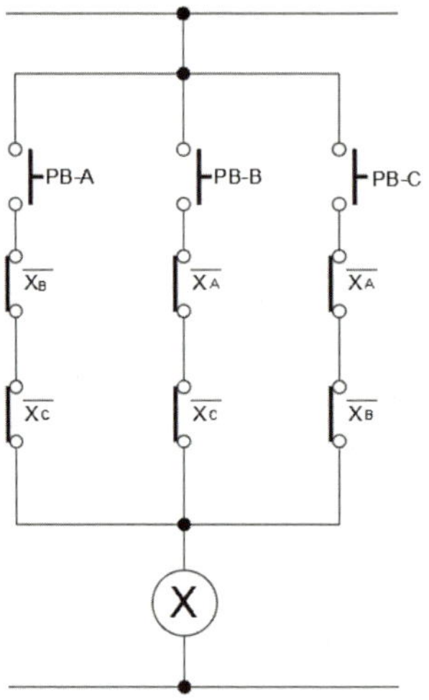	무접점 회로 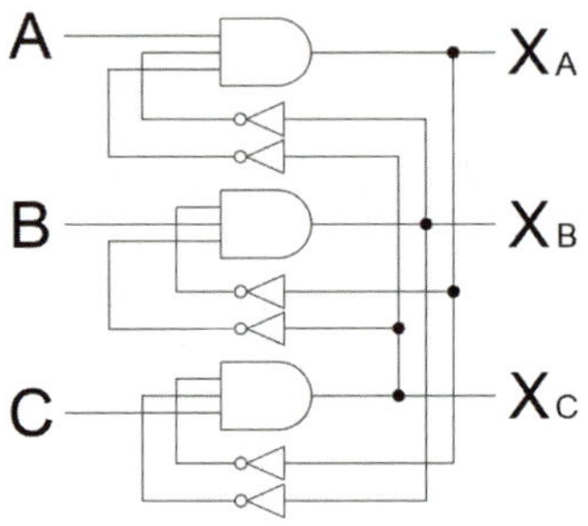

2)

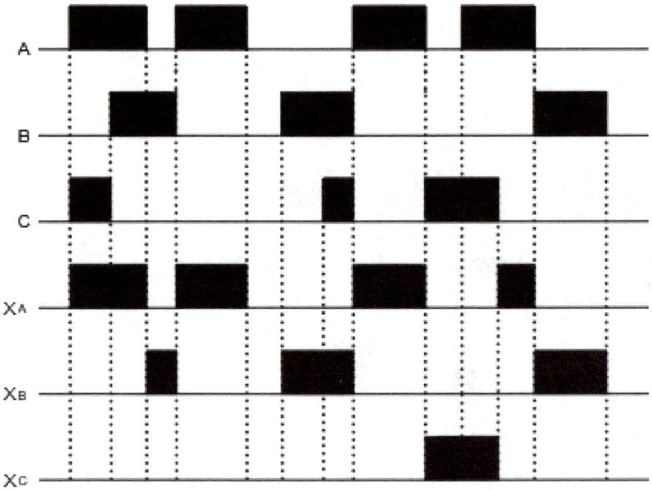

16 다음은 Y-△ 기동에 대한 시퀀스 회로도이다. 미완성 도면을 작성하시오.

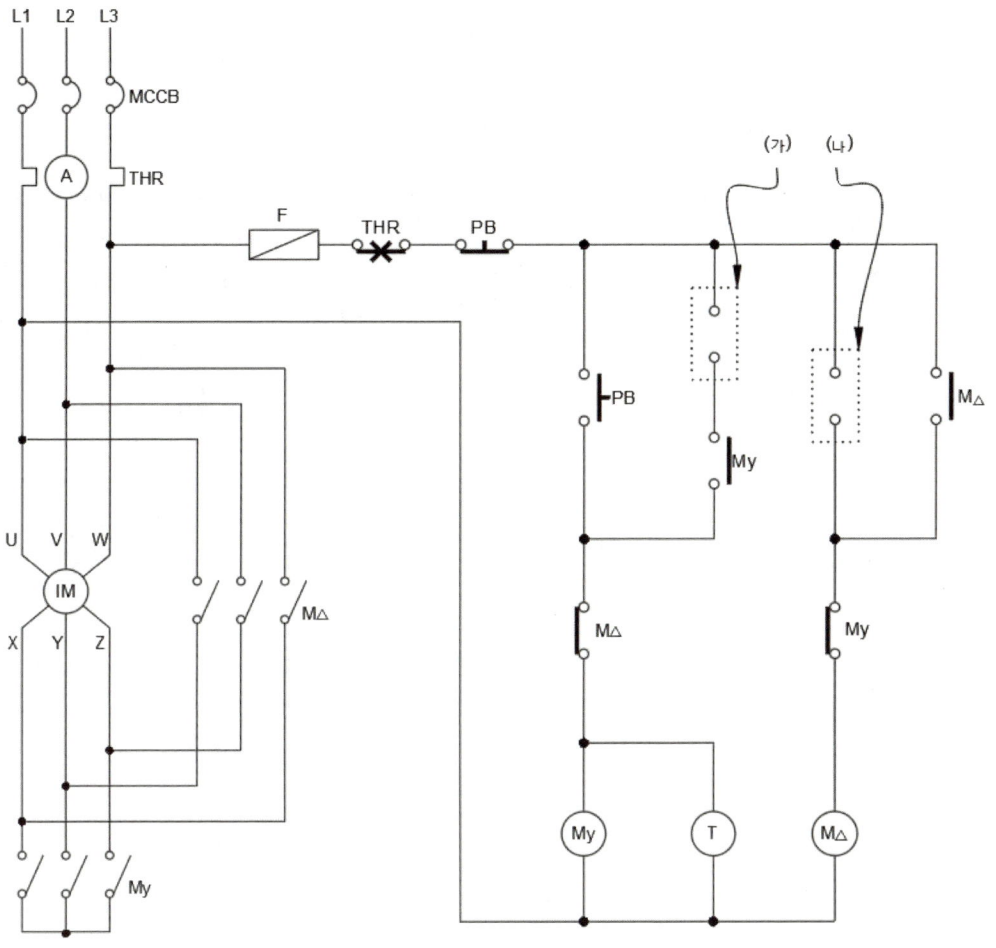

과년도 출제문제

[회로도]

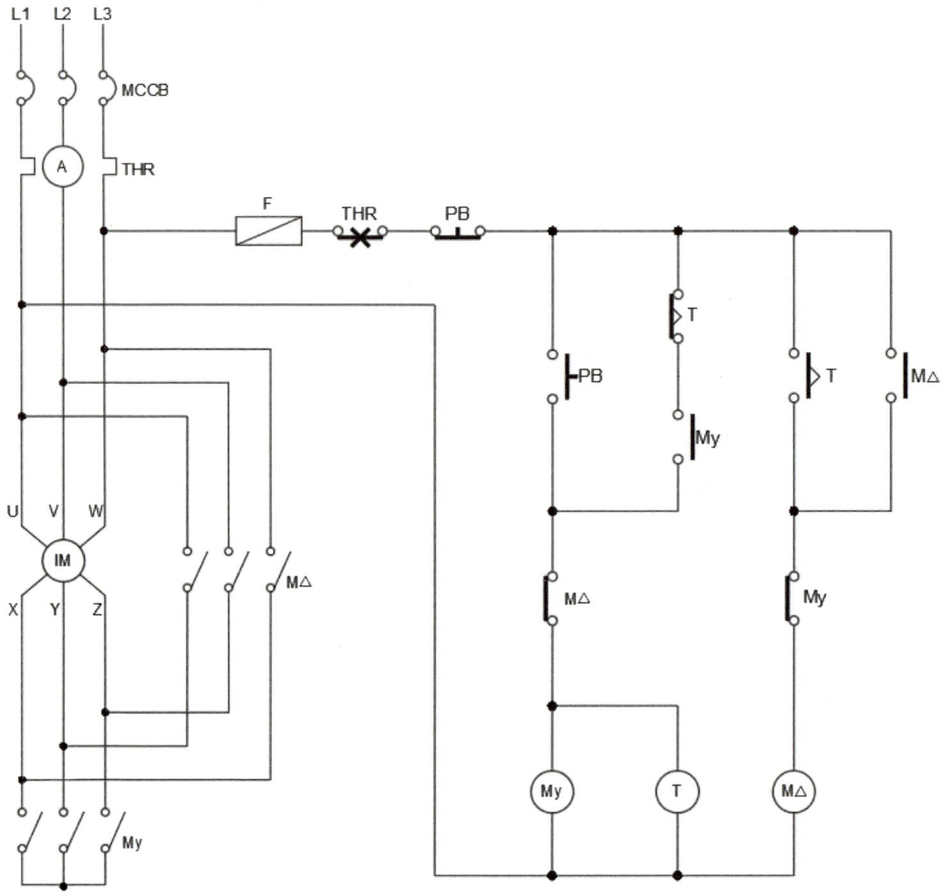

해설

1) My로 기동하고, M△로 운전을 하게 된다.
2) 타이머로 순서를 정하고 있으며, 한시 동작 순시 복귀 접점을 기준으로 동작 시간에 타이머를 부여한다.

암기팁 한시 동작 접점의 경우는 3시를 향하게 된다. 지각을 떠올리면 되고, 순시 동작 한시 복귀의 경우는 9시를 향하고 있으므로 해당 경우는 늦은 퇴근을 떠올리면 된다.)

17 도면은 할로겐 화합물 소화 설비의 수동 조작함에서 할론 제어반까지의 결선도이다. 주어진 도면과 조건을 이용하여 다음 각 물음에 답하시오.

[조건]
① 전선의 가닥수는 최소가닥수로 한다.
② 복구 스위치 및 도어 스위치는 없는 것으로 한다.

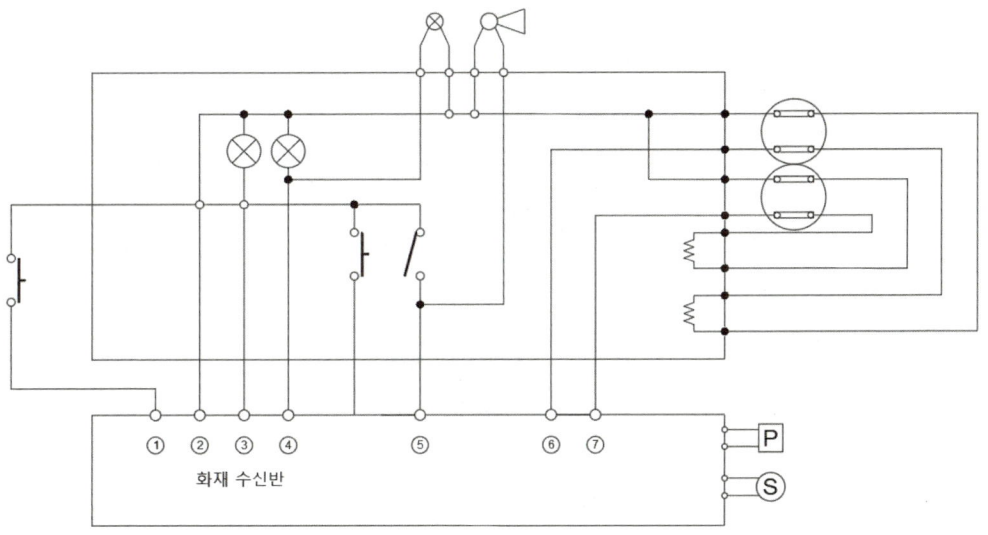

1) 그림(1)에서 빈칸에 해당하는 내용을 채우시오.

기호	①	②	③	④	⑤	⑥	⑦
명칭							

2) 전원선의 종류와 전선의 굵기를 쓰시오.

정답

1)

기호	①	②	③	④	⑤	⑥	⑦
명칭	기동 스위치 또는 방출 지연 스위치	전원 -	전원 +	방출 표시등	사이렌	감지기 A	감지기 B

2) HFIX 2.5[mm²]

해설

1)

HFIX 1.5㎟	HFIX 2.5㎟
감지기 간의 전선 감지기와 발신기 간 전선	그 외 전선(전원 -, 전원+선을 포함)

2)

약호	명칭
HFIX	450/750[V] 저독성 난연 가교 폴리 올레핀 절연 전선
FR-8	내화 전선
FR-3	내열 전선
NFR-8	0.6/1kV 저독성 난연 폴리 올레핀 내화 케이블
NFR-3	0.6/1kV 저독성 난연 폴리 올레핀 내열 케이블
TFR-CVV-SB	0.6/1kV 트레이용 난연 통편조 차폐 제어용 케이블
TSP	소방 신호용 케이블
DV	인입용 비닐 절연 전선
OW	옥외용 비닐 절연 전선
OC	옥외용 가교 폴리에틸렌 절연 전선
OE	옥외용 폴레에틸렌 절연 전선
VV	0.6/1kV 비닐 절연 비닐 시스 케이블
VCT	0.6/1kV 비닐 절연 비닐 캡타이어 케이블
NR	450/750V 일반용 단심 비닐 절연 전선
NF	450/750V 일반용 유연성 단심 비닐 절연 전선
NRI	300/500V 기기 배선용 유연성 단심 절연 전선
NFI	300/500V 기기 배선용 유연성 단심 비닐 절연 전선

18 도면은 타이머에 의한 전동기 M1, M2를 교대 운전이 가능호도록 설계된 전동기의 시퀀스 회로이다. 이 도면을 이용해 다음 각 물음에 답하시오.

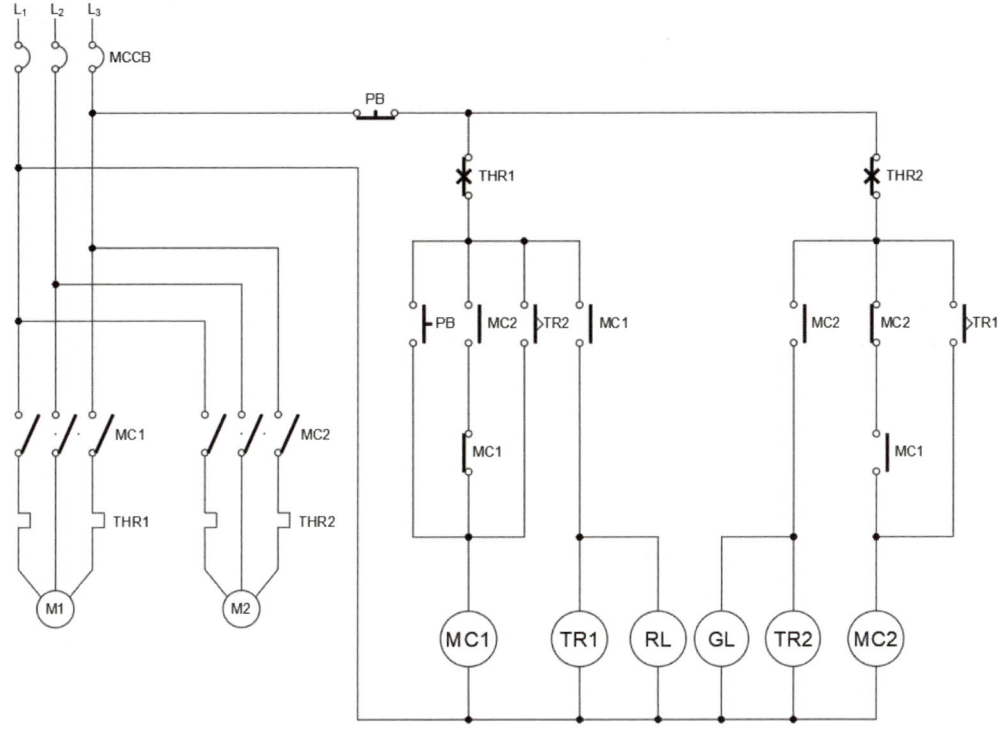

1) 타이머 TR1에 4시간, TR2에 8시간이 설정되어 있을 때 하루 동안 전동기의 운전 시간을 쓰시오.

① M1 전동기 :

② M2 전동기 :

2) 현재 도면에서는 전동기가 작동하지 않는다. 정상적인 작동을 위해 접점을 수정하시오.

과년도 출제문제

> **정답**

1) ① $\dfrac{24}{12} = 2$ 하루에 총 2회 작동하고, M1의 하루 작동 시간은 2회 4시간으로 총 8시간이다.

   ② $\dfrac{24}{12} = 2$ 하루에 총 2회 작동하고, M2의 하루 작동 시간은 2회 8시간으로 총 16시간이다.

2) ① 자기 유지 관계를 확인한다.
   ② 인터록 관계를 확인한다.

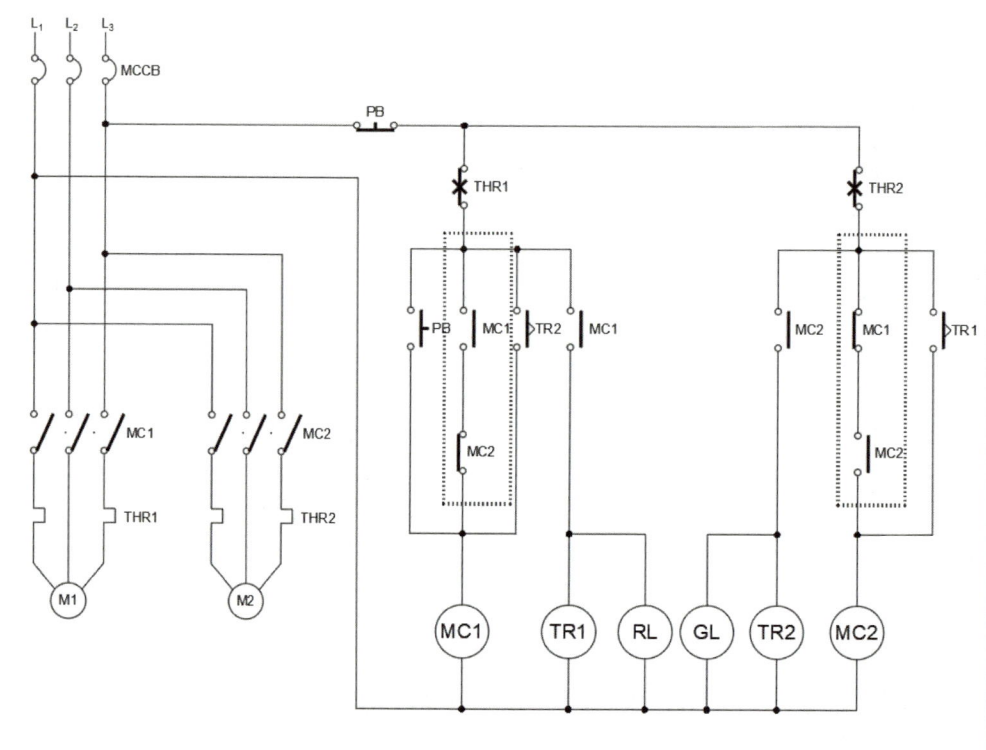

2021년 2회 소방설비기사(전기 분야) 실기 시험

시행일자 2021년 07월 10일

01 누전 경보기 설치 방법이다. 빈칸을 채우시오.

1) 누전경보기 설치 방법

경계 전로의 정격전류가 ((가))[A]를 초과하는 전로에 있어서는 1급 누전 경보기를, ((가))[A] 이하의 전로에서는 1급 또는 2급 누전 경보기를 설치할 것.(다만, 정격 전류 ((가))[A] 초과인 경계 전로가 분기되어 각 분기 회로의 정격 전류가 ((가))[A] 이하로 되는 경우 당해 분기 회로마다 2급 누전 경보기를 설치한 때에는 당해 경계 전로에 1급 누전 경보기를 설치한 것으로 본다.)

2) 누전경보기 전원 기준

① 전원은 분전반으로부터 전용 회로로 하고, 각 극에 ((나)) 및 ((다))[A] 이하의 과전류 차단기(배선용 차단기는 ((라))[A] 이하의 것으로 각 극을 개폐할 수 있는 것)를 설치할 것
② 전원을 분기할 때에는 다른 차단기에 따라 전원이 차단되지 아니하도록 할 것
③ 전원의 개폐기에는 누전 경보기용임을 표시한 표지를 할 것

(가) :
(나) :
(다) :
(라) :

과년도 출제문제

정답

(가) : 60
(나) : 개폐기
(다) : 15
(라) : 20

해설

1) 누전경보기 설치 방법
   경계 전로의 정격전류가 60[A]를 초과하는 전로에 있어서는 1급 누전 경보기를, 60[A] 이하의 전로에서는 1급 또는 2급 누전 경보기를 설치할 것.(다만, 정격 전류 60[A] 초과인 경계 전로가 분기되어 각 분기 회로의 정격 전류가 60[A] 이하로 되는 경우 당해 분기 회로마다 2급 누전 경보기를 설치한 때에는 당해 경계 전로에 1급 누전 경보기를 설치한 것으로 본다.)
2) 누전경보기 전원 기준
   ① 전원은 분전반으로부터 전용회로로 하고, 각 극에 개폐기 및 15[A] 이하의 과전류 차단기(배선용 차단기는 20[A] 이하의 것으로 각 극을 개폐할 수 있는 것)를 설치할 것
   ② 전원을 분기할 때에는 다른 차단기에 따라 전원이 차단되지 아니하도록 할 것
   ③ 전원의 개폐기에는 누전 경보기용임을 표시한 표지를 할 것

02 P형 1급 수신기와 감지기 배선 회로에서 P형 1급 수신기 종단 저항은 11[kΩ], 감시전류는 2[mA], 릴레이 저항은 900[Ω], DC 24[V]일 때 각 물음에 답하시오.

1) 배선 저항[Ω]을 구하시오.
2) 감지기가 동작할 때(화재 시) 전류는 몇 [mA]인지 구하시오.

정답

1) $0.002 = \dfrac{24}{11 \times 10^3 + 900 + 배선저항}$

   배선 저항 $= \dfrac{24}{0.002} - 11900 = 100$

2) $I = \dfrac{24}{100 + 900} = 0.024[A] = 24[\text{mA}]$

해설

1) 감지기의 동작 전/후 상태

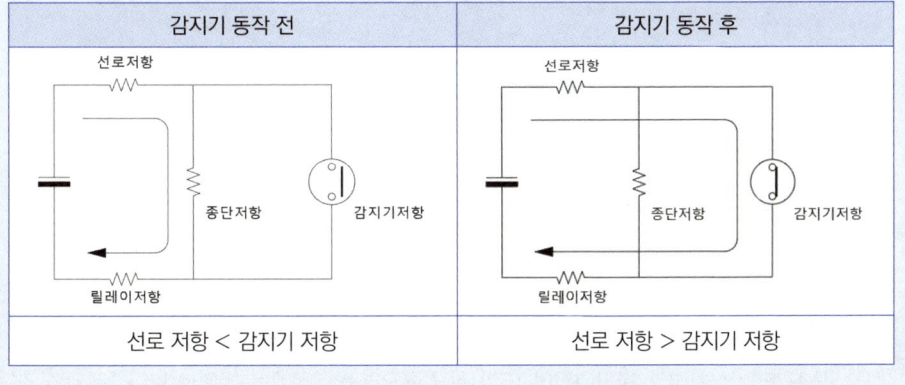

감지기 동작 전	감지기 동작 후
선로 저항 < 감지기 저항	선로 저항 > 감지기 저항

과년도 출제문제

03 단독 경보형 감지기 설치 기준이다. 빈칸을 채우시오.

1) 각 실*마다 설치하되, 바닥면적이 ((가))[㎡]을 초과하는 경우에는 ((가))[㎡]마다 1개 이상 설치할 것

   (* 각 실이란, 이웃하는 실내의 바닥 면적이 각각 ((나))[㎡] 미만이고 벽체 상부의 전부 또는 일부가 개방되어 이웃하는 실내와 공기가 상호 유통되는 경우에는 이를 1개의 실로 봄)

2) 최상층의 ((다))[㎡]의 천장(외기가 상통하는 ((다))[㎡]의 경우를 제외)에 설치할 것

3) 건전지를 주전원으로 사용한 단독 경보형 감지기는 정상적인 작동상태를 유지할 수 있도록 건전지를 교환할 것

4) 상용 전원을 주전원으로 사용하는 단독 경보형 감지기의 2차 전지는 제품 검사에 합격한 것을 사용할 것

(가) :

(나) :

(다) :

> **정답**
>
> (가) : 150
> (나) : 30
> (다) : 계단실

> **해설**
>
> 1) 각 실*마다 설치하되, 바닥면적이 150[㎡]을 초과하는 경우에는 150[㎡]마다 1개 이상 설치할 것
>   (* 각 실이란, 이웃하는 실내의 바닥 면적이 각각 30[㎡] 미만이고 벽체 상부의 전부 또는 일부가 개방되어 이웃하는 실내와 공기가 상호 유통되는 경우에는 이를 1개의 실로 봄)
> 2) 최상층의 계단실의 천장(외기가 상통하는 계단실의 경우를 제외)에 설치할 것
> 3) 건전지를 주전원으로 사용한 단독 경보형 감지기는 정상적인 작동상태를 유지할 수 있도록 건전지를 교환할 것
> 4) 상용 전원을 주전원으로 사용하는 단독 경보형 감지기의 2차 전지는 제품 검사에 합격한 것을 사용할 것

04 청각장애인용 시각 경보 장치의 기준 3가지를 쓰시오.

1)

2)

3)

정답

1) 복도, 통로, 청각장애인용 객실 및 공용으로 사용하는 거실에 설치하며, 각 부분으로부터 유효하게 경보를 발할 수 있는 위치에 설치할 것
2) 공용장, 집회장, 관람장 또는 이와 유사한 장소에 설치하는 경우에는 시선이 집중되는 무대부 부분 등에 설치할 것
3) 설치 높이는 바닥으로부터 2m 이상 2.5m 이하의 장소에 설치할 것

과년도 출제문제

05 다음 전선관 부속품에 대한 용도를 간단하게 설명하시오.

(가) 노멀밴드

(나) 로크너트

(다) 부싱

정답

(가) 노멀밴드 : 배관의 직각 굴곡에 사용한다.
(나) 로크너트 : 금속관 배관 공사에서 박스에 금속관을 고정할 때 사용한다.
(다) 부싱 : 전선의 절연 피복을 보호하기 위해 금속관 끝에 취부하여 사용한다.

해설

부속	설명
부싱	전선의 절연 피복을 보호하기 위해 금속관 끝에 취부하여 사용한다.
로크너트	금속관 배관 공사에서 박스에 금속관을 고정할 때 사용한다.
노멀밴드	배관의 직각 굴곡에 사용한다.
커플링	금속관을 연결할 때 사용한다.
유니온 커플링	금속관 상호 접속용으로 관을 고정하고 이 커플링을 돌려 고정한다.
유니버셜 엘보	노출 배관 공사에서 관을 직각으로 굽히는 곳에 사용한다.
링리듀서	박스 또는 캐비닛의 녹아웃 지름이 금속관의 관경보다 클 때 금속관을 고정시킨다.

06 지상 21층 건물에 비상 콘센트를 설치하려고 한다. 각 층에 하나의 비상 콘센트를 설치할 때 최소 몇 개의 회로가 필요한가?(단, 지하층은 2층까지 있고, 바닥 면적 합계가 1000㎡ 이상이다.)

정답

2회로

해설

조건 1 : 비상 콘센트의 경우 11층 이상인 건물에서 설치하고 11층에서부터 설치를 한다.
조건 2 : 비상 콘센트는 1회로당 10개를 제한하고 있다.
조건 3 : 지하층이 3개 층이고, 바닥면적의 합계가 1000㎡ 이상일 때 지하 모든 층에 설치한다.

가장 먼저 조건 1을 기준으로 확인해야 한다. 계산을 하는 것도 좋지만 하나씩 세면서 실수를 줄이도록 하자.
21, 20, 19, ···, 11을 차례로 세보면 총 11개의 비상 콘센트를 설치해야 한다.
조건 2에 따라 회로 11개는 10개까지만 묶을 수 있다.
따라서 2개를 설치해야 하고, 조건 3은 검토하였을 때 해당 사항이 아니므로 추가하지 않는다.

07 축척형 감지기에 대한 설명이다.

　　1) 축적형 감지기의 종류를 3가지 쓰시오.

　　2) 축적형 감지기를 쓸 수 있는 장소를 3가지 쓰시오.

정답

1) 불꽃감지기, 정온식감지선형감지기, 분포형 감지기
2) ① 지하층, 무창층 등으로 환기가 잘 되지 않는 특정 소방 대상물
　　② 감지기의 부착면과 실내 바닥과의 거리가 2.3m 이하인 장소
　　③ 실내 면적이 40[㎡] 미만인 장소

해설

1) 축적 방식의 감지기, 복합형 감지기, 아날로그방식의 감지기, 다신호 방식의 감지기
2) 비화재보가 우려되는 좁은 지역에 설치하는 것이며, 1에 동작하는 것이 아니라 2,3,4에 동작한다고 기억하였다.

08 다음 도시기호의 의미를 쓰시오.

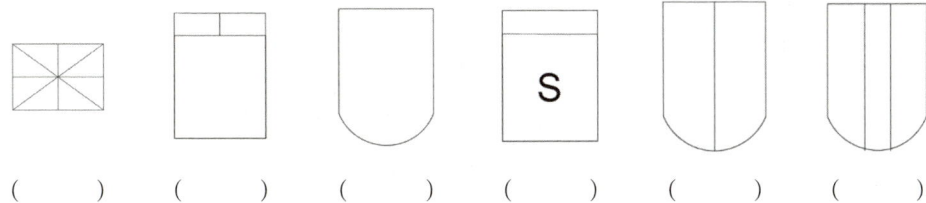

( )   ( )   ( )   ( )   ( )   ( )

> **정답**

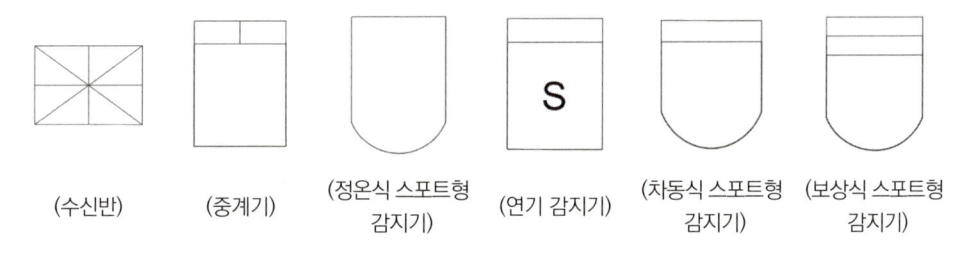

(수신반)   (중계기)   (정온식 스포트형 감지기)   (연기 감지기)   (차동식 스포트형 감지기)   (보상식 스포트형 감지기)

> **해설**

1) 차동식을 정온식과 달리 구분한 이유는 감지와 판정이 구분되기 때문이다.
   (연기감지기나 보상식 감지기도 동일하게 이해하자.)
2) 중계기는 양쪽을 연결하며, 변환기가 크게 자리한다.
3) 수신부는 각종 설비로 이어진다.

과년도 출제문제

09 무선 통신 보조 설비에 사용되는 무반사 종단 저항의 설치 위치와 목적을 쓰시오.

1) 설치 위치 :

2) 설치 목적 :

> **정답**
> 1) 설치 위치 : 누설 동축 케이블 말단
> 2) 설치 목적 : 전송로로 전송되는 전자파가 전송로의 끝단에서 반사되어 교신을 방해하는 것을 막기 위함이다.

10 자동화재탐지설비에 대한 설치 대상의 면적 기준을 적으시오.

　　1) 근린 생활 시설(목욕장 제외)
　　2) 근린 생활 시설 중 목욕장
　　3) 의료 시설(정신의료 기관 또는 요양 병원은 제외)
　　4) 정신의료기관(창살 등은 설치되어 있지 않다.)
　　5) 6층 이상인 건축물
　　6) 발전 시설, 전기 저장 시설

정답

1) 연면적 600㎡ 이상인 것
2) 연면적 1,000㎡ 이상인 것
3) 연면적 600㎡ 이상인 것
4) 바닥 면적의 합계가 300㎡ 이상인 것
5) 전부
6) 전부

해설

자동화재탐지설비를 설치해야 하는 특정 소방 대상물은 다음의 어느 하나에 해당하는 것으로 한다.
1) 공동주택 중 아파트등·기숙사 및 숙박 시설의 경우에는 모든 층
2) 층수가 6층 이상인 건축물의 경우에는 모든 층
3) 근린생활시설(목욕장은 제외한다), 의료시설(정신의료기관 및 요양병원은 제외한다), 위락시설, 장례시설 및 복합건축물로서 연면적 600㎡ 이상인 경우에는 모든 층
4) 근린생활시설 중 목욕장, 문화 및 집회시설, 종교시설, 판매시설, 운수시설, 운동시설, 업무시설, 공장, 창고시설, 위험물 저장 및 처리 시설, 항공기 및 자동차 관련 시설, 교정 및 군사시설 중 국방·군사시설, 방송통신시설, 발전시설, 관광 휴게시설, 지하가(터널은 제외한다)로서 연면적 1천㎡ 이상인 경우에는 모든 층
5) 교육 연구 시설(교육 시설 내에 있는 기숙사 및 합숙소를 포함한다), 수련시설 (수련시설 내에 있는 기숙사 및 합숙소를 포함하며, 숙박 시설이 있는 수련시설은 제외한다), 동물 및 식물 관련 시설(기둥과 지붕만으로 구성되어 외부와 기류가 통하는 장소는 제외한다), 자원순환 관련 시설, 교정 및 군사시설(국방·군사시설은 제외한다) 또는 묘지 관련 시설로서 연면적 2,000㎡ 이상인 경우에는 모든 층
6) 노유자 생활시설의 경우에는 모든 층

7) 6)에 해당하지 않는 노유자 시설로서 연면적 400㎡ 이상인 노유자 시설 및 숙박 시설이 있는 수련 시설로서 수용인원 100명 이상인 경우에는 모든 층
8) 의료시설 중 정신의료기관 또는 요양병원으로서 다음의 어느 하나에 해당하는 시설
   가) 요양병원(의료 재활 시설은 제외한다.)
   나) 정신의료기관 또는 의료 재활 시설로 사용되는 바닥면적의 합계가 300㎡ 이상인 시설
   다) 정신의료기관 또는 의료 재활 시설로 사용되는 바닥면적의 합계가 300㎡ 미만이고, 창살(철재·플라스틱 또는 목재 등으로 사람의 탈출 등을 막기 위하여 설치한 것을 말하며, 화재 시 자동으로 열리는 구조로 되어 있는 창살은 제외한다)이 설치된 시설
9) 판매시설 중 전통시장
10) 지하가 중 터널로서 길이가 1,000m 이상인 것
11) 지하구
12) 3)에 해당하지 않는 근린생활시설 중 조산원 및 산후 조리원
13) 4)에 해당하지 않는 공장 및 창고시설로서 「화재의 예방 및 안전관리에 관한 법률 시행령」 별표 2에서 정하는 수량의 500배 이상의 특수가연물을 저장·취급하는 것
14) 4)에 해당하지 않는 발전시설 중 전기저장시설

11 감지기의 설치 기준이다. 빈칸을 채우시오.

1) 감지기(차동식 분포형의 것 제외)는 실내로의 공기 유입구로부터 ((가)) 이상 떨어진 위치에 설치할 것
2) 감지기는 천장 또는 반자의 옥내에 면하는 부분에 설치할 것
3) 보상식 스포트형 감지기는 정온점이 감지기 주위의 평상시 최고온도보다 ((나)) 이상 높은 것으로 설치할 것
4) 정온식 감지기는 주방, 보일러실 등으로서 다량의 화기를 취급하는 장소에 설치하되, 공칭 작동 온도가 최고 주위 온도부터 ((다)) 이상 높은 것으로 설치할 것
5) 스포트형 감지기는 ((라))도 이상 경사 되지 아니하도록 부착할 것
6) 공기관식 감지기는 ((마))도 이상 경사 되지 아니하도록 할 것

정답

(가) 1.5m
(나) 20℃
(다) 20℃
(라) 45도
(마) 5도

해설

1)의 경우를 보면 감지기가 실내 유입되는 온도 또는 연기에 의해 오작동할 수 있기 때문에 이격하는 것이다.
3), 4)의 경우 또한 주변의 최고 온도에 근접할수록 오작동 작동이 많아질 우려가 있기 때문이다.
5)의 경우에 해당하는 경사의 경우는 45도이다. 지붕면에도 설치할 수 있는 감지기라고 생각하면 된다.
6)공기관식의 경우는 공기를 통한 측정에 장애가 생길 우려가 있기 때문이다.

12 비상 방송 설비의 확성기 회로에 음량 조절기를 설치할 때 결선도를 그리시오.

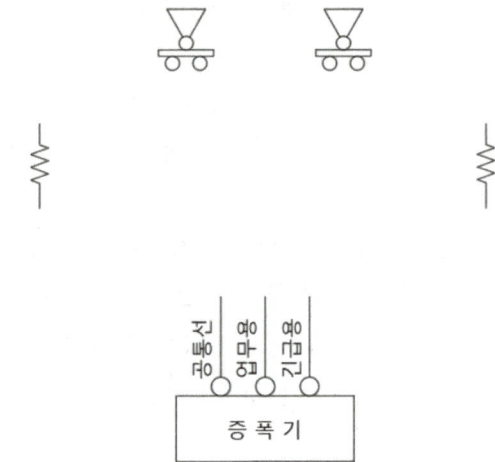

정답

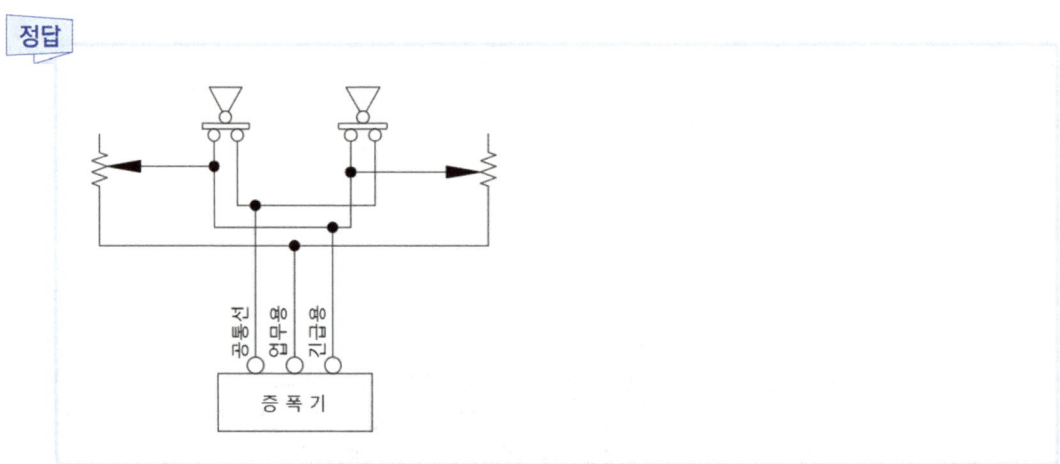

해설

그리는 방법
① 공통선이 가장 쉽게 이어지는 선이기 때문에 공통선부터 연결 한다.
② 다음은 긴급용을 연결하는데 음량 조절기를 거쳐선 안되므로 차단을 의미하는 다이오드 형태의 화살표를
③ 음량 조절 장치에 연결한다.
④ 음량 조절 장치로 업무용을 연결한다.

13 유도 전동기의 운전을 A실과 B실 어느 쪽에서도 기동 및 정지 제어가 가능하도록 가장 간단하게 배선하시오. (PB-on 2개, PB-off 2개, 전자 접촉기 a 접점 1개(자기 유지용을 사용))

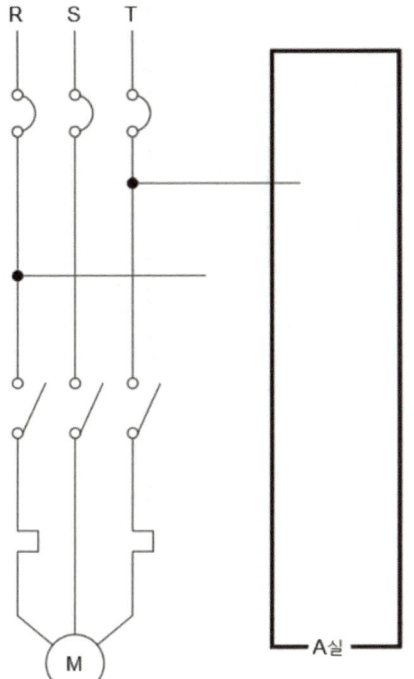

과년도 출제문제

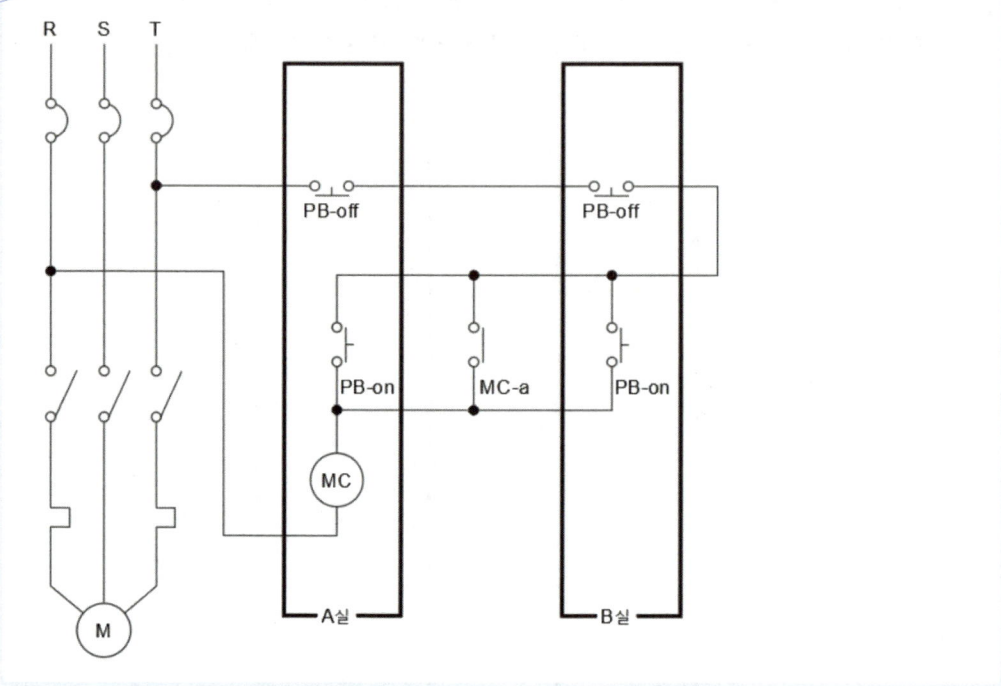

해설

회로를 설계하는 방법에서 기본은 회로도를 세우는 것이다.
모든 버튼이 PB였기 때문에 자기 유지 회로를 설치해야 한다.(회로 구성에서 PB를 많이 사용하기 때문에 PB가 기본이다.) 자기 유지 회로는 병렬형 MC-a접점, 직렬형 MC가 기본이라고 볼 수 있다.
그리고 off의 경우는 위와 같이 회로의 최초에 있어서 공급을 차단해야 하고, On의 경우 MC를 통해 제어되어야 한다.

14 다음은 어느 특정 소방 대상물의 평면도이다. 건축물의 구조는 내화구조이고, 층의 높이는 4.2m일 때 다음 각 물음에 답하시오. (단, 설치할 감지기는 보상형 감지기 1종을 설치한다.)

구분	개수
A	32개
B	32개
C	64개
D	64개
E	32개
F	64개
G	32개

정답

구분	개수
A	$\dfrac{40 \times 40}{45} = 35.56 \fallingdotseq 36\,EA$
B	$\dfrac{40 \times 40}{45} = 35.56 \fallingdotseq 36\,EA$
C	$\dfrac{80 \times 40}{45} = 71.11 \fallingdotseq 71\,EA$
D	$\dfrac{80 \times 40}{45} = 71.11 \fallingdotseq 71\,EA$
E	$\dfrac{40 \times 40}{45} = 35.56 \fallingdotseq 36\,EA$
F	$\dfrac{80 \times 40}{45} = 71.11 \fallingdotseq 71\,EA$
G	$\dfrac{40 \times 40}{45} = 35.56 \fallingdotseq 36\,EA$

해설

전체 면적을 감지기로 나누면 감지기의 수량을 구할 수 있다.

부착 높이 및 특정 소방 대상물의 구분		감지기의 종류						
		차동식		보상식		정온식		
		1종	2종	1종	2종	특종	1종	2종
4m 미만	내화 구조	90	70	90	70	70	60	20
	기타 구조	50	40	50	40	40	30	15
4m 이상 8m 미만	내화 구조	45	35	45	35	35	30	-
	기타 구조	30	25	30	25	25	15	-

15 물음에 답하시오.(단, 소화전의 기동 방식은 기동용 수압 개폐 장치를 활용하였다.)

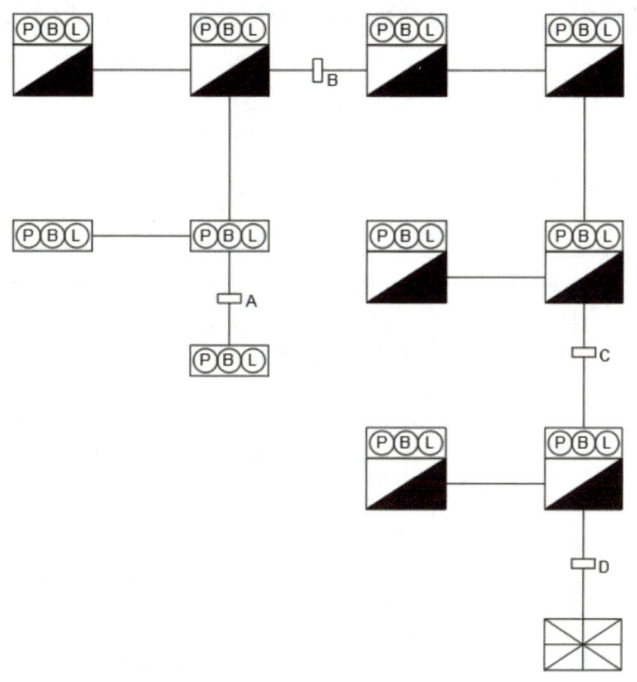

1) 전선 가닥수를 쓰시오.

구분	개수	상세 설명
A		
B		
C		
D		

2) 자동화재탐지설비의 화재 안전기준에서 정하는 수신기의 설치 기준에 대하여 괄호를 채우시오.

  ○ 수신기가 설치된 장소에는 ((가))를 비치할 것.(다만, 모든 수신기와 연결되어 각 수신기의 상황을 감시하고 제어할 수 있는 수신기(주수신기)를 설치하는 경우에는 주수신기를 제외한 기타 수신기는 그러하지 아니하다.)

○ 수신기의 ((나))는 그 음량 및 음색이 다른 기기의 소음 등과 명확히 구별될 수 있는 것으로 할 것
○ 수신기는 ((다)), ((라)) 또는 ((마))가 작동하는 경계구역을 표시할 수 있는 것으로 할 것

> **정답**

1)

구분	개수	상세설명
A	6	지구선 1가닥, 지구선 공통 1가닥, 응답선 1가닥, 경종선 1가닥, 표시등선 1가닥, 경종 표시등 공통선 1가닥
B	12	지구선 5가닥, 지구선 공통 1가닥, 응답선 1가닥, 경종선 1가닥, 표시등선 1가닥, 경종 표시등 공통선 1가닥, 기동확인 2가닥
C	17	지구선 9가닥, 지구선 공통 2가닥, 응답선 1가닥, 경종선 1가닥, 표시등선 1가닥, 경종 표시등 공통선 1가닥, 기동 확인 2가닥
D	19	지구선 11가닥, 지구선 공통 2가닥, 응답선 1가닥, 경종선 1가닥, 표시등선 1가닥, 경종 표시등 공통선 1가닥, 기동 확인 2가닥

2) (가) 경계구역 일람도
 (나) 음향 기구
 (다) 감지기
 (라) 중계기
 (마) 발신기

> **해설**

아래 내용은 수신기에 대한 부분으로 출제가 빈번하다. 확실하게 숙지해야 하고 있어야 한다.
○ 수신기가 설치된 장소에는 경계 구역 일람도를 비치할 것.(다만, 모든 수신기와 연결되어 각 수신기의 상황을 감시하고 제어할 수 있는 수신기(주수신기)를 설치하는 경우에는 주수신기를 제외한 기타 수신기는 그러하지 아니하다.)
○ 수신기의 음향기구는 그 음량 및 음색이 다른 기기의 소음 등과 명확히 구별될 수 있는 것으로 할 것
○ 수신기는 감지기, 중계기 또는 발신기가 작동하는 경계구역을 표시할 수 있는 것으로 할 것

16 주어진 진리표를 보고 다음 각 물음에 답하시오.

A	B	C	X	Y
0	0	0	1	0
0	0	1	0	1
0	1	0	1	1
0	1	1	0	1
1	0	0	1	0
1	0	1	0	1
1	1	0	0	1
1	1	1	0	1

1) 가장 간략화된 논리식을 적으시오.

　① X =

　② Y =

2) 무접점 회로를 그리시오.

3) 유접점 회로를 그리시오.

1) (해설 참조)
2) (해설 참조)
3) (해설 참조)

과년도 출제문제

> **해설**

1) 의 경우 벤다이어그램을 통해 1에 해당하는 부분을 색칠하면 쉽게 찾을 수 있다.

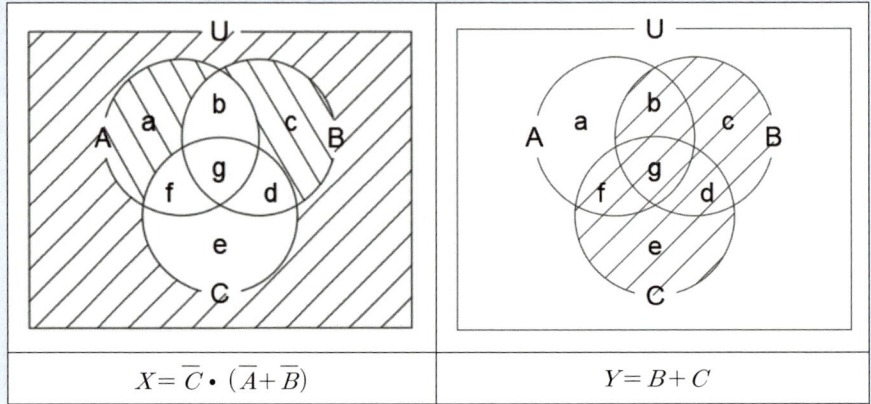

2) 무접점 회로를 그릴 때는 교집합을 표현하는 지점의 위치를 파악하는 것이 중요하다. 이를 통해서 파악하면 아래와 같은 답을 얻을 수 있다.

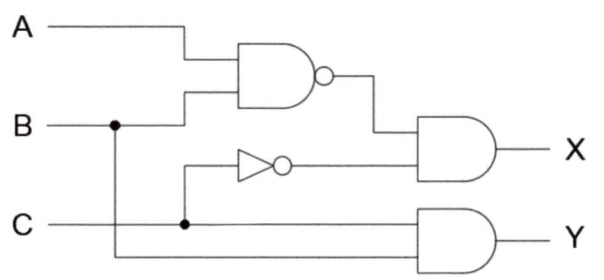

3) 유접점 회로는 아래와 같다.

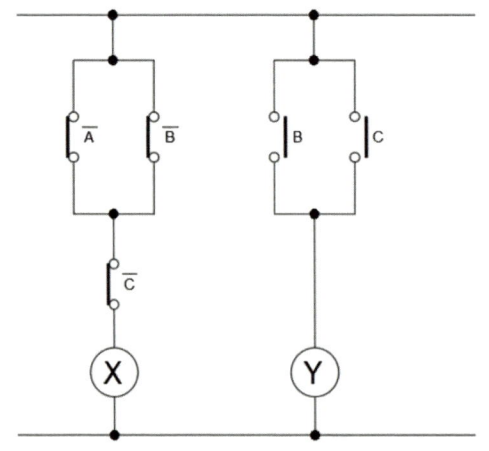

17 화재 안전 기준상 비상 방송 설비의 설치 기준에 대한 다음 각 물음에 답하시오.

1) 기동 장치에 따른 화재 신고를 수신한 후 필요한 음량으로 화재 발생 상황 및 피난에 유효한 방송이 자동으로 개시될 때까지 소요되는 시간은 몇 초 이하여야 하는가?
2) 실내에 설치하는 확성기는 몇 W 이상이어야 하는가?
3) 음향 장치는 정격 전압의 몇 % 전압에서 음향을 발할 수 있어야 하는가?
4) 조작부의 조작 스위치 높이는 바닥에서 얼마나 떨어져야 하는가?

정답

1) 10초
2) 1W 이상
3) 80%
4) 0.8m ~1.5m

해설

비상 방송 설비에 해당하는 부분이다.
1) 수신기나 중계기는 신호를 받는 시간 5초만 있지만, 비상 방송 설비는 수신 후 발하는 시간이 필요하여 5초가 2번 발생하여 10초 이하로 규정하고 있다.
2) 실내에서의 확성기는 1W 이상으로 한다.
3) 80% 기준에서 음향을 발할 수 있어야 한다.
4) 모든 조작부는 인체 공학을 기준에 두고 동일하게 정해지고 있다.

과년도 출제문제

2021년 4회 소방설비기사(전기 분야) 실기 시험

시행일자 2021년 11월 13일

01 3선식 배선으로 상시 충전되는 유도등의 전기 회로에 점멸기를 설치하는 경우 소등 상태에서 점등 상태로 되는 경우는 언제인지 5가지를 쓰시오.

1)
2)
3)
4)
5)

정답

1) 자동화재 탐지설비의 감지기 또는 발신기가 작동되는 때
2) 비상 경보 설비의 발신기가 작동되는 때
3) 상용 전원이 정전되거나 전원선이 단선되는 때
4) 방재 업무를 통제하는 곳 또는 전기실의 배전반에서 수동으로 점등하는 때
5) 자동소화설비가 작동되는 때

해설

암기팁 그림 참조

02 그림을 보고 각 물음에 답하시오.

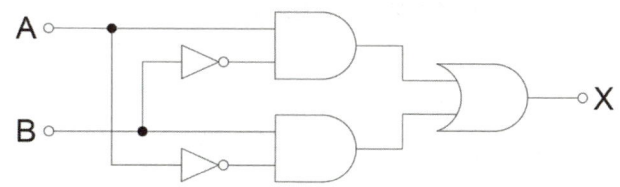

1) 이 회로의 논리식을 작성하시오.
2) 유접점 회로를 완성하시오.
3) 타임차트를 완성하시오.

4) 진리표를 완성하시오.

A	B	X

정답

1) $X = A\overline{B} + B\overline{A}$
2) 해설 참조
3) 해설 참조
4) 해설 참조

과년도 출제문제

> **해설**
> 1) 무접점 회로를 변환하는 형태로 단순한 형태를 보이고 있다. 무접점 회로 내에 성분을 기입하면서 진행하면 혼동하지 않고 정확한 확인을 하는 것이 가능하다.
> 2) 유접점 회로

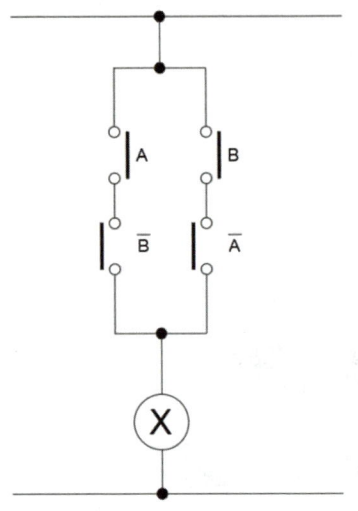

> 3) 타임 차트

> 4) 진리표
>
> | A | B | X |
> |---|---|---|
> | 0 | 0 | 0 |
> | 0 | 1 | 1 |
> | 1 | 0 | 1 |
> | 1 | 1 | 0 |

03 이산화탄소소화설비의 비상 경보 장치 중 음향 경보 장치 및 방출표시등의 설치 위치와 목적을 쓰시오.

1) 음향 경보 장치
   ○ 설치 위치와 목적
2) 방출 표시등
   ○ 설치 위치와 목적

정답

1) 방호 구역 내에 설치한다. 방호 구역 내 사람들의 대피를 유도하기 위해서이다.
2) 방호 구역 내부와 외부 모두 설치한다. 소화 약제의 방출을 알리고, 방호 구역 내 사람들의 대피를 유도함과 동시에 출입을 통제시키기 위함이다.

해설

이산화탄소 소화 설비 분출로 인해 인명 피해가 발생할 우려가 있기 때문에 방출 전에 이를 알릴 필요가 있다.

04 건물에 설치된 자동 화재 탐지 설비의 도면이다. 조건을 참조하여 물음에 답하시오.

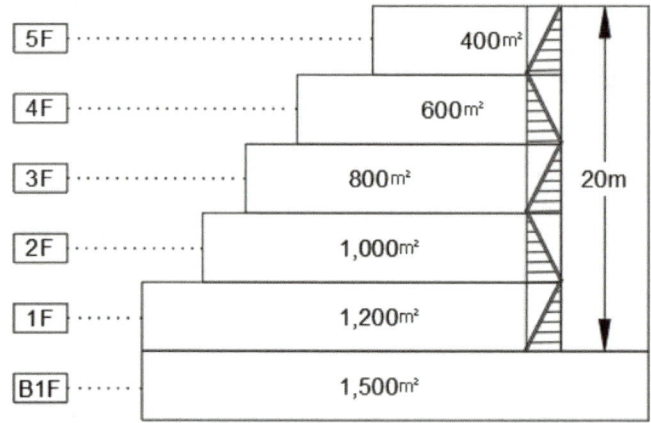

1) 층별 바닥 면적을 참고하여 각 층의 경계 구역은 최소 몇 개로 구분하여야 하는지 경계 구역 수를 쓰시오. (단, 그림의 면적은 바닥 면적에 해당하고, 수직면은 계단과 엘리베이터가 있다.)
2) P형 수신기는 몇 회로용을 사용하여야 하는가?

정답

1)

층수	경계구역수	비고
5층	$\frac{400}{600}=0.67 ≒ 1[EA]$	(4층과의 합계가 600을 초과하므로 경계 구역을 묶을 수 없음.)
4층	$\frac{600}{600}=1 ≒ 1[EA]$	(5층과의 합계가 600을 초과하므로 경계 구역을 묶을 수 없음.)
3층	$\frac{800}{600}=1.34 ≒ 2[EA]$	
2층	$\frac{1000}{600}=1.67 ≒ 2[EA]$	
1층	$\frac{1200}{600}=2 ≒ 2[EA]$	
지하 1층	$\frac{1500}{600}=2.5 ≒ 3[EA]$	
수직 경계 구역	계단실 $1[EA]$ 엘리베이터 $1[EA]$	

2) $1+1+2+2+2+3+1+1 ≒ 13[EA]$의 회로 이상을 사용하여야 하며, $15[EA]$ 회로용 P형 수신기를 사용하여야 한다.

해설

자동화재탐지설비의 경우 경계 구역이 600㎡로 하되, 그 이하의 경계 구역의 합이 600㎡을 초과하지 않으면 묶을 수 있다. 또 수직에 대한 경계 구역은 별도로 선정하되, 하나의 경계 구역의 높이는 45m 이하여야 한다.
회로의 수를 정할 때는 5단위로 정하고 있다.

과년도 출제문제

05 다음은 Y-△ 기동에 대한 시퀀스 회로도이다. 그림을 보고 다음 각 물음에 답하시오.

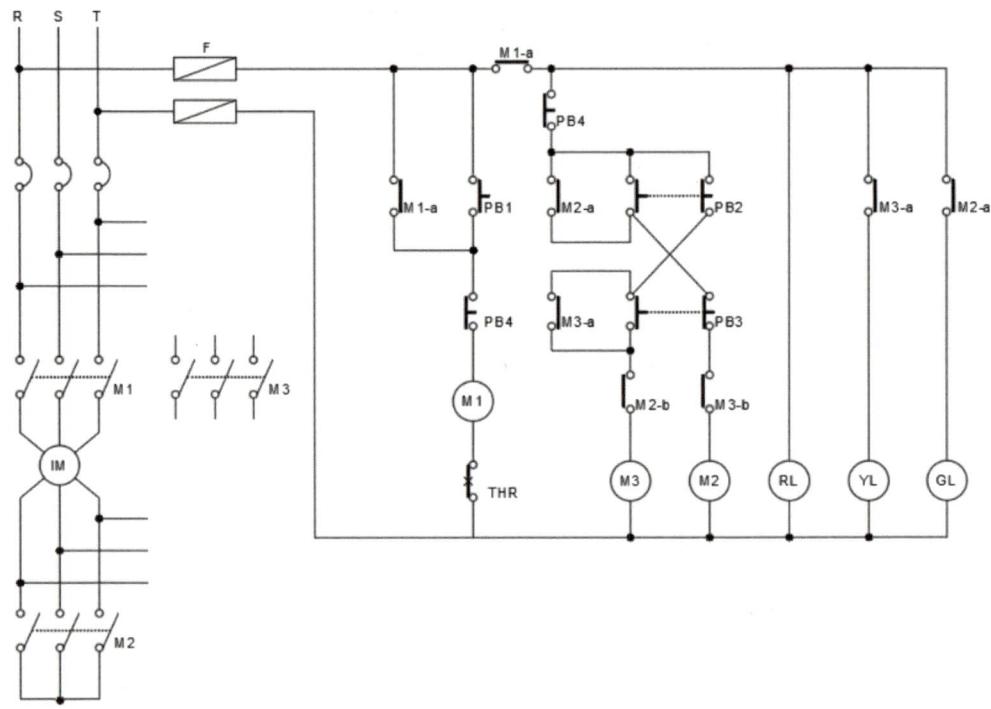

1) 도면의 미완성 부분을 보완하여 작성하시오.
2) 각 표시등의 상태를 설명하시오.

> **정답**

1)

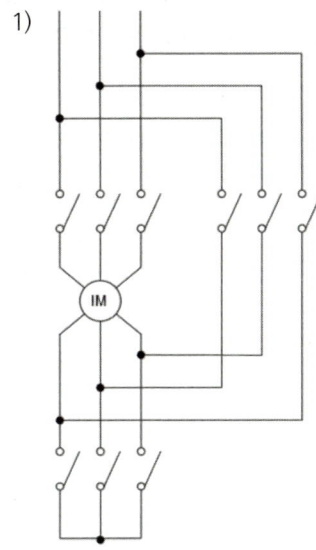

2) YL : △ 운전, RL : 정지, GL : Y 기동

> **해설**

우선 우리는 Y를 통해 기동한다는 것을 알고 있다. 따라서 Y가 있는 M2가 기동을 먼저 해야 한다는 것을 알고 있다.
이어 기동 후에 일정 속도에 도달했을 때 △로 운전하게 된다. 즉, 이어서 M3가 신호에 따라 운전해야 한다.
① PB1을 눌렀을 때 M1의 자기 유지가 되고, 주회로 M1이 닫히고, 제어 회로 상부의 a접점이 붙어 RL가 점등이 된다.
② 이어서 PB2를 눌렀을 때 M2의 릴레이에 전기가 흐르고 주회로가 닫히면서 Y회로로 기동을 시작한다. 이때 상단의 제어회로 M2-a접점이 붙게되면서 GL이 점등된다.
③ 일정 속도에 도달되면 PB3를 누르고, 이로 인해 기존 M2에 흐르던 전류가 끊어지고, M3가 붙는다. 이 때 △가 기동하게 된다.

과년도 출제문제

06 다음 그림은 자동화재탐지설비의 평면을 나타낸 도면이다. 이 도면을 보고 각 물음에 답하시오. (단, 각 실은 이중 천장이 없는 구조이며, 전선관은 16mm 후강 스틸 전선관을 사용하여 콘크리트 내 매입 시공한다.)

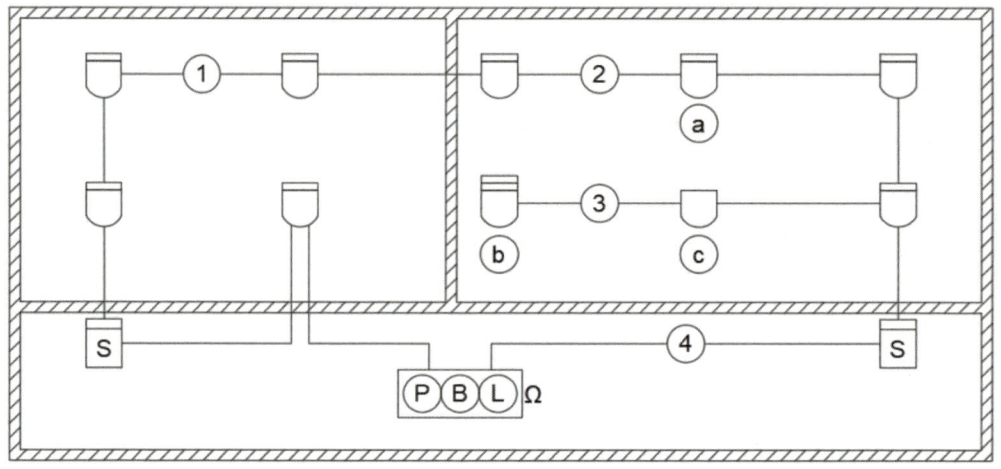

1) 시공에 사용되는 부싱과 로크너트의 소요 개수를 구하시오.

   ○ 로크너트 :

   ○ 부싱 :

2) 각 감지기 간과 감지기와 수동 발신기 세트 간에 배선되는 전선의 가닥수를 구하시오.

   ① :

   ② :

   ③ :

   ④ :

3) 도면에 그려진 심벌은 감지기 심벌이다. 특성을 구분하여 쓰시오.

   ⓐ :

   ⓑ :

   ⓒ :

> **정답**
>
> 1) 로크너트 : 52(EA)
>   부싱 : 26(EA)
> 2) ① : 2가닥
>   ② : 2가닥
>   ③ : 4가닥
>   ④ : 2가닥
> 3) ⓐ : 차동식 스포트형
>   ⓑ : 보상식 스포트형
>   ⓒ : 정온식 스포트형

과년도 출제문제

07 어느 건물의 자동화재탐지설비의 P형 수신기를 보니 예비 전원 표시등이 점등되었다. 어떤 경우에 점등되었는지 원인 5가지를 쓰시오.

1)

2)

3)

4)

5)

정답

1) 예비 전원 충전 단자가 불량인 경우
2) 예비 전원이 불량인 경우
3) 예비 전원 연결 단자가 접촉 불량인 경우
4) 퓨즈가 단선인 경우
5) 예비 전원이 방전되어 아직 완전 충전에 도달하지 않는 경우

해설

예비 전원이 연결되는 것이 문제가 되었을 때 점등되게 된다.
어떤 전원의 문제가 생길 때 생길 수 있는 문제의 원인을 확인해보면 된다.

08 P형 수신기와 감지기 사이에 연결된 선로의 배선 저항이 10[Ω], 릴레이 저항 950[Ω], 종단 저항이 10[㏀]이고, 감시 전류가 2.4㎃일 때, 수신기의 단자전압[V]과 동작 전류[㎃를] 구하시오.

1) 수신기의 단자 전압

2) 동작 전류

정답

1) $2.4 \times 10^{-3} \times (10 + 950 + 10 \times 10^3) = 26.3\,[V]$

2) $I = \dfrac{26.3}{10 + 950} = 27.4\,[\text{mA}]$

과년도 출제문제

09 다음과 같은 장소에 차동식 스포트형 감지기 1종을 설치하는 경우와 광전식 스포트형 감지기 1종을 설치하는 경우 최소 감지기 소요 개수를 산정하시오.(단, 주요 구조부는 비내화구조, 감지기의 설치 높이는 3.8m이다.)

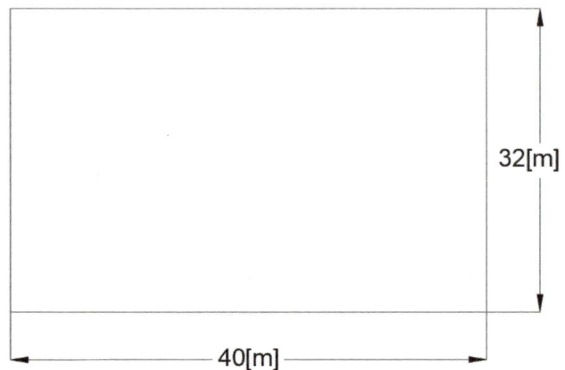

1) 차동식 스포트형 감지기 1종 소요 개수 :

2) 광전식 스포트형 감지기 1종 소요 개수 :

3) 열 반도체식 감지기 1종 소요 개수 :

> **정답**
>
> 1) $\dfrac{40 \times 32}{50} = 25.6 \fallingdotseq 26[EA]$
>
> 2) $\dfrac{40 \times 32}{150} = 8.53 \fallingdotseq 9[EA]$
>
> 3) $\dfrac{40 \times 32}{40} = 32 \fallingdotseq 32[EA]$

해설

열 감지기의 부착 높이와 바닥 감지 면적(스포트형 감지기)

(단위 : ㎡)

부착 높이 및 특정 소방 대상물의 구분		감지기의 종류						
		차동식		보상식		정온식		
		1종	2종	1종	2종	특종	1종	2종
4m 미만	내화 구조	90	70	90	70	70	60	20
	기타 구조	50	40	50	40	40	30	15
4m 이상 8m 미만	내화 구조	45	35	45	35	35	30	-
	기타 구조	30	25	30	25	25	15	-

열 감지기의 부착 높이와 바닥 감지 면적(스포트형 감지기)

부착 높이	1, 2종	3종
4m 미만	150㎡	50㎡
4m 이상 20m 미만	75㎡	-

열 반도체식 감지기의 부착 높이와 바닥 감지 면적

부착 높이 및 소방 대상물의 구분		감지기의 종류	
		1종	2종
8m 미만	내화구조	65	36
	기타구조	40	23
8m 이상 15m 이하	내화구조	50	36
	기타구조	30	23

10 축광 방식의 피난 유도선의 설치 기준을 쓰시오.

○

○

○

> **정답**
> ○ 구획된 각 실로부터 주출입구 또는 비상구까지 설치할 것
> ○ 피난 유도 표시부는 50cm 이내의 간격으로 연속되도록 설치할 것
> ○ 바닥으로부터 높이 50cm 이하의 위치 또는 바닥면에 설치할 것

> **해설**
> 피난 유도선 설치 기준
> ① 구획된 각 실로부터 주출입구 또는 비상구까지 설치할 것
> ② 설치 높이
> - 바닥으로부터 높이 50cm 이하의 위치 또는 바닥 면에 설치할 것
> - 피난유도 표시부는 50cm 이내의 간격으로 연속되도록 설치
> - 외부의 빛 또는 조명장치에 의하여 상시 조명이 제공되거나 비상조명등에 의한 조명이 제공되도록 설치할 것
>
>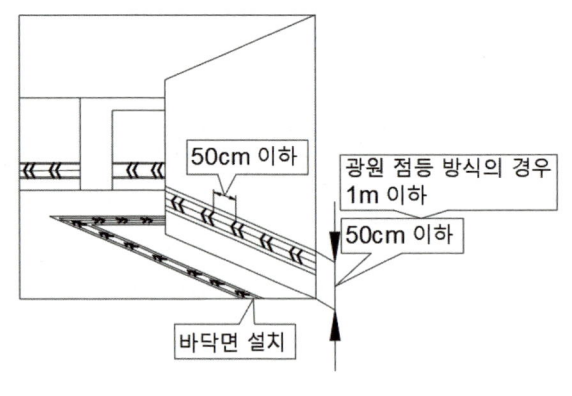

11 누전 경보기의 공칭 작동 전류치의 정의에 대해 간략히 쓰고 공칭 작동 전류는 몇 ㎃ 이하인지 쓰시오.

1) 정의 :

2) 공칭 작동 전류 :

1) 누전 경보기를 작동시키기 위해서 필요한 누설 전류의 값
2) 200㎃ 이하

암기팁 ELD를 누전 경보기라고 한다. 2와 E의 발음이 유사함을 떠올리며 기억하면 된다.

12 그림과 같은 시퀀스 회로에서 타임 차트를 완성하시오.(단 T1은 1초, T2는 2초이며 설정 시간 이외의 시간 지연은 없다고 본다.)

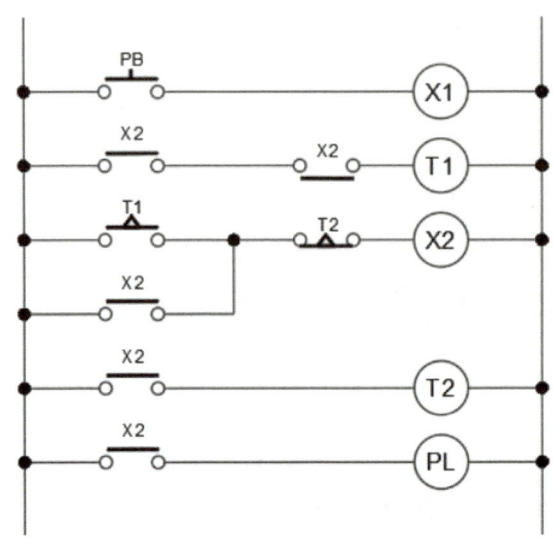

정답

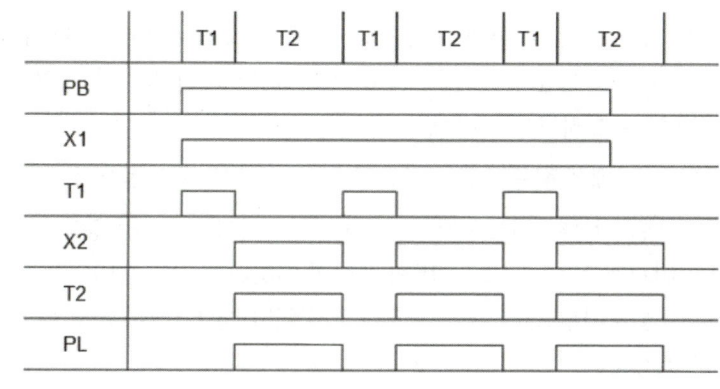

해설

X1의 용도는 자기 유지에 해당한다. X2의 설치는 신입 우선 회로, T2과 PL의 동작 신호 용도와 자기 유지를 포함한다.
이렇게 용도를 정하고 타임차트를 완성하면 된다.

과년도 출제문제

13 다음은 화재 안전 기준상 내화 배선의 공사 방법에 관한 사항이다. 빈칸에 들어갈 말을 쓰시오.

금속관, 2종 금속제 가요 전선관 또는 합성 수지관에 수납하여 내화 구조로 된 벽 또는 바닥 등에 벽 또는 바닥의 표면으로부터 ((가)) 이상의 깊이로 매설하여야 한다. 다만, 다음의 기준에 적합하게 설치하는 경우에는 그러하지 아니하다.

가. 배선을 내화 성능을 갖는 배선 전용실 또는 배선용 샤프트, 피트, 덕트 등에 설치하는 경우

나. 배선 전용실 또는 배선용 샤프트, 피트, 덕트 등에 다른 설비의 배선이 있는 경우에는 이로부터 ((나)) 이상 떨어지게 하거나 소화 설비의 배선과 이웃하는 다른 설비의 배선 사이에 배선 지름(배선의 지름이 다른 경우 가장 큰 것에 기준한다.)의 ((다))배 이상의 높이의 불연성 격벽을 설치할 것

(가)

(나)

(다)

정답

(가) : 25[m]
(나) : 15[cm]
(다) : 1.5배

해설

금속관, 2종 금속제 가요 전선관 또는 합성 수지관에 수납하여 내화 구조로 된 벽 또는 바닥 등에 벽 또는 바닥의 표면으로부터 25[mm] 이상의 깊이로 매설하여야 한다. 다만, 다음의 기준에 적합하게 설치하는 경우에는 그러하지 아니하다.

가. 배선을 내화 성능을 갖는 배선 전용실 또는 배선용 샤프트, 피트, 덕트 등에 설치하는 경우

나. 배선 전용실 또는 배선용 샤프트, 피트, 덕트 등에 다른 설비의 배선이 있는 경우에는 이로부터 15[cm] 이상 떨어지게 하거나 소화 설비의 배선과 이웃하는 다른 설비의 배선 사이에 배선 지름(배선의 지름이 다른 경우 가장 큰 것에 기준한다.)의 1.5배 이상의 높이의 불연성 격벽을 설치할 것

14 감지기 회로의 도통 시험을 위한 종단 저항 설치 기준 3가지를 작성하시오.

○

○

○

정답

○ 점검 및 관리가 쉬운 장소에 설치할 것
○ 감지기 회로의 끝 부분에 설치하며, 종단 감지기에 설치할 경우에는 구별이 쉽도록 해당 감지기의 기판 및 감지기 외부 등에 별도 표시를 할 것
○ 전용함을 설치하는 경우 그 설치 높이는 바닥으로부터 1.5m 이내로 할 것

해설

감지기의 점검을 진행할 수 있는 도통 시험은 가장 빈번하게 이뤄져야 하는 시험이기 때문에 조작부의 위치가 중요하다. 일반적으로 점검 및 관리가 쉬운 장소는 발신기에 해당한다. 그러나 종단 감지기에 해당하는 경우도 있을 수 있으므로 위와 같은 조건이 주어지게 된 것이다.

과년도 출제문제

15 3상 380V, 100kW인 전기기구의 부하 전류를 측정하기 위하여 변류비 300/5의 변류기를 사용하였다. 이 때 2차 전류를 구하여라.(*단, 역률은 0.7, 효율은 1이다.)

정답

3.62[A]

해설

$I = \dfrac{100 \times 10^3}{\sqrt{3} \times 380 \times 0.7} = 217.05[A]$

$I_2 = 217.05 \times \dfrac{5}{300} = 3.62[A]$

일반적으로 $P = \sqrt{3} \times V \times I \times COS\Theta$의 형태를 변형하여 풀었다.

변류비에 대해서는 $CT비 = \dfrac{I_1}{I_2}$를 통해서 계산하였다. 2차측 전류를 구해야 했기에 $I_2 = I_1 \times \dfrac{1}{CT비}$

16 다음은 유도등 및 유도 표지의 설치 장소에 따른 종류에 관한 내용이다. 알맞은 종류의 유도등을 쓰시오.

종류	설치 장소
	공연장, 집회장, 관람장, 운동시설 유흥주점영업시설(손님이 춤을 출 수 있는 무대가 설치된 카바레, 나이트 클럽 또는 그 밖에 이와 비슷한 영업시설)
	위락시설, 판매시설, 운수시설, 관광 숙박업, 의료시설, 전시장, 지하상가, 지하철 역사
	숙박시설(관광 숙박업 제외), 오피스텔 지하층, 무창층 및 11층 이상의 부분
	(대형이나 중형 피난구 유도등을 설치해야 하는 건축물이 아닌 경우이면서) 근린생활시설, 노유자시설, 업무시설, 발전시설, 종교시설, 교육 연구 시설, 수련 시설, 공장, 교정 및 군사시설, 기숙사, 자동차 정비 공장, 운전학원, 다중 이용 업소, 복합 건축물, 아파트

정답

해설 참조

해설

종류	설치 장소
대형 피난구 유도등 통로 유도등 객석 유도등	공연장, 집회장, 관람장, 운동시설 유흥주점영업시설(손님이 춤을 출 수 있는 무대가 설치된 카바레, 나이트 클럽 또는 그 밖에 이와 비슷한 영업시설)
대형 피난구 유도등 통로 유도등	위락시설, 판매시설, 운수시설, 관광 숙박업, 의료시설, 전시장, 지하상가, 지하철 역사 대형이라서 지하(지하상가, 역사)의(의료시설) 전광판(전시장, 관광숙박업, 판매시설)
중형 피난구 유도등 통로 유도등	숙박시설(관광숙박업 제외), 오피스텔 지하층, 무창층 및 11층 이상의 부분 손을 모으고(11) 숙오(숙박시설, 오피스텔) 하셨어요.
소형 피난구 유도등 통로 유도등	(대형이나 중형 피난구 유도등을 설치해야 하는 건축물이 아닌 경우이면서) 근린생활시설, 노유자시설, 업무시설, 발전시설, 종교시설, 교육연구시설, 수련시설, 공장, 교정 및 군사시설, 기숙사, 자동차 정비 공장, 운전학원, 다중이용업소, 복합 건축물, 아파트
피난구 유도 표지 통로 유도 표지	그 외

과년도 출제문제

17 경보 방식에 대한 질문에 답하시오.(법령 변경에 따른 변경 문제)

1) 우선 경보 방식에 대한 설명이다. 경보층을 쓰시오.

발화층	경보층
2층 이상	
1층	
지하층	

2) 우선 경보 방식의 적용 대상을 쓰시오.(단, 공동 주택을 구별할 것)

정답

1)

발화층	경보층
2층 이상	발화층 및 직상 4개층
1층	발화층 및 직상 4개층, 지하층
지하층	발화층, 직상층, 지하 전층

2) 11층 이상(공동 주택은 16층 이상인 경우)

Chapter 03 2022년 소방설비기사 전기분야 실기 과년도 출제문제

2022년 1회 소방설비기사(전기 분야) 실기 시험

시행일자 2022년 05월 07일

01 비상 콘센트 설비에 대한 다음 각 물음에 답하시오.

1) 전원 회로의 종류, 전압 및 그 공급 용량을 쓰시오.

① 종류 :

② 전압 :

③ 공급 용량 :

2) 전원으로부터 각 층의 비상 콘센트에 분기되는 경우에 보호함 내에 설치하여야 하는 기구를 쓰시오.

3) 비상 콘센트 설비 배선의 설치 기준에서 전원 회로의 배선과 그 밖의 배선 종류에 대해 쓰시오.

① 전원 회로의 배선 :

② 그 밖의 배선 :

과년도 출제문제

정답

1) ① 종류 : 단상 교류
   ② 전압 : 220[V]
   ③ 공급 용량 : 1.5[kVA] 이상
2) 분기 배선용 차단기
3) ① 전원 회로의 배선 : 내화 배선
   ② 그 밖의 배선 : 내화배선 또는 내열 배선

해설

비상용 콘센트 설비에 대한 질문의 경우는 대부분 법규에 연관된 문제가 출제된다.
아래와 같은 문항들은 출제가 잦은 부분이므로 정확히 기억해야 한다.

[비상콘센트설비의 화재안전기술기준(NFTC 504)]
1) 비상콘센트설비의 전원회로는 단상교류 220 [V]인 것으로서, 그 공급용량은 1.5 [kVA] 이상인 것으로 할 것
2) 전원 회로는 각층에 2 이상이 되도록 설치할 것. 다만, 설치해야 할 층의 비상 콘센트가 1개인 때에는 하나의 회로로 할 수 있다.
3) 전원으로부터 각 층의 비상 콘센트에 분기되는 경우에는 분기 배선용 차단기를 보호함 안에 설치할 것
4) 콘센트마다 배선용 차단기(KS C 8321)를 설치해야 하며, 충전부가 노출되지 않도록 할 것
5) 개폐기에는 "비상콘센트"라고 표시한 표지를 할 것
6) 하나의 전용회로에 설치하는 비상콘센트는 10개 이하로 할 것. 이 경우 전선의 용량은 각 비상콘센트 (비상콘센트가 3개 이상인 경우에는 3개)의 공급용량을 합한 용량 이상의 것으로 해야 한다.
7) 비상콘센트의 플러그접속기는 접지형2극 플러그접속기(KS C 8305)를 사용해야 한다.
8) 비상콘센트의 플러그접속기의 칼받이의 접지극에는 접지공사를 해야 한다.

02 소방 시설용 비상 전원 수전 설비의 화재 안전 기준에서 큐비클형의 설치 기준에 관한 다음 각 물음에 답하시오.

기출 변형

1) ((가)) 큐비클 또는 ((나)) 큐비클식으로 설치할 것
2) 외함은 두께 ((다))[mm] 이상의 강판과 이와 동등 이상의 강도와 ((라))이 있는 것으로 제작해야 하며, 개구부에는 「건축법 시행령」 제64조에 따른 방화문으로서 ((마)) 방화문, ((바)) 방화문 또는 ((사)) 방화문으로 설치할 것
3) 외함의 바닥에서 ((아))[cm](시험단자, 단자대 등의 충전부는 ((자))[cm]) 이상의 높이에 설치할 것

> **정답**
>
> (가) : 전용
> (나) : 공용
> (다) : 2.3
> (라) : 내화 성능
> (마) : 60분+
> (바) : 60분
> (사) : 30분
> (아) : 10
> (자) : 15

> **해설**
>
> 소방 시설용 비상 전원 수전 설비는 자주 나오던 부분이 아니다. 하지만 정확히 기억해두지 않으면 혼동할 수 있으므로 주의할 요소들이 많은 부분이다.
>
> [소방시설용 비상전원수전설비의 화재안전기술기준(NFTC 602)]
> 1) 전용큐비클 또는 공용큐비클식으로 설치할 것
> 2) 외함은 두께 2.3[mm] 이상의 강판과 이와 동등 이상의 강도와 내화성능이 있는 것으로 제작해야 하며, 개구부(2.2.3.3의 각 기준에 해당하는 것은 제외한다)에는 「건축법 시행령」 제64조에 따른 방화문으로서 60분 + 방화문, 60분 방화문 또는 30분 방화문으로 설치할 것
> 3) 외함의 바닥에서 10[cm](시험단자, 단자대 등의 충전부는 15[cm]) 이상의 높이에 설치할 것

과년도 출제문제

03 누전 경보기의 화재 안전 기준과 형식 승인 및 제품 검사의 기술 기준을 참고하여 다음 각 물음에 답하시오.

1) 공칭 작동 전류치는 몇 [mA]인가?

2) 감도 조정 장치를 갖는 누전 경보기의 최소치와 최대치는 몇 [A]인가?
   ① 최소치 :
   ② 최대치 :

3) 변류기의 1차 권선과 2차 권선 간의 절연 저항 측정에 사용되는 측정 기구와 측정된 절연 저항의 양부에 대한 기준을 쓰시오.
   ① 측정 기구 :
   ② 양부 판단 기준 :

> **정답**
> 1) 200[mA]
> 2) ① 최소치 : 0.2[A]=200[mA]
>   ② 최대치 : 1.0[A]
> 3) ① 측정 기구 : 직류 500[V] 절연 저항계
>   ② 양부 판단 기준 : 5[MΩ] 이상

해설

절연 저항계	절연 저항	대상
DC 250[V]	0.1[MΩ]	1경계 구역의 절연 저항
DC 500[V]	5[MΩ]	누전 경보기 가스 누설 경보기 수신기 자동화재 속보 설비 비상 경보 설비 유도등(교류 입력 측과 외함 간 포함) 비상 조명등(교류 입력 측과 외함 간 포함)
	20[MΩ]	경종 발신기 중계기 비상콘센트 기기의 절연된 선로 간 기기의 충전부와 비충전부 간 기기의 교류 입력 측과 외함 간 (유도등, 비상 조명등 제외)
	50[MΩ]	감지기(정온식 감지선형 감지기 제외) 가스 누설 경보기(10회로 이상) 수신기(10회로 이상)
	1[kΩ]	정온식 감지선형 감지기

04 주어진 동작 설명이 적합하도록 미완성된 시퀀스 제어 회로를 완성하시오. (단, 각 접점 및 스위치에는 접점 명칭을 반드시 기입한다.)

① 전원을 투입하면 초록색 램프가 점등된다.
② 전동기 운전용 누름 버튼 스위치 PB-on를 누르면 전자 접촉기가 여자되어 전동기가 기동한다. 동시에 타이머 T가 통전되면서 순시 접점인 T-a접점에 의해 전동기 운전 표시등인 빨간 램프가 점등된다. 이때 전자 접촉기 b접점인 MC-b접점에 의해 초록색 램프는 소등된다. 타이머 설정 시간 후에 타이머의 한시 b접점 T-b가 열리므로 전자 접촉기 MC가 소자되어 전동기가 정지하고, 모든 접점은 PB-on을 누르기 전의 상태로 복귀한다.
③ 전동기가 정상 운전 중이라도 정지용 누름 버튼 스위치 PB-off를 누르면 PB-on을 누르기 전의 상태로 된다.
④ 전동기에 과전류가 흐르면 열동 계전기 접점인 THR-a접점이 동작하여 전동기는 정지하고 모든 접점인 PB-on을 누르기 전의 상태로 복귀한다. 이 때 경고등 노랑 램프가 점등된다.

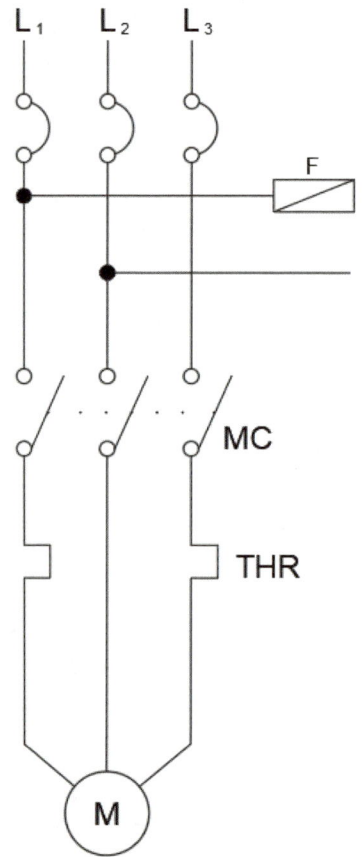

> **해설**
>
> 답보다 해설부터 확인하기 바란다.
> ① 전원을 투입하면 초록색 램프가 점등된다.
>   ☞ 첫 번째 기준에 따르면 b접점 이후 GL 혹은 바로 GL임을 알 수 있다.
> ② 전동기 운전용 누름 버튼 스위치 PB-on를 누르면 전자 접촉기가 여자되어 전동기가 기동한다. 동시에 타이머 T가 통전되면서 순시 접점인 T-a접점에 의해 전동기 운전 표시등인 빨간 램프가 점등된다.
>   ☞ 이 요소에서는 운전용 누름 버튼 스위치가 눌렸을 때 자기 유지가 되어야 하는데 타이머로 인해 자기 유지를 이룰 수 있다. 이를 통해서 빨간 램프가 점등되어야 한다.
> ③ 이때 전자 접촉기 b접점인 MC-b접점에 의해 초록색 램프는 소등된다. 타이머 설정 시간 후에 타이머의 한시 b접점 T-b가 열리므로 전자 접촉기 MC가 소자되어 전동기가 정지하고, 모든 접점은 PB-on을 누르기 전의 상태로 복귀한다.
>   ☞ 전자 접촉기가 앞선 연결의 b접점임을 알 수 있고, 또 타이머 이후에 MC를 소자시키는 인터록을 삽입할 수 있다. MC의 여자가 끝나면 복귀를 하게 된다.
> ④ 전동기에 과전류가 흐르면 열동 계전기 접점인 THR-a접점이 동작하여 전동기는 정지하고 모든 접점인 PB-on을 누르기 전의 상태로 복귀한다. 이 때 경고등 노랑 램프가 점등된다.
>   ☞ THR을 통해 노랑 램프가 점등되어야 하므로 3로 형태의 THR을 사용하여야 한다.

> **정답**
>
>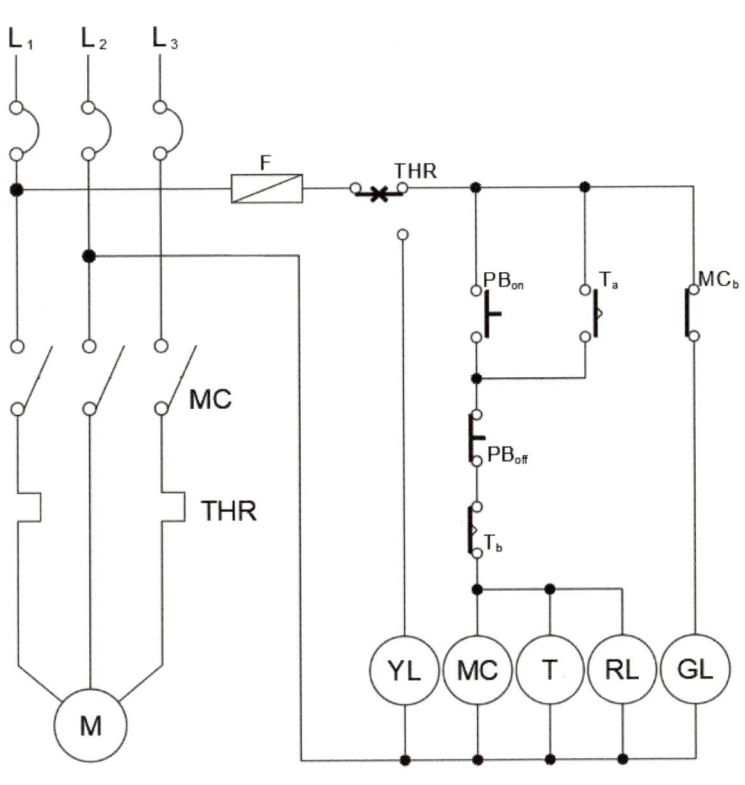

과년도 출제문제

05 자동화재탐지설비에 대한 설치 대상의 면적 기준을 적으시오.

1) 판매시설(전통 시장 제외)
2) 판매시설 중 전통 시장
3) 복합 건축물
4) 업무 시설
5) 교육 연구 시설

1) 연면적 1,000㎡ 이상
2) 전부
3) 연면적 600㎡ 이상
4) 연면적 1,000㎡ 이상
5) 연면적 2,000㎡ 이상

해설

설치대상	기준
정신 의료 기관, 의료 재활 시설	창살 설치 : 바닥 면적 300㎡ 미만 기타 : 바닥 면적 300㎡ 이상
노유자 시설	연면적 400㎡ 이상
근린 생활 시설, 위락 시설 의료 시설 복합건축물, 장례 시설	연면적 600㎡ 이상
목욕탕, 발전시설, 문화 및 집회시설, 운동시설 교정 및 군사 시설 중 국방 군사 시설, 종교시설 위험물 저장 및 처리 시설 방송통신시설, 관광휴게시설 업무시설, 판매 시설 항공기 및 자동차 관련 시설, 공장, 창고 시설 지하가(터널 제외), 운수시설	연면적 1,000㎡ 이상
교육 연구 시설, 동식물 관련 시설 자원 순환 관련 시설, 교정 및 군사 시설 (국방, 군사 시설 제외) 수련 시설(숙박 시설이 있는 것 제외) 묘지 관련 시설	연면적 2,000㎡ 이상
터널	길이 1,000m 이상
특수 가연물 저장, 취급	지정수량 500배 이상
수련 시설(숙박시설이 있는 것)	수용 인원 100명 이상
발전 시설	전기 저장 시설
지하구, 전통시장, 조산원, 산후 조리원, 공통 주택, 숙박시설, 6층 이상의 건축물 노유자 생활 시설, 요양 병원(정신 병원, 의료 재활 시설 제외)	전부

과년도 출제문제

06 비상 방송 설비에 사용되는 용어의 정의를 쓰시오.

1) 소리를 크게 하여 멀리까지 전달될 수 있도록 하는 장치로서 일명 스피커를 말한다.
2) 가변 저항을 이용하여 전류를 변환시켜 음량을 크게 하거나 작게 조절할수 있는 장치를 말한다.
3) 전압과 전류의 진폭을 늘려 감도를 좋게 하고 미약한 음성 전류를 커다란 음성 전류로 변화시켜 소리를 크게 하는 장치를 말한다.

정답

1) 확성기
2) 음량조절기
3) 증폭기

해설

비상 방송 설비에 대해선 정의에 대한 질문이 빈번히 출제되므로 명확히 알고 있어둘 필요가 있다.
더 많은 양이 나오지 않기 때문에 비상 윗 내용만 잘 숙지하면 된다.

07 비상 방송 설비의 확성기 회로에 음량 조정기를 설치하고자 한다. 미완성 결선도를 완성하시오.

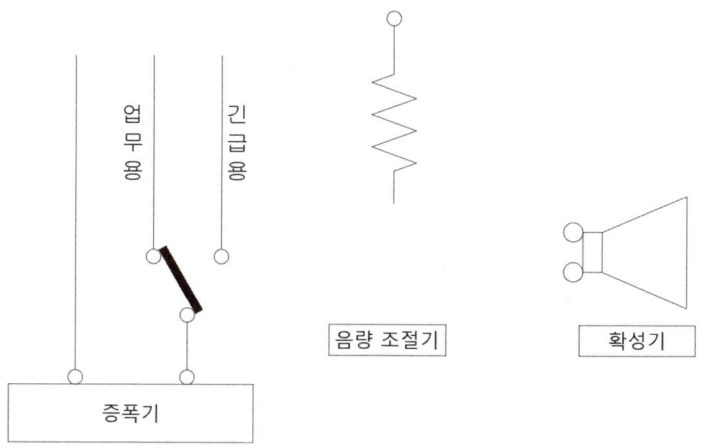

정답

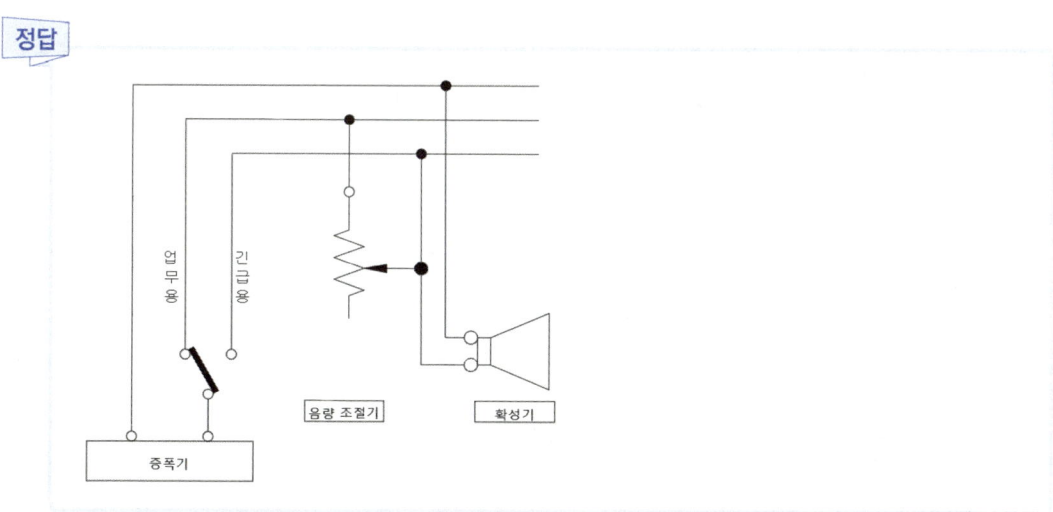

해설

[비상 방송 설비의 미완성 결선도를 그리는 방법]
① 긴급용 선과 공통선을 먼저 확성기와 직접 연결한다.
② 업무용 선을 음량 조절기에 연결한다.
③ 저항을 가변적으로 조정하면서 동시에 긴급용에서 역으로는 진행되어선 안되므로 방향성을 갖추어 연결하면 된다.

과년도 출제문제

08 도면은 준비 작동식 스프링클러 설비에 사용되는 슈퍼 비조리 판넬에서 수신기까지의 내부 결선도이다. 도면을 완성하고 각 기호의 용도를 쓰시오.

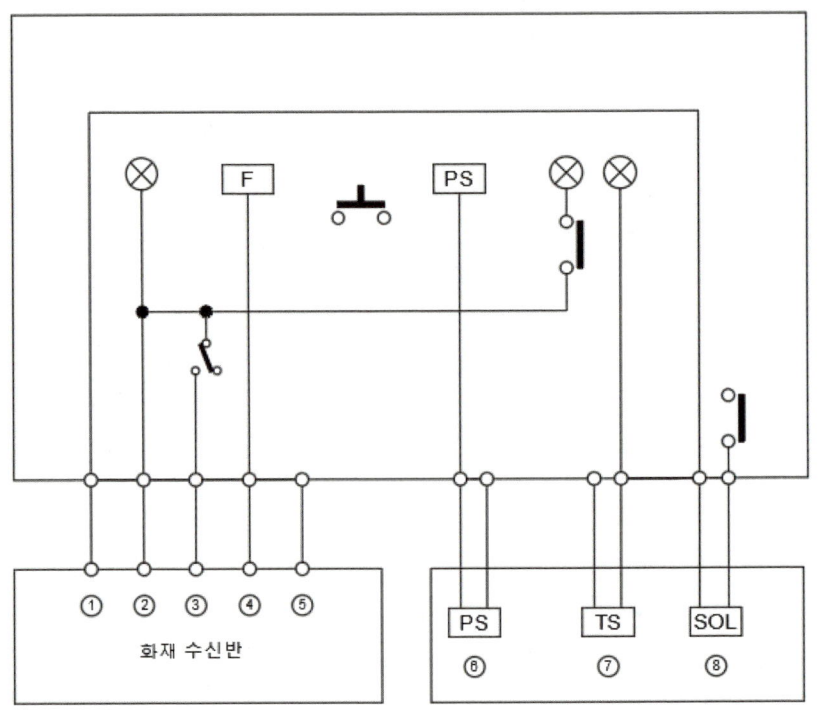

①	②	③	④	⑤	⑥	⑦	⑧

정답

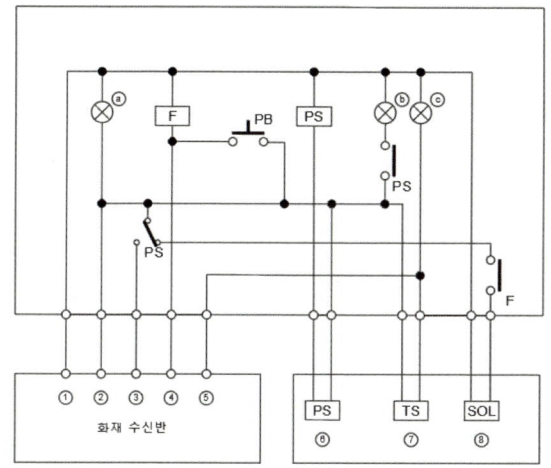

①	②	③	④	⑤	⑥	⑦	⑧
전원-	전원+	밸브 개방 확인	밸브 기동	밸브 주의	압력 스위치	탬퍼 스위치	솔레노이드 밸브

해설

프리액션 밸브의 기능

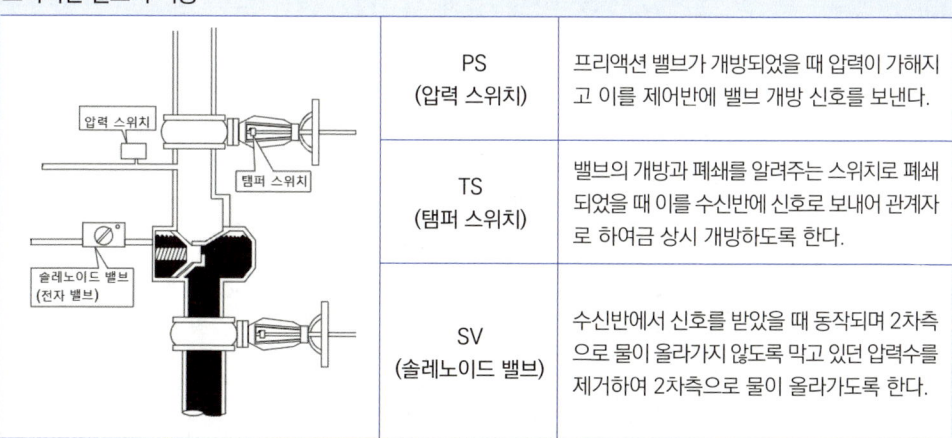

	PS (압력 스위치)	프리액션 밸브가 개방되었을 때 압력이 가해지고 이를 제어반에 밸브 개방 신호를 보낸다.
	TS (탬퍼 스위치)	밸브의 개방과 폐쇄를 알려주는 스위치로 폐쇄되었을 때 이를 수신반에 신호로 보내어 관계자로 하여금 상시 개방하도록 한다.
	SV (솔레노이드 밸브)	수신반에서 신호를 받았을 때 동작되며 2차측으로 물이 올라가지 않도록 막고 있던 압력수를 제거하여 2차측으로 물이 올라가도록 한다.

1) 해당 부분이 위 회로 연결의 핵심이기 때문에 함께 확인할 필요가 있다.
   [솔레노이드 밸브]에 의해 동작하거나, 수동 스위치에 의해 동작하게 되므로 해당 부분을 기반으로 회로의 기본적인 형태를 확인할 수 있다.
2) 탬퍼 스위치에 연결된 등의 경우 OS&Y 밸브의 개폐 사실을 공유한다. 항상 개방되어야 하는데 닫혀있는 경우에 신호를 [밸브 주의]를 보내야 하고, 개방되어 있음은 확인할 수 있어야 한다.

과년도 출제문제

09 가요 전선관 공사에서 다음에 사용되는 재료의 명칭은 무엇인가?

1) 가요전선관과 박스와 연결 :

2) 가요전선관과 금속관과 연결 :

3) 가요전선관과 가요전선관과 연결 :

정답

1) 스트레이트 박스 커넥터
2) 콤비네이션 커플링
3) 스플리트 커플링

해설

- Split는 '구분하다'라는 뜻이다. 가요 전선관을 나누어 구분하고 있다고 의미하는 것이다.
- straight의 경우는 '일직선의'라는 뜻이다. 박스와 직접 연결되는 부분임에도 직접 연결이 가능하게 하는 것이다.
- combination의 경우는 '조합'을 의미한다. 즉 성질이 다른 두 관을 연결하는 특징을 본 것이다.

10 그림과 같은 복도에 자동화재탐지설비의 감지기를 설치하고자 한다. 각각의 도면에 연기 감지기 2종과 연기 감지기 3종의 배치 수량을 쓰고 도면상에 감지기 간 및 복도와 감지기 간 거리도 표시하시오.

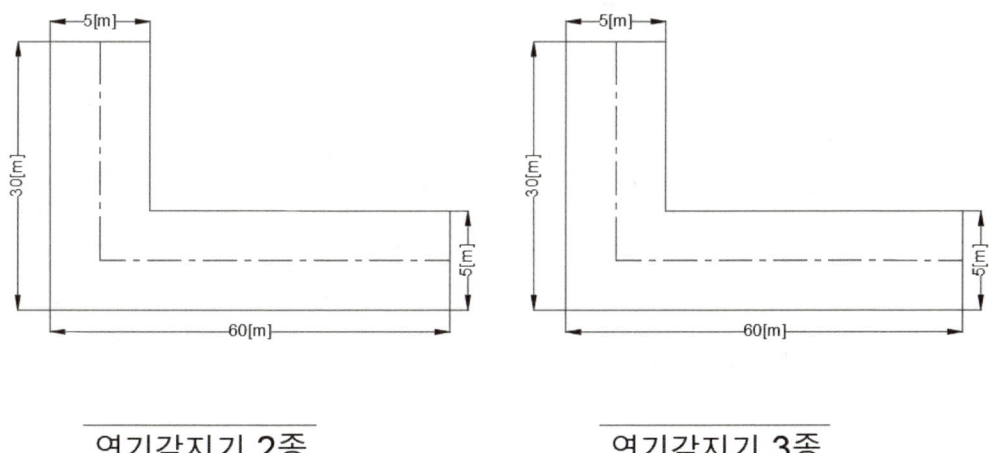

	연기감지기 2종 배치	연기 감지기 3종 배치
수량		

과년도 출제문제

[정답]

	연기감지기 2종 배치	연기 감지기 3종 배치
수량	$\dfrac{(60-2.5)+(30-2.5)}{30}=2.83 ≒ 3(EA)$	$\dfrac{(60-2.5)+(30-2.5)}{20}=4.25 ≒ 5(EA)$

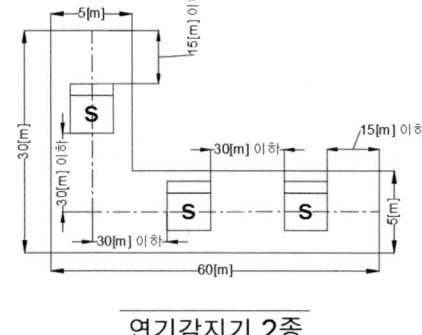

연기감지기 2종

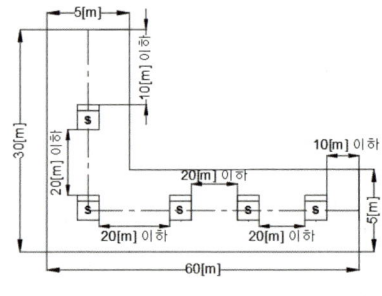

연기감지기 3종

[해설]

연기감지기 설치 기준

$$(\text{연기 감지기 1종 · 2종 수량}) = \frac{\text{보행 중심 거리}[m]}{30[m]}$$

$$(\text{연기 감지기 3종 수량}) = \frac{\text{보행 중심 거리}[m]}{20[m]}$$

모든 감지기는 배치 전에 수량을 산출하여 계산하여야 한다. 이를 확인하고 배치해야 한다.

11 다음 회로에서 램프 L의 작동을 주어진 타임차트에 표시하고, 각 회로에 대한 논리회로를 그리시오.

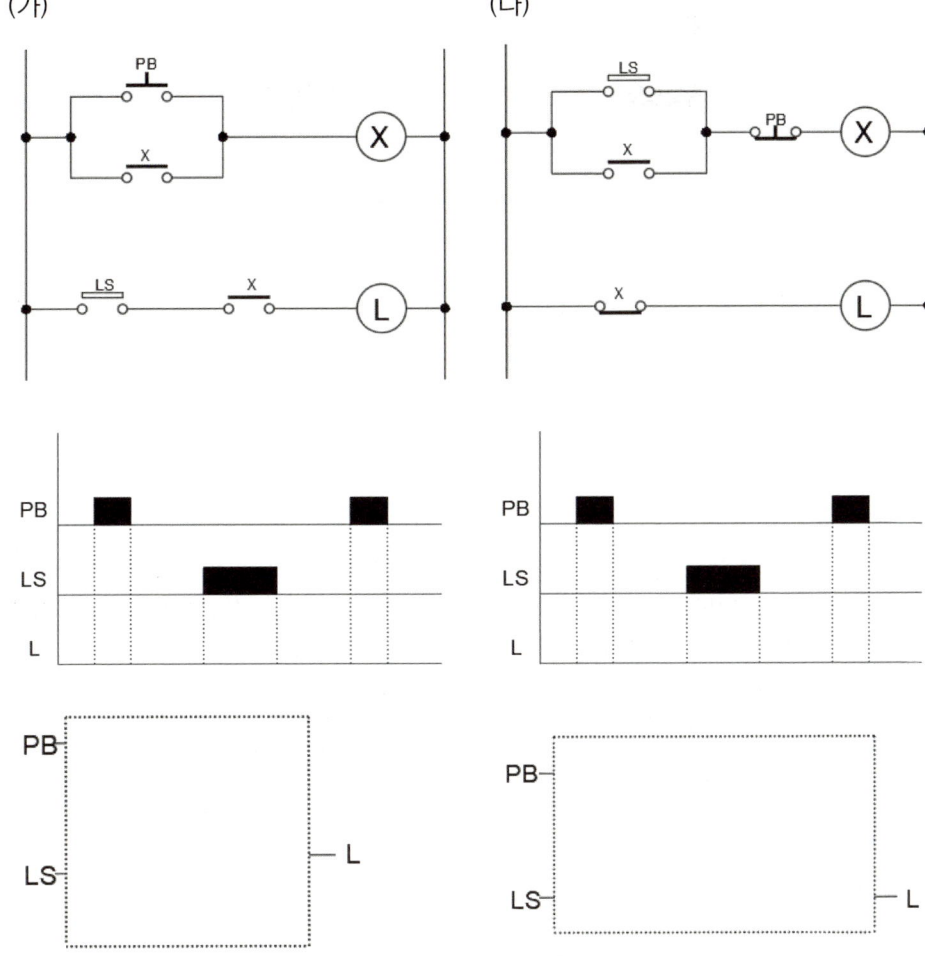

과년도 출제문제

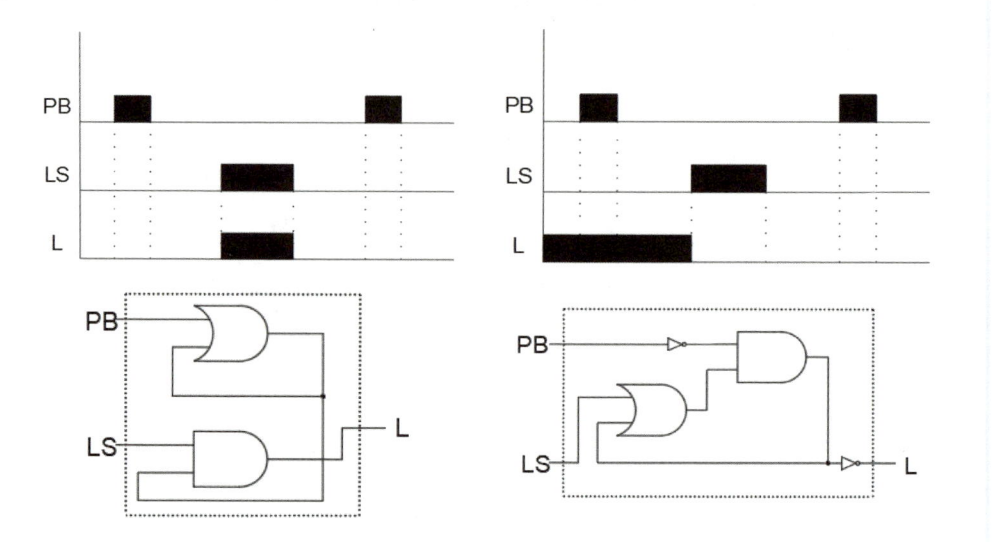

해설

1) 작동 원리
    ① 작동 원리를 확인해보면 (가)에서는 자기 유지 회로를 구성하였으며 이를 통해서 2차 제어를 하고 있다. 기계적 접점인 LS의 경우는 눌렸을 때 램프를 작동시켜 목적에 도달했음을 표현하는 형태이다.
    ② 반면에 (나)에서는 최초에 불이 먼저 들어오다가 LS 접점이 붙었을 때부터 릴레이X가 작동하여 자기 유지를 하게 된다. 동시에 인터록이 존재하는 불은 꺼지게 된다.
2) 위와 같은 원리를 기반으로 이뤄진 회로로 타임차트를 그릴 수 있고, 무접점(논리) 회로의 구성도 이를 기반하여 자기 유지 회로와 인터록 회로를 구성하는 (가)형과 off접점을 기반으로 한 리미트 동작형 회로를 구성할 수 있다.

12 제연 설비의 수신반에서 120[m] 떨어진 장소의 감지기가 작동할 때 소비된 전류가 2[A]라 하자. 이때의 전압 강하를 산출하시오.(단, 전선 굵기는 1.5mm이며 단상 2선식을 사용하였다.)

정답

$$\frac{35.6 \cdot 120 \cdot 2}{1000 \cdot (\pi \cdot 0.75^2)} = 4.83[V]$$

해설

$e = \dfrac{35.6 \cdot L \cdot I}{1000A}$ (A : 전선의 단면적[㎟], L : 길이[m], I : 전류[A])

※ 전선의 직경을 줄 때도 있고, 단면적을 줄 때도 있으니 주의하여야 한다.

과년도 출제문제

13 3선식 배선으로 상시 충전되는 유도등의 전기 회로에 점멸기를 설치하는 경우 소등 상태에서 점등 상태로 되는 경우는 언제인지 5가지를 쓰시오.

1)
2)
3)
4)
5)

정답

1) 자동화재 탐지설비의 감지기 또는 발신기가 작동되는 때
2) 비상 경보 설비의 발신기가 작동되는 때
3) 상용 전원이 정전되거나 전원선이 단선되는 때
4) 방재 업무를 통제하는 곳 또는 전기실의 배전반에서 수동으로 점등하는 때
5) 자동소화설비가 작동되는 때

해설

점멸기가 설치된 유도등이 점등되는 상황(3선식)
- 자동화재 탐지 설비의 감지기 또는 발신기가 작동되는 때
- 자동 소화 설비가 작동되는 때
- 비상 경보 설비의 발신기가 작동되는 때
- 상용 전원이 정전되거나 전원선이 단선되었을 때
- 방재 업무를 통제하는 곳 또는 전기실의 배전반에서 수동으로 점등하는 때

암기팁 그림 참조

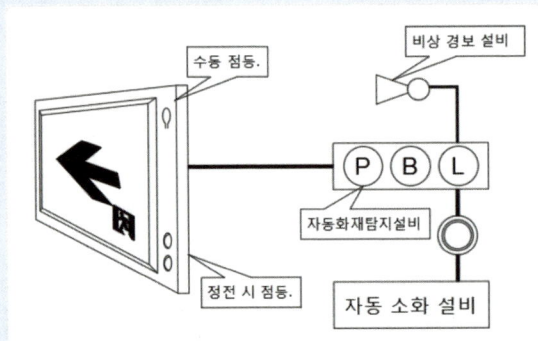

14 다음은 옥내 소화전 설비를 겸용한 자동화재탐지설비의 계통도이다. 기호 지점에 해당하는 최소 가닥수를 쓰시오.(단, 옥내 소화전은 기동용 수압 개폐장치를 이용하는 방식을 채택하였다.)

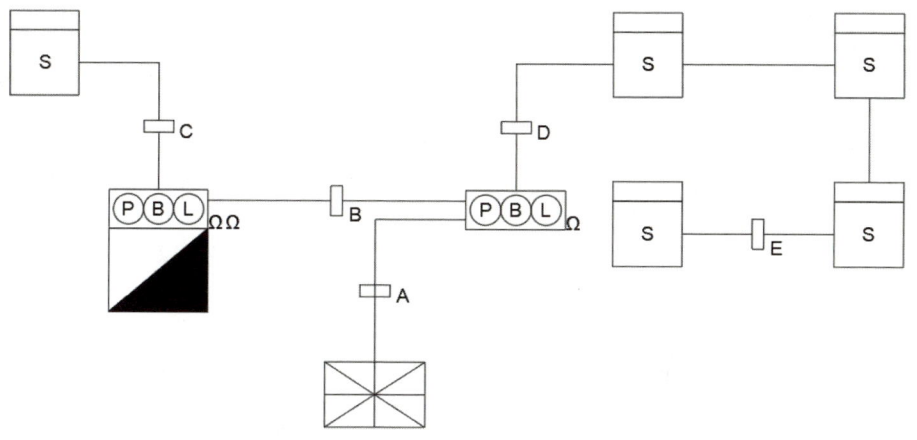

기호	가닥수	상세 용도
A		
B		
C		
D		
E		

① 경계 구역마다 지구선이 추가되어야 한다.
② 자동 기동 장치에 대해서는 2개선이 추가되어야 한다.

정답

기호	가닥수	상세 용도
A	10	지구선 3가닥, 공통선 1가닥, 응답선 1가닥, 표시등선 1가닥, 경종 1가닥, 경종 표시등 공통선 1가닥, 전원 표시 2가닥
B	9	지구선 2가닥, 공통선 1가닥, 응답선 1가닥, 표시등선 1가닥, 경종 1가닥, 경종 표시등 공통선 1가닥, 전원 표시 2가닥
C	4	지구선 2가닥, 공통선 2가닥
D	4	지구선 2가닥, 공통선 2가닥
E	4	지구선 2가닥, 공통선 2가닥

과년도 출제문제

15 그림과 같은 건물 평면도의 경우 자동화재 탐지 설비의 최소 경계 구역 수를 쓰시오.

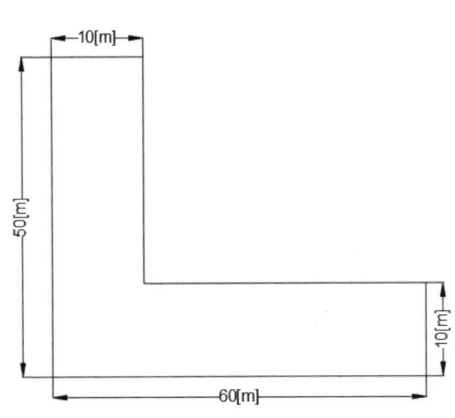

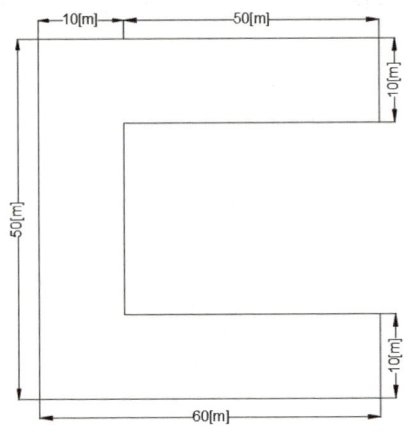

○ 계산 과정 :　　　　　　　　　　　　　○ 계산 과정 :
○ 답 :　　　　　　　　　　　　　　　　○ 답 :

정답

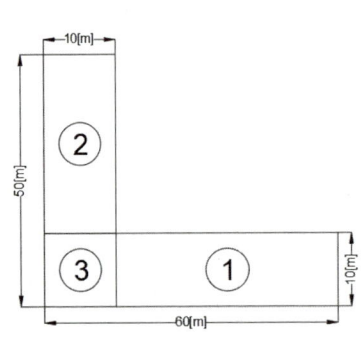

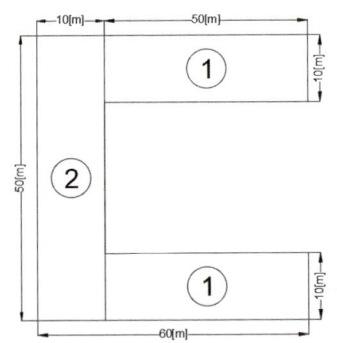

① $\dfrac{(50-10) \cdot 10}{600} = 0.67 ≒ 1(EA)$

② $\dfrac{(60-10) \cdot 10}{600} = 0.83 ≒ 1(EA)$

③ $\dfrac{10 \cdot 10}{600} = 0.17 ≒ 1(EA)$

총 경계 구역은 ① + ② + ③ = 3(EA)

① $\dfrac{50 \cdot 10}{600} = 0.83 ≒ 1(EA)$

② $2 \times \dfrac{(60-10) \cdot 10}{600} = 1.66 ≒ 2(EA)$

총 경계 구역은 ① + ② = 3(EA)

16 다음 도면 기호에 해당하는 설비를 쓰시오.

(가) (나) (다) (라) (마)

(가) :

(나) :

(다) :

(라) :

(마) :

정답

(가) : 수신반
(나) : 제어반
(다) : 부수신기
(라) : 표시반
(마) : 중계기

해설

- 판넬을 의미하는 사각형은 자주 등장하니 한꺼번에 기억하는 것이 좋다.
- 암기에 있어서도 왜 이렇게 그렸을 지를 추측해보는 것이 좋다.
- 최초에 중계기와 그 수준의 부수신기가 있다고 보면 되고, 이를 2개를 연결하면 수신기가 된다고 생각하자.
- 마지막으로 표시를 겸하는 형태로 제어반이 구성된다.

17 길이가 25[m]인 통로에 객석 통로 유도등을 설치하려 한다. 이 때 필요한 객석 유도등의 수량의 최소 개수를 산출하고 아래 도면에 배치하시오.

1) 개수
2) 도면 표시

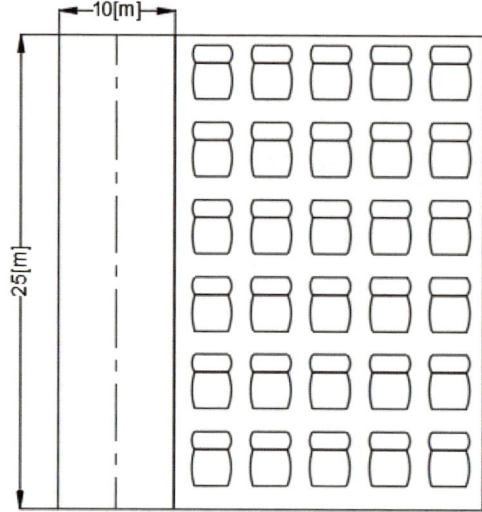

정답

1) 개수 : $\dfrac{25}{4} - 1 = 5.25 ≒ 6(EA)$

2) 도면 표기

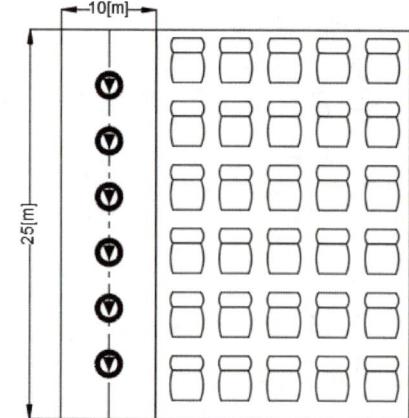

18 자동 화재 탐지 설비의 중계기 설치 기준을 쓰시오.

1)

2)

3)

정답

1) 수신기가 감지기 회로의 도통 시험을 하지 않는 것은 중계기가 도통 시험을 할 수 있도록 감지기와 수신기 사이에 중계기를 설치해야 한다.
2) 집합형과 같이 별도의 전력으로 기동하는 것에 대해 과전류 차단기를 설치하고, 전력 등의 상태를 수신기에 공유해야 한다.
3) 조작 및 점검이 편리하고 화재 및 침수 등의 재해로 인한 피해를 받을 우려가 없는 장소에 설치할 것

해설

1) 수신기가 감지기 회로의 도통 시험을 하지 않는 것은 중계기가 도통 시험을 할 수 있도록 감지기와 수신기 사이에 중계기를 설치해야 한다.
   ☞ 도통 시험에 대한 기능을 갖추어야 한다.
2) 집합형과 같이 별도의 전력으로 기동하는 것에 대해 과전류 차단기를 설치하고, 전력 등의 상태를 수신기에 공유해야 한다.
   ☞ 중계기는 별도의 전력을 활용할 수 있다. 해당 경우에는 당연히 고장의 파급을 막기 위한 차단기가 필수적이고, 수신기에서 이를 확인할 수 있어야 한다.
3) 조작 및 점검이 편리하고 화재 및 침수 등의 재해로 인한 피해를 받을 우려가 없는 장소에 설치할 것
   ☞ 조작의 기준은 높이를 선정하는 중요한 이유가 된다.

과년도 출제문제

2022년 2회 소방설비기사(전기 분야) 실기 시험

시행일자 2022년 07월 24일

01 그림과 같은 건물 평면도의 경우 자동화재 탐지 설비의 최소 경계 구역 수를 쓰시오.

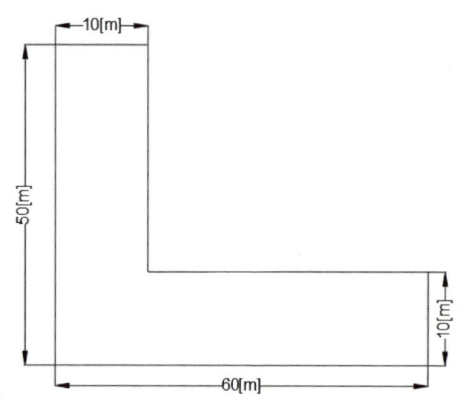

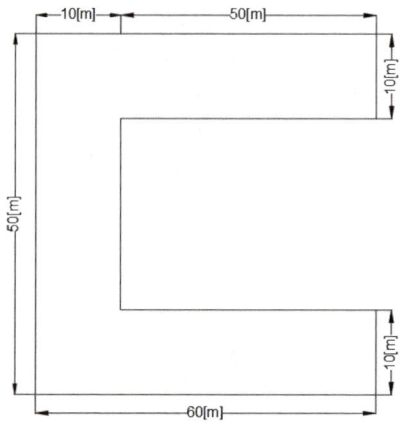

○ 계산 과정 :

○ 답 :

○ 계산 과정 :

○ 답 :

정답

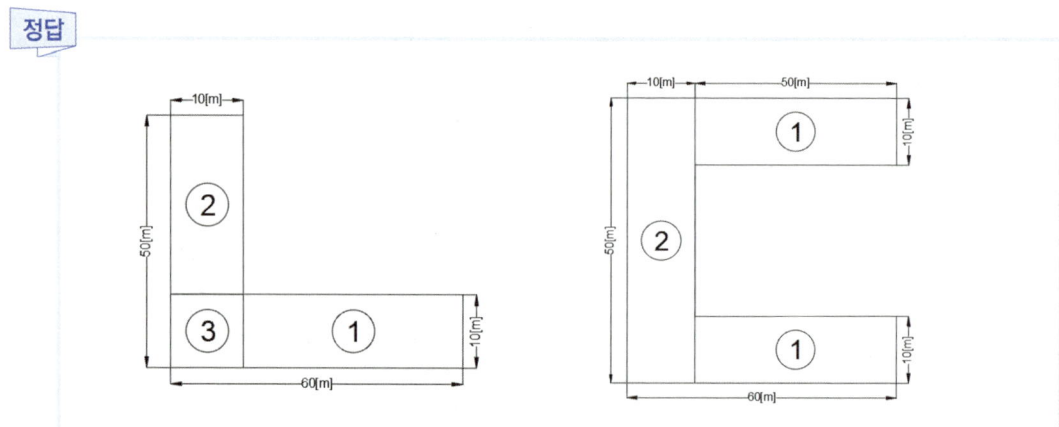

① $\dfrac{(50-10) \cdot 10}{600} = 0.67 ≒ 1(EA)$　　① $\dfrac{50 \cdot 10}{600} = 0.83 ≒ 1(EA)$

② $\dfrac{(60-10) \cdot 10}{600} = 0.83 ≒ 1(EA)$　　② $2 \times \dfrac{(60-10) \cdot 10}{600} = 1.66 ≒ 2(EA)$

③ $\dfrac{10 \cdot 10}{600} = 0.17 ≒ 1(EA)$

총 경계 구역은 ① + ② + ③ = 3(EA)　　총 경계 구역은 ① + ② = 3(EA)

02　다음과 같은 장소에 차동식 스포트형 감지기 1종을 설치하는 경우와 광전식 스포트형 2종을 설치하는 경우 최소 감지기 소요 개수를 선정하시오. (단, 주요 구조부는 내화 구조이며, 설치 높이는 3.8[m]에 해당한다.)

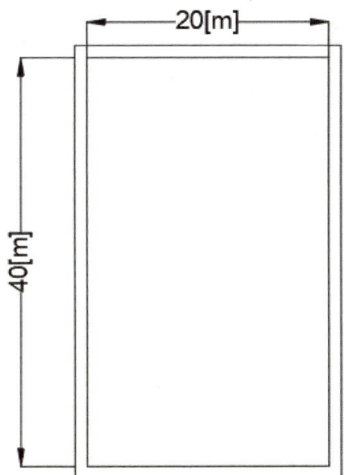

1) 차동식 스포트형 감지기(1종)의 설치 개수
2) 광전식 스포트형 감지기(2종)의 설치 개수

과년도 출제문제

> **정답**
>
> 1) 차동식 스포트형 감지기(1종)의 설치 개수
>
> $$\frac{40 \times 20}{90} = 8.89 ≒ 9\,(EA)$$
>
> 2) 광전식 스포트형 감지기(2종)의 설치 개수
>
> $$\frac{40 \times 20}{150} = 5.33 ≒ 6\,(EA)$$

> **해설**
>
> 열 감지기의 부착 높이와 바닥 감지 면적(스포트형 감지기)
>
> (단위 : ㎡)
>
> | 부착 높이 및 특정 소방 대상물의 구분 | | 감지기의 종류 | | | | | | |
> |---|---|---|---|---|---|---|---|---|
> | | | 차동식 | | 보상식 | | 정온식 | | |
> | | | 1종 | 2종 | 1종 | 2종 | 특종 | 1종 | 2종 |
> | 4m 미만 | 내화 구조 | 90 | 70 | 90 | 70 | 70 | 60 | 20 |
> | | 기타 구조 | 50 | 40 | 50 | 40 | 40 | 30 | 15 |
> | 4m 이상 8m 미만 | 내화 구조 | 45 | 35 | 45 | 35 | 35 | 30 | - |
> | | 기타 구조 | 30 | 25 | 30 | 25 | 25 | 15 | - |
>
> 연기 감지기의 부착 높이와 바닥 감지 면적(스포트형 감지기)
>
> | 부착 높이 | 1, 2종 | 3종 |
> |---|---|---|
> | 4m 미만 | 150㎡ | 50㎡ |
> | 4m 이상 20m 미만 | 75㎡ | - |

03 P형 수신기의 예비 전원을 시험하는 방법과 양부 판단의 기준을 설명하시오.

1) 시험 방법 :

2) 양부 판단의 기준 :

정답

1) 시험 방법
   상용 전원 및 비상 전원이 사고 등으로 정전된 경우에 자동적으로 예비 전원으로 절환이 되는 기능과 정전이 복구될 때 자동적으로 상용 전원으로 절환되는 기능의 작동 여부를 확인한다.
2) 양부 판단의 기준 : 예비 전원의 전압, 용량, 절환 기능, 복구 기능이 정상일 것

해설

전원에 대해서 평상시에 전압과 용량이 갖추어져야 하고, 정전이 되었을 때 긴급히 예비 전원으로 절환 되는지와 정전이 해소되었을 때 다시 상용 전원으로 복구가 되는 절환 기능이 원할한지를 판단한다.

과년도 출제문제

04 비상 방송 설비의 설치 기준에 관한 설명이다. 빈칸을 채우시오.

설치 기준

① 확성기의 음성입력은 ((가))[W](실내에 설치하는 것에 있어서는 ((나))[W]) 이상일 것

② 각 층마다 설치하고, 수평거리는 ((다))[m] 이하가 되어야 한다.

③ 음량조정기를 설치하는 경우 음량조정기의 배선은 ((라))선식으로 할 것

④ 조작부의 조작스위치는 바닥으로부터 ((마)) [m] 이상 ((바)) [m] 이하의 높이에 설치할 것

(가) :

(나) :

(다) :

(라) :

(마) :

(바) :

정답

(가) : 3
(나) : 1
(다) : 25
(라) : 3
(마) : 0.8
(바) : 1.5

해설

법규 관련된 내용은 정확히 기억해야 하고, 치수는 매우 중요하다.

05 유량 2400[L/min], 양정이 120[m]인 스프링클러 설비용 펌프 전동기의 용량을 계산하시오. (효율은 95%, 전달 계수는 1.2로 한다.)

정답

$$P = \frac{9.8 \times 2.4 \times 120 \times 1.2}{60 \times 0.95} = 59.4189 \fallingdotseq 59.42 [\text{kW}]$$

해설

$P = \dfrac{9.8 \times Q \times H \times K}{60 \times \eta}$ ($Q[\text{m}^3/\text{min}]$, $H[m]$, $P[\text{kW}]$)에서 유량(Q) 2400[L/min]은 단위 변환이 필요하다. 1,000[L]=1[㎥]에 해당한다.

06

15[kW] 스프링클러 펌프용 유도 전동기가 있다. 전동기의 역률이 80%일 때 역률을 90%로 개선할 수 있는 전력용 콘덴서의 용량과 역률 개선 후의 무효 전력을 산출하시오.

1) 전력용 콘덴서의 용량
2) 역률 개선 전의 무효 전력

정답

1) 3.99[kVar]

$$15(\frac{\sqrt{1-0.8^2}}{0.8} - \frac{\sqrt{1-0.9^2}}{0.9}) = 3.985 ≒ 3.99[kVar]$$

2) 7.27[kVar]

$$P_a = \frac{15}{0.9} = 16.667 ≒ 16.67[kVA]$$

$$16.67\sqrt{1-0.9^2} = 7.2662 ≒ 7.27[kVar]$$

해설

$$15(\frac{\sqrt{1-0.8^2}}{0.8} - \frac{\sqrt{1-0.9^2}}{0.9}) = 3.985 ≒ 3.99[kVar]$$

$$P_r = P_a \cdot Sin\theta = P_a \cdot (\sqrt{1-\cos^2\theta})$$

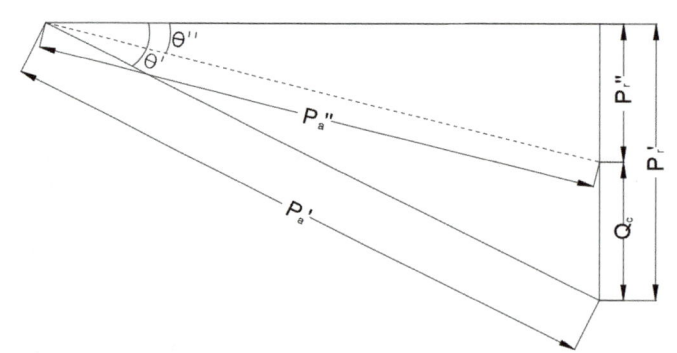

전력 삼각형을 활용하여 계산하는 내용이며, 굉장히 빈번히 활용하는 실무 내용이다. 관련 사항을 이해하기 어렵다면 강의를 확인하거나 유튜브의 공식 채널을 통해서 확인하기 바란다.

07 자동화재탐지 설비의 감지기가 글미과 같이 배치되어 있을 때 다음 각 물음에 답하시오.

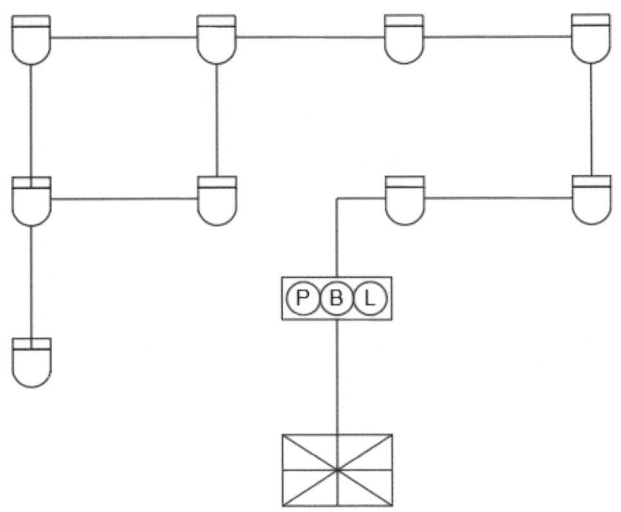

1) 가닥수를 표시하시오. (표기 방식은 옆과 같다. ─///─)

2) 실제 배선도를 완성하시오.

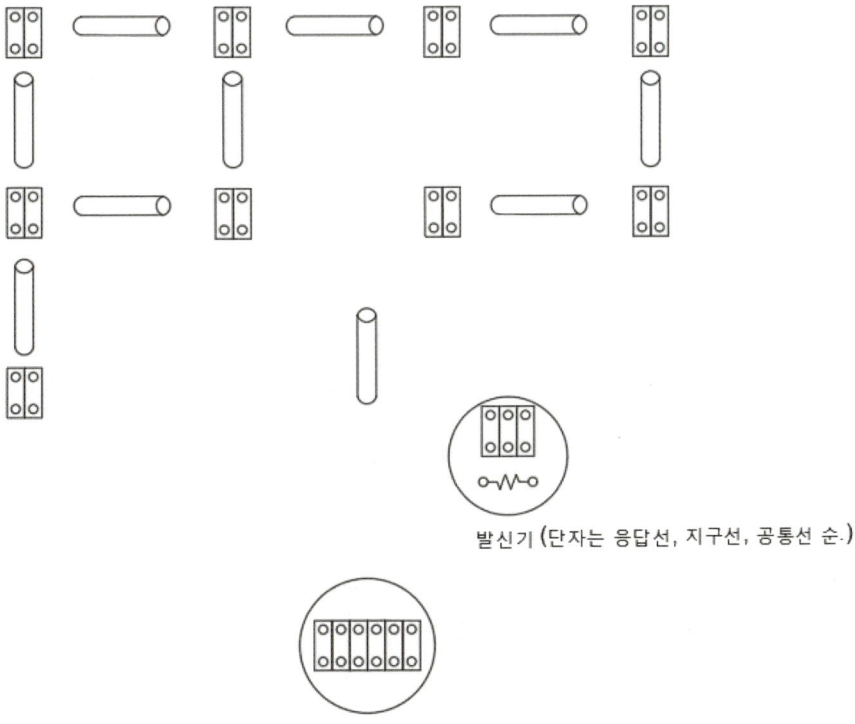

발신기 (단자는 응답선, 지구선, 공통선 순.)

수신기

과년도 출제문제

정답

1)

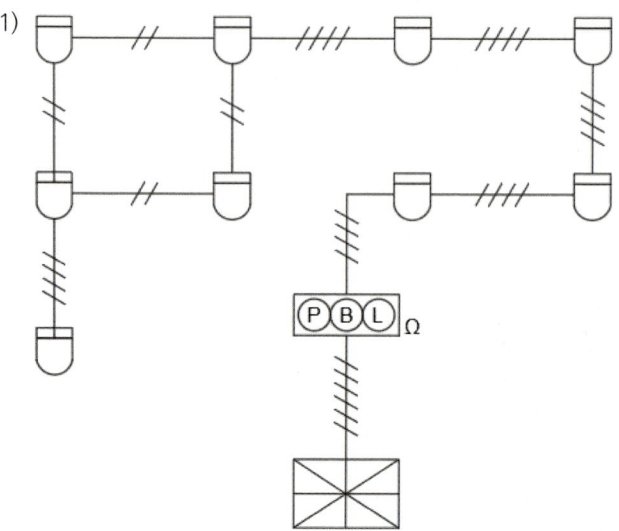

2) 구분이 쉽도록 관의 직경을 키워서 표기하였음. 실제 시험에서도 보이지 않을 경우 확장하여 그릴 것

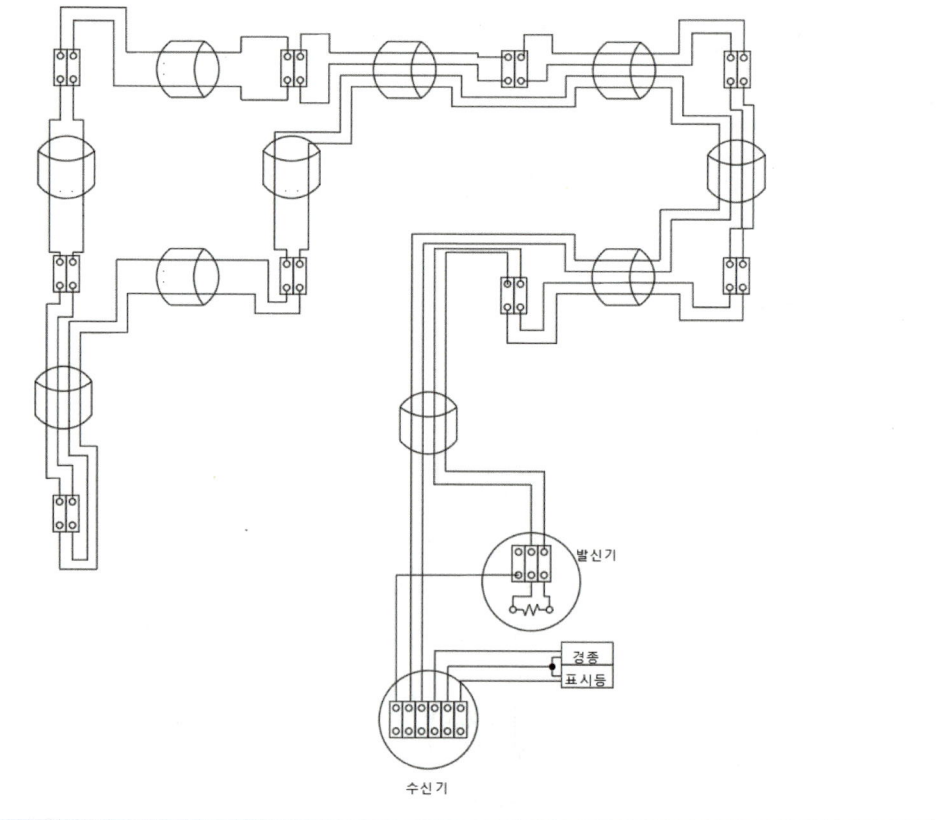

> **해설**
> 1) 감지기를 연결하는 부분을 신경 써서 기록하기 바란다.
> 2) ① 감지기 끝에서 선을 가지고 오는 것이 우선이다. 먼저 그렇게 선을 이끌고 발신기까지 도달한다.
>   ② 후에 수신기에서 감지기 선을 이끌고 따라가면 된다.
>   ③ 연결이 끝난 뒤에는 나머지 선을 이어주면 된다.
>   ※ 해당 문제는 출제 시에 생략된 부분이 많았다. 해당 부분을 추가하여 엮어야 했다.

08 다음 소방 시설 도시 기호의 명칭을 쓰시오.

(가) (나) (다) (라) (마) (바)

(가) :
(나) :
(다) :
(라) :
(마) :
(바) :

> **정답**
> (가) : 확성기
> (나) : 비상벨
> (다) : 기동 버튼
> (라) : 기동 장치
> (마) : 정온식 스포트형 감지기
> (바) : 차동식 스포트형 감지기

과년도 출제문제

> **해설**
> (다)의 기동 버튼을 ELECTRIC ON이라고 기억해두자.
> (라)의 경우는 기동 장치에 해당한다. F를 FIRST로 기억해두면 된다.
> 정온식은 정해진 온도를 그대로 하기 때문에 그대로의 모형을 활용하고, 차동식의 경우는 -를 추가한 기호를 기입하면 된다. 보상식은 =를 추가하여 2가지 기능을 합한 감지기임을 표시하면 된다.

09 p형 수신기와 감지기와의 배선 회로에서 종단 저항은 10[kΩ], 배선 저항은 50[Ω], 릴레이 저항은 700[Ω]이며, 회로 전압이 DC 24[V]일 때 물음에 답하시오.

1) 평소 감시 전류는 몇 [mA]인가?
2) 감지기가 동작할 때(화재 시)의 전류는 몇 [mA]인가?

> **정답**
> 1) $I = \dfrac{24}{10 \times 10^3 + 700 + 50} = 2.232 ≒ 2.23 [\text{mA}]$
> 2) $I = \dfrac{24}{700 + 50} = 0.032 ≒ 32 [\text{mA}]$

> **해설**
> 1) 감지기의 동작 전/후 상태
>
>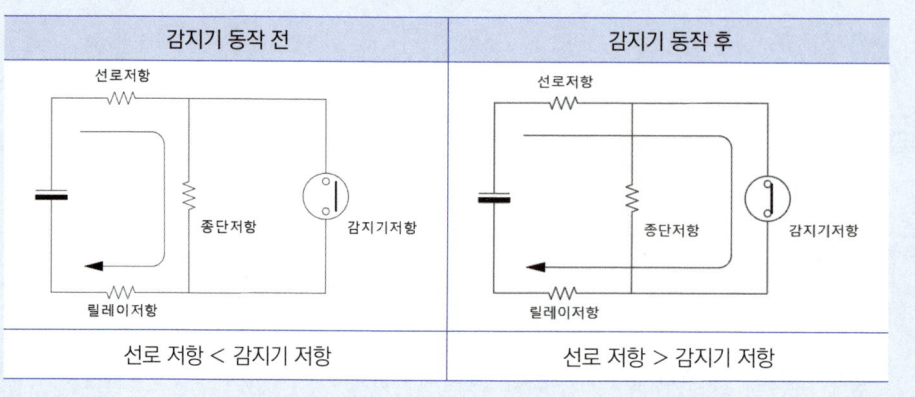

10 감지기 회로의 배선에서 교차 회로 방식의 적용 설비 5가지만 쓰시오.

1)

2)

3)

4)

5)

정답

1) 이산화탄소 소화 설비
2) 분말 소화 설비
3) 할론 소화 설비
4) 일제 살수식 스프링클러 설비
5) 준비 작동식 스프링클러 설비

해설

교차 회로 감지기
- 준비 작동식 스프링클러
- 일제살수식 스프링클러
- 가스계 소화설비(이산화탄소, 할론, 할로겐 화합물 및 불활성기체)
- 분말 소화 설비

암기팁 교차 회로는 회로를 이분할(이산화탄소, 분말, 할론)하여 일제히(일제살수식) 작동(준비작동식)하면 동작한다.

과년도 출제문제

11 다음은 옥내 소화전설비 감시제어반의 기능에 대한 설명이다. 빈칸을 채우시오.

1) 각 펌프의 작동 여부를 확인할 수 있는 ((가)) 및 ((나)) 기능이 있어야 할 것
2) 수조 또는 물올림수조가 ((다))로 될 때 표시등 및 음향으로 경보할 것
3) 다음의 각 확인 회로마다 ((라)) 및 ((마))을 할 수 있도록 할 것
   ① 기동용 수압개폐장치의 압력 스위치 회로
   ② 수조 또는 물올림수조의 저수위 감시 회로
   ③ 개폐밸브의 폐쇄상태 확인회로
   ④ 그 밖의 이와 비슷한 회로

(가) :
(나) :
(다) :
(라) :
(마) :

정답

(가) : 표시등
(나) : 음향 경보
(다) : 저수위
(라) : 도통 시험
(마) : 작동 시험

해설

1) 각 펌프의 작동여부를 확인할 수 있는 표시등 및 음향경보기능이 있어야 할 것
2) 수조 또는 물올림수조가 저수위로 될 때 표시등 및 음향으로 경보할 것
3) 다음의 각 확인회로마다 도통시험 및 작동시험을 할 수 있도록 할 것
   ① 기동용수압개폐장치의 압력스위치회로
   ② 수조 또는 물올림수조의 저수위감시회로
   ③ 2.3.10에 따른 개폐밸브의 폐쇄상태 확인회로
   ④ 그 밖의 이와 비슷한 회로

12 수신기에서 60[m] 떨어진 장소의 감지기가 작동할 때 소비된 전류가 0.6[A]라고 한다. 이 때의 전압 강하[V]를 구하시오.(전선의 굵기는 1.5[mm]이다.)

정답

$$\frac{17.8 \times 2 \times 60 \times 0.6}{1000 \times \pi \times (\frac{1.5}{2})^2} = 0.725 \fallingdotseq 0.72[V]$$

해설

전압 강하를 고려한 전선의 단면적 산출
(전선의 단면적을 고려한 전압 강하 산출 시에는 A와 e의 위치를 바꾸어 계산하면 된다.)

전기 방식	전선 단면적
단상 2선식	$A = \dfrac{17.8 \times L \times I}{1,000e} \times 2$
3상 3선식	$A = \dfrac{17.8 \times L \times I}{1,000e} \times \sqrt{3}$
단상 3선식 3상 4선식	$A = \dfrac{17.8 \times L \times I}{1,000e}$

e : 각 선간의 전압 강하[V]　　L : 전선 1본의 길이[m]
A : 전선의 단면적[mm²]　　I : 부하기기의 정격전류[A]

과년도 출제문제

13 건물 내부에 가압 송수 장치를 기동용 수압 개폐 장치로 사용하는 옥내 소화전함과 P형 발신기 세트를 다음과 같이 설치하였다. 다음 각 물음 답하시오.

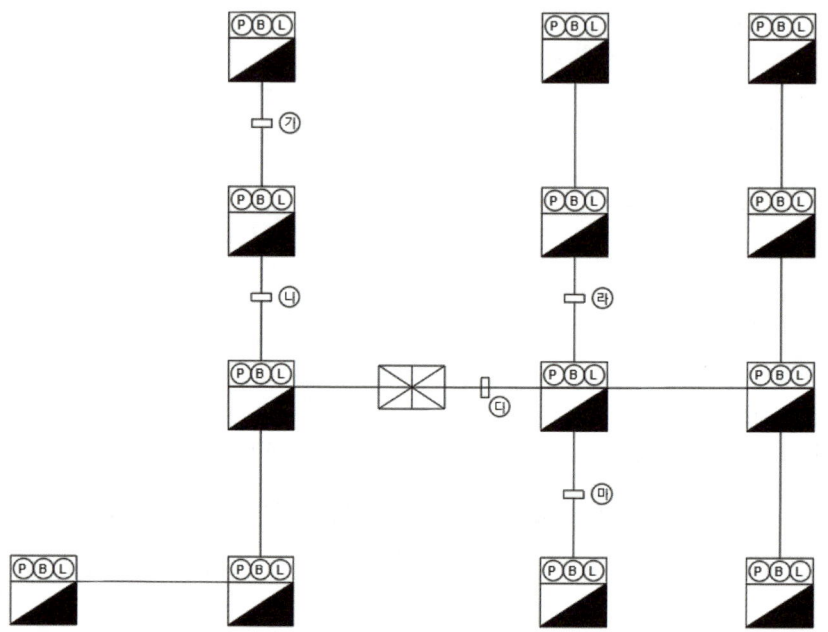

1) 가닥수와 상세 용도를 쓰시오.

기호	가닥수	상세 용도
(가)		
(나)		
(다)		
(라)		
(마)		

2) 자동화재탐지설비의 배선 설치 기준에 관한 다음 빈칸을 채우시오.

> 자동화재탐지설비의 감지기 회로의 전로 저항은 ((가))[Ω] 이하가 되도록 해야 하며, 수신기의 각 회로 별 종단에 설치되는 감지기에 접속되는 배선의 전압은 감지기 정격 전압의 ((나))[%] 이상이어야 할 것

(가) :

(나) :

정답

1)

기호	가닥수	상세 용도
(가)	8	지구선 1가닥, 응답선 1가닥, 공통선 1가닥, 경종선 1가닥, 표시등선 1가닥, 경종 표시등 1가닥, 전원 표시 2가닥
(나)	9	지구선 2가닥, 응답선 1가닥, 공통선 1가닥, 경종선 1가닥, 표시등선 1가닥, 경종 표시등 1가닥, 전원 표시 2가닥
(다)	16	지구선 8가닥, 응답선 1가닥, 공통선 2가닥, 경종선 1가닥, 표시등선 1가닥, 경종 표시등 1가닥, 전원 표시 2가닥
(라)	9	지구선 2가닥, 응답선 1가닥, 공통선 1가닥, 경종선 1가닥, 표시등선 1가닥, 경종 표시등 1가닥, 전원 표시 2가닥
(마)	8	지구선 1가닥, 응답선 1가닥, 공통선 1가닥, 경종선 1가닥, 표시등선 1가닥, 경종 표시등 1가닥, 전원 표시 2가닥

2) (가) : 50
   (나) : 80

해설

① 지상 11층 미만(공동 주택 16층 미만)의 경우는 일제 경보에 해당한다.
② 경종선은 일제 경보 방식, 발화층 및 직상 4개 층 우선 경보 방식 관계 없이 층수를 세면 된다.

과년도 출제문제

14 스프링클러 설비에는 제어반을 설치하되, 감시 제어반과 동력 제어반으로 구분하여 설치하지 아니할 수 있는 경우의 빈칸을 채우시오.

스프링클러설비에는 제어반을 설치하되, 감시제어반과 동력제어반으로 구분하여 설치해야 한다. 다만, 다음의 어느 하나에 해당하는 경우에는 감시제어반과 동력제어반으로 구분하여 설치하지 않을 수 있다.

① 다음의 어느 하나에 해당하지 않는 특정소방대상물에 설치되는 경우
② 지하층을 제외한 층수가 ((가))층 이상으로서 연면적이 ((나))㎡ 이상인 것
③ ②에 해당하지 않는 특정소방대상물로서 지하층의 바닥면적 합계가 ((다))㎡ 이상인 것
④ ((라))에 따른 가압송수장치를 사용하는 경우
⑤ ((마))에 따른 가압송수장치를 사용하는 경우
⑥ ((바))에 따른 가압송수장치를 사용하는 경우

(가) :

(나) :

(다) :

(라) :

(마) :

(바) :

(가) : 7층
(나) : 2,000
(다) : 3,000
(라) : 내연기관
(마) : 고가수조
(바) : 가압수조

> **해설**
>
> [스프링클러설비의 화재안전성능기준(NFPC 103) - 제13조(제어반)]에 따르면 스프링클러설비에는 제어반을 설치하되, 감시제어반과 동력제어반으로 구분하여 설치해야 한다. 다만, 다음의 어느 하나에 해당하는 경우에는 감시제어반과 동력제어반으로 구분하여 설치하지 않을 수 있다.
> ① 다음의 어느 하나에 해당하지 않는 특정소방대상물에 설치되는 경우
> ② 지하층을 제외한 층수가 7층 이상으로서 연면적이 2,000㎡ 이상인 것
> ③ ②에 해당하지 않는 특정 소방 대상물로서 지하층의 바닥면적 합계가 3,000㎡ 이상인 것
> ④ 내연기관에 따른 가압 송수 장치를 사용하는 경우
> ⑤ 고가수조에 따른 가압 송수 장치를 사용하는 경우
> ⑥ 가압수조에 따른 가압 송수 장치를 사용하는 경우
> 감시 제어반과 동력 제어반을 묶어도 된다는 의미가 된다.

15 감지기 회로의 도통 시험을 위한 종단 저항의 설치 기준을 3가지 쓰시오.

1)

2)

3)

> **정답**
>
> 1) 점검 및 관리가 쉬운 장소에 설치할 것
> 2) 전용함 내 설치할 때는 바닥에서 1.5m 이내의 높이에 설치할 것
> 3) 감지기 회로의 끝 부분에 설치하며, 종단 감지기에 설치시 구별이 쉽도록 해당 감지기의 기판 및 감지기 외부등에 표시

> **해설**
>
> 전용함 내에 설치하거나 감지기 끝에 설치하기 때문에 각각의 조건이 추가된 부분에 해당한다. 그리고 이 두 가지 중에 선택하는 기준은 점검 및 관리가 쉬운 장소를 의미한다.

과년도 출제문제

16 주어진 진리표를 보고 다음 각 물음에 답하시오.

A	B	C	X	Y
0	0	0	0	0
0	0	1	0	1
0	1	0	1	1
0	1	1	0	1
1	0	0	0	0
1	0	1	0	1
1	1	0	1	1
1	1	1	1	1

1) 간략화한 논리식을 표현하시오.

   X =

   Y =

2) 무접점 회로를 그리시오.

3) 유접점 회로를 그리시오.

정답

1) 불대수 정리

$X = \overline{A}B\overline{C} + AB\overline{C} + ABC$

$\quad = B(\overline{A}\,\overline{C} + A\overline{C} + AC)$

$\quad = B(\overline{A}\,\overline{C} + A) = B(A + \overline{C})$

$Y = \overline{\overline{A}\,\overline{B}\,\overline{C} + A\overline{B}\,\overline{C}}$

$\quad = \overline{\overline{B}\,\overline{C}}$

$\quad = B + C$

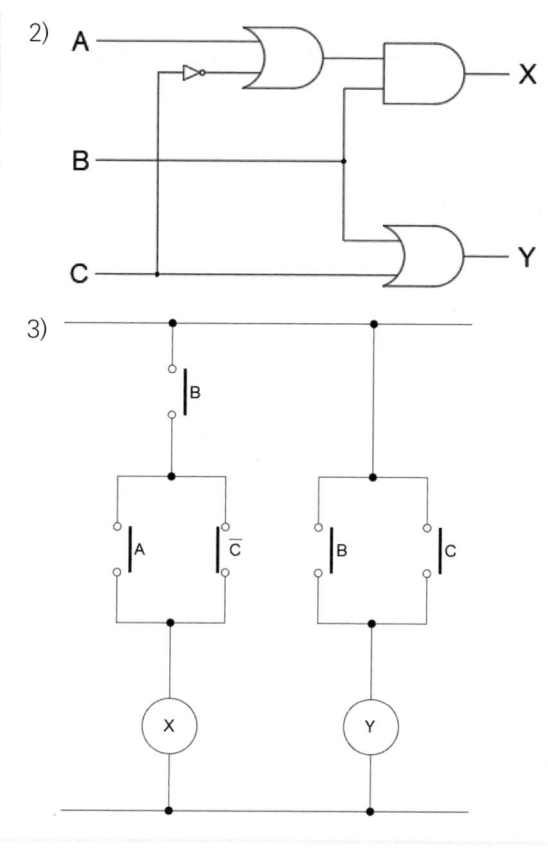

해설

1) 불대수의 정리

항등 법칙	$A+0=A, A+1=1$	$A \cdot 0 = 0, A \cdot 1 = A$
동일 법칙	$A+A=A$	$A \cdot A = A$
보원 법칙	$A+\overline{A}=1$	$A \cdot \overline{A} = 0$
다중 부정	$\overline{\overline{A}}=A$	
교환 법칙	$A+B=B+A$	$A \cdot B = B \cdot A$
결합 법칙	$A+(B+C)=(A+B)+C$	$A \cdot (B \cdot C) = (A \cdot B) \cdot C$
분배 법칙	$A \cdot (B+C) = AB+AC$	
흡수 법칙	$A+A \cdot B = A$	$A \cdot (A+B) = A$
드 모르간 정리	$\overline{A+B}=\overline{A} \cdot \overline{B}$	$\overline{A \cdot B}=\overline{A}+\overline{B}$

17 주어진 도면은 유도 전동기 기동, 정지 회로의 미완성 도면이다. 다음 각 물음에 답하시오.

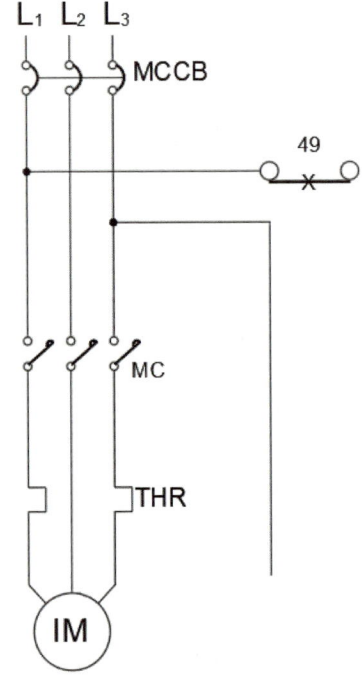

1) 미완성 회로를 완성하시오.
2) 49는 무엇인지와 작동 시기를 쓰시오.
   ① 49는 무엇인가?
   ② 작동 시기를 쓰시오.
      ○
      ○

정답

1) [회로도]

2) ① 열동 계전기
   ② 작동 시기
   ○ 전동기에 과부하가 걸릴 때
   ○ 전류 조정 다이얼의 정정값이 적정 전류보다 낮은 경우

과년도 출제문제

18 유도등 및 비상 조명등에 관한 다음 각 물음에 답하시오.

1) 유도등의 비상 전원은?

2) 비상 조명등의 설치 기준에 관한 다음 빈칸을 쓰시오.

예비전원과 비상전원은 비상조명등을 ((가))분 이상 유효하게 작동시킬 수 있는 용량으로 할 것. 다만, 다음의 특정소방대상물의 경우에는 그 부분에서 피난층에 이르는 부분의 비상조명등을 ((나))분 이상 유효하게 작동시킬 수 있는 용량으로 해야 한다.

① 지하층을 제외한 층수가 ((다))층 이상의 층

② 지하층 또는 무창층으로서 용도가 도매시장·소매시장·여객자동차터미널·지하역사 또는 지하상가

(가) :

(나) :

(다) :

정답

1) 축전지 설비
2) (가) : 20
   (나) : 60
   (다) : 11

해설

구분		비상전원 수전설비 (B)	축전기 설비 (C)	자가발전 설비 (D)	전기저장 장치 (E)
피난 구조 설비 (예외 있음.)	유도등		20분		20분
	비상조명설비		20분	20분	20분

암기팁 C와 E를 합쳐서 SEE로 볼 수 있다. 보여주는 형태로 기억할 수 있다.

2022년 4회 소방설비기사(전기 분야) 실기 시험

시행일자 2022년 12월 16일

01 그림은 10개의 접점을 가진 스위칭 회로이다. 이 회로의 접점수를 최소화하여 스위칭 회로를 그리시오. (단, 주어진 스위칭 회로의 논리식을 최소화하는 과정을 모두 기술하고 최소화된 스위칭 회로를 그리도록 한다.)

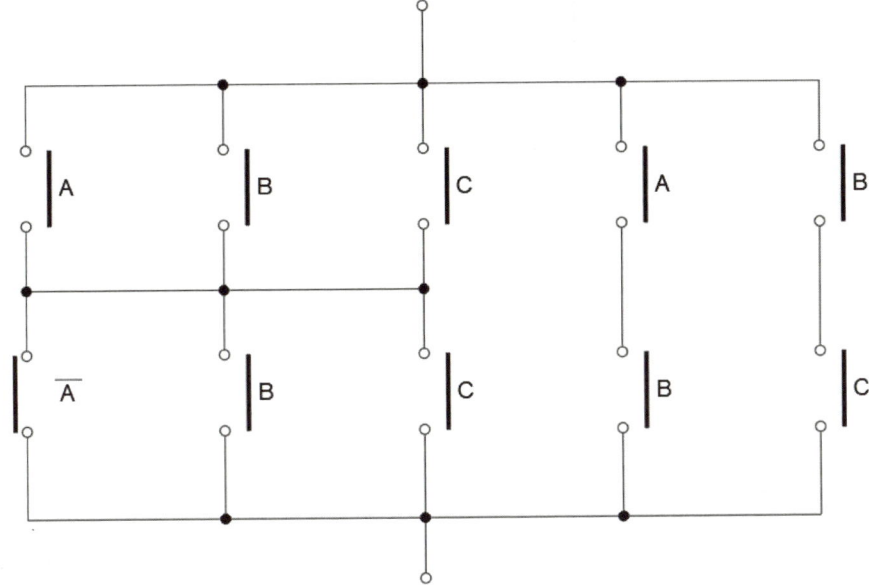

1)
2)

과년도 출제문제

정답

1) 논리식 : $(A+B+C)(\overline{A}+B+C)+AB+BC$
   $= A\overline{A}+AB+AC+\overline{A}B+BB+BC+C\overline{A}+BC+CC+AB+BC$
   $= AB+AC+\overline{A}B+B+C\overline{A}+C+BC$
   $= B(A+\overline{A}+1+C)+C(A+\overline{A}+1)$
   $= B+C$

2) 최소화한 스위칭 회로

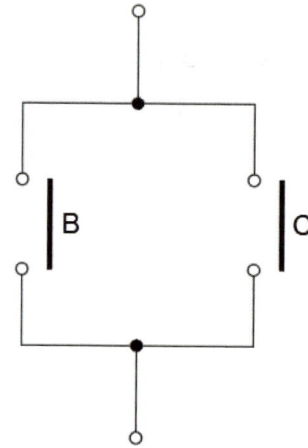

해설

1) 불대수의 정리

항등 법칙	$A+0=A, A+1=1$	$A \cdot 0=0, A \cdot 1=A$
동일 법칙	$A+A=A$	$A \cdot A=A$
보원 법칙	$A+\overline{A}=1$	$A \cdot \overline{A}=0$
다중 부정	$\overline{\overline{A}}=A$	
교환 법칙	$A+B=B+A$	$A \cdot B=B \cdot A$
결합 법칙	$A+(B+C)=(A+B)+C$	$A \cdot (B \cdot C)=(A \cdot B) \cdot C$
분배 법칙	$A \cdot (B+C)=AB+AC$	
흡수 법칙	$A+A \cdot B=A$	$A \cdot (A+B)=A$
드 모르간 정리	$\overline{A+B}=\overline{A} \cdot \overline{B}$	$\overline{A \cdot B}=\overline{A}+\overline{B}$

02 비상용 조명 부하의 연축전지를 설치하고자 한다. 주어진 조건과 표, 그림을 참고하여 연축전지의 용량[Ah]을 구하시오.

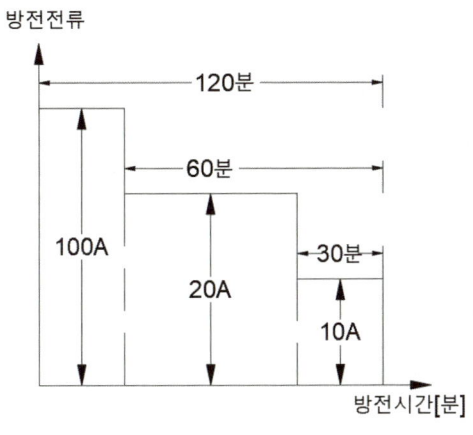

[조건]

① 허용 전압 최고 : 120[V], 최저 : 88[V]
② 부하정격전압 : 100[V]
③ 최저 허용 전압[V/Cell] : 1.8[V]
④ 보수율 : 표준으로 한다.
⑤ 최저 축전지 온도에서 용량 환산 시간

최저허용전압 [V/Cell]	1분	5분	10분	20분	30분	60분	90분	120분
1.80	1.50	1.60	1.75	2.05	2.40	3.10	3.75	4.40
1.70	0.75	0.92	1.25	1.50	1.85	2.60	3.27	3.95
1.60	0.63	0.75	1.05	1.44	1.70	2.40	3.05	3.70

정답

$$C_1 = \frac{1}{0.8} \times 3.10 \times 100 = 387.5 [Ah]$$

$$C_2 = \frac{1}{0.8} \times 3.75 \times 20 = 93.75 [Ah]$$

$$C_3 = \frac{1}{0.8} \times 4.40 \times 10 = 55 [Ah]$$

3가지 값 중 가장 큰 값을 축전지 용량으로 선정한다. 따라서 387.5[Ah]로 선정한다.

해설

축전지의 용량 산정 식
① 증가 부하

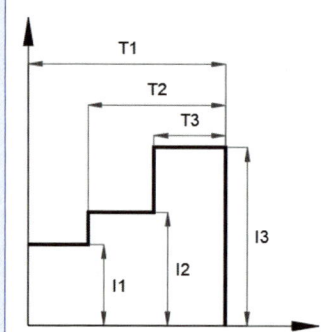

$$C = \frac{1}{L}[k1^*I1 + k2^*(I2-I1) + k3^*(I3-I2)]$$

② 감소 부하

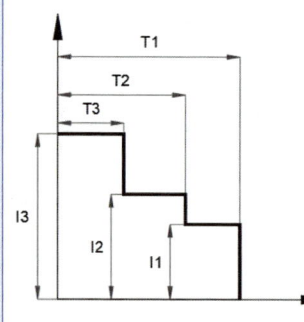

아래 계산 결과들 중에 용량이 가장 큰 것을 선정한다.

ⓐ $C = \frac{1}{L}(K1^* I1)$

ⓑ $C = \frac{1}{L}[K1^* I1 + K2^*(I2-I1)]$

ⓒ $C = \frac{1}{L}[K1^* I1 + K2^*(I2-I1) + K3^*(I3-I2)]$

03 유량 3000[LPM], 양정 80[m]인 스프링클러 설비용 펌프 전동기의 용량을 계산하시오.
(단, 효율은 95[%], 전달 계수는 1.2)

정답

$$\frac{9.8 \times 3.0 \times 80 \times 1.2}{60 \times 0.95} = 49.516 ≒ 49.52 [\text{kW}]$$

해설

$$P = \frac{9.8 \times Q \times H \times k}{60 \times \eta} \quad (Q: 유량[l/\min], H: 수두[m], k: 전달계수)$$

과년도 출제문제

04 화재 발생 시 화재를 검출하기 위하여 감지기를 설치한다. 이 때 축적 기능이 없는 감지기로 설치하여야 하는 경우를 쓰시오.

1)

2)

3)

> **정답**
> 1) 축적 기능이 있는 수신기에 연결하여 사용하는 감지기
> 2) 급속한 연소 확대가 우려 되는 장소에 사용되는 감지기
> 3) 교차 회로 방식에 사용되는 감지기

> **해설**
> 축적 요소가 이미 존재하거나 지연되어선 안되는 곳에 대해서 지연 시간을 제한하고 있다.
> 1) 수신기 자체에서 지연 요소를 가지고 있기 때문에 중복하여 축적하여선 안된다.
> 2) 급속히 확대가 우려되는 장소에는 축적하여선 안된다.
> 3) 교차 회로 자체가 2가지 회로의 동시 동작 시에 기동하기 때문에 자체 지연 기능을 포함하고 있기 때문에 축적 기능이 있는 감지기는 사용해선 안 된다.

05 유도등의 비상 전원 설치 기준에 대한 설명이다. 빈칸을 채우시오.

1) 비상 전원의 경우 내장된 배터리를 활용하고 있으며, 비상 전원 동작 후 ((가))분 이상 유지되어야 한다. (단, 지하층을 제외한 층수가 ((나))층 이상이거나 지하층 또는 무창층으로서 용도가 [지하철 역사], [도매시장], [지하 상가], [여객 자동차 터미널]인 경우 ((다))분 이상 유지되어야 한다.)

(가) :

(나) :

(다) :

정답

(가) : 20분
(나) : 11층
(다) : 60분

해설

빈번하게 출제가 되는 문항 중에 하나이다.
기존의 시간에 대한 질의는 많았기 때문에 60분 이상 기준에 해당하는 특정 소방 대상물의 용도를 숙지할 필요가 있다.

구분		비상전원 수전설비 (B)	축전기 설비 (C)	자가발전 설비 (D)	전기저장 장치 (E)
피난 구조 설비 (예외 있음.)	유도등		20분		20분
	비상조명설비		20분	20분	20분

암기팁 C와 E를 합쳐서 SEE로 볼 수 있다. 보여주는 형태로 기억할 수 있다.

과년도 출제문제

06 3상 380[V] 30[kW] 스프링클러 펌프용 유도 전동기가 있다. 전동기의 역률이 55[%]일 때 역률을 95[%]로 개선할 수 있는 전력용 콘덴서의 용량은 몇 [kVA]여야 하는지 쓰시오.

정답

$$30\left(\frac{\sqrt{1-0.55^2}}{0.55} - \frac{\sqrt{1-0.95^2}}{0.95}\right) = 35.694 \fallingdotseq 35.69[kVA]$$

해설

$$P \times \left(\frac{\sqrt{1-\cos\theta_1^2}}{\cos\theta_1} - \frac{\sqrt{1-\cos\theta_2^2}}{\cos\theta_2}\right) = Q_c[kVA]$$

(P : 유효 전력, Q_c : 전력용 콘덴서 용량, $\cos\theta_1$: 개선 전 역률, $\cos\theta_2$: 개선 후 역률)

○ 단위변환
   $1[HP] = 0.746[\text{kW}]$

07 무선 통신 보조 설비에 사용되는 무반사 종단 저항의 설치 목적을 쓰시오.

정답

전송로로 전송되는 전자파가 전송로의 종단에서 반사되어 교신을 방해하는 것을 방지하기 위함이다.

08 어느 특정 소방 대상물에 자동화재탐지설비용 공기관식 차동식 분포형 감지기를 설치하려고 한다. 다음 각 물음에 답하시오.

1) 공기관의 두께 및 바깥지름은 몇 mm 이상이어야 하는가?
   ① 공기관의 두께 :
   ② 공기관의 바깥지름 :
2) 공기관 상호 간의 거리는 내화구조 및 비내화 구조에서 각각 몇 m 이하이어야 하는가?
   ① 내화구조인 경우 :
   ② 비내화 구조인 경우 :
3) 공기관의 감지구역의 각 변과 수평 거리는 몇 m 이하여야 하는가?
4) 하나의 검출 부분에 접속하는 공기관의 길이는 몇 m 이하이어야 하는가?
5) 감지구역마다 공기관의 노출 부분의 길이는 몇 m 이상이어야 하는가?

정답

1) ① 0.3mm,   ② 1.9mm
2) ① 9m,   ② 6m
3) 1.5m
4) 100m
5) 20m

해설

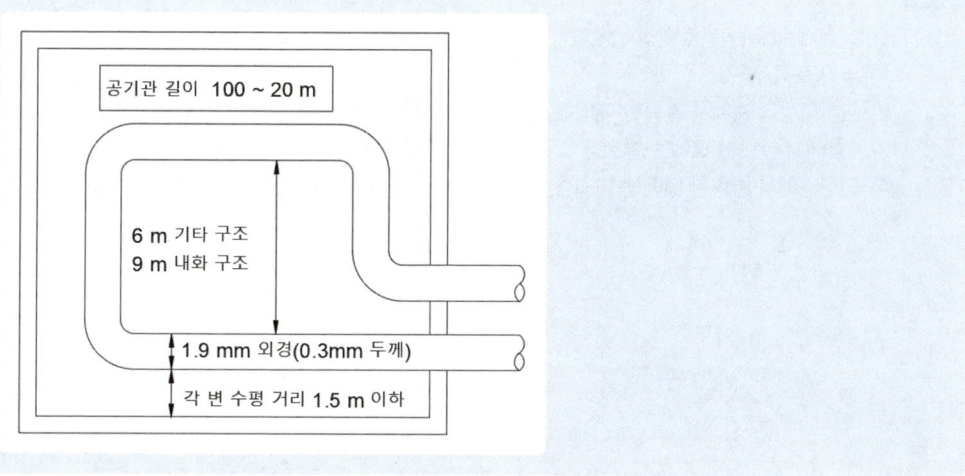

09 자동화재탐지설비 및 시각 경보 장치의 화재 안전 기술 기준에서 자동화재탐지설비의 음향 장치의 설치 기준에 관한 사항이다. 빈칸을 채우시오.

1) 층수가 ((가))층(공동 주택의 경우에는 ((나))층) 이상의 특정소방대상물은 다음의 기준에 따라 경보를 발할 수 있도록 할 것
2) 2층 이상의 층에서 발화한 때에는 ((다))에 경보를 발할 것
3) 1층에서 발화한 때에는 ((다)) 및 지하층에 경보를 발할 것
4) 지하층에서 발화한 때에는 ((라))에 경보를 발할 것

(가) :
(나) :
(다) :
(라) :

정답

(가) : 11
(나) : 16
(다) : 발화층 및 그 직상 4개 층
(라) : 발화층, 그 직상층 및 기타의 지하층(또는 지하 전층)

해설

1) 층수가 11층(공동주택의 경우에는 16층) 이상의 특정소방대상물은 다음의 기준에 따라 경보를 발할 수 있도록 할 것
2) 2층 이상의 층에서 발화한 때에는 발화층 및 그 직상 4개 층에 경보를 발할 것
3) 1층에서 발화한 때에는 발화층 · 그 직상 4개 층 및 지하층에 경보를 발할 것
4) 지하층에서 발화한 때에는 발화층 · 그 직상층 및 기타의 지하층에 경보를 발할 것

10 도면은 할로겐 화합물 소화 설비의 수동 조작함에서 할론 제어반까지의 결선도이다. 주어진 도면과 조건을 이용하여 다음 각 물음에 답하시오.

[조건]
① 전선의 가닥수는 최소가닥수로 한다.
② 복구 스위치 및 도어 스위치는 없는 것으로 한다.

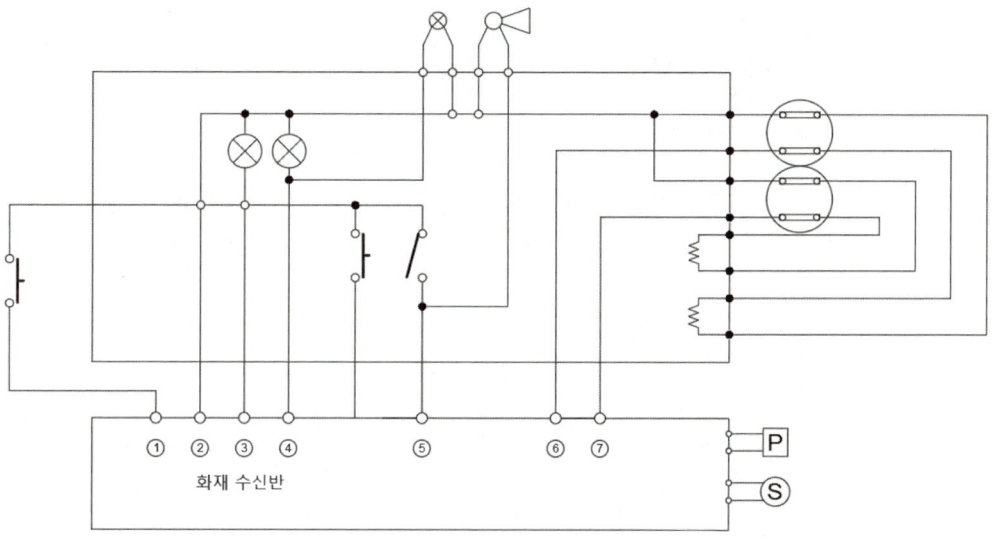

1) 빈칸에 해당하는 내용을 채우시오.

기호	①	②	③	④	⑤	⑥	⑦
명칭							

2) 전원선의 종류와 전선의 굵기를 쓰시오.

과년도 출제문제

정답

1)

기호	①	②	③	④	⑤	⑥	⑦
명칭	기동 스위치 또는 방출 지연 스위치	전원-	전원+	방출 표시등	사이렌	감지기 A	감지기 B

2) HFIX 2.5[㎟]

해설

1)

HFIX 1.5㎟	HFIX 2.5㎟
감지기 간의 전선 감지기와 발신기 간 전선	그 외 전선(전원 -, 전원+선을 포함)

2)

약호	명칭
HFIX	450/750[V] 저독성 난연 가교 폴리 올레핀 절연 전선
FR-8	내화 전선
FR-3	내열 전선
NFR-8	0.6/1kV 저독성 난연 폴리 올레핀 내화 케이블
NFR-3	0.6/1kV 저독성 난연 폴리 올레핀 내열 케이블
TFR-CVV-SB	0.6/1kV 트레이용 난연 통편조 차폐 제어용 케이블
TSP	소방 신호용 케이블
DV	인입용 비닐 절연 전선
OW	옥외용 비닐 절연 전선
OC	옥외용 가교 폴리에틸렌 절연 전선
OE	옥외용 폴레에틸렌 절연 전선
VV	0.6/1kV 비닐 절연 비닐 시스 케이블
VCT	0.6/1kV 비닐 절연 비닐 캡타이어 케이블
NR	450/750V 일반용 단심 비닐 절연 전선
NF	450/750V 일반용 유연성 단심 비닐 절연 전선
NRI	300/500V 기기 배선용 유연성 단심 절연 전선
NFI	300/500V 기기 배선용 유연성 단심 비닐 절연 전선

11 다음 도면은 할론 소화 설비와 연동하는 감지기 설비를 나타낸 그림이다. 조건을 참조하여 다음 각 물음에 답하시오.

[조건]
① 연기 감지기 4개를 설치한다. 수동 조작함 1개, 사이렌 1개, 방출 표시등 1개, 종단 저항 2개를 표시한다.
② 전선관은 후강 전선관을 사용하고, 콘크리트에 매입한다.
③ 기동을 만족하는 최소의 배선을 하도록 한다.
④ 건축물은 내화 구조로 각 층의 높이는 3.8m이다.

1) 평면도를 완성하시오.
2) 수신반과 수동 조작함 사이 배선 명칭을 쓰시오.

> 정답

1)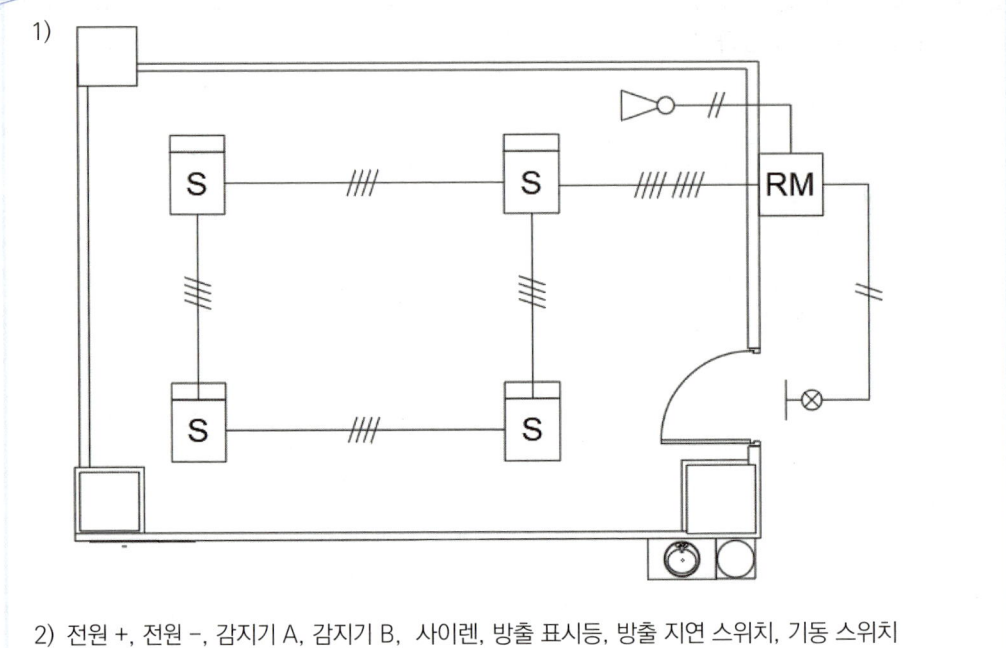

2) 전원 +, 전원 −, 감지기 A, 감지기 B, 사이렌, 방출 표시등, 방출 지연 스위치, 기동 스위치

> 해설

1) ① 우선 도면에 기구를 배치하는 것이 우선이다.
   ② 감지기에 대한 연동을 하고, 수동 조작함을 외부로 배치한다.
   ③ 사이렌은 내부에 배치하여 피난을 유도하여야 한다.
2) 수신반과 수동 조작함의 배선 명칭

전원부	전원+	전원−
감지부	감지기 A	감지기 B
표시부	사이렌	방출 표시등
안전부, 조작부	방출 지연 스위치	기동 스위치

배선의 역할이 분산되어 있지만, 기본적으로 자동화재탐지설비의 맥락을 맞춰가기 때문에 이를 참조하여 기억하는 것이 좋다.

12 다음은 이산화탄소 소화설비의 간선 계통이다. 각 물음에 답하시오. (단, 감지기 공통선과 전원 공통선은 각각 분리하여 사용하는 조건이다.)

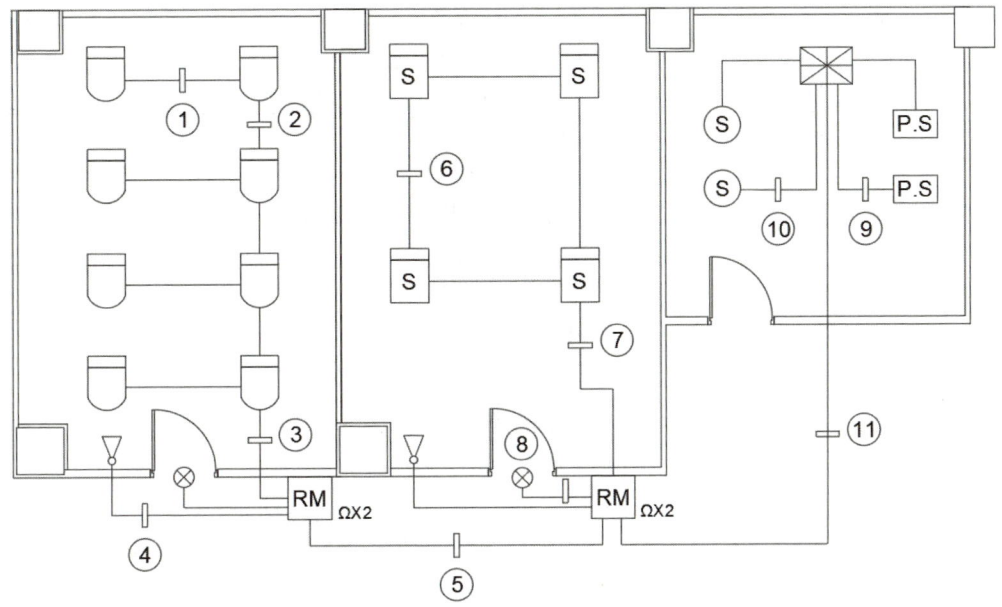

기호	가닥수	배선의 용도
①		
②		
③		
④		
⑤		
⑥		
⑦		
⑧		
⑨		
⑩		

과년도 출제문제

정답

1)

기호	가닥수	배선의 용도
①	4	지구선 2가닥, 공통선 2가닥
②	8	지구선 4가닥, 공통선 4가닥
③	8	지구선 4가닥, 공통선 4가닥
④	2	사이렌 2가닥
⑤	9	전원 + 1가닥, 전원 - 1가닥, 감지기 A 1가닥, 감지기 B 1가닥, 공통선 1가닥, 사이렌 1가닥, 방출 표시등 1가닥, 방출 지연 스위치 1가닥, 기동 스위치 1가닥
⑥	4	지구선 2가닥, 공통선 2가닥
⑦	8	지구선 4가닥, 공통선 4가닥
⑧	2	표시등 2가닥
⑨	2	압력 스위치 2가닥
⑩	2	솔레노이드 밸브 기동 2가닥
⑪	14	전원 + 1가닥, 전원 - 1가닥, 감지기 A 2가닥, 감지기 B 2가닥, 공통선 1가닥, 사이렌 2가닥, 방출 표시등 2가닥, 방출 지연 스위치 1가닥, 기동 스위치 2가닥

2)

전원부	전원+	전원-
감지부	감지기 A	감지기 B
표시부	사이렌	방출 표시등
안전부, 조작부	방출 지연 스위치	기동 스위치

13 도면과 같이 구획된 철근 콘크리트 구조 공장이 있다. 다음 표에 따라 자동화재탐지설비의 감지기를 설치하고자 한다. 다음 각 물음에 답하시오.

1) 다음 표를 완성하여 감지기 개수를 선정하시오.

구획	설치 높이[m]	감지기의 종류	계산 내용	개수
A실	3.8	연기감지기 2종		
B실	3.8	연기 감지기 1종		
C실	3.8	연기 감지기 3종		
D실	3.8	정온식 스포트형 감지기 1종		
E실	3.8	차동식 스포트형 감지기 1종		

2) 해당 구역에 감지기를 배치하시오.

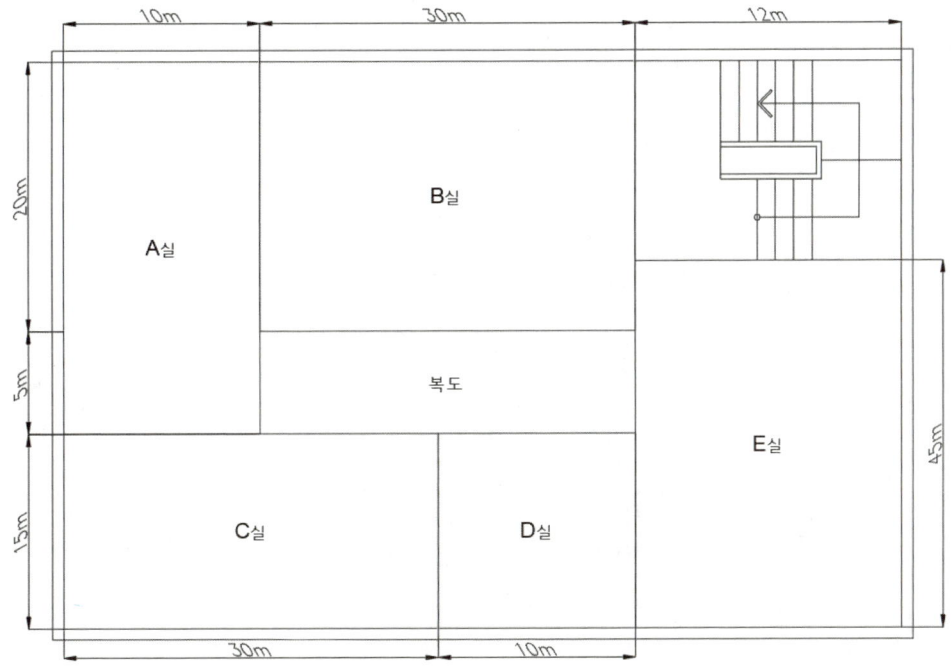

과년도 출제문제

정답

1)

구획	설치 높이[m]	감지기의 종류	계산 내용	개수
A실	3.8	연기 감지기 2종	$\dfrac{10 \times 25}{150} = 1.67 ≒ 2[EA]$	2 [EA]
B실	3.8	연기 감지기 1종	$\dfrac{30 \times 20}{150} = 4[EA]$	4 [EA]
C실	3.8	연기 감지기 3종	$\dfrac{15 \times 30}{50} = 9[EA]$	9 [EA]
D실	3.8	정온식 스포트형 감지기 1종	$\dfrac{10 \times 15}{60} = 2.5 ≒ 3[EA]$	3 [EA]
E실	3.8	차동식 스포트형 감지기 1종	$\dfrac{12 \times 45}{90} = 6[EA]$	6 [EA]

2) (배치)

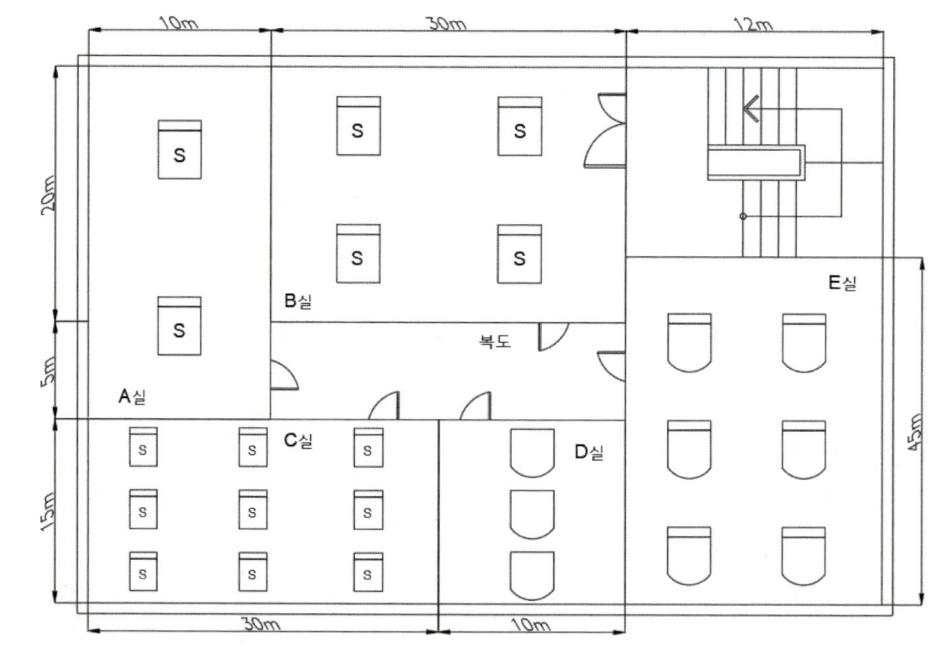

해설

콘크리트 구조물은 내화 구조를 의미한다. 열 감지기의 경우 4m의 기준으로 나누고 있으나 해당 문제에서는 연기 감지기 적용 대상에서만 4m를 초과하므로 높이 조건을 무시할 수 있다.

열 감지기의 부착 높이와 바닥 감지 면적(스포트형 감지기)   (단위 : m²)

부착 높이 및 특정 소방 대상물의 구분		감지기의 종류						
		차동식		보상식		정온식		
		1종	2종	1종	2종	특종	1종	2종
4m 미만	내화 구조	90	70	90	70	70	60	20
	기타 구조	50	40	50	40	40	30	15
4m 이상 8m 미만	내화 구조	45	35	45	35	35	30	-
	기타 구조	30	25	30	25	25	15	-

연기 감지기의 부착 높이에 따른 바닥 면적

부착 높이	1, 2종	3종
4m 미만	150m²	50m²
4m 이상 20m 미만	75m²	-

14 다음 그림과 같이 지하 1층에서 지상 6층까지 각 층의 평면이 동일하고, 각 층의 높이가 4m인 학원 건물에 자동화재탐지설비를 설치한 경우이다. 다음 물음에 답하시오.

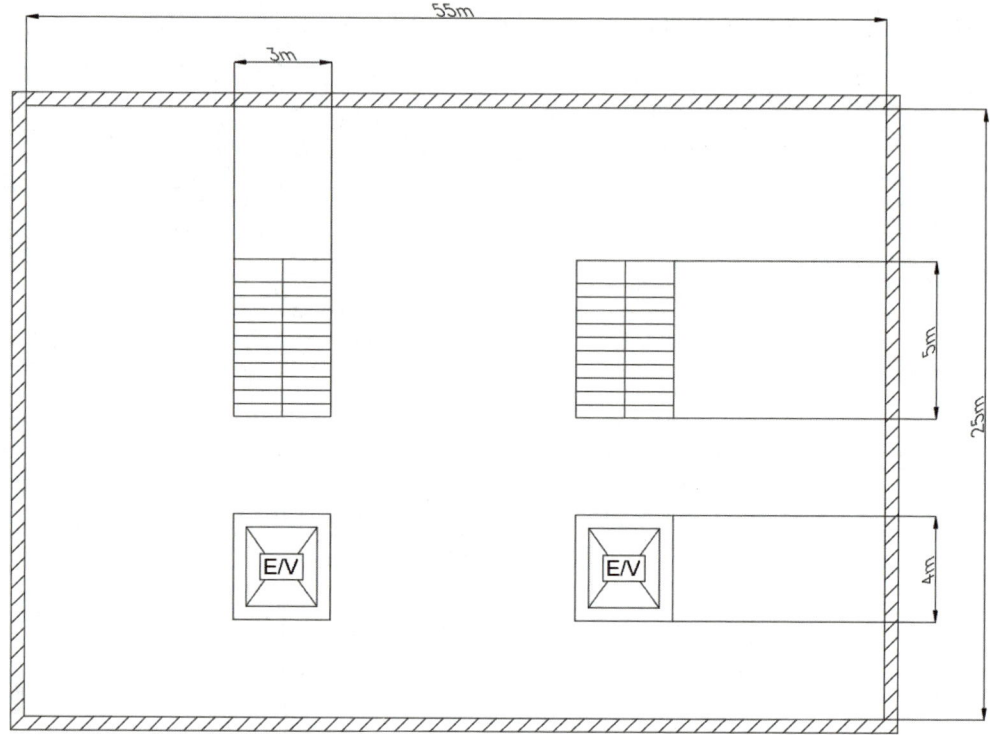

1) 하나의 층에 대한 자동화재탐지설비의 수평 경계 구역 수를 쓰시오.
2) 본 소방 대상물 자동화재탐지설비의 수직 및 수평 경계 구역 수를 구하시오.
3) 계단 감지기는 각각 몇 층에 설치하여야 하는가?
4) 엘리베이터 권상기실 상부에 설치해야 하는 감지기의 종류를 쓰시오.

정답

1) 계산 과정 : $\dfrac{55 \times 25 - 2(3 \cdot 5 + 3 \cdot 4)}{600} = 2.201 ≒ 3(EA)$

2) ① 수직 경계 구역 수

   1개소에 대한 경계 구역수 : $\dfrac{4 \times 6}{45} = 0.533 ≒ 1(EA)$

   지하층은 별도의 경계 구역으로 구분해야 하지만, 1개층으로 예외된다. 따라서 1개소에서는 총 1(EA)

   총 2개소에 대한 경계구역 수 : 2(EA)
   엘리베이터의 경우는 단일로 1개의 경계 구역을 선정한다.
   2+2 = 4(EA)

   ② 수평 경계 구역 수
   1개층의 3개의 수평 경계 구역이 존재하고, 층수는 지하층을 포함하여 총 7개층이므로
   $7 \times 3 = 21(EA)$

3) 2층, 5층
4) 연기 감지기 2종

해설

1) 연기 감지기 설치 기준
   ① 복도, 통로 및 계단, 경사로에 설치

구분	1, 2종	3종
복도 통로	보행 거리 30m	보행 거리 20m
계단 경사로	수직 거리 15m	수직 거리 10m
엘리베이터, 린넨슈트 파이프 덕트	최상부에 설치한다.	

2) 수직 경계 구역에 대한 기준
   참조+ 경계구역의 조건
   ① 하나의 경계 구역이 둘 이상의 건축물에 미치지 아니하도록 할 것
   ② 하나의 경계 구역이 둘 이상의 층에 미치지 아니할 것
      - 다만, 500[㎡] 이하의 범위 안에서는 2개의 층을 하나의 경계 구역으로 할 수 있다.)
   ③ 하나의 경계 구역의 면적은 600[㎡] 이하로 하고 한 변의 길이는 50[m] 이하로 해야 한다.
      - 다만, 해당 특정 소방 대상물의 주된 출입구에서 그 내부 전체가 보이는 것에 있어서는 한 변의 길이가 50[m]의 범위 내에서 1000[㎡] 이하로 할 수 있다.)
   ④ 계단, 경사로, 엘리베이터 승강로, 린넨슈트, 파이프 피트 및 덕트 기타 이와 유사한 부분에 대하여는 별도로 수직 경계 구역을 설정하되, 수평 경계 구역에선 제외한다. 또한 하나의 경계 구역은 높이 45[m] 이하로 하고, 지하층의 계단 및 경사로는 별도로 하나의 경계 구역으로 하여야 한다. (지하가 1층이면 제외)

⑤ 외기에 면하여 상시 개방된 부분이 있는 차고·주차장·창고 등에 있어서는 외기에 면하는 각 부분으로부터 5[m] 미만의 범위 안에 있는 부분은 경계 구역의 면적에 산입하지 아니한다.
⑥ 스프링 클러 설비·물분무등 소화 설비 또는 제연설비의 화재감지장치로서 화재감지기를 설치한 경우의 경계구역은 해당 소화설비의 방호 구역 또는 제연구역과 동일하게 설정할 수 있다.

3) 특별한 조건이 없을 경우에 연기 감지기는 2종으로 선정하며, 엘리베이터의 권상기실의 연기 감지기 설치 또한 표준에 의거하여 설치한다.

구분	1, 2종	3종
복도 통로	보행 거리 30m	보행 거리 20m
계단 경사로	수직 거리 15m	수직 거리 10m
엘리베이터, 린넨슈트 파이프 덕트	최상부에 설치한다.	

위 조건에 따라서 수직거리는 15[m]를 유지해야 한다. 3층에 설치하면 하부에서 16[m]이므로 1[m]의 사장 공간이 생길 우려가 있다. 따라서 이보다 여유로운 배치를 하는 것이 좋다.

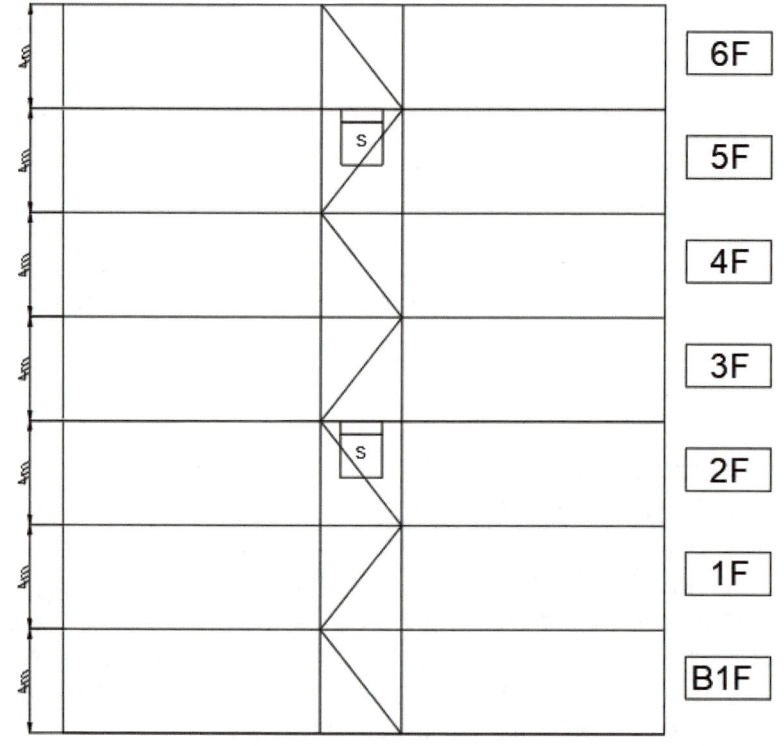

15 다음은 PB-on 동작 시 X 릴레이가 동작하고 특정 시간 셋팅 후 타이머가 동작하여 MC가 동작하는 시퀀스 회로도이다. PB-on을 동작시킨 후 X 릴레이와 타이머가 소자되어도 MC가 동작하도록 시퀀스를 수정하시오.

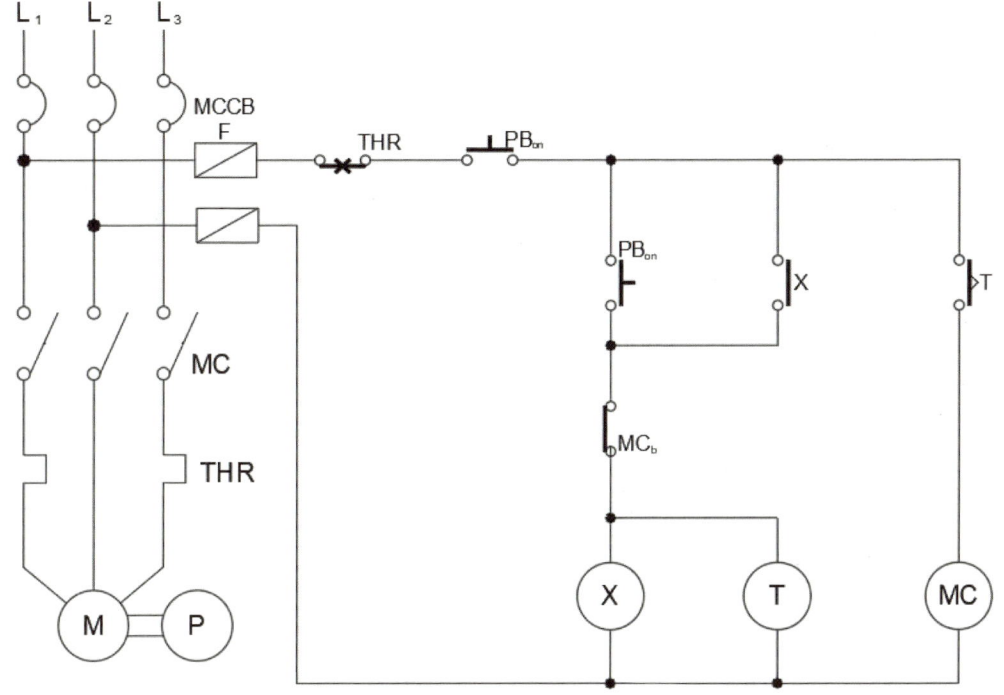

과년도 출제문제

정답

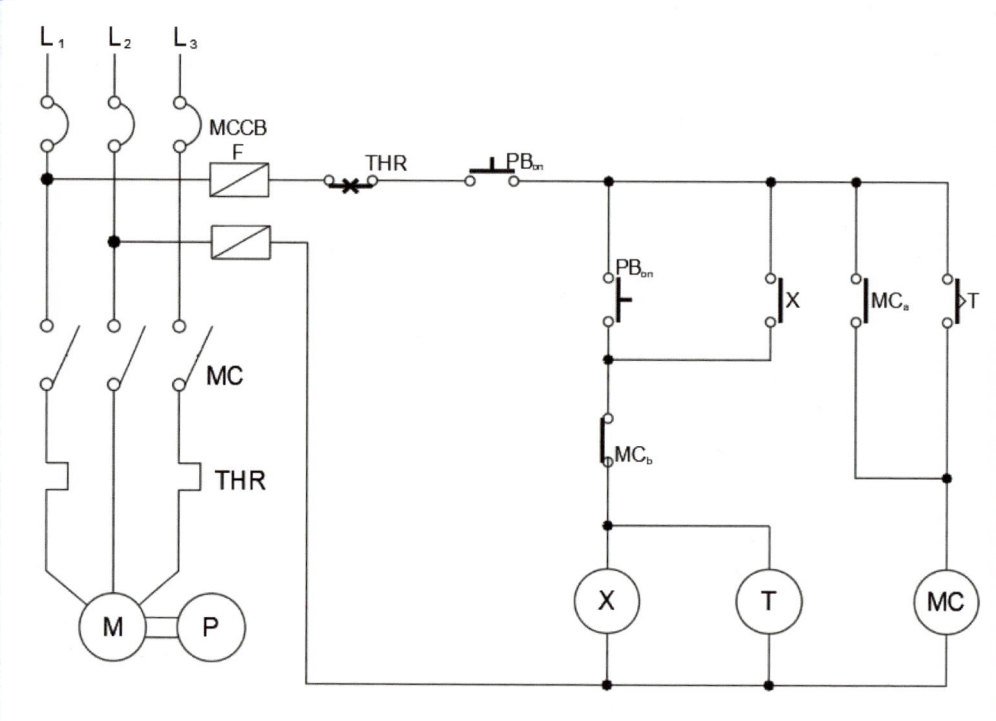

해설

- 문제상의 동작에서는 X가 PB 접점으로 인해 여자가 되면서 자기 유지를 형성하는 회로에 해당했다.
- 동시에 타이머도 여자가 되면서 T회로가 일정 시간 이후에 동작하게 되어 MC를 작동 시켰다.
- 추가로 요구되는 부분은 MC의 '자기 유지'이지만, 앞선 요구 사항에 릴레이의 소자가 되었을 때를 담고 있기 때문에 MC 접점에 대한 인터록을 추가하여 설치하여야 하였다.

16 다음과 같이 총 길이가 3100[m]인 터널에 자동화재탐지설비를 설치하는 경우 다음 물음에 답하시오.

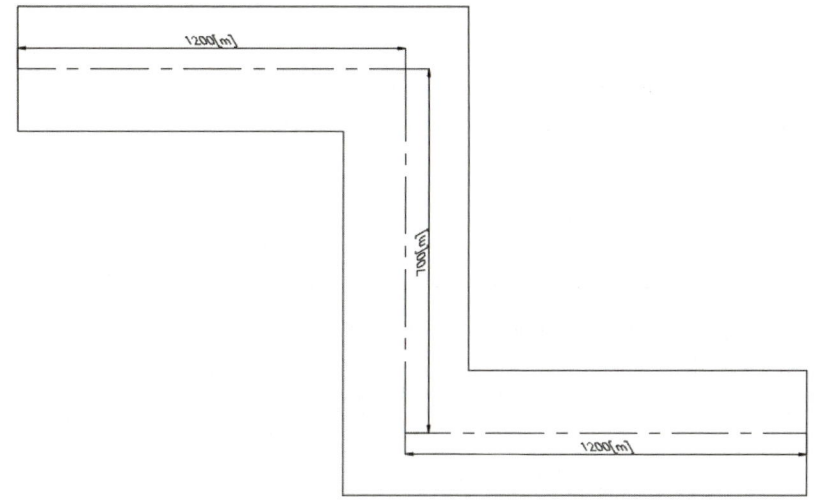

1) 최소 경계 구역은 몇 개로 구분해야 하는지 계산하시오.

2) 다음 빈칸에 들어갈 단어를 쓰시오.

> 감지기의 작동에 의하면 다른 소방 시설 등이 연동 되는 경우로서 해당 소방 시설 등의 작동을 위한 정확한 (   )를(을) 확인할 필요가 있는 경우에는 경계 구역의 길이가 해당 설비의 방호 구역 등에 포함되도록 설치하여야 한다.

3) 터널에 설치할 수 있는 감지기의 종류 3가지만 쓰시오.

①
②
③

과년도 출제문제

> **정답**

1) $\dfrac{3100}{100} = 31\,(EA)$
2) 발화 위치
3) ① 차동식 분포형 감지기
   ② 정온식 감지선형 감지기(아날로그식에 한함)
   ③ 중앙 기술 심의 위원회의 심의를 거쳐 터널 화재에 적응성이 있다록 인정된 감지기

> **해설**

1) 감지기의 설치기준은 다음의 기준과 같다. 다만, 중앙기술심의위원회의 심의를 거쳐 제조사의 시방서에 따른 설치방법이 터널화재에 적합하다고 인정되는 경우에는 다음의 기준에 의하지 아니하고 심의결과에 의한 제조사의 시방서에 따라 설치할 수 있다.
   ① 감지기의 감열부(열을 감지하는 기능을 갖는 부분을 말한다. 이하 같다)와 감열부 사이의 이격 거리는 10[m] 이하로, 감지기와 터널 좌·우측 벽면과의 이격거리는 6.5[m] 이하로 설치할 것
   ② 터널 천장의 구조가 아치형의 터널에 감지기를 터널 진행 방향으로 설치하고자 하는 경우에는 감열부와 감열부 사이의 이격 거리를 10[m] 이하로 하여 아치형 천장의 중앙 최상부에 1열로 감지기를 설치해야 하며, 감지기를 2열 이상으로 설치하고자 하는 경우에는 감열부와 감열부 사이의 이격거리는 10[m] 이하로 감지기 간의 이격거리는 6.5[m] 이하로 설치할 것
   ③ 감지기를 천장면(터널 안 도로 등에 면한 부분 또는 상층의 바닥 하부면을 말한다. 이하 같다)에 설치하는 경우에는 감지기가 천장면에 밀착되지 않도록 고정금구 등을 사용하여 설치할 것
   ④ 형식승인 내용에 설치방법이 규정된 경우에는 형식승인 내용에 따라 설치할 것. 다만, 감지기와 천장면과의 이격 거리에 대해 제조사의 시방서에 규정되어 있는 경우에는 시방서의 규정에 따라 설치할 수 있다.
   ⑤ 감지기의 작동에 의하여 다른 소방 시설 등이 연동되는 경우로서 해당 소방 시설 등의 작동을 위한 정확한 발화 위치를 확인할 필요가 있는 경우에는 경계구역의 길이가 해당 설비의 방호 구역 등에 포함되도록 설치해야 한다.
3) 자동화재탐지설비
   터널에 설치할 수 있는 감지기의 종류는 다음의 어느 하나와 같다.
   ① 차동식 분포형 감지기
   ② 정온식 감지선형 감지기(아날로그식에 한한다. 이하 같다.)
   ③ 중앙기술심의위원회의 심의를 거쳐 터널 화재에 적응성이 있다고 인정된 감지기

17 다음과 같은 조건을 참고하여 배선도로 나타내시오.

[조건]
① 배선 : 천장 은폐 배선
② 전력선 : 4가닥, 450/750[V] 저독성 난연 가교 폴리 올레핀 절연전선 1.5[mm²]
③ 전선관 : 후강 전선관 22[mm]

정답

HFIX 1.5(22)

해설

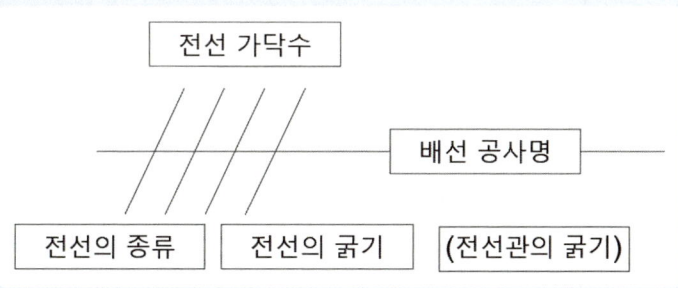

약호	명칭
HFIX	450/750[V] 저독성 난연 가교 폴리 올레핀 절연 전선
FR-8	내화 전선
FR-3	내열 전선
NFR-8	0.6/1kV 저독성 난연 폴리 올레핀 내화 케이블
NFR-3	0.6/1kV 저독성 난연 폴리 올레핀 내열 케이블

과년도 출제문제

약호	명칭
TFR-CVV-SB	0.6/1kV 트레이용 난연 통편조 차폐 제어용 케이블
TSP	소방 신호용 케이블
DV	인입용 비닐 절연 전선
OW	옥외용 비닐 절연 전선
OC	옥외용 가교 폴리에틸렌 절연 전선
OE	옥외용 폴레에틸렌 절연 전선
VV	0.6/1kV 비닐 절연 비닐 시스 케이블
VCT	0.6/1kV 비닐 절연 비닐 캡타이어 케이블
NR	450/750V 일반용 단심 비닐 절연 전선
NF	450/750V 일반용 유연성 단심 비닐 절연 전선
NRI	300/500V 기기 배선용 유연성 단심 절연 전선
NFI	300/500V 기기 배선용 유연성 단심 비닐 절연 전선

18 소방용 케이블과 다른 용도의 케이블을 배선 전용실에 함께 배선할 때 다음 각 물음에 답하시오.

1) 소방용 케이블을 내화 성능을 갖는 배선 전용실 등의 내부에 소방용이 아닌 케이블과 함께 노출하여 배선할 때 소방용 케이블과 다른 용도의 케이블 간의 피복과 피복 간의 이격 거리는 몇 cm 이상이어야 하는지 쓰시오.

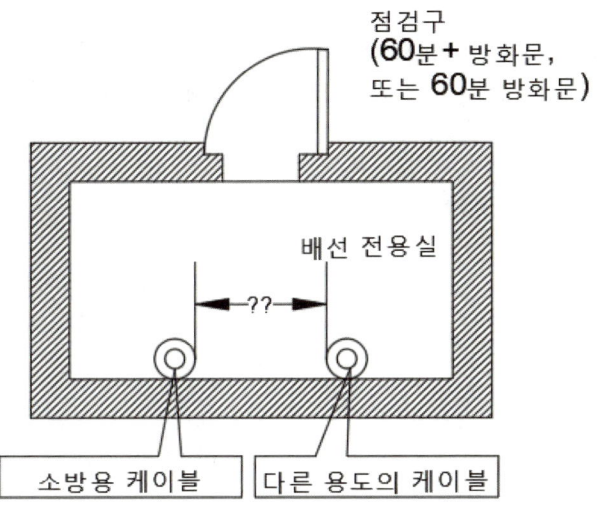

2) 부득이하여 1)과 같이 이격시킬 수 없어 불연성 격벽을 설치한 경우에 격벽의 높이는 굵은 케이블 지름의 몇 배 이상이어야 하는지 쓰시오.

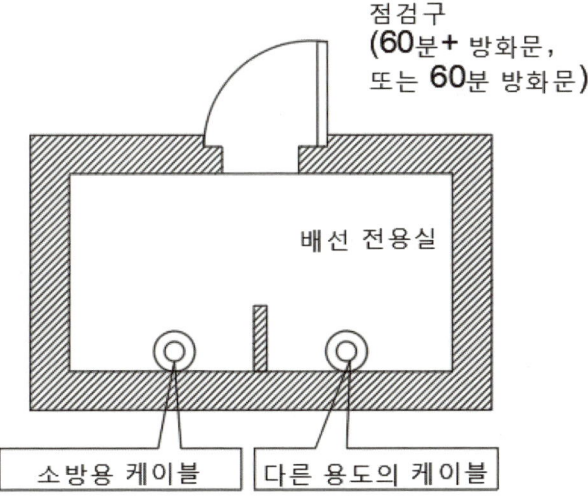

1) 15[cm]
2) 1.5(배)

소방용 케이블과 다른 용도의 케이블을 배선 전용실에 함께 배선할 경우
1) 소방용 케이블을 내화 성능을 갖는 배선 전용실 등의 내부에 소방용이 아닌 케이블과 함께 노출하여 배선할 때 소방용 케이블과 다른 용도의 케이블 간의 피복과 피복 간의 이격 거리는 15[cm] 이상이어야 한다.
2) 불연성 격벽을 설치한 경우에 격벽의 높이는 가장 굵은 케이블 지름의 1.5배 이상이어야 한다.

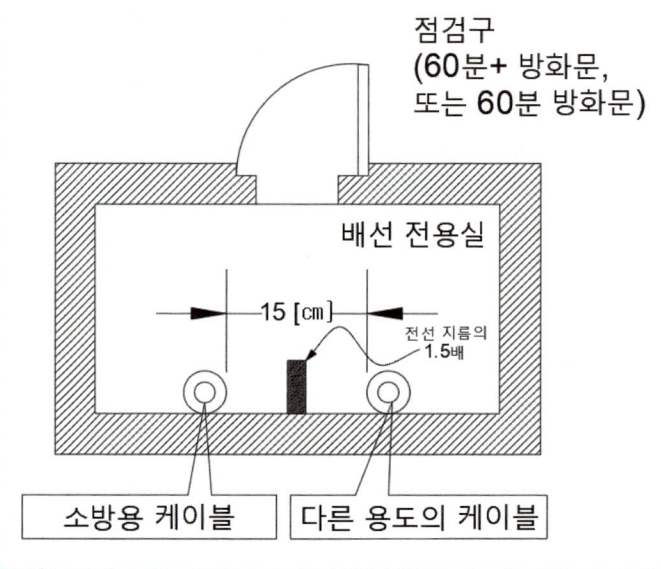

Chapter 04 2023년 소방설비기사 전기분야 실기 과년도 출제문제

2023년 1회 소방설비기사(전기 분야) 실기 시험

시행일자 2023년 04월 24일

01 가스누설경보기에 관한 다음 각 물음에 답하시오.

1) 가스의 누설을 표시하는 표시등과 가스가 누설된 경계구역의 위치를 표시하는 표시등은 등이 켜질 때 어떤 색으로 표시되는지 각각 쓰시오.

2) 가스 누설 경보기의 분류 기준이다. 빈칸을 채우시오.

구조에 따라 구분		비고
((가))	가정용	-
((나))	영업용	1회로용
	공업용	1회로 이상용

3) 가스 누설 경보기 중 가스 누설을 검지하여 중계기 또는 수신부에 가스 누설의 신호를 발신하는 부분 또는 가스 누설을 검지하여 이를 음향으로 경보하고 동시에 중계기 또는 수신부에 가스 누설의 신호를 발신하는 부분을 무엇이라 하는가?

과년도 출제문제

> **정답**
> 1) 황색, 황색
> 2) (가) 단독형, (나) 분리형
> 3) 탐지부

02 시각 경보기를 설치하여야 하는 특정 소방 대상물을 3가지 쓰시오.

1)

2)

3)

> **정답**
> 해설 중 3가지의 특정 소방 대상물 선택

> **해설**
> 많이 나오는 형태의 문제는 아니지만 제대로 알고 있는 것이 중요하다.
> 시각 경보기가 있는 이유는 아래와 같다.
> ① 청각을 활용하기 어려운 용도의 특정 소방 대상물 : 종교 시설, 물류 터미널, 운동시설
> ② 청각을 거의 활용하지 않던 특정 소방 대상물 : 도서관, 숙박시설
> ③ 청각을 이용하지 못하는 사람들이 자주 이용하는 특정 소방 대상물 : 의료 시설, 업무 시설, 방송국

03 피난구 유도등에 대한 내용이다. 다음 각 물음에 답하시오.

1) 피난구 유도등을 설치해야 하는 장소의 기준 3가지를 쓰시오.
2) 피난구 유도등의 설치 높이를 쓰시오.
3) 피난구 유도등의 바탕색과 글자색을 순서대로 쓰시오.

정답

1) ① 직통 계단, 직통 계단의 계단실 및 그 부속실의 출입구
   ② 출입구에 이르는 복도 또는 통로로 통하는 출입구
   ③ 안전 구획된 거실로 통하는 출입구
2) 1.5m 이상
3) 바탕색 – 녹색, 글자색 – 백색

해설

	바탕색	글자색
피난구 유도등	녹색	백색
통로 유도등	백색	녹색

04 비상 콘센트 설비의 설치 기준에 관해 다음 빈칸을 완성하시오.

1) 하나의 전용 회로에 설치하는 비상 콘센트는 ((가))개 이하로 할 것. 이 경우 전선의 용량은 각 비상 콘센트의 공급 용량을 합한 용량 이상의 것으로 해야 한다. (비상 콘센트가 ((나))개 이상인 경우에는 전선의 용량은 ((다))[kVA] 이상으로 해야 한다.)
2) 전원 회로의 배선은 ((라))으로, 그 밖의 배선은 ((라)) 또는 ((마))로 할 것

(가) :

(나) :

(다) :

(라) :

(마) :

> **정답**
> (가) : 10
> (나) : 3
> (다) : 4.5
> (라) : 내화 배선
> (마) : 내열 배선

05 비상 콘센트 설비의 설치 기준에 대한 다음 각 물음에 답하시오.

1) 비상 콘센트 설비의 정의를 쓰시오.
2) 플러그 접속기의 칼받이 접지극에 하는 접지 공사 종류를 쓰시오.
3) 220[V] 전원에 1[kW] 송풍기를 연결하여 운전하는 경우 회로에 흐르는 전류 [A]를 구하시오.
   (단, 역률은 95[%]이다.)

정답

1) 비상 콘센트란, 소화 활동 설비 중의 하나로 소방 대원의 구급 및 구조 활동에 필요한 전원을 전용 회선으로 공급하는 설비
2) 보호 접지
3) $\dfrac{1000}{220 \times 0.95} = 4.78[A]$

해설

1) 전원 회로는 각 층에 있어서 2 이상이 되도록 설치할 것 (단, 설치하여야 할 층의 콘센트가 1개인 때에는 하나의 회로로 할 수 있다.)
2) 플러그 접속기의 칼받이 접지극에는 접지 공사를 하여야 한다. (감전 보호가 목적이므로 보호 접지를 해야 한다.)
3) 풀박스는 1.6mm 이상의 철판을 사용할 것
4) 절연 저항은 전원부와 외함 사이를 직류 500[V] 절연 저항계로 측정하여 20[MΩ] 이상일 것
5) 바닥으로부터 0.8 ~ 1.5[m] 이하의 높이에 설치할 것

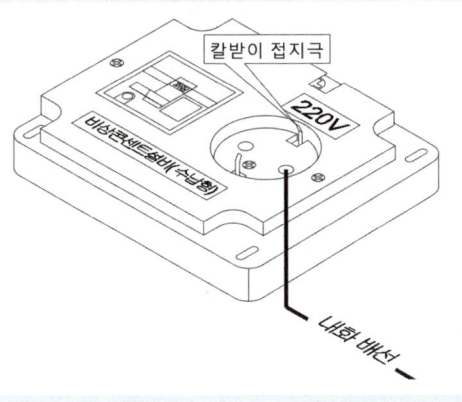

과년도 출제문제

06 유량 10[㎥/min], 양정 30[m]인 펌프 전동기의 용량을 계산하시오. (단 효율은 85[%], 전달 계수 1.25)

정답

$$\frac{9.8 \times 1.25 \times 30 \times 10}{0.85 \times 60} = 72.06 [\text{kW}]$$

해설

① $\left[\dfrac{출력}{효율} = 입력\right]$은 $\dfrac{출력}{입력} = 효율$을 변형하여 산출할 수 있게 된다.

② [출력 = 압력 × 유량] 출력에 대해서는 압력 혹은 유량으로 나타난다. (기타 손실은 가정하지 않는다.)

07 자동 화재 탐지 설비의 P형 수신기와 R형 수신기의 기능을 각각 2가지 쓰시오.

1) P형 수신기
①
②

2) R형 수신기
①
②

정답

1) P형 수신기
① 기록 기능
② 수신기와 감지기 사이의 도통 시험 기능
2) R형 수신기
① 기록 기능
② 중계기와 수신기 사이의 단선, 단락, 도통 시험 기능

해설

- 수신기의 주된 기능은 수신을 받는 것이다. 하지만 수신기가 제 기능을 하기 위해서 필요한 부가 기능이 필요한데, 질문에 의도는 거기에 초점이 맞춰져 있다.
- 화재가 발생되어 전기 공급이 중단되었을 때 전기가 공급 되려면 예비 전원으로 자동 절환하는 기능이 필요하고, 작동 상태를 점검하기 위해서 작동 시험 장치가 필요하다. 또 고장이 발생하였거나 사고가 발생한 부분에 대해 기록이 남아 있어야 한다.
- 수신기의 기능 – 예비 전원 자동 절환 기능, 기록 기능, 작동 시험 기능, 도통 시험 기능

과년도 출제문제

08 다음 각 물음에 답하시오.

1) 그림과 같이 차동식 스포트형 감지기 A, B, C, D가 있다. 배선을 전부 송배전식으로 할 경우 박스와 감지기 사이의 배선 가닥수가 몇 가닥인지 쓰시오.

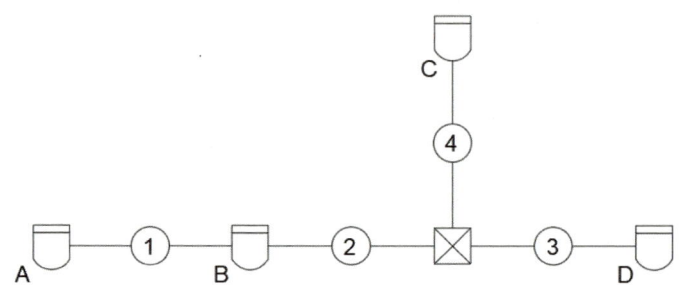

기호	가닥수
①	
②	
③	
④	

2) 차동식 분포형 감지기의 공기관의 재질을 쓰시오.

정답

1)

기호	가닥수
①	2
②	2
③	2
④	4

2) 중공동관

해설

중공동관은 내부가 비어있는 동관이다. 동관 자체는 부드럽고, 가벼우며, 위생적이다. 또한 내식성이 좋아서 잦은 교체를 하지 않아도 된다. 공기관식에서 중공동관을 활용하는 이유도 가공성이 편함도 있지만 위의 특징을 포함하기 때문이다.

09 비상 조명등의 설치 기준에 관한 사항이다. 빈칸을 채우시오.

1) 예비 전원을 내장하는 비상 조명등에는 평상시 점등 여부를 확인할 수 있는 ((가))를 설치하고 해당 조명등을 유효하게 작동시킬 수 있는 용량의 ((나))와((다))를 내장할 것
2) 비상 전원은 비상 조명등을 ((라))분 이상 유효하게 작동시킬 수 있는 용량으로 할 것. 다만, 다음의 특정 소방 대상물의 경우에는 그 부분에서 피난층에 이르는 부분의 비상 조명등을 ((마))분 이상 유효하게 작동시킬 수 있는 용량으로 하여야 한다.
   - 지하층을 제외한 층수가 11층 이상의 층
   - 지하층 또는 무창층으로서 용도가 도매시장, 소매시장, 여객자동차터미널, 지하역사 또는 지하 상가

(가) :

(나) :

(다) :

(라) :

(마) :

정답

(가) : 점검 스위치
(나) : 축전지 설비
(다) : 예비 전원 충전 장치
(라) : 20
(마) : 60

해설

암기팁 비상 조명등 설비는 피난 시 조도를 확보하여 피난자로 하여금 시각을 확보할 수 있도록 돕는다. SEE를 대신하여 C와 E라고 외우자. C는 축전지 설비이고, 축전지를 상시 충전할 수 있는 예비 전원 충전 장치를 포함해야 한다.

과년도 출제문제

10 다음에서 설명하는 감지기의 명칭을 쓰시오.

1) 비화재보 방지가 주목적으로 감지원리는 동일하나, 성능, 종별, 공칭 작동 온도, 공칭 축적 시간이 다른 감지소자의 조합으로 된 것이며, 1개의 감지기 내에 서로 다른 종별 또는 감도 등의 기능을 갖춘 것으로 일정 시간 간격을 두고 각각 다른 2개 이상의 화재 신호를 발하는 감지기

2) 주위의 온도 또는 연기의 양의 변화에 따라 각각 다른 전류치 또는 전압치 등의 출력을 발하는 방식의 감지기

정답

1) 다신호식 감지기
2) 아날로그식 감지기

해설

+지식) 아날로그식 감지기
- 주위의 온도 또는 연기의 양의 변화에 따라 각각 다른 전류치 또는 전압치 등의 출력을 발하는 감지기로, 일반 감지기는 화재 여부를 디지털 신호를 송신하는데, 아날로그 감지기는 연속적으로 변화하는 물리량만을 송신하게 된다. 이러한 아날로그 방식의 신호 특성으로 시시 각각 검출된 온도 또는 연기의 농도에 대한 정보에 대해 수신기에서 판단이 이뤄지게 된다.

+지식) 다신호식 감지기
- 일반적인 감지기와 화재 감지 원리는 동일하지만 비화재보를 방지하기 위해 감지기가 갖고 있는 성능, 종별, 공칭 작동 온도 또는 공칭 축적 시간별로 서로 다른 열과 연기 등 2개 이상의 화재 신호를 발할 수 있는 것으로 1개의 스폿 내에 수용되어 있다. 각 감지 소자가 작동할 때마다 화재 신호를 발신한다.

+지식) 다신호식 감지기 복합형 감지기
① 열 복합형 감지기 – 차동식과 정온식의 성능을 모두 갖춘 것이다. 두 영역 모두 감지시 동작한다.
② 연기 복합형 감지기 – 이온화식+광전식의 성능을 모두 갖춘 것이다. 두 영역 모두 감지시 동작한다.
③ 열, 연기 복합형 감지기 – 열감지기+연기감지기의 성능을 모두 갖춘 것이다. 두 영역 모두 감지시 동작한다.
④ 불꽃 복합형 감지기 – 불꽃 자외선식+불꽃 적외선식의 성능을 모두 갖춘 것이다. 두 영역 모두 감지시 동작한다.

11
비상 경보 설비 및 단독 경보형 감지기, 비상 방송 설비의 설치 기준에 관한 물음에 답하시오.

1) 비상벨 설비 또는 자동식 사일렌 설비의 설치 높이를 쓰시오.
2) 단독 경보형 감지기의 설치 장소의 면적이 600[㎡]일 때 감지기 개수를 쓰시오.
3) 비상방송설비에서 증폭기의 정의를 쓰시오.
4) 비상 방송 설비에서 층수가 지하 2층, 지상 7층인 건물에서 5층의 배선이 단락되어도 화재 통보에 지장이 없어야 하는 층은 몇 층인지 쓰시오.

정답

1) 바닥에서 0.8 이상 1.5[m] 이하
2) 600[㎡] $\dfrac{600}{150} = 4(개)$
3) 마이크로부터 전기 신호로 수신한 신호의 전압과 전류의 진폭을 늘려서 감도를 높이고 소리의 크기도 키우는 장치이다.
4) 지하 1층과 2층, 지상 1층, 2층, 3층, 4층, 6층, 7층

해설

단독 경보형 감지기의 설치 기준

1) 각 실(이웃하는 실내의 바닥면적이 각각 30㎡ 미만이고 벽체의 상부의 전부 또는 일부가 개방되어 이웃하는 실내와 공기가 상호 유통되는 경우에는 이를 1개의 실로 본다)마다 설치하되, 바닥면적이 150㎡를 초과하는 경우에는 150㎡마다 1개 이상 설치할 것
   암기팁 연기 감지기를 떠올리면 수월하게 확인해볼 수 있다.
2) 계단실은 최상층의 계단실 천장(외기가 상통하는 계단실의 경우를 제외한다)에 설치할 것
3) 건전지를 주전원으로 사용하는 단독 경보형 감지기는 정상적인 작동상태를 유지할 수 있도록 주기적으로 건전지를 교환할 것

12 예비 전원 설비에 대한 다음 각 물음에 답하시오.

1) 축전지의 과방전 또는 방치 상태에서 기능 회복을 위하여 실시하는 충전 방식은 무엇인지 쓰시오.

2) 부동 충전 방식에 대한 회로(개략도)를 그리시오.

3) 연축전지의 정격 용량은 200[Ah]이고, 상시 부하가 8[kW]이며, 표준 전압이 100[V]인 부동 충전 방식의 충전기 2차 충전 전류는 몇 [A]인지 구하시오.(단 축전지의 방전율은 10시간율로 한다.)

정답

1) 회복 충전 방식

2)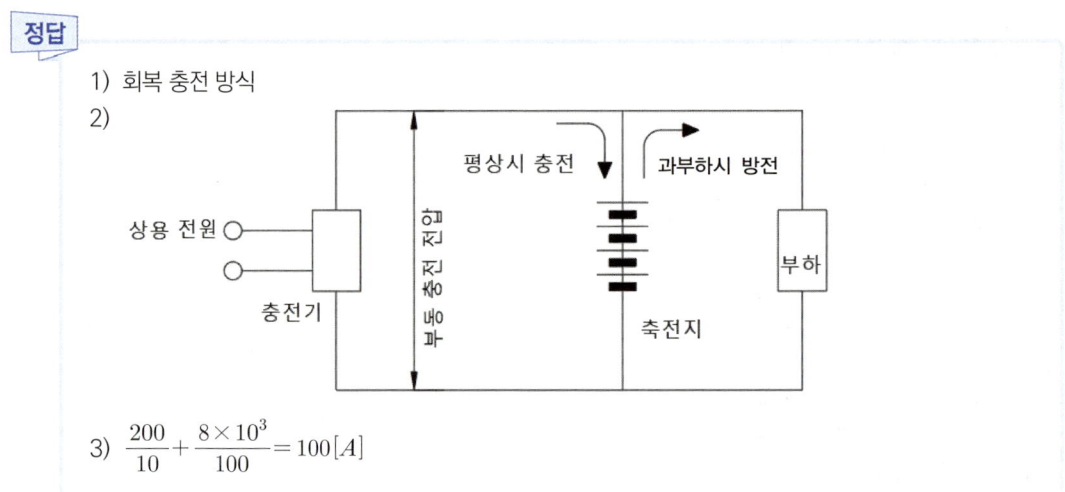

3) $\dfrac{200}{10} + \dfrac{8 \times 10^3}{100} = 100[A]$

13 비상 방송 설비의 설치 기준에 관한 다음 각 물음에 답하시오.

1) 음량 조절기의 정의를 쓰시오.
2) 확성기는 각 층마다 설치하되, 그 층의 확성기 수평거리는 몇 [m] 이하로 하는가?
3) 음량 조정기를 설치하는 경우 음량 조정기의 배선은 몇 선식으로 해야 하는가?
4) 확성기의 음성 입력은 실내와 실외에 있어서 각각 몇 [W] 이상으로 설치해야 하는가?
5) 기동 장치에 따른 화재 신고를 수신한 뒤 필요한 음량으로 화재 발생 상황 및 피난에 유효한 방송이 자동으로 개시될 때까지 소요 시간이 몇 초 이하로 하여야 한는가?

정답

1) 음량 조절기란, 가변 저항을 이용하여 전류의 양을 변화시켜 음량을 크게 하거나 작게 조정하는 장치이다.
2) 25[m]
3) 3선식
4) 실내 1[W] 이상, 실외 3[W] 이상
5) 10초

해설

4), 5) 비상 방송 설비 기준
① 음성 입력은 3W 이상.(단 실내에서 사용시 1W 이상)
② 각 층마다 설치하고, 수평거리는 25m 이하가 되어야 한다.
  (그 설치의 반경이 옥내 소화전과 같아서 함께 설치되기도 한다.)

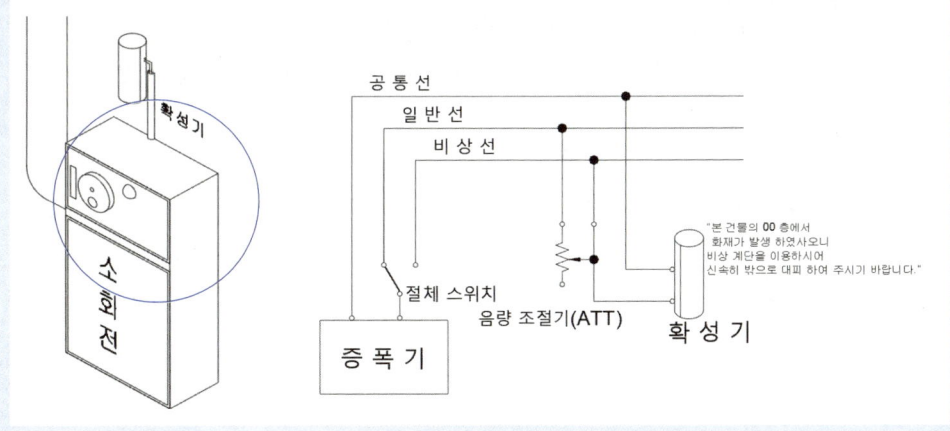

14 무선 통신 보조 설비의 설치 기준에 관한 질문이다. 다음 물음에 답하시오.

1) 누설 동축 케이블의 끝부분에는 설치하는 장치를 쓰시오.
2) 누설 동축 케이블에 설치하는 금속제 또는 자기제 등의 지지 금구의 설치 간격을 쓰시오.
3) 누설 동축 케이블 및 안테나 고압의 전로로부터의 이격거리를 쓰시오.
4) 증폭기의 전면에는 주회로의 전원이 정상인지 여부를 표시하기 위해 설치하는 것은 무엇인가?

정답

1) 무반사 종단 저항
2) 4[m]
3) 1.5[m]
4) 표시등과 전압계

해설

① 지지물의 경우 **4m** 이내마다 금속제 또는 자기제 등의 지지 금구로 벽, 천장, 기둥 등에 견고하게 고정
(불연 재료로 구획된 반자 안에 설치하는 경우는 예외)
② 이격 거리 유지 – 고압의 전로로부터 **1.5m 이상** 떨어진 위치에 설치한다.
(다만, 해당 전로에 정전기 차폐장치를 유효하게 설치한 경우 그렇지 않다.)
③ 증폭기의 전면에는 주회로의 전원이 정상인지의 여부를 표시하는 **표시등 및 전압계**를 설치한다.
④ 전자파의 반사로 인한 전자파 메아리 현상을 방지하고자 **무반사 종단 저항**을 견고하게 설치한다.
암기팁 2, 3, 4로 기억하자. 4m 이내 지지 및 3/2 이상 떨어뜨린다.
⑤ 케이블의 임피던스는 50Ω으로 하여야 한다. 이에 접속하는 안테나, 분배기 기타의 장치는 해당 임피던스에 적합한 것 선정.(임피던스 매칭을 통한 반사 손실을 최소화하기 위하여 설치한다.

15 다음은 자동화재탐지설비의 P형 수신기의 미완성 결선도이다. 결선도를 완성하시오.

감지기

감지기

발신기

위치 표시

소화전 기동표시

경종

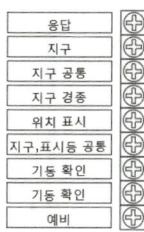

정답

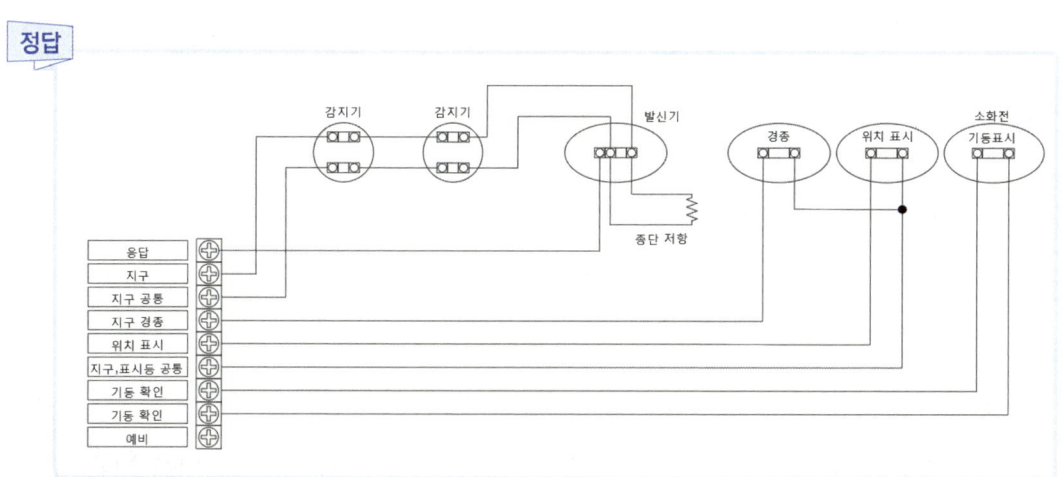

과년도 출제문제

16 그림과 같이 소방 부하가 연결된 회로가 있다. 표시된 지점의 전압을 구하시오.(단, 공급전압은 100[V]이며, 단상 2선식에 해당한다.)

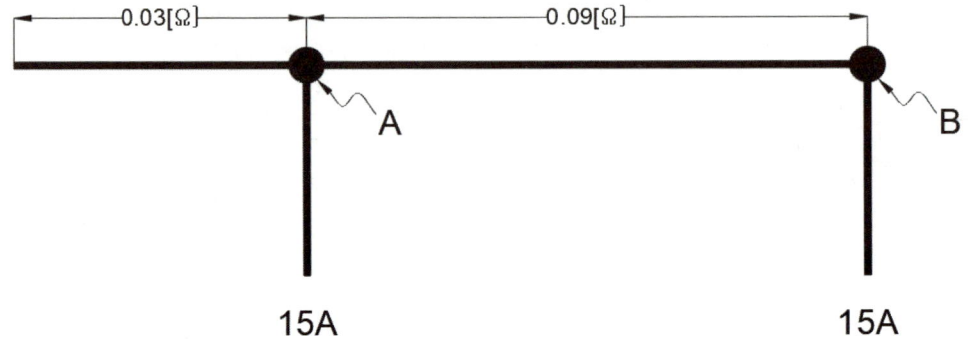

1) A점 :
2) B점 :

정답

1) $e_A = 2 \times 0.03 \times (15+15) = 1.8[V]$
   $V_A = 100 - 1.8 = 98.2[V]$
2) $e_B = 2 \times 0.09 \times 15 = 2.7[V]$
   $V_B = 98.2 - 2.7 = 95.5[V]$

해설

- 버스를 타고 내리는 것을 생각해보자. 전압은 계속 소모되는 기름이라 보자. 15A 2명이 타고 가다가 1명이 내리는 것이 첫번째 동작이다. 이후 다음 동작으로 남은 15A 1명은 조금 더 가서 내린다. 이 부분이 2번째 동작한다.
- 1상 2선식의 전압 강하 공식 : $e = 2 \times I \times R$

17 예비 전원 설비로 이용되는 축전지에 대한 다음 각 물음에 답하시오.

1) 보수율의 의미를 쓰고, 표준값을 쓰시오.

① '보수율'이란?

② '보수율 표준값'은?

2) 연축 전지와 알칼리 축전지의 공칭 전압을 쓰시오.

① 연축 전지 공칭 전압 :

② 알칼리 전지 공칭 전압 :

3) 최저 허용 전압이 1.06[V/Cell]일 때 축전지의 [Ah]를 쓰시오.

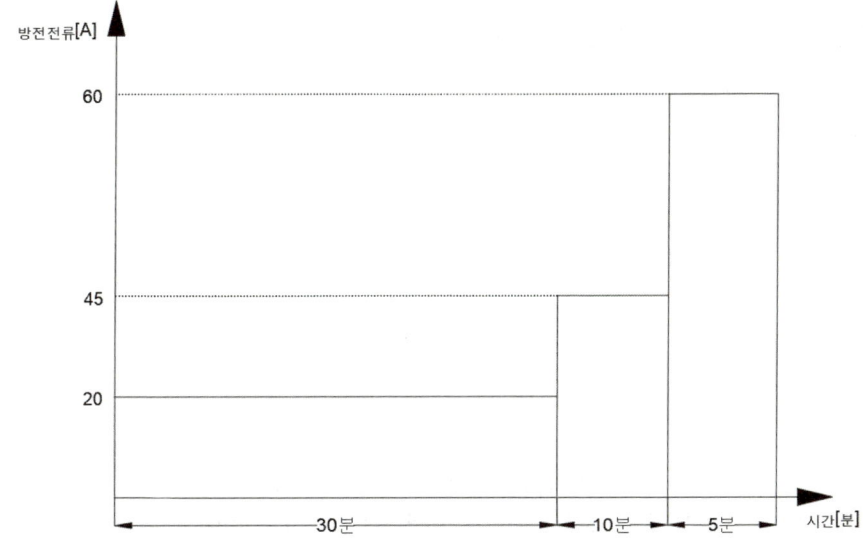

최저허용전압[V/Cell]	0.1 분	1분	5분	10분	20분	30분
1.10	0.30	0.46	0.56	0.66	0.87	1.04
1.06	0.24	0.33	0.45	0.53	0.70	0.85
1.00	0.20	0.27	0.37	0.45	0.60	0.77

> **정답**
>
> 1) ① '보수율'이란? 시간이 지남에 따라 발생하는 용량 저하를 고려하여 설계시 미리 보상하여 주는 값
>   ② '보수율 표준값'은? 0.8
> 2) ① 연축 전지 공칭 전압 : 2[V]
>   ② 알칼리 전지 공칭 전압 : 1.2[V]
> 3) $\frac{1}{0.8}(0.85 \cdot 20 + 0.53 \cdot 45 + 0.45 \cdot 60) = 84.81[Ah]$

18 복도 통로 유도등의 설치 기준을 4가지 쓰시오.

1)
2)
3)
4)

> **정답**
>
> 1) 바닥으로부터 높이 1[m] 이하의 위치에 설치
> 2) 복도에 설치하되 피난구 유도등이 설치된 출입구의 맞은편 복도에는 입체형으로 설치하거나, 바닥에 설치
> 3) 바닥에 설치하는 통로 유도등은 하중에 따라 파괴되지 않는 강동의 것으로 할 것
> 4) 구부러진 모퉁이 및 통로 유도등을 기점으로 보행 거리 20[m] 마다 설치

> **해설**
>
> - 복도 통로에서 이동을 할 때는 연기로 인해 고개를 들기 어렵다. 이에 따라 고개를 숙였을 때를 기준하여 1[m] 이하의 높이 기준을 갖는다. 보행 거리 20[m] 기준은 피난을 염두하여 유도등 표준값이다.
> - 만약 피난구 유도등이 설치된 출입구 맞은 편의 복도는 피난구임을 표시하기 위해 구별되는 형태를 해야 한다.

2023년 2회 소방설비기사(전기 분야) 실기 시험

시행일자 2023년 07월 10일

01 P형 수신기의 1 경계 구역에 대한 결선도를 연결하고, 각 선의 역할을 쓰시오.

① :

② :

③ :

④ :

⑤ :

⑥ :

과년도 출제문제

정답

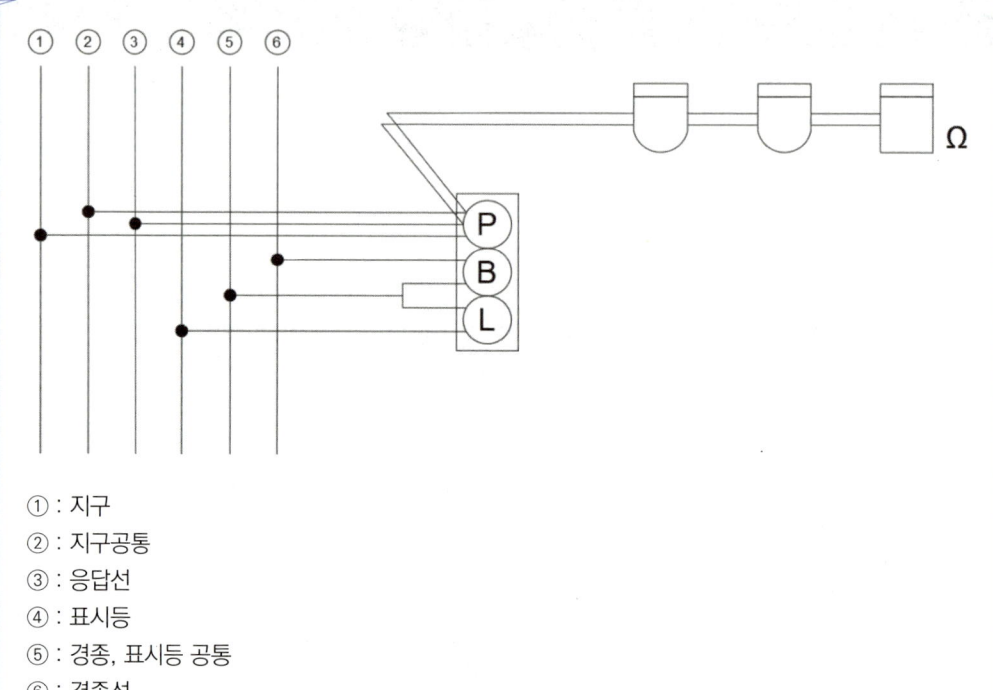

① : 지구
② : 지구공통
③ : 응답선
④ : 표시등
⑤ : 경종, 표시등 공통
⑥ : 경종선

해설

수신기의 결선 문제는 꽤나 여러 차례 출제되는 항목 중에 하나이다.

02 다음 소방 시설 도시 기호 각각의 명칭을 쓰시오.

| RM | SVP | PAC | AMP |
| ( ) | ( ) | ( ) | ( ) |

정답

| RM | SVP | PAC | AMP |
| 가스계 소화설비의 수동 조작함 | 프리액션 밸브의 수동 조작함, 슈퍼비조리판넬 | 소화 가스 패키지 | 증폭기 |

해설

- 소방 시설 도시 기호의 경우 앞서 이론 파트에 있는 부분을 참조하기 바란다.
- 소화 가스 패키지는 아래와 같이 소화 가스를 저장하기 위한 함과 그 부속 장치를 이야기 한다.

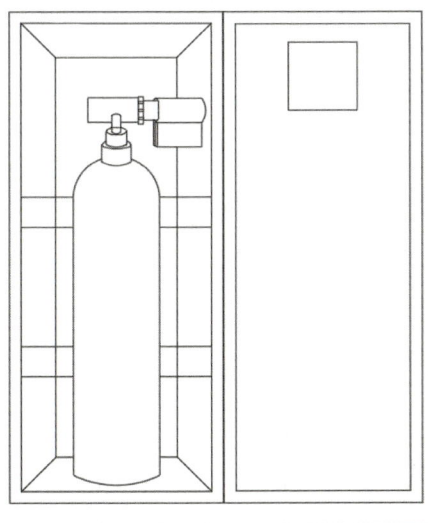

과년도 출제문제

03 다음은 사용 전원 정전시에 예비 전원으로 절환하고 상용 전원 복구 시 예비 전원에서 상용 전원으로 절환하여 운전하는 시퀀스 제어 회로의 미완성 도면이다. 시퀀스 제어도를 완성하시오.

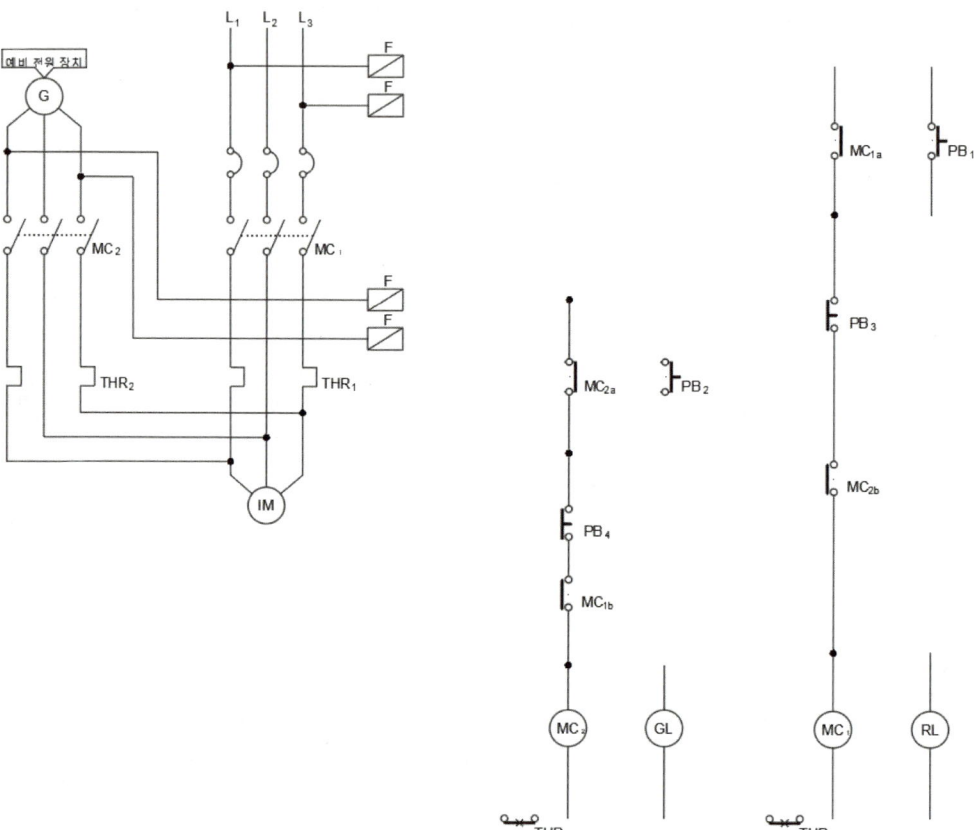

정답

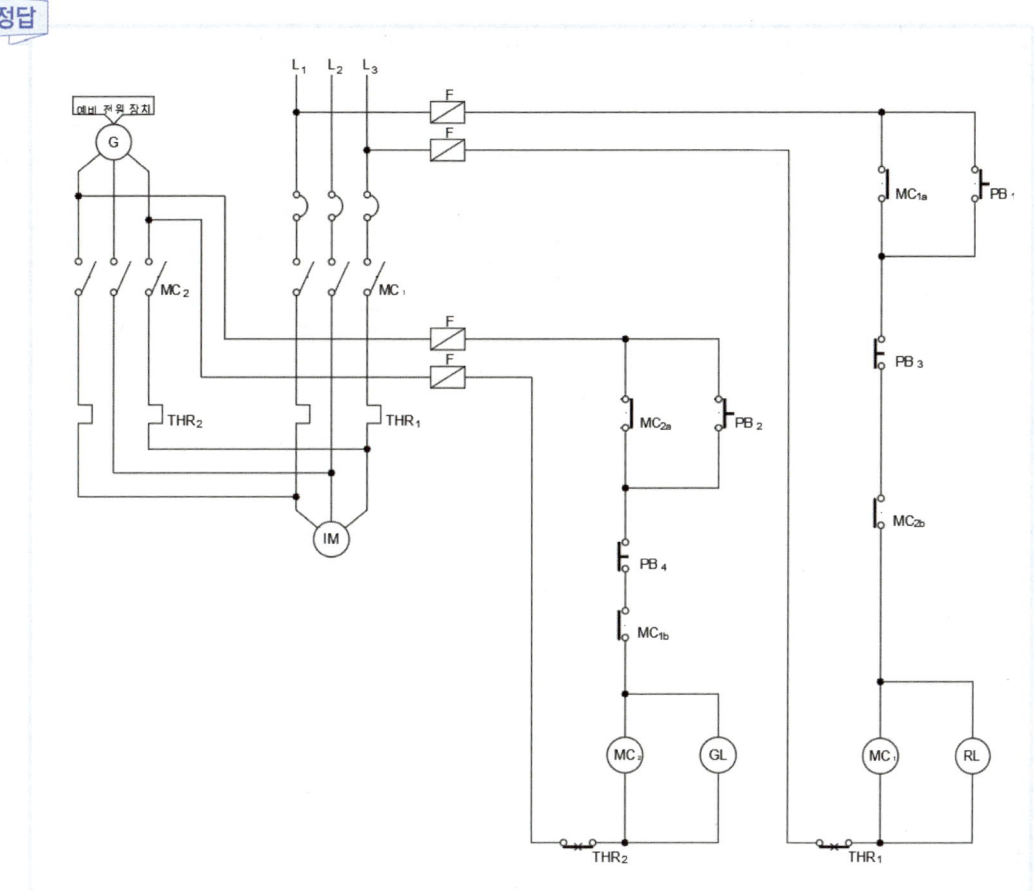

해설

절환이 된다는 의미는 인터록을 의미하고, 자기 유지는 기본으로 삽입되어야 한다. 하지만 수동으로 조작하는 과정이 수반되어야 한다. 이를 위해서 인터록에 삽입해야 하는 푸시 버튼 스위치가 필요하다.

과년도 출제문제

04 소방 설비 배선 공사에 사용되는 부품의 명칭을 적으시오.

명칭	설명
((가))	전선의 절연 피복을 보호하기 위하여 박스 내의 금속관 끝에 취부하여 사용한다.
((나))	금속 전선관 상호 간 접속하는 데 사용되는 부품이다.
((다))	매입 배관 공사를 할 때 관을 직각으로 굽히는 곳에 사용하는 부품이다.
((라))	금속관 배선에서 노출 배관 공사를 할 때 관을 직각으로 굽히는 곳에 사용하는 부품이다.

정답

(가) : 부싱
(나) : 커플링
(다) : 노멀 밴드
(라) : 유니버셜 엘보

해설

혼동될 수 있는 부품은 모아서 함께 검토하는 것이 좋다.

부속	설 명
부싱	전선의 절연 피복을 보호하기 위해 금속관 끝에 취부하여 사용한다.
로크너트	금속관 배관 공사에서 박스에 금속관을 고정할 때 사용한다.
노멀밴드	배관의 직각 굴곡에 사용한다.
커플링	금속관을 연결할 때 사용한다.
유니온 커플링	금속관 상호 접속용으로 관을 고정하고 이 커플링을 돌려 고정한다.
유니버셜 엘보	노출 배관 공사에서 관을 직각으로 굽히는 곳에 사용한다.
링리듀서	박스 또는 캐비닛의 녹아웃 지름이 금속관의 관경보다 클 때 금속관을 고정시킨다.

05 분전반에서 70[m] 거리에 220[V], 전력 2.2[kW] 단산 2선식 전기 히터를 설치하려고 한다. 전선의 굵기는 몇 [㎟] 인지 계산상의 최소 굵기를 구하시오. (단, 전압 강하는 2% 이내이고, 전선은 동선을 활용한다.)

> **정답**
>
> 공칭 단면적 6[㎟] 전선 선정
> $e = 220 \times 0.02 = 4.4[V]$
> $I = \dfrac{2.2 \times 10^3}{220} = 10[A]$
> $A = \dfrac{35.6 \times 70 \times 10}{1000 \times 4.4} = 5.66$

> **해설**
>
> 1) 전압강하
>
> | 전기 방식 | 전선 단면적 |
> |---|---|
> | 단상 2선식 | $A = \dfrac{17.8 \times L \times I}{1,000e} \times 2$ |
> | 3상 3선식 | $A = \dfrac{17.8 \times L \times I}{1,000e} \times \sqrt{3}$ |
> | 단상 3선식
3상 4선식 | $A = \dfrac{17.8 \times L \times I}{1,000e}$ |

과년도 출제문제

06 광원 점등 방식의 피난 유도선의 설치 기준 3가지를 쓰시오.

1)

2)

3)

정답
1) 구획된 각 실로부터 주 출입구 또는 비상구 까지 연결
2) 피난 유도 표시부는 바닥으로부터 높이 1m 이하의 위치 또는 바닥면에 설치
3) 비상 전원이 상시 충전 상태를 유지하도록 설치
4) 수신기로부터의 화재 신호 및 수동 조작에 의하여 광원이 점등되도록 설치
5) 바닥에 설치되는 피난 유도 표시부는 매립하는 방식을 사용할 것

해설
피난 유도선이기에 구획된 각 실부터 주 출입구까지 이어져야 하고, 이동하면서 확인하는 요소이기에 높이는 1m 이하여야 한다. 또한 축광 방식이 아니기 때문에 기존 조도를 상시 확보해야 하는 것이 아닌 비상 전원의 상시 충전 상태를 유지해야 한다.

07 다음 보기는 제연 설비에서 제연 구역을 구획하는 기준을 나열한 것이다. 빈칸을 채우시오.

1) 하나의 제연 구역의 면적은 ((가)) 이내로 한다.
2) 통로상의 제연 구역은 보행 중심선의 길이가 ((나))를 초과하지 않아야 한다.
3) 하나의 제연 구역은 직경 ((다)) 원 내에 들어갈 수 있도록 한다.
4) 하나의 제연 구역은 ((라))개 이상의 층에 미치지 않도록 한다. (단, 층의 구분이 불분명한 부분은 다른 부분과 별도로 제연 구획할 것)
5) 재질은 ((마)), ((바))또는 제연 경계벽으로 성능을 인정받은 것으로서 화재시 쉽게 변형, 파괴되지 아니하고 연기가 누설되지 않는 기밀성 있는 재료로 할 것

(가) :

(나) :

(다) :

(라) :

(마) :

(바) :

정답

(가) : 1,000[㎡]
(나) : 60[m]
(다) : 60[m]
(라) : 2
(마) : 내화 재료
(바) : 불연 재료

해설

1) 제연 구역의 경우는 기존의 자동 화재 탐지 설비의 경계 구역과는 달리 1,000[㎡]를 두고 있다.
   암기팁 연기를 구획하는 것이기 때문에 '천장'으로 구획한다고 생각하자. 따라서 1,000[㎡]로 둔다.
2) 또한 보행 중심 거리와 수평 거리가 모두 60m를 기준으로 두고 있음을 볼 수 있다.
   암기팁 연기 감지기의 도면 기호를 보면 'S'를 넣는다. 이를 Six로 생각하여 기억하기 바란다.
3) 재질에 대한 내용의 경우 상시 나올 수 있는 내용이므로 숙지하기 바란다.

과년도 출제문제

08 다음 표는 소화설비별로 사용할 수 있는 비상 전원의 종류를 나타낸 것이다. 각 소화설비마다 설치하여야 하는 비상 전원을 찾아 빈칸에 ○로 표현하시오.

설비명	비상 전원 수전 설비	축전지설비	자가 발전 설비
옥내 소화전 설비, 제연설비, 연결 송수관 설비			
스프링클러 설비			
자동화재탐지설비, 유도등			
비상 콘센트 설비			

정답

설비명	비상 전원 수전 설비	축전지설비	자가 발전 설비
옥내 소화전 설비, 제연설비, 연결 송수관 설비		○	○
스프링클러 설비	○	○	○
자동화재탐지설비, 유도등		○	
비상 콘센트 설비	○	○	○

해설

차후 나오는 문제에서는 시간을 적으라고도 충분히 할 수 있기 때문에 아래 표를 숙지하기 바란다.

구분		비상전원 수전설비 (B)	축전기 설비 (C)	자가발전 설비 (D)	전기저장 장치 (E)
비상 경보 설비	비상방송설비		10분		10분
	자동화재탐지설비		10분		10분
	비상경보설비		10분		10분
	암기팁 C와 E를 합쳐서 SEE로 볼 수 있다. 보고 알려주는 형태로 기억할 수 있다.				
피난 구조 설비 (예외 있음)	유도등		20분		20분
	비상조명설비		20분	20분	20분
	암기팁 C와 E를 합쳐서 SEE로 볼 수 있다. 보여주는 형태로 기억할 수 있다.				
소화 활동 설비	제연설비		20분	20분	20분
	연결 송수관 설비		20분	20분	20분
	비상콘센트 설비	20분	20분	20분	20분
	무선통신보조설비	30분	30분	30분	30분
	암기팁 소화 관련 설비는 대부분이 C, D, E에 해당한다. 통신만 30분이다.				
소화 설비 (예외 있음)	옥내 소화전 설비		20분	20분	20분
	가스계소화설비		20분	20분	20분
	물분무 설비		20분	20분	20분
	포소화설비	20분	20분	20분	20분
	스프링클러 설비	20분	20분	20분	20분
	암기팁 소화 관련 설비는 대부분이 C, D, E에 해당한다.				
	암기팁 포 소화 설비는 four가지를 선택해야 한다.				

과년도 출제문제

09 무선 통신 보조 설비에 사용되는 분배기, 분파기, 혼합기의 기능에 대하여 서술하시오.

1) 분배기 :

2) 분파기 :

3) 혼합기 :

> **정답**
> 1) '분배기'란 신호의 전송로가 분기되는 장소에 설치하는 것으로 임피던스 매칭과 신호 균등 분배를 위해 사용하는 장치이다.
> 2) '분파기'란, 서로 다른 주파수의 합성된 신호를 분리하기 위해서 사용하는 장치를 말한다.
> 3) '혼합기'란 둘 이상의 입력신호를 원하는 비율로 조합한 출력이 발생하도록 하는 장치를 말한다.

> **해설**
> - 무선 통신 보조 설비에 대해 정의를 묻는 문제는 빈번히 출제가 된다.
> - 법에서 정의하고 있는 용어가 있으므로 조사 등은 유연하게 쓰되, 단어는 위 형태를 가급적 그대로 쓰기 바란다.

10 감지기 회로의 배선에 대한 다음 각 물음에 답하시오.

1) 송배선식에 대하여 설명하시오.

2) 교차회로의 방식에 대해 설명하시오.

3) 교차회로를 적용하는 설비를 쓰시오.

　①
　②
　③

정답

1) 도통 시험을 용이하게 하기 위해 배선의 도중에서 분기하지 않는 방식
2) 하나의 담당 구역 내 2개 이상의 감지기 회로를 설치하고, 2개 이상 감지기 회로가 동시에 감지될 때 설비를 작동시키는 방식
3) 교차 회로를 적용하는 설비
　① 분말 소화 설비
　② 할론 소화 설비
　③ 이산화탄소 소화 설비

해설

암기팁 교차회로를 적용하는 설비에 대해서 '할 일을 일부로 이분할'하여 사용한다고 하였다.
할로겐 화합물 및 불활성 기체 소화설비, **일**제 살수식 스프링클러, **부**압식 스프링클러, **이**산화탄소 소화설비, **분**말 소화 설비, **할**론 소화 설비

11 그림은 자동화재탐지설비와 준비 작동식 스프링클러 설비를 연동시키기 위한 간선 계통도이다. 가닥수와 배선의 용도를 쓰시오.

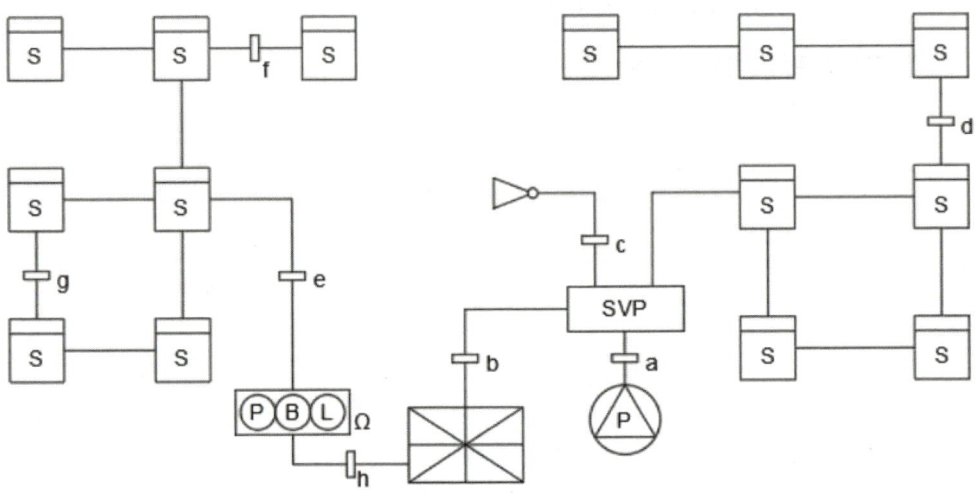

기호	가닥수	배선의 용도
a		
b		
c		
d		
e		
f		
g		
h		

정답

기호	가닥수	배선의 용도
a	4	SV(솔레노이드 밸브) 1가닥, TS(템퍼 스위치) 1가닥, PS(압력 스위치) 1가닥, 공통선 1가닥
b	9	전원+ 1가닥, 전원- 1가닥, 감지기 A 1가닥, 감지기 B 1가닥 감지기 공통 1가닥, SV(솔레노이드 밸브) 1가닥, TS(템퍼 스위치) 1가닥, PS(압력 스위치) 1가닥, 사이렌 1가닥
c	2	사이렌 2가닥
d	4	감지기 2가닥, 감지기 공통 2가닥
e	4	감지기 2가닥, 감지기 공통 2가닥
f	4	감지기 2가닥, 감지기 공통 2가닥
g	2	감지기 1가닥, 감지기 공통 1가닥
h	6	지구선 1가닥, 지구 공통선 1가닥, 응답선 1가닥, 표시등 1가닥 경종선 1가닥, 경종,표시등 공통선 1가닥

해설

이 문제의 포인트는 감지기에 해당한다. 스프링클러의 감지기는 교차회로를 활용하고, 자동화재탐지설비의 감지기는 송배전 회로를 사용하기 때문에 그 회로의 숫자가 다르기 때문이다.

암기팁 준비 작동식의 경우는 SVP(슈퍼비조리판넬)을 사용한다.
철자를 조합하여 다음과 같이 구성할 수 있다.

과년도 출제문제

12 자동화재탐지설비의 화재 안전 기준에서 정한 연기 감지기의 설치 기준이다. 다음 빈칸을 채우시오.

1) 부착 높이에 따른 기준

부착 높이	감지기의 종류[m^2]	
	1종 및 2종	3종
4m 미만	((가))	((나))
4m 이상 ((다))m 미만	75	-

2) 감지기는 복도 및 통로에 있어서 보행 거리 ((라))[m]마다, (3종에 있어서는 ((마))[m]) 계단 및 경사로에 있어서 수직거리 ((바))[m]마다 1개 이상으로 할 것(3종에 있어서는 ((사))[m])

3) 감지기는 벽 또는 보로부터 ((아))[m] 이상 떨어진 곳에 설치할 것

(가) :
(나) :
(다) :
(라) :
(마) :
(바) :
(사) :
(아) :

정답

(가) : 150   (나) : 50   (다) : 20
(라) : 30   (마) : 20   (바) : 15
(사) : 10   (아) : 0.6

해설

가스 감지기의 경우 30[cm]를 기준에 두지만, 연기 감지기는 그보다 무거운 분자량을 잡아야 할 수도 있기 때문에 60[cm]까지를 기준해야 한다.

13. 내화 구조인 건물에 차동식 스포트형 2종 감지기를 설치할 경우 다음 각 물음에 답하시오. (단, 감지기가 부착되어 있는 천장의 높이는 3.8m 이다.)

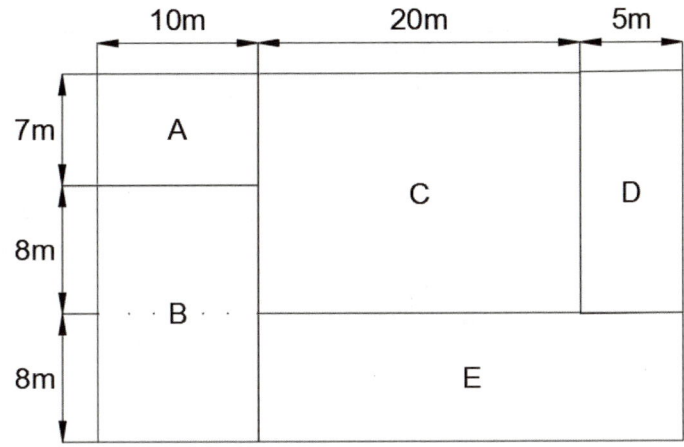

번호	계산 과정	개수
A		
B		
C		
D		
E		

[정답]

번호	계산 과정	개수
A	$\dfrac{7 \times 10}{70} = 1(EA)$	1(EA)
B	$\dfrac{16 \times 10}{70} = 2.29 ≒ 3(EA)$	3(EA)
C	$\dfrac{20 \times 15}{70} = 4.29 ≒ 5(EA)$	5(EA)
D	$\dfrac{5 \times 15}{70} = 1.07 ≒ 2(EA)$	2(EA)
E	$\dfrac{25 \times 8}{70} = 2.86 ≒ 3(EA)$	3(EA)

[해설]

감지기의 설치 기준(NFTC 203) - 열 감지기의 부착 높이와 바닥 감지 면적(스포트형 감지기)

(단위 : ㎡)

부착 높이 및 특정 소방 대상물의 구분		감지기의 종류						
		차동식		보상식		정온식		
		1종	2종	1종	2종	특종	1종	2종
4m 미만	내화 구조	90	70	90	70	70	60	20
	기타 구조	50	40	50	40	40	30	15
4m 이상 8m 미만	내화 구조	45	35	45	35	35	30	–
	기타 구조	30	25	30	25	25	15	–

14 다음의 무접점 회로를 보고 물음에 답하시오.

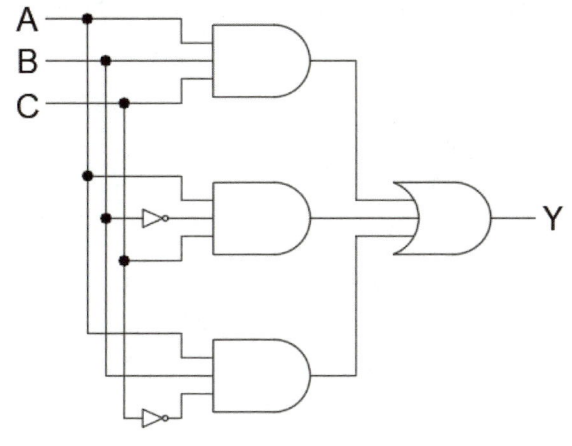

1) 무접점 회로를 간소화된 논리식으로 표현하시오.
2) 간소화된 논리회로의 무접점 회로를 그리시오.
3) 간소화된 논리 회로의 유접점 회로를 그리시오.

정답

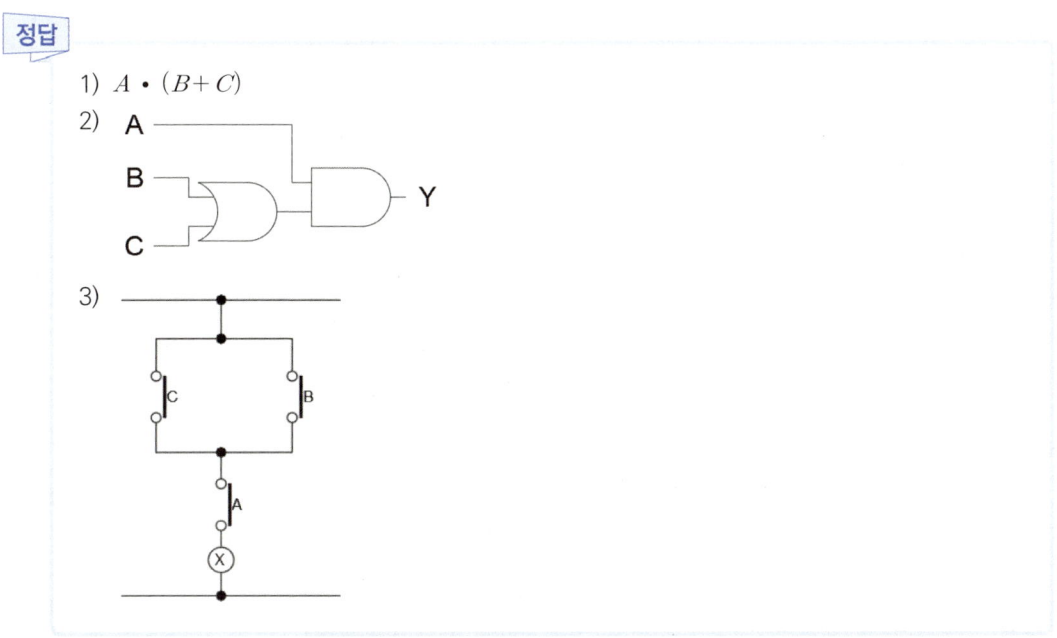

과년도 출제문제

해설

1) 밴다이어그램을 그리면 아래 그림의 형태와 같다. 이를 통해서 식을 정리하는 것이 가장 수월하다. 하지만 밴다이어그램이 적용이 되지 않는 문제도 있기 때문에 다양한 방법은 익혀둘 필요가 있다.

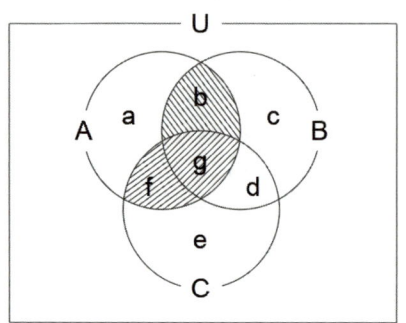

15 자동화재탐지설비를 설치해야 할 특정 소방 대상물(연면적, 바닥 면적 등의 기준)에 대한 빈칸을 채우시오. (단, 전부 필요한 경우는 '전부'라고 쓰고, 필요 없는 경우에는 '필요 없음'으로 기재할 것)

특정 소방 대상물	기준
근린 생활 시설	((가))
묘지 관련 시설	((나))
장례 시설	((다))
노유자 생활 시설	((라))
노유자 시설(노유자 생활 시설에 해당하지 않는 노유자 시설)	((마))

(가) :

(나) :

(다) :

(라) :

(마) :

정답

(가) : 연면적 600[㎡]
(나) : 연면적 2,000[㎡]
(다) : 연면적 600[㎡]
(라) : 전부
(마) : 연면적 400[㎡]

해설

설치대상	기준
정신 의료 기관, 의료 재활 시설	창살 설치 : 바닥 면적 300㎡ 미만 기타 : 바닥 면적 300㎡ 이상
노유자 시설	연면적 400㎡ 이상
근린 생활 시설, 위락 시설 의료 시설 복합건축물, 장례 시설	연면적 600㎡ 이상
목욕탕, 문화 및 집회시설, 운동시설 종교시설 방송통신시설, 관광휴게시설 업무시설, 판매 시설 항공기 및 자동차 관련 시설, 공장, 창고 시설 지하가(터널 제외), 운수시설, 발전시설, 위험물 저장 및 처리 시설 교정 및 군사 시설 중 국방 군사 시설	연면적 1,000㎡ 이상
교육 연구 시설, 동식물 관련 시설 자원 순환 관련 시설, 교정 및 군사 시설(국방, 군사 시설 제외) 수련 시설(숙박 시설이 있는 것 제외) 묘지 관련 시설	연면적 2,000㎡ 이상
터널	길이 1,000m 이상
특수 가연물 저장, 취급	지정수량 500배 이상
수련 시설(숙박시설이 있는 것)	수용 인원 100명 이상
발전 시설	전기 저장 시설
지하구 노유자 생활 시설 전통시장 조산원, 산후조리원 요양 병원(정신 병원, 의료 재활 시설 제외) 공동 주택 숙박 시설 6층 이상의 건축물	전부

16 건물 평면도의 경우 자동화재탐지설비의 최소 경계 구역의 수를 구하시오.

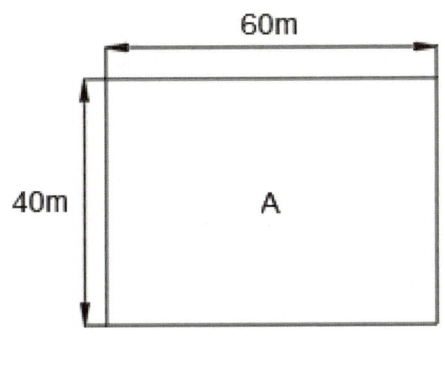
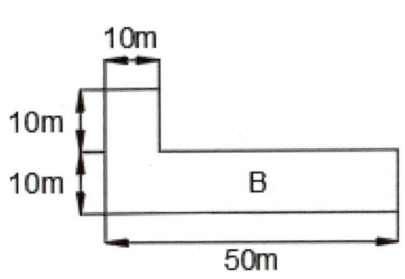

1) A의 경계 구역수를 구하시오.
2) B의 경계 구역수를 구하시오.

> **정답**
>
> 1) 4[EA]
> 2) 1[EA]

> **해설**
>
> 1) A의 경계 구역수
>   ① $\dfrac{60 \times 40}{600} = 4(EA)$ ☞ 전체 면적을 나누어야 하는 수
>   ② $\dfrac{60}{50} = 1.2 ≒ 2(EA)$ ☞ 가장 긴 변을 나누어야 하는 수
>   ③ 앞선 두 과정을 통해서 나누었을 때 구분을 지을 수 있으므로 총 경계 구역은 4개
> 2) B의 경계 구역수
>   ① $\dfrac{10(10+50)}{600} = 1(EA)$ ☞ 전체 면적을 나누어야 하는 수
>   ② $\dfrac{50}{50} = 1(EA)$ ☞ 가장 긴 변을 나누어야 하는 수
>   ③ 앞선 두 과정을 통해서 나누었을 때 구분을 지을 필요가 없으므로 총 경계 구역은 1개

17 P형 수신기와 감지기와의 배선 회로에서 배선 저항은 200[Ω], 릴레이 저항은 1,000[Ω], 감시 상태의 감시 전류는 2[mA]이다. 회로 전압이 DC 24[V]일 때 다음 각 물음에 답하시오.

1) 종단 저항 값을 구하시오.
2) 감지기가 동작할 때(화재시)의 전류는 몇 [mA]인가?

정답

1) 10,800[Ω]

$$2 \times 10^{-3} = \frac{24}{200 + 1000 + x}$$

2) 20[mA]

$$\frac{24}{200 + 1000} = 20\,[\text{mA}]$$

해설

1) 감지기의 동작 전/후 상태

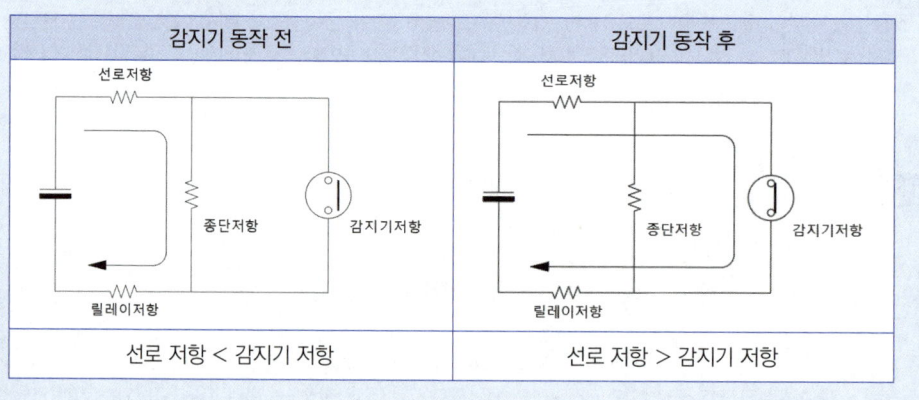

감지기 동작 전	감지기 동작 후
선로 저항 < 감지기 저항	선로 저항 > 감지기 저항

18 연축전지가 여러 개 설치된 축전지 설비가 있다. 비상용 조명 부하가 6[kW]이고, 표준 전압이 220[V]라고 할 때 다음 각 물음에 답하시오. (단, 축전지에 1셀 정도의 여유를 둔다.)

1) 연축전지는 몇 셀 정도 필요한가?
2) 분비물이 혼입된 납축 전지를 방전 상태로 오랫동안 방치해두면 극판의 황산납이 회백색으로 변하며 내부 저장이 증가하고 전지의 용량이 감소하며 수명을 단축시키는 현상을 무엇이라고 하는가?
3) 충전지에 발생하는 가스의 종류는?

정답

1) $\dfrac{220}{2} + 1 = 111\,(Cell)$
2) 설페이션 현상
3) 수소

해설

1) '1셀 정도의 여유를 둔다.'라는 형태의 설정을 지정하는 부분이 있음으로 주의해야 한다.
2), 3) 관련하여 잦은 출제가 되는 부분이므로 이론을 참조하여 꼭 관련 사항을 암기하기 바란다.

과년도 출제문제

2023년 4회 소방설비기사(전기 분야) 실기 시험

시행일자 2023년 11월 04일

01 감지기 회로의 배선 방식으로 교차 회로 방식을 사용할 경우 다음 각 물음에 답하시오.

1) 불대수의 정리를 이용하여 간단한 논리식을 쓰시오.

2) 무접점 회로로 나타내시오

3) 진리표를 완성하시오.

A	B	C

정답

1) $A \cdot B = C$

2)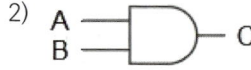

3)

A	B	C
0	0	0
0	1	0
1	0	0
1	1	1

해설

1) 교차 회로 방식의 경우 A, B 두 감지기가 동시에 감지가 되었을 때 신호를 주는 형태이다. 이를 통해 위와 같은 형태를 구성할 수 있다.
2) 무접점 논리회로의 경우, 유접점 회로의 형태를 논리식으로 설명한 것이다. 논리 기호를 사용하여 접점을 대신한다는 특징이 있다.

02 광원 점등 방식의 피난 유도선의 설치 기준 5가지를 쓰시오.

1)
2)
3)
4)
5)

정답

1) 구획된 각 실로부터 주출입구 또는 비상구까지 설치할 것
2) 피난 유도 표시부는 바닥으로부터 높이 1m 이하의 위치 또는 바닥면에 설치
3) 바닥에 설치되는 피난 유도 표시부는 매립하는 방식을 사용할 것
4) 비상 전원이 상시 충전 상태를 유지하도록 설치
5) 수신기로부터의 화재 신호 및 수동 조작에 의하여 광원이 점등되도록 설치

과년도 출제문제

> **해설**
>
> ☞ 축광 방식에 관한 문제도 나올 수 있으므로 함께 숙지하는 것이 중요하다.
>
> • 피난 유도선 설치 기준
>   ① 구획된 각 실로부터 주출입구 또는 비상구까지 설치할 것
>   ② [축광 방식의 경우] 설치 높이
>   - 바닥으로부터 높이 50cm 이하의 위치 또는 바닥 면에 설치할 것
>   - 피난유도 표시부는 50cm 이내의 간격으로 연속되도록 설치
>   - 외부의 빛 또는 조명장치에 의하여 상시 조명이 제공되거나 비상조명등에 의한 조명이 제공되도록 설치할 것
>
>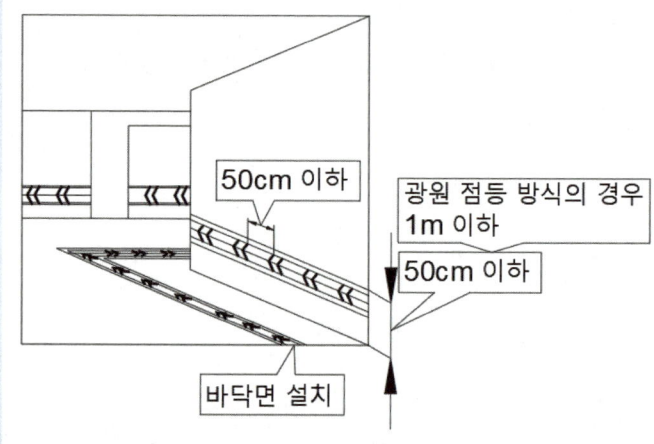
>
>   ③ [광원 점등 방식의 경우] 설치 높이
>   - 피난 유도 표시부는 바닥으로부터 높이 1m 이하의 위치 또는 바닥면에 설치
>   - 바닥에 설치되는 피난 유도 표시부는 매립하는 방식을 사용할 것
>   ④ [광원 점등 방식의 경우] 전원 설치 기준
>   - 비상 전원이 상시 충전 상태를 유지하도록 설치
>   ⑤ [광원 점등 방식의 경우] 점등 기준(자동 및 수동 점등 기준을 갖출 것)
>   - 수신기로부터의 화재 신호 및 수동 조작에 의하여 광원이 점등되도록 설치

03 정온식 스포트형 감지기의 열 감지 방식 5가지를 쓰시오.

1)
2)
3)
4)
5)

정답

1) 바이메탈의 활곡 이용
2) 감열 반도체 소자 이용
3) 금속의 팽창 계수차 이용
4) 액체(기체)의 팽창 이용
5) 가용 절연물 이용

해설

정온식 스포트형 감지기의 모형은 제조사마다 다르다. 모양을 특정할 수 없기 때문에 방식을 정확히 이해하는 것이 중요하고 이로 인해 출제된 문제로 볼 수 있다. (하부 그림은 그 중의 하나에 해당한다.)
① 가용 절연물 이용 방식 : 가용 절연물이 녹으면서 선이 맞닿아서 단락을 일으키고 화재 신호를 송신하게 된다.
② 바이메탈의 활곡 이용 방식 : 바이메탈이란 두 종류의 열 팽창 계수가 다른 금속을 붙이며 계수가 적은 쪽으로 활곡하여 접점이 붙어 신호가 발하는 방식이다.
③ 금속의 팽창 계수차를 이용하는 방식 : 팽창 계수가 큰 외부 원통이 온도 상승에 의해 팽창하고, 내 외부 금속 간 접점이 형성되어 신호가 발하게 된다.
④ 기체의 팽창 이용 방식 : 차동식과 비슷하게 공기실의 공기의 팽창을 이용하는 방식이다.
⑤ 감열 반도체 소자 이용 방식 : 서미스터를 설치하고 일정 온도에 도달하면 검출하는 방식이다.

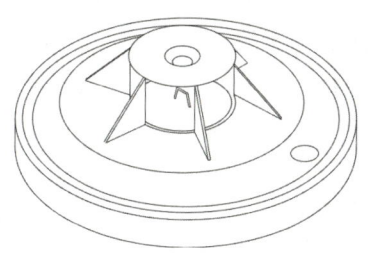

04 다음 그림과 같은 회로에서 부하 에서 소비되는 최대 전력에 대한 다음 각 물음에 답하시오.

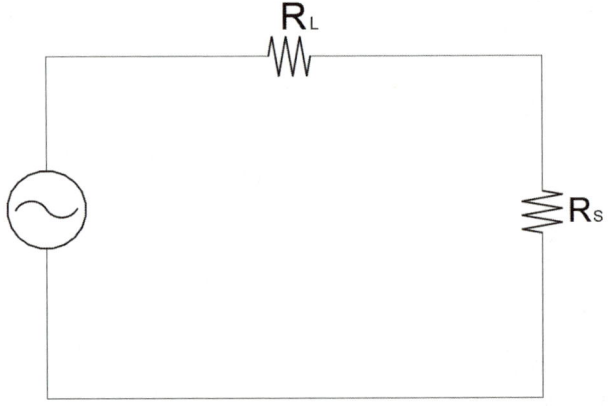

1) 최대 전력 전달 조건을 쓰시오.
2) 최대 전력식을 유도하시오.

> **정답**
>
> $P_{\max} = I^2 \cdot R_L$
>
> $= (\dfrac{V_S}{R_S + R_L})^2 \cdot R_L \, (R_S = R_L \text{이므로})$
>
> $= \dfrac{V_S^2}{4R_L}$

05 높이 20m 이상이 되는 곳에 설치할 수 있는 감지기를 2가지 쓰시오.

1)

2)

정답

1) 불꽃 감지기   2) 광전식 감지기 중 아날로그 감지기

해설

이 부분에 대해 질문할 수 있는 방식은 위와 같은 형태가 대부분이기 때문에 아래와 같이 기억하기 바란다. 앞쪽 이론에서는 일반적인 책에서 제공하는 법적인 정보도 포함하여 두었으니 참고하기 바란다.

높이 기준	해당 기호
20m 이상	ⓐ
15m 이상 20m 미만	ⓐ+ⓑ
8m 이상 15m 미만	ⓐ+ⓑ+ⓒ
4m 이상 8m 미만	ⓐ+ⓑ+ⓒ+ⓓ
4m 미만	ⓐ+ⓑ+ⓒ+ⓓ+ⓔ

해당 기호	해당 감지기의 종류
ⓐ	광전식(분리형, 공기흡입형) 중 아날로그식 불꽃감지기
ⓑ	이온화식 1종 연기복합형 광전식(스포트형, 분리형, 공기흡입형) 1종
ⓒ	차동식 분포형 감지기 이온화식 2종 광전식(스포트형, 분리형, 공기흡입형) 2종
ⓓ	차동식 스포트형 감지기 보상식 스포트형 감지기 정온식(스포트형, 감지선형) 특종 또는 1종 열복합형 열연기복합형
ⓔ	정온식(스포트형, 감지선형)

과년도 출제문제

06 비상 조명등의 설치 기준에 관한 다음 빈칸을 채우시오.

비상조명등의 비상 전원은 비상 조명등을 20분 이상 유효하게 작동시킬 수 있는 용량으로 할 것 다만, 다음의 특정 소방 대상물의 경우에는 그 부분에서 피난층에 이르는 부분의 비상 조명등을 ((가))분 이상 유효하게 작동시킬 수 있는 용량으로 하여야 한다.

○ ((나))

○ ((다))

(가) :
(나) :
(다) :

정답

(가) : 60분 이상 유효하게 작동 시킬 수 있어야 한다.
(나) : 지하층을 제외한 층수가 11층 이상의 층
(다) : 지하층 또는 무창층으로서 용도가 도매 시장, 소매 시장, 여객 자동차 터미널, 지하역사 또는 지하상가

해설

비상 조명등의 성능 기준
① 조명 기준
  - 조도는 비상 조명등이 설치된 장소의 각 부분의 바닥에서 1 lx 이상이 되도록 할 것
  - 유도등의 유효범위(유도등의 조도가 바닥에서 1 lx에 이상이 되는 범위)에서는 설치를 하지 않아도 된다.
② 작동 시간[20분 이상]
  - 예비 전원과 비상 전원은 비상 조명등을 20분 이상 유효하게 작동시킬 수 있는 용량으로 할 것
③ 작동 시간[60분 이상] 다음의 소방 대상물의 경우
  - 지하층을 제외한 층수가 11층 이상인 층
  - 지하층 또는 무창층으로서 용도가 도매시장, 소매시장, 여객자동차터미널, 지하역사 또는 지하상가

07 다음은 건물의 평면도를 나타낸 것으로 거실에는 차동식 스포트형 감지기 1종, 복도에서는 연기 감지기 2종을 설치하고자 한다. 감지기의 설치 높이는 3.8m이고 내화구조이다. 복도의 보행 거리는 50m이다. 각 실에 설치될 감지기의 개수를 계산하시오.

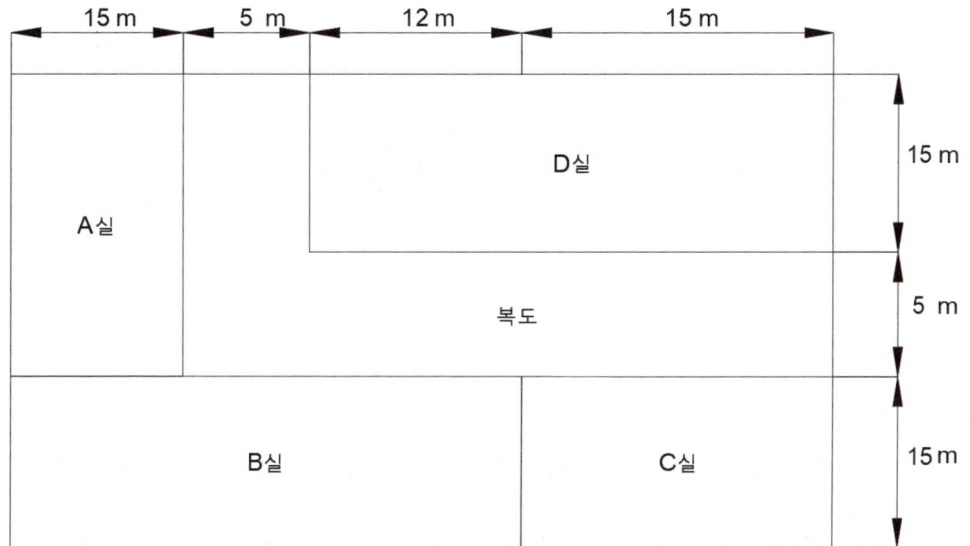

구분	설치 개수
A실	
B실	
C실	
D실	
복도	

과년도 출제문제

> **정답**

구분	설치 개수
A실	$\dfrac{15 \times 20}{90} = 3.33 ≒ 4(EA)$
B실	$\dfrac{32 \times 15}{90} = 5.33 ≒ 6(EA)$
C실	$\dfrac{15 \times 15}{90} = 2.5 ≒ 3(EA)$
D실	$\dfrac{15 \times 27}{90} = 4.5 ≒ 5(EA)$
복도	$\dfrac{27 + 2.5}{30} = 0.98 ≒ 1(EA)$

> **해설**

열 감지기의 경우에는 실의 넓이가 중요하게 작용한다. 복도의 연기 감지기의 경우에는 보행거리를 중심으로 설치 수량을 정하게 된다.
A실, B실, C실, D실) 감지기의 설치 기준(NFTC 203 자동화재탐지설비 중)
열 감지기의 부착 높이와 바닥 감지 면적(스포트형 감지기)

(단위 : ㎡)

부착 높이 및 특정 소방 대상물의 구분		감지기의 종류						
		차동식		보상식		정온식		
		1종	2종	1종	2종	특종	1종	2종
4m 미만	내화 구조	90	70	90	70	70	60	20
	기타 구조	50	40	50	40	40	30	15
4m 이상 8m 미만	내화 구조	45	35	45	35	35	30	-
	기타 구조	30	25	30	25	25	15	-

복도) 연기감지기 설치 기준복도, 통로 및 계단, 경사로에 설치

구분	1, 2종	3종
복도 통로	보행 거리 30m	보행 거리 20m
계단 경사로	수직 거리 15m	수직 거리 10m
엘리베이터, 린넨슈트 파이프 덕트	최상부에 설치한다.	

08. 극수 변환식 3상 농형 유도 전동기가 있다. 고속측은 4극이고 정격 출력은 60[kW]이다. 저속측은 1/3 속도라면 저속측의 극수와 정격 출력은 몇 [kW]인지 계산하시오. (단, 슬립 및 정격 토크는 저속측과 고속측이 같다고 본다.)

1) 극수

2) 정격 출력

정답

1) $N_s(\text{동기속도}) = \dfrac{120 \times f}{P}$ 에 따라 $N_s(\text{동기속도}) \propto \dfrac{1}{P}$

저속측 : 고속측 $= N_s : 3N_s = \dfrac{1}{P} : \dfrac{1}{4}$

∴ $P = 12 (\text{극})$

2) $P = \omega(\text{각속도}) \cdot \tau(\text{토크}) \cdot 9.8$

$\omega = 2\pi f = 2\pi \dfrac{N}{60}$ 이므로 $P \propto N$

$60 : P' = 3N_s : N_s$

∴ $P' = 20[\text{kW}]$

해설

공급된 전력을 사용하는 부분을 제한하였다고 생각을 하면 전력은 힘 또는 속도로 변화되어 사용된다. 이를 기반으로 식을 정리하면 쉽게 $P = \omega(\text{각속도}) \cdot \tau(\text{토크}) \cdot 9.8$를 인지할 수 있다.

- 각속도의 의미가 회전하는 물체의 단위 시간당 각 위치 변화를 의미하고, 초당 보다는 분당을 선호하여 사용되는데 이는 [RPM=Rotate Per Minute]단위를 활용한다.

$\omega = 2\pi \dfrac{N}{60}(\text{속도} = \dfrac{\text{거리}}{\text{시간}})$, $f = \dfrac{N}{60}$

- 동기 속도에 슬립을 적용하지 않아도 되었기 때문에 단순히 비례식을 활용하였다.

과년도 출제문제

09 무선통신보조설비의 누설 동축 케이블의 기호를 보고 빈칸을 채우시오.

$$\underline{LCX}\text{-}\underline{FR}\text{-}\underline{SS}\text{-}\underline{20}\underline{D}\text{-}\underline{14}\ \underline{6}$$
① ② ③ ④⑤ ⑥ ⑦

기호	의미
①	
②	
③	
④	
⑤	
⑥	
⑦	

> **정답**

기호	의미
①	누설 동축 케이블
②	난연성(내열성)(Fire Resistance)
③	자기지지(Self Support)
④	절연체의 외경(diameter)
⑤	특성 임피던스(D : 75Ω, C : 50Ω)
⑥	사용 주파수
⑦	결합 손실 표시

10 다음 그림은 자동화재탐지설비의 평면을 나타낸 도면이다. 이 도면을 보고 각 물음에 답하시오.
(단, 각 실은 이중 천장이 없는 구조이며, 전선관은 16mm 후강 스틸 전선관을 사용하여 콘크리트 내 매입 시공한다.)

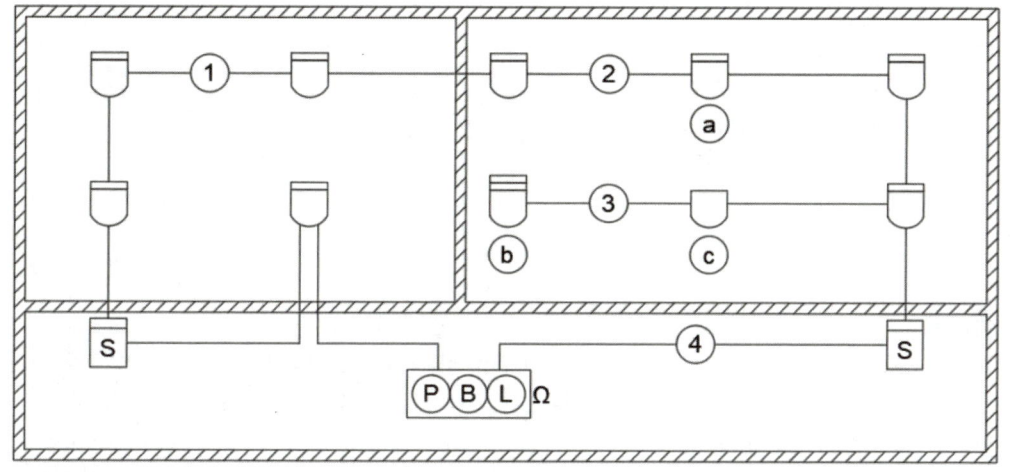

1) 시공에 사용되는 부싱과 로크너트의 소요 개수를 구하시오.

    ○ 로크너트 :

    ○ 부싱 :

2) 각 감지기 간과 감지기와 수동 발신기 세트 간에 배선되는 전선의 가닥수를 구하시오.

    ① :

    ② :

    ③ :

    ④ :

3) 도면에 그려진 심벌은 감지기 심벌이다. 특성을 구분하여 쓰시오.

    ⓐ :

    ⓑ :

    ⓒ :

과년도 출제문제

 정답

1) 로크너트 : 52(EA)
   부싱 : 26(EA)
2) ① : 2가닥
   ② : 2가닥
   ③ : 4가닥
   ④ : 2가닥
3) ⓐ : 차동식 스포트형
   ⓑ : 보상식 스포트형
   ⓒ : 정온식 스포트형

 해설

아울렛 박스 내에 연결하는 로크너트는 양방으로 연결해야 하고, 내부에는 부싱으로 결합하게 된다. 이에 따라 선의 시작과 끝에 부싱이 하나씩 삽입되게 되고, 양방으로 로크 너트가 삽입되므로
부싱×2=로크너트

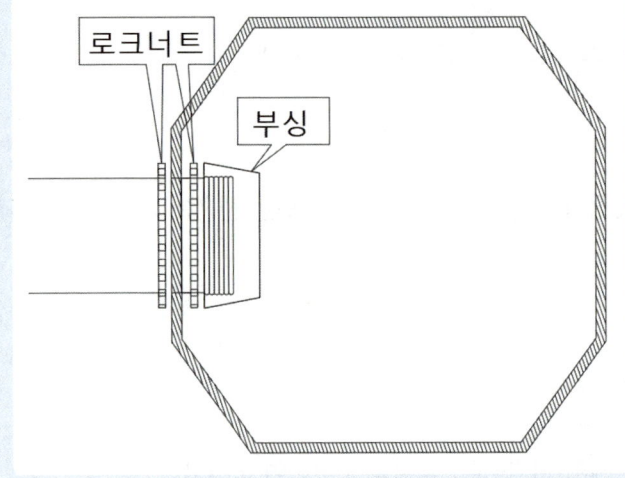

11 무선 통신 보조 설비의 설치 기준에 관한 설명이다. 빈칸을 채우시오.

1) 증폭기의 정의를 쓰시오
2) 증폭기에는 비상 전원이 부착된 것으로 하고 해당 비상 전원 용량은 무선 통신 보조 설비를 유효하게 ((가))분 이상 작동시킬 수 있는 것으로 할 것
3) 증폭기의 전면에는 주 회로의 전원이 정상인지의 여부를 표시할 수 있는 ((나)) 및 ((다))를 설치할 것
4) 증폭기의 전원은 전기가 정상적으로 공급되는 ((라)), ((마)) 또는 ((바))로 하고, 전원까지의 배선은 전용으로 할 것

정답

1) 증폭기란, 마이크로부터 전기 신호로 수신한 신호의 전압과 전류의 진폭을 늘려서 감도를 높이고 소리의 크기도 키우는 장치이다.
   (가) : 30분 이상
   (나) : 표시등
   (다) : 전압계
   (라) : 교류 전압 옥내 간선
   (마) : 축전지 설비
   (바) : 전기 저장 장치

과년도 출제문제

12 특정 소방 대상물에 설치된 소방 시설 등을 구성하는 전부 또는 일부를 개설, 이전 또는 정비하는 소방 시설 공사의 착공 신고 대상 3가지를 쓰시오. (단, 고장 또는 파손 등으로 인하여 작동시킬 수 없는 소방 시설을 긴급히 교체하거나 보수하여야 하는 경우에는 신고하지 않을 수 있다.)

1)

2)

3)

정답

1) 수신반
2) 소화 펌프
3) 동력(감시)제어반

해설

- 특정소방대상물에 설치된 소방시설등을 구성하는 다음 각 목의 어느 하나에 해당하는 것의 전부 또는 일부를 개설(改設), 이전(移轉) 또는 정비(整備)하는 공사. 다만, 고장 또는 파손 등으로 인하여 작동시킬 수 없는 소방시설을 긴급히 교체하거나 보수하여야 하는 경우에는 신고하지 않을 수 있다.

[제4조(소방시설공사의 착공신고 대상)(소방시설공사업법 시행령)]
가. 수신반(受信盤)
나. 소화 펌프
다. 동력(감시)제어반
☞ 성능의 산출에 대해서 계산이 필요한 설비에 해당한다.

13 자동화재탐지설비 및 시각 경보 장치의 화재안전기술기준에 따른 배선에 대한 내용이다. 빈칸을 채우시오..

1) 아날로그식, 다신호식 감지기나 R형 수신기용으로 사용되는 것은 전자파 방해를 받지 않는 실드선 등을 사용해야 하며, 광케이블의 경우에는 ((가)) 방해를 받지 아니하고 내열 성능이 있는 경우 사용할 것. 다만, ((가)) 방해를 받지 않는 방식의 경우에는 그렇지 않다.

2) 감지기 사이의 회로의 배선은 ((나))으로 할 것

3) 전원 회로의 전로와 대지 사이 및 배선 상호 간의 절연 저항은 「전기사업법」 제67조에 따른 「전기설비기술기준」이 정하는 바에 의하고, 감지기회로 및 부속 회로의 전로와 대지 사이 및 배선 상호간의 절연 저항은 1 경계 구역마다 ((다))의 절연저항측정기를 사용하여 측정한 절연 저항이 ((라)) 이상이 되도록 할 것

4) 자동화재탐지설비의 감지기회로의 전로 저항은 ((마))[Ω] 이하가 되도록 해야 하며, 수신기의 각 회로별 종단에 설치되는 감지기에 접속되는 배선의 전압은 감지기 정격전압의 ((바))이상이어야 할 것

(가) :

(나) :

(다) :

(라) :

(마) :

(바) :

정답

가급적 모든 식을 적을 때 단위를 적기 바란다.
(가) : 전자파
(나) : 송배선 방식
(다) : 직류 250[V]
(라) : 0.1[MΩ]
(마) : 50[Ω]
(바) : 80

과년도 출제문제

> **해설**
>
> 1) 아날로그식, 다신호식 감지기나 R형 수신기용으로 사용되는 것은 전자파 방해를 받지 않는 실드선 등을 사용해야 하며, 광케이블의 경우에는 전자파 방해를 받지 아니하고 내열 성능이 있는 경우 사용할 것. 다만, 전자파 방해를 받지 않는 방식의 경우에는 그렇지 않다.
>   ☞ 시각 경보 장치의 화재 안전 기술임에도 광 케이블이 나와서 가장 당황할 여지가 있던 부분이었다. 광케이블은 전자파에 영향을 덜 받는 것이 특징이지만, 신호선이니 만큼 영향을 받을 수 있으니 주의해야 한다.
> 2) 감지기 사이의 회로의 배선은 송배선방식으로 할 것
> 3) 전원 회로의 전로와 대지 사이 및 배선 상호 간의 절연 저항은 「전기사업법」 제67조에 따른 「전기설비기술기준」이 정하는 바에 의하고, 감지기회로 및 부속 회로의 전로와 대지 사이 및 배선 상호간의 절연 저항은 1 경계 구역마다 직류 250[V]의 절연 저항 측정기를 사용하여 측정한 절연 저항이 0.1[MΩ] 이상이 되도록 할 것

절연 저항계	절연 저항	대상
DC 250[V]	0.1[MΩ]	1경계 구역의 절연 저항
DC 500[V]	5[MΩ]	누전 경보기 가스 누설 경보기 수신기 자동화재 속보 설비 비상 경보 설비 유도등(교류 입력 측과 외함 간 포함) 비상 조명등(교류 입력 측과 외함 간 포함)
DC 500[V]	20[MΩ]	경종 발신기 중계기 비상콘센트 기기의 절연된 선로 간 기기의 충전부와 비충전부 간 기기의 교류 입력 측과 외함 간 (유도등, 비상 조명등 제외)
DC 500[V]	50[MΩ]	감지기(정온식 감지선형 감지기 제외) 가스 누설 경보기(10회로 이상) 수신기(10회로 이상)
DC 500[V]	1[kΩ]	정온식 감지선형 감지기

14 다음은 Y-△ 기동에 대한 시퀀스 회로도이다. 그림을 보고 다음 각 물음에 답하시오.

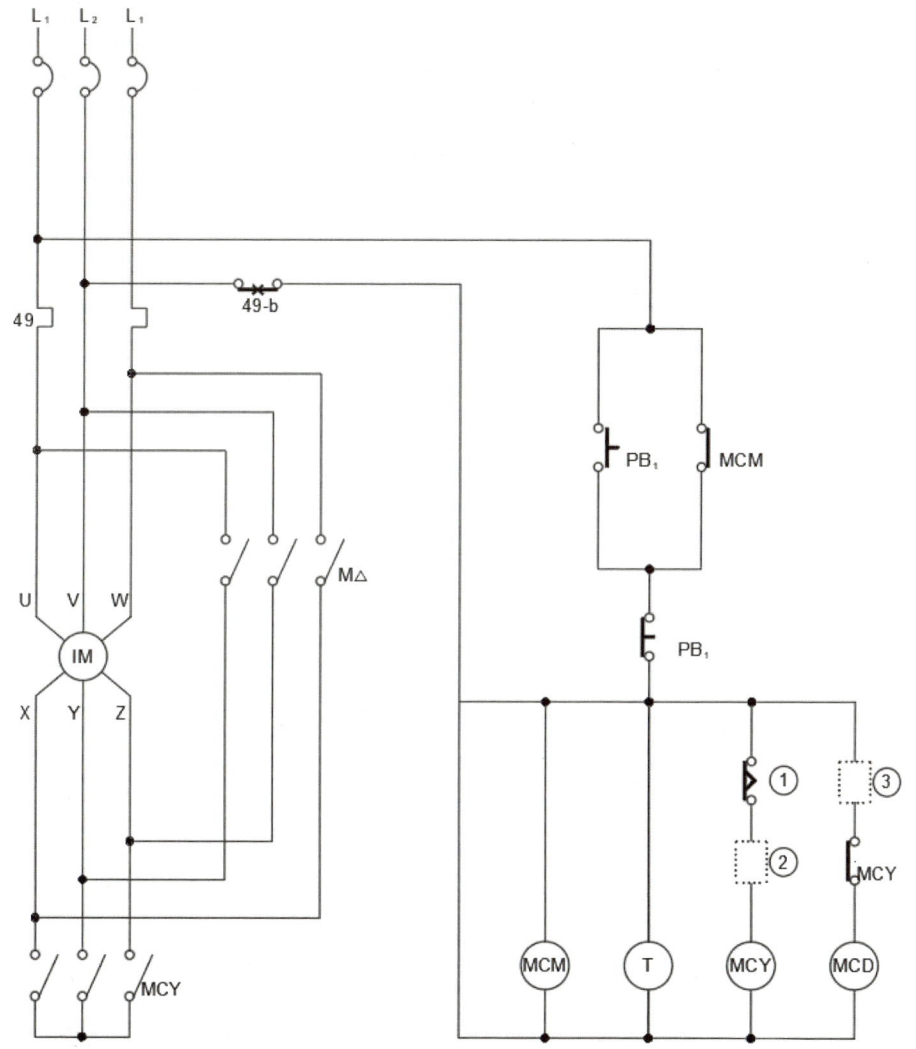

1) Y-△ 기동 회로를 사용하는 이유를 쓰시오.
2) Y-△ 운전이 가능하도록 보조 회로(제어 회로)에서 기호 ① 부분의 접점 명칭을 쓰시오.
3) 기호 ②, ③의 접점 기호를 그리시오.

구분	②	③
접점 기호	─○ ○─	─○ ○─

4) Y-△ 운전이 가능하도록 주회로 부분을 완성하시오.

과년도 출제문제

정답

1) 기동 전류를 낮추기 위해서
2) 한시 동작 b접점
3)

구분	②	③
접점 기호	MCD (접점기호)	T-a (한시동작 a접점)

4)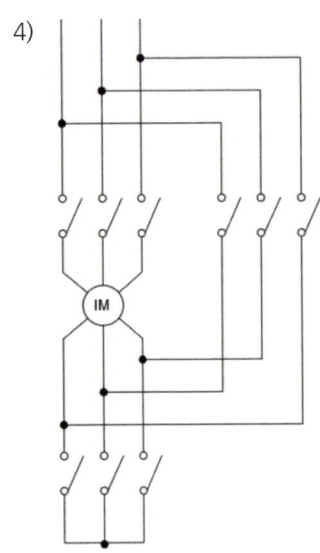

해설

- Y-△ 기동법은 Y로 기동하고 △로 운전하는 방식의 회로이다.
- 해당 회로는 기동 후에 타이머를 통해 운전 형태로 전환하는 형태이다.
- 자기 유지, 인터록 회로, 시한 회로가 쓰였다.

기동 순서

① 최초에 PB1을 누르면 MCM의 릴레이가 작동하고 자기 유지를 통해 계속 전원이 유지 된다.
② 동시에 타이머 회로도 동작하고, 한시 동작 b접점은 동작하지 않고, MCY가 기동할 수 있게 된다.
　　(이 때 MCD의 동작은 인터록 회로에 의해 차단된다.)
③ 타이머에 입력된 설정 시 이후에 MCY에서의 접점이 떨어지고, 동시에 한시 동작 a접점이 있던 MCD의 릴레이가 붙게 되고 운전을 시작한다.

15 건물 내부에 가압 송수 장치로서 기동용 수압 개폐 장치를 사용하는 옥내 소화전함과 P형 발신기 세트를 다음과 같이 설치하였다. 다음 각 물음에 답하시오.(단, 경종선에는 단락 보호 장치를 하고, 각 배선상에 다른 층의 화재 통보에 지장이 없도록 유효한 조치를 하였다.)

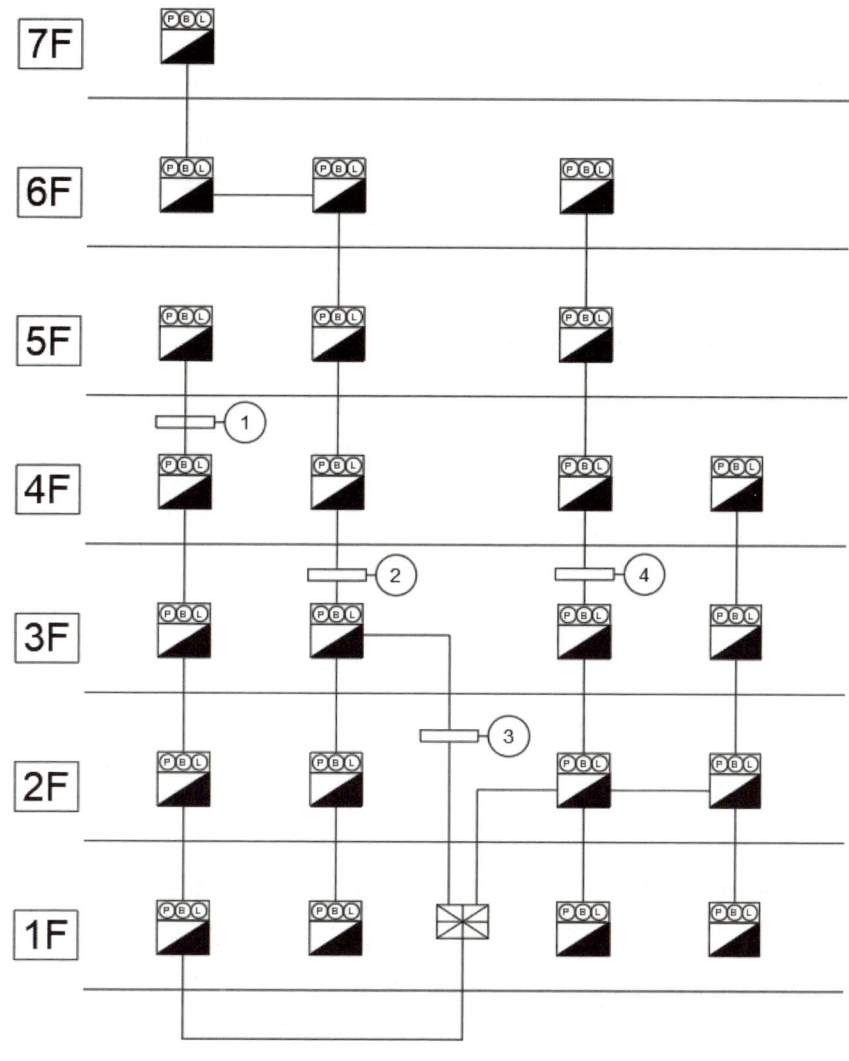

과년도 출제문제

1) 기호에 해당하는 전선 가닥수를 쓰시오.

기호	가닥수	상세 용도
①		
②		
③		
④		

2) 설치된 P형 수신기는 몇 회로용인지 쓰시오.

3) 3층 경종선이 단락되었을 때 경보하여야 하는 층을 모두 쓰시오.

4) 발신기에 부착된 음향 장치에 대한 설명이다. 빈칸을 채우시오.

   ① 정격 전압의 ((가))[%]의 전압에서 음향을 발할 수 있는 것으로 할 것

   ② 부착된 음향 장치의 중심에서 ((나))[m]에서 ((다))[dB] 이상의 성능을 갖출 것

정답

1)

기호	가닥수	상세 용도
①	8	지구선 1가닥, 공통선 1가닥, 응답선 1가닥, 경종선 1가닥, 표시등선 1가닥, 경종, 표시등 공통선 1가닥, 기동 표시 2가닥
②	15	지구선 5가닥, 공통선 1가닥, 응답선 1가닥, 경종선 4가닥, 표시등선 1가닥, 경종, 표시등 공통선 1가닥, 기동 표시 2가닥
③	22	지구선 8가닥, 공통선 2가닥, 응답선 1가닥, 경종선 7가닥, 표시등선 1가닥, 경종, 표시등 공통선 1가닥, 기동 표시 2가닥
④	12	지구선 3가닥, 공통선 1가닥, 응답선 1가닥, 경종선 3가닥, 표시등선 1가닥, 경종, 표시등 공통선 1가닥, 기동 표시 2가닥

2) 25회로용

3) 1층, 2층, 4층, 5층, 6층, 7층

4) (가) 80
   (나) 1
   (다) 90

해설

1) 자동화재탐지설비와 옥내소화전 설비 자동 기동 방식
   ① 회로선의 경우는 연결되는 설비의 수량과 같다.
   ② 공통선의 경우 회로선 7개 선당 1가닥으로 묶을 수 있다. 8개 회로가 된 ③의 경우는 1가닥이 추가된다.
   ③ 지상 7층으로 일제 경보 방식에 해당한다. 경종선은 각 층마다 추가된다.
2) 총 설비는 23대가 있다. 따라서 회로수 또한 23선이다. 수신기는 5회로씩 표준값을 가짐으로 25회로이다.
3) 혼동을 주의하자. 10m를 기준하는 표시등의 기준과는 달리 1m를 기준에 두고 있다.

16 이산화탄소 소화설비의 음향 경보 장치 설치 기준에 대한 설명이다. 빈칸을 채우시오.

1) ((가))를 설치한 것은 그 기동 장치의 조작 과정에서, ((나))를 설치한 것은 ((다))와 연동하여 자동으로 경보를 발하는 것으로 할 것
2) 약제의 방출 개시 후 ((라)) 분 이상 경보를 계속할 수 있는 것으로 할 것
3) 방호 구역 또는 방호 대상물이 있는 구획 안에 잇는 자에게 유효하게 경보할 수 있는 것으로 할 것

(가) :
(나) :
(다) :
(라) :

정답

(가) : 수동식 기동 장치
(나) : 자동식 기동 장치
(다) : 감지기
(라) : 1

해설

- 경보를 발하는 시점에서는 수동식과 자동식이 있으며, 소화 약제가 인체에 유해하므로 초 세기를 통해 대피 경보를 실시한다.
- 시작은 수동 기동 장치의 조작, 자동식 기동 장치는 감지기를 통해 기동하며 60초를 세는 동안 대피하여야 하며, 내부와 외부 모두 경보하여야 한다.

17 자동화재탐지설비 및 시각 경보 장치의 화재 안전 기술 기준에서 감지기의 설치 제외 장소에 관한 설명이다. 빈 칸을 채우시오.

감지기 설치 제외 장소

① 천장 또는 반자의 높이가 ((가)) 이상인 곳 (감지기의 부착 높이에 따라 적응성이 있는 장소 제외)
② ((나)) 등 외부와 기류가 통하는 장소로서 감지기에 따라 화재 발생을 유효하게 감지할 수 없는 장소
③ ((다))가 체류하고 있는 장소
④ 고온도 및 ((라))로서 감지기의 기능이 정지되기 쉽거나 감지기의 유지 관리가 어려운 장소
⑤ 목욕실, 욕조나 샤워시설이 있는 화장실, 기타 이와 유사한 장소
⑥ 파이프 덕트 등 그 밖의 이와 비슷한 것으로서 ((마)) 층 마다 방화 구획된 것이나 수평 단면적이 ((바)) 이하인 것
⑦ 먼지, 가루 또는 ((사))가 다량으로 체류하는 장소 또는 주방 등 평상시 연기가 발생하는 장소 (단, 연기 감지기에 한한다.)
⑧ 프레스 공장, 주조 공장 등((아))로서 감지기의 유지 관리가 어려운 장소

(가) :

(나) :

(다) :

(라) :

(마) :

(바) :

(사) :

(아) :

> **정답**
>
> (가) : 20
> (나) : 헛간
> (다) : 부식성 가스
> (라) : 저온도
> (마) : 2개
> (바) : 5[㎡]
> (사) : 수증기
> (아) : 화재 발생의 위험이 적은 장소

> **해설**
>
> 해당 부분은 중요하므로 이론에서 해당 부분을 찾아 암기 방법을 확인하기 바란다.
> 감지기 설치 제외 장소
> ① 천장 또는 반자의 높이가 20m 이상인 곳 (감지기의 부착 높이에 따라 적응성이 있는 장소 제외)
> ② 헛간 등 외부와 기류가 통하는 장소로서 감지기에 따라 화재 발생을 유효하게 감지할 수 없는 장소
> ③ 부식성 가스가 체류하고 있는 장소
> ④ 고온도 및 저온도로서 감지기의 기능이 정지되기 쉽거나 감지기의 유지 관리가 어려운 장소
> ⑤ 목욕실, 욕조나 샤워시설이 있는 화장실, 기타 이와 유사한 장소
> ⑥ 파이프 덕트 등 그 밖의 이와 비슷한 것으로서 2개 층 마다 방화 구획된 것이나 수평 단면적이 5[㎡] 이하인 것
> ⑦ 먼지, 가루 또는 수증기가 다량으로 체류하는 장소 또는 주방 등 평상시 연기가 발생하는 장소 (단, 연기 감지기에 한한다.)
> ⑧ 프레스 공장, 주조 공장 등 화재 발생의 위험이 적은 장소로서 감지기의 유지 관리가 어려운 장소

과년도 출제문제

18 경보 설비에 대한 다음 각 물음에 답하시오.

1) 경보설비의 정의를 쓰시오.
2) 경보 설비의 종류를 6가지 쓰시오.

정답

1) 경보 설비란 화재 발생 사실을 통보하는 기계, 기구 또는 설비를 말한다.(NFSC 기준)
2) ① 비상 경보 설비(비상벨 설비, 자동식 사이렌 설비)
   ② 비상 방송 설비
   ③ 자동화재 탐지 설비
   ④ 자동화재 속보 설비
   ⑤ 누전 경보기
   ⑥ 가스 누설 경보기

해설

해당 문제는 NFSC를 활용한 문제로 정의는 정확히 써주어야 하고, 설비의 종류도 폭넓게 기억해두는 것이 좋다. 이외에도 단독 경보형 감지기, 통합 감시시설, 시각 경보기 등이 있다.

Chapter 05 2024년 소방설비기사 전기분야 실기 과년도 출제문제

2024년 1회 소방설비기사(전기 분야) 실기 시험

시행일자 2024년 04월 27일

01 연축전지와 알칼리축전지에 대한 다음 각 물음에 답하시오.

1) 다음은 연축전지에 대한 반응식이다. 빈칸에 알맞은 내용을 쓰시오.

$$PbO_2 + 2H_2SO_4 + Pb \underset{\text{충전}}{\overset{\text{방전}}{\rightleftarrows}} \boxed{(가)} + 2H_2O + PbSO_4$$

2) 연축전지와 알칼리축전지의 공칭전압은 각각 몇 [V/Cell]인가?

① 연축전지		② 알칼리축전지	

3) 그림과 같은 충전 방식은 무엇인지 쓰시오.

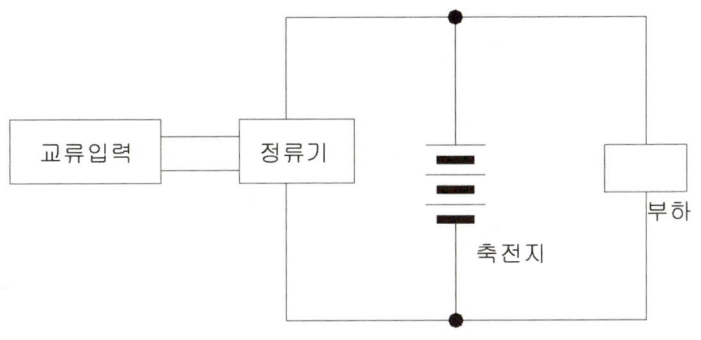

과년도 출제문제

4) 200[V]의 비상용 조명 부하를 60[W] 100등, 30[W] 70등을 설치하려고 한다. 연축전지 HS형 100[Cell], 방전시간은 30분, 최저축전지온도는 5[℃], 최저허용전압은 195[V]일 때 점등에 필요한 축전지의 용량은? (단, 보수율은 0.8, 용량 환산 시간 계수는 1.2이다.)

정답

1) Pb SO$_4$
2) ① 2 [V/Cell] ② 1.2 [V/Cell]
3) 부동 충전 방식
4) $60.75[Ah]$

해설

1) 연축전지의 분자

$$PbO_2 + 2H_2SO_4 + Pb \underset{충전}{\overset{방전}{\rightleftarrows}} Pb SO_4 + 2H_2O + PbSO_4$$

→ '이산화 납'이 양극에서 '납'이 음극에서 모이게 된다.
2) 본 서(P.162)를 참조하여 확인하기 바란다.
3) 부동 충전 방식(P.163)에 대한 내용은 숙지하기 바란다.
4) $I = \dfrac{P}{V} = \dfrac{(60 \times 100) + (30 \times 70)}{200} = 40.5[A]$

$C = \dfrac{1}{L} KI[Ah] = \dfrac{1}{0.8} \times 1.2 \times 40.5 = 60.75[Ah]$

02 가로 20[m], 세로 15[m]인 방재센터에 동일한 조명이 40개가 설치되어 있다. 이때 광속을 구하시오. (단, 평균 조도는 100[lx], 조명율 50[%], 유지율은 85[%]이다.)

1) 계산 과정 :

2) 답 :

정답

1) 계산 과정
   ① $FUN = ADE$
   $$F = \frac{ADE}{UN} = \frac{(20 \times 15) \times 100}{0.85 \times 0.5 \times 40} = 1764.71[\text{lm}]$$
   ② $FUN = ADE$
   $F(광속)U(조명률)N(개수)$
   $= A(바닥면적)D(감광보상율 = 1/유지율)E(조도)$

2) 답 : 1764.71[lm]

과년도 출제문제

03 부착높이 15[m] 이상 20[m] 미만에 설치 가능한 감지기 4가지를 쓰시오.

①
②
③
④

정답

① 이온화식 1종
② 연기 복합형
③ 불꽃 감지기
④ 광전식(스포트형, 분리형, 공기흡입형) 1종

해설

본서 44페이지에 나와 있다.

04 지상 10[m] 되는 곳에 1000[m³]의 저수조가 있다. 이 저수조에 양수하기 위해 펌프 효율이 80%, 여유 계수가 1.2, 용량이 15[kW]인 전동기를 사용한다면 몇 분 후에 저수조에 물이 가득 차겠는가?

1) 계산 과정 :

2) 답 :

1) 계산 과정

$$t = \frac{9.8QHk}{\eta P} = \frac{9.8 \times 1000 \times 10 \times 1.2}{15 \times 0.8}, \quad t = 9800[\text{sec}] \times \frac{1[\min]}{60[\sec]} = 163.33$$

$P = \dfrac{9.8QHk}{\eta t}$ 에서의 유량은 전동기 용량에서의 속도값이므로 [m/s] 단위로 산출한다.

이에 따라 유량 표현 변형이 수반된다.

2) 답 : 163.33(분)

과년도 출제문제

05 다음은 비상콘센트설비의 화재안전성능기준에 대한 내용이다. 각 물음에 답하시오.

1) 하나의 전용회로에 설치하는 비상콘센트가 7개이다. 이 경우 전선의 용량은 비상콘센트 몇 개의 공급 용량을 합한 용량 이상의 것으로 해야 하는가?
2) 비상 콘센트의 보호함 상부에 설치하는 표시등의 색은 무슨 색인가?
3) 비상 콘센트설비의 전원부와 외함 사이를 500[V] 절연저항계로 측정한 결과 30[MΩ]으로 측정되었다. 절연저항의 적합 여부와 그 이유를 설명하시오.

> **정답**
>
> 1) 3개
> 2) 적색
> 3) 적합하다.

> **해설**
>
> 1) 비상콘센트 수량과 용량 기준
>
> | 비상콘센트 수 | 1 EA | 2 EA | 3 EA | 4 EA | 5 EA | 6 EA |
> |---|---|---|---|---|---|---|
> | 용량 | 1.5[kVA] 이상 | 3.0[kVA] 이상 | 4.5[kVA] 이상 | 4.5[kVA] 이상 | 4.5[kVA] 이상 | 4.5[kVA] 이상 |
>
> 2) 적색은 빠른 행동을 촉구하는 색상으로 대부분의 소방 설비에 해당하는 색상이다.
> 3) 500[V] 측정 시 전원부와 외함 사이 20[MΩ] 이상이어야 한다. 30[MΩ]은 기준치에 해당한다.

06 자동화재탐지설비 및 시각경보장치의 화재안전기술기준 중 감지기 회로의 도통시험을 위한 종단 저항 설치 기준 3가지를 쓰시오.

①
②
③

정답

① 점검 및 관리가 쉬운 장소에 설치할 것
② 전용함을 설치하는 경우 그 설치 높이는 바닥으로부터 1.5[m] 이내로 할 것
③ 감지기 회로의 끝부분에 설치하며, 종단 감지기에 설치할 경우에는 구별이 쉽도록 해당 감지기의 기판 및 감지기 외부 등에 별도로 표시를 할 것

해설

자동화재탐지설비 및 시각경보장치의 화재안전기술기준(NFTC 203)
1) 감지기회로의 도통시험을 위한 종단저항은 다음의 기준에 따를 것
   ① 점검 및 관리가 쉬운 장소에 설치할 것
   ② 전용함을 설치하는 경우 그 설치 높이는 바닥으로부터 1.5 m 이내로 할 것
   ③ 감지기 회로의 끝부분에 설치하며, 종단감지기에 설치할 경우에는 구별이 쉽도록 해당 감지기의 기판 및 감지기 외부 등에 별도의 표시를 할 것(종단 저항은 점검이 용이해야 하고, 문제 시 확인을 빠르게 할 수 있어야 한다.)

과년도 출제문제

07 〈그림1〉, 〈그림2〉와 같은 시퀀스 회로에서 푸시 버튼 스위치(PB)를 누르고 있을 때 타이머(T1, T2), 릴레이(X1, X2), 표시등 PL에 대한 타임 차트를 완성하시오. (단, T1은 1초, T2는 2초이며 버튼을 누르는 기계적인 시간지연은 없다고 본다.)

〈그림1〉　　　　　　　　〈그림2〉

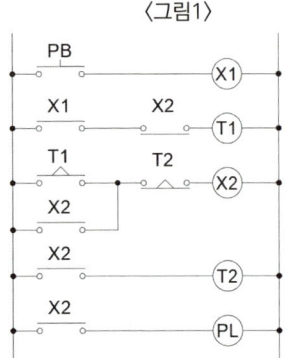

PB										
X1										
T1										
X2										
T2										
PL										

정답

(가) : 60분 이상 유효하게 작동 시킬 수 있어야 한다.
(나) : 지하층을 제외한 층수가 11층 이상의 층
(다) : 지하층 또는 무창층으로서 용도가 도매 시장, 소매 시장, 여객 자동차 터미널, 지하역사 또는 지하상가

해설

동작 설명
① PB(푸시버튼스위치)를 눌렀을 때 릴레이 X1이 동작한다.
② 작동된 릴레이 X1은 타이머 T1을 여자시킨다.
③ 여자된 타이머 T1은 1초 뒤에 한시 동작 a접점이 붙으면서 릴레이 X2를 여자시킨다.
④ 릴레이 X2는 타이머 T2와 표시등 PL을 여자시키면서 동시에 타이머 T1을 소자 시킨다.
⑤ 여자된 타이머 T2는 2초 뒤에 b접점이 떨어지고, 릴레이 X2는 소자된다. 동시에 릴레이 X2 b접점이 복귀한다.
⑥ PB이 눌러지고 있으므로 반복된다

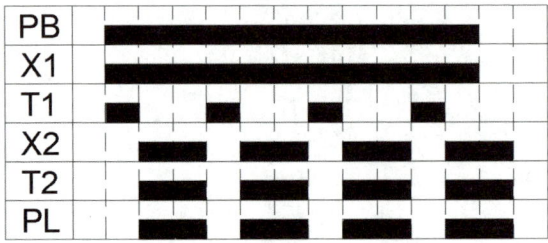

08 다음은 누전 경보기의 화재 안전 기술 기준 중 설치 방법에 대한 내용이다. 다음 빈칸에 알맞은 내용을 넣으시오.

> 경계전로의 정격전류가 (ⓐ)를 초과하는 전로에 있어서는 1급 누전경보기를, (ⓐ)이하의 전로에 있어서는 (ⓑ) 누전 경보기 또는 (ⓒ) 누전 경보기를 설치할 것. 다만, 정격전류가 (ⓐ)를 초과하는 경계 전로가 부닉되어 각 분기회로의 정격 전류가 (ⓐ) 이하로 되는 경우 당해 분기 회로마다 (ⓒ) 누전 경보기를 설치한 때에는 당해 경계 전로에 (ⓑ)누전 경보기를 설치한 것으로 본다.

ⓐ :

ⓑ :

ⓒ :

 정답

ⓐ : 60[A]
ⓑ : 1급
ⓒ : 2급

과년도 출제문제

09 다음의 표와 같이 두 입력 A와 B가 주어질 때 주어진 논리 소자의 명칭과 출력에 대한 진리표를 완성하시오.

명칭		AND	가	나	다	라	마	바	사
입력									
A	B								
0	0								
0	1								
1	0								
1	1								

정답

명칭		AND	NAND	OR	NOR	NOR	OR	NAND	AND
입력									
A	B								
0	0	0	1	0	1	1	0	1	0
0	1	0	1	1	0	0	1	1	0
1	0	0	1	1	0	0	1	1	0
1	1	1	0	1	0	0	1	0	1

> **해설**
>
> 1) $\overline{A+B} = \overline{A} \cdot \overline{B}$, $\overline{AB} = \overline{A} + \overline{B}$ (드모르간 법칙)
>   전체 부정을 다루는 방법에 해당한다.
> 2) 진리표를 확인할 때는 논리를 공유하는 벤다이어그램을 통해서도 확인해보기 바란다.

| AND | AND | AND | OR | OR | AND |
| NAND | NAND | NAND | NOR | NOR | NOR |

10 비상콘센트설비의 화재안전기술기준에 관한 내용이다. 빈칸에 알맞은 내용을 쓰시오.

1) 비상콘센트설비의 전원회로는 단상 교류 ((가))인 것으로, 그 공급 용량은 1.5[kVA] 이상인 것으로 할 것
2) 비상콘센트의 플러그 접속기는 ((나)) 플러그 접속기를 사용해야 한다.
3) 비상콘센트의 플러그 접속기의 ((다))에는 접지공사를 해야 한다.

(가) :

(나) :

(다) :

> **정답**
>
> (가) : 220[V]
> (나) : 접지형 2극
> (다) : 칼받이의 접지극

과년도 출제문제

11 다음은 비상경보설비 및 단독경보형 감지기의 화재안전기술기준 중 설치기준에 관련된 내용이다. ( )안에 알맞은 내용을 쓰시오.

1) 각 실(이웃하는 실내의 바닥면적이 각각 ( ) 미만이고 벽체의 상부의 전부 또는 일부가 개방되어 이웃하는 실내와 공기가 상호 유통되는 경우에는 이를 1개의 실로 본다.)마다 설치하되, 바닥면적이 ( )[m²]을 초과하는 경우에는 ( )[m²]마다 ( )개 이상 설치할 것.
2) 계단실은 최상층의 ( ) 천장(외기가 상통하는 계단실의 경우를 제외한다.)에 설치할 것.
3) ( )를 주전원으로 사용하는 단독경보형감지기는 정상적인 작동상태를 유지할 수 있도록 주기적으로 건전지를 교환할 것.
4) 상용전원을 주전원으로 사용하는 단독경보형감지기의 ( )는 법 제40조에 따라 제품검사에 합격한 것을 사용할 것

정답

1) 각 실(이웃하는 실내의 바닥면적이 각각 30m² 미만이고 벽체의 상부의 전부 또는 일부가 개방되어 이웃하는 실내와 공기가 상호 유통되는 경우에는 이를 1개의 실로 본다)마다 설치하되, 바닥면적이 150 m²를 초과하는 경우에는 150m²마다 1개 이상 설치할 것
2) 계단실은 최상층의 계단실 천장(외기가 상통하는 계단실의 경우를 제외한다)에 설치할 것
3) 건전지를 주전원으로 사용하는 단독경보형감지기는 정상적인 작동상태를 유지할 수 있도록 주기적으로 건전지를 교환할 것
4) 상용전원을 주전원으로 사용하는 단독경보형감지기의 2차 전지는 법 제40조에 따라 제품검사에 합격한 것을 사용할 것

12. 3로 스위치 2개를 설치하여 2개소에서 점등과 소등을 제어하고자 한다. 접속과 미접속 예시를 확인하여 배선도를 완성하시오.

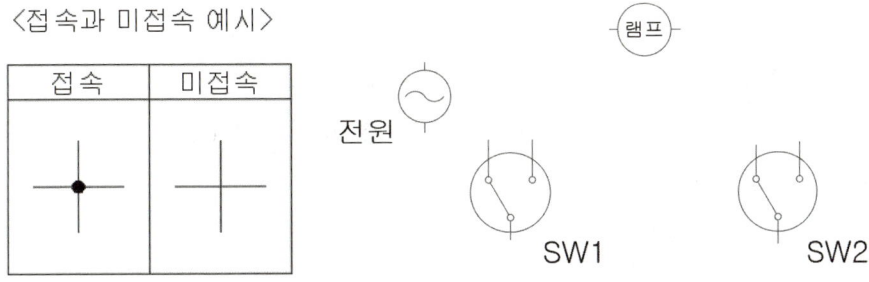

정답

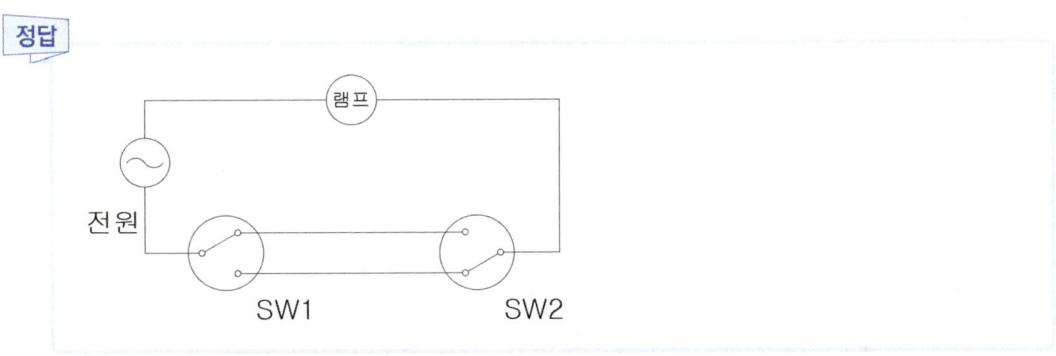

해설
1) 일반적인 스위치의 경우에는 제품의 제어에 해당하기 때문에 1차적으로 전자 제품과 연동되어야 한다.
2) 기구가 1개이기 때문에 램프와 1차적인 연동을 한다.
3) 3로 스위치가 2개 이므로 전원에서도 제어를 연동할 수 있다. 전원과 제품의 연동을 통해 2개소에서 제어할 수 있게 된다.

과년도 출제문제

13 특정소방대상물에 공기관식 차동식 분포형 감지기를 설치하고자 한다. 다음 각 물음에 답하시오.

1) 일반구조일 경우와 내화구조일 경우의 공기관 상호 간의 거리는 각각 몇 [m] 이하인가?
   ① 일반구조 :
   ② 내화구조 :
2) 하나의 검출 부분에 접속하는 공기관 길이는 몇 [m]이하 인가?
3) 검출부의 설치 높이 조건은 무엇인가?
4) 공기관의 노출 부분은 감지 구역마다 몇 [m] 이상인가?

정답

1) ① 6[m] 이하 ② 9[m] 이하
2) 100[m] 이하
3) 바닥면으로부터 0.8[m] 이상 1.5[m] 이하의 높이로 설치한다.
4) 20[m] 이하

해설

출제율이 매우 높은 부분이기 때문에 아래 내용을 포함하여 확실히 숙지하여야 한다.
차동식분포형감지기로서 공기관식 또는 이와 유사한 것은 다음에 적합하여야 한다.
가. 리크(Leak)저항 및 접점 수고를 쉽게 시험 할 수 있어야 한다.
나. 공기관의 누출 및 폐쇄 여부를 쉽게 시험할 수 있고, 시험 후 시험장치를 정위치에 쉽게 복귀할 수 있는 적당한 방법이 강구되어야 한다.
다. 공기관은 하나의 길이(이음매가 없는 것)가 20[m] 이상의 것으로 안지름 및 관의 두께가 일정하고 홈, 갈라짐 및 변형이 없어야 하며 부식되지 않아야 한다.
라. 공기관의 두께는 0.3[mm]이상, 바깥지름은 1.9[mm]이상이어야 한다.

14 누전 경보기의 화재안전기술기준 중 전원에 대한 기준 3가지를 쓰시오.

1)

2)

3)

정답

1) 전원은 분전반으로부터 전용 회로로 하고, 각 극에 개폐기 및 15[A] 이하의 과전류차단기를 설치할 것
2) 전원은 분전반으로부터 전용 회로로 하고, 각 극에 개폐기 및 배선용 차단기에 있어서는 20[A] 이하의 것으로 각 극을 개폐할 수 있는 것으로 설치할 것
3) 전원을 분기할 때는 다른 차단기에 따라 전원이 차단되지 않도록 할 것
4) 전원의 개폐기에는 "누전경보기용"이라고 표시한 표지를 할 것

해설

누전경보기의 화재 안전기준 중 전원에 대한 설명이다. 수치와 특정 형태를 주의하여 기억하도록 하자.

15 비상방송을 할 때 자동화재탐지설비의 지구음향장치 작동을 정지시킬 수 있는 미완성 결선도를 다음 범례를 참고하여 완성하시오.

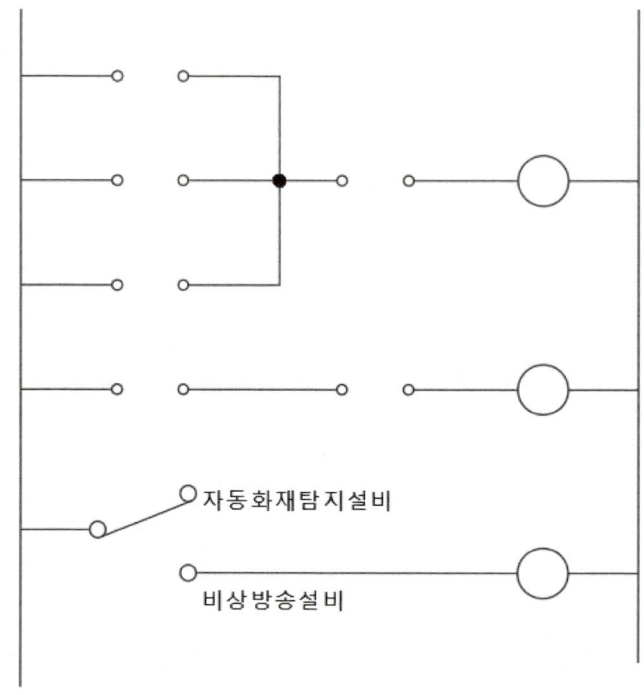

정답

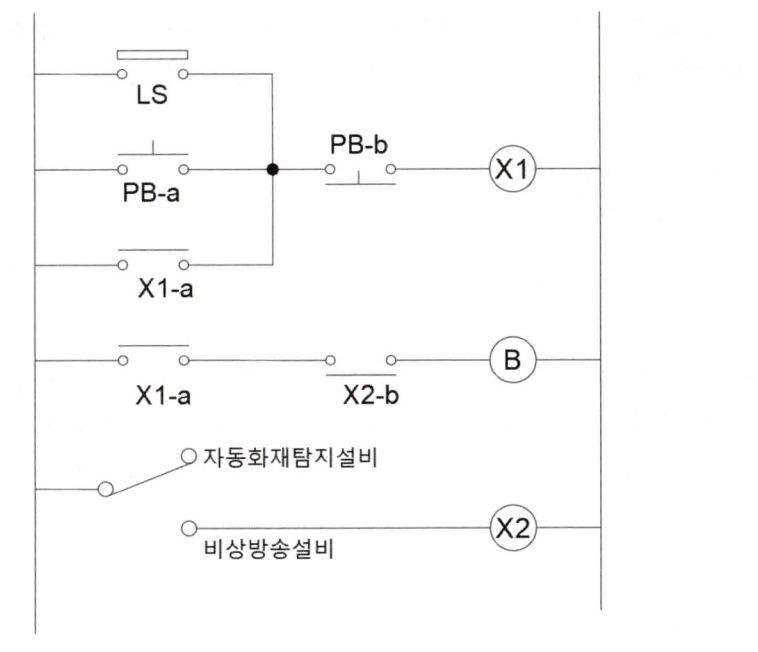

해설

1) 감지기가 동작하거나 발신기의 동작에 따라서도 지구 경종이 작동해야 한다. (LS, PB-a)
   또한 동시에 경종이 유지되어야 한다. 신호가 유지되어야 한다. (자기 유지 릴레이 X1-a접점)
2) 동시에 비상 방송 설비의 동작에는 경종에 음성이 묻힐 수 있기 때문에 차단되어야 한다.
   (경종 직렬 작동 통제용 제어 릴레이 X2-b접점)
3) 복구 스위치 연동

과년도 출제문제

16 화재에 의한 열, 연기 또는 불꽃(화염) 이외의 요인에 의하여 자동화재탐지설비가 작동하여 화재경보를 발하는 것을 '비화재보'라한다. 즉, 자동화재탐지설비가 정상적으로 작동하였다고 하더라도 화재가 아닌 경우의 경보를 '비화재보'라하며 비화재보의 종류는 다음과 같이 구분할 수 있다.

1) 설비 자체의 결함이나 오동작 등에 의한 경우
   ①
   ②
   ③

2) 주위상황이 대부분 순간적으로 화재와 같은 상태(실제 화재와 유사한 환경이나 상황)으로 되었다가 정상상태로 복귀하는 경우(일과성 비화재보 : Nuisance Alarm) 위 설명 중 일과성 비화재보로 볼 수 있는 Nuisance Alarm에 대한 방지대책을 4가지만 쓰시오.
   ①
   ②
   ③
   ④

> **정답**
> 1) ① 설비자체의 기능상 결함
>   ② 설비의 유지 관리 불량
>   ③ 실수나 고의적인 행위가 있을 때
> 2) ① 비화재보에 적응성이 있는 감지기 사용
>   ② 경년 변화율에 따른 유지보수
>   ③ 환경적응성이 있는 감지기 사용
>   ④ 연기 감지기의 설치 제한

17 지하 3층, 지상 11층인 어느 특정소방대상물에 설치된 자동화재탐지설비의 음향장치의 설치 기준에 관한 사항이다. 다음의 표와 같이 화재가 발생하였을 경우 우선적으로 경보해야 하는 층을 빈칸에 표시하시오. (단, 공동주택이 아니고, 화재는 ●를, 경보 표시는 ○를 사용한다.)

구 분	지상			지하		
	3층 화재 발생	2층 화재 발생	1층 화재 발생	3층 화재 발생	2층 화재 발생	1층 화재 발생
7층						
6층						
5층						
4층						
3층	●					
2층		●				
1층			●			
지하1층						●
지하2층					●	
지하3층				●		

정답

	지상			지하		
	3층 화재 발생	2층 화재 발생	1층 화재 발생	3층 화재 발생	2층 화재 발생	1층 화재 발생
7층	○					
6층	○	○				
5층	○	○	○			
4층	○	○	○			
3층	●	○	○			
2층		●	○			
1층			●	○		○
지하1층			○	○	○	●
지하2층			○	○	●	○
지하3층			○	●	○	○

해설

변경 사항은 〈자동화재탐지설비〉의 적용은 22년도 5월 9일 개정되었고, 〈비상방송설비〉는 23년 2월 10일 개정되었다. 신규 변동 사항을 반영하는 것이 시험의 관례이니, 향후 현업 업무 중에도 소방 시험 응시를 희망한다면 신규 사항은 수시로 숙지하여야 한다.

1) 우선경보 대상
   - 11층(공동주택의 경우에는 16층) 이상
2) 경보층
   - 발화층 및 직상 4개층에 경보
      ① 지하층 – 발화층, 직상층, 기타 지하층 [기존 경보 형태 유지]
      ② 지상층 – 발화층, 직상층, (지하 전층 – 1층 화재시) [경보 형태 변경]

18 극수가 4극이고 60[Hz]인 유도전동기가 있다. 다음 물음에 답하시오.

1) 동기 속도를 구하시오.
   ① 계산과정 :
   ② 답 :

2) 회전수가 1730[rpm]일 때, 슬립[%]를 구하시오.
   ① 계산과정 :
   ② 답 :

정답

1) ① $N_s = \dfrac{120f}{p} = \dfrac{120 \times 60}{4} = 1800[rpm]$ (N_s:동기속도, f:주파수, P:극수)

   ② $N_s = 1800[rpm]$

2) ① $N = N_s(1-s)$ (N_s:동기속도, N:회전속도, s:슬립)

   $s = 1 - \dfrac{N}{N_s} = 1 - \dfrac{1730}{1800} = 0.0388 ≒ 0.0389$

   ② 3.89[%]

2024년 2회 소방설비기사(전기 분야) 실기 시험

시행일자 2024년 07월 27일

01 다음은 자동화재탐지설비의 화재안전기준에서의 배선 관련사항이다. 각 물음에 답하시오.

1) 감지기 회로 및 부속 회로의 전로와 대지 사이 및 배선 상호간의 절연 저항은 1경계구역마다 직류 250[V]의 절연저항측정기를 사용하여 측정하였을 때 절연 저항이 몇 [MΩ] 이상이 되도록 하여야 하는가?

2) GP형 수신기의 감지기회로의 배선에 있어서 하나의 공통선에 접속할 수 있는 경계 구역은 몇 개 이하이어야 하는가?

3) 감지기 회로의 종단저항 설치 기준을 2가지만 쓰시오.
   ①
   ②

정답

1) 0.1[MΩ] 이상
2) 7개 이하
3) ① 점검 및 관리가 쉬운 장소에 설치할 것
   ② 전용함을 설치하는 경우 그 설치 높이는 바닥으로부터 1.5[m] 이내로 할 것

과년도 출제문제

02 옥내소화전설비의 비상전원으로 자기 발전 설비, 축전지 설비 또는 전기 저장 장치를 설치할 때 비상 전원 설치 기준 3가지를 쓰시오.

1)
2)
3)

정답

1) 점검에 편리하고 화재 및 침수 등의 재해로 인한 피해를 받을 우려가 없는 곳에 설치할 것
2) 옥내 소화전 설비를 유효하게 20분 이상 작동할 수 있어야 할 것
3) 상용전원으로부터 전력의 공급이 중단된 때에는 자동으로 비상전원으로부터 전력을 공급받을 수 있도록 할 것

해설

옥내소화전설비의 화재안전기술기준(NFTC 102)를 활용한 출제에 해당한다.
자세히 보면 ①은 일반적인 사항이고, ②은 설비 표준 작동에 관한 요소이다. ③의 경우는 ATS(Automatic Transfer Switch)자동 절환 스위치 사용 여부에 대한 언급에 해당한다.

03 다음은 어느 특정 소방대상물의 평면도이다. 건축물의 주요구조부는 내화구조이고, 층의 높이는 4.5[m]일 때 다음 각 물음에 답하시오.(단, 차동식 스포트형 감지기 1종을 설치한다.)

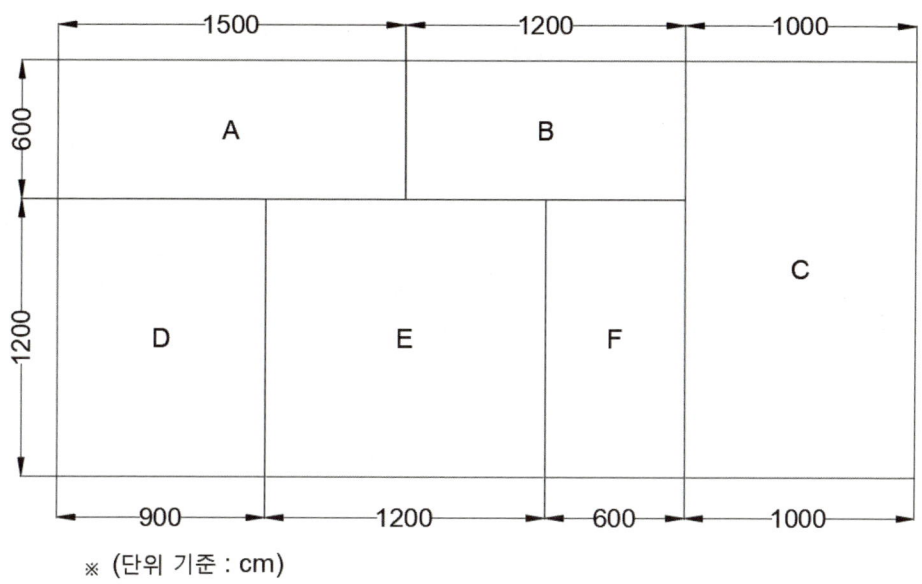

※ (단위 기준 : cm)

1) 각 실별로 설치하여야 할 감지기의 수량을 구하시오.

각 실 명칭	계산 과정	답
A		
B		
C		
D		
E		
F		

2) 총 경계구역수를 구하시오.

정답

1)

각 실 명칭	계산 과정	답
A	$\frac{15 \times 6}{45} = 2$	2(EA)
B	$\frac{12 \times 6}{45} = 1.60 ≒ 2$	2(EA)
C	$\frac{10 \times 18}{45} = 4$	4(EA)
D	$\frac{9 \times 12}{45} = 2.40 ≒ 3$	3(EA)
E	$\frac{12 \times 12}{45} = 3.20 ≒ 4$	4(EA)
F	$\frac{6 \times 12}{45} = 1.60 ≒ 2$	2(EA)

2) 2개 경계 구역

해설

1) 차동식 스포트형 감지기 1종/내화구조/4.5[m]로 4[m]이상

부착 높이 및 특정 소방 대상물의 구분		감지기의 종류				
		차동식,보상식 스포트형		정온식 스포트형		
		1종	2종	특종	1종	2종
4m 미만	내화 구조	90	70	70	60	20
	기타 구조	50	40	40	30	15
4m 이상 8m 미만	내화 구조	45	35	35	30	설치 불가능
	기타 구조	30	25	25	15	

2) 자동화재탐지설비의 경계 구역은 1개소당 600[㎡]에 해당한다. (반올림이 아닌 올림을 해야 한다.)

암기팁 Ground에서의 G와 6의 형태가 비슷하다. 제연은 천장을 기준하므로 1000[㎡]당 1개 경계구역이다.

$\frac{(15+12+10) \times (6+12)}{600} = 1.11 ≒ 2$

04 다음 도면은 내화구조인 특정소방대상물에 설치된 공기관식 차동식 분포형 감지기에 대한 것이다. 다음 각 물음에 답하시오.

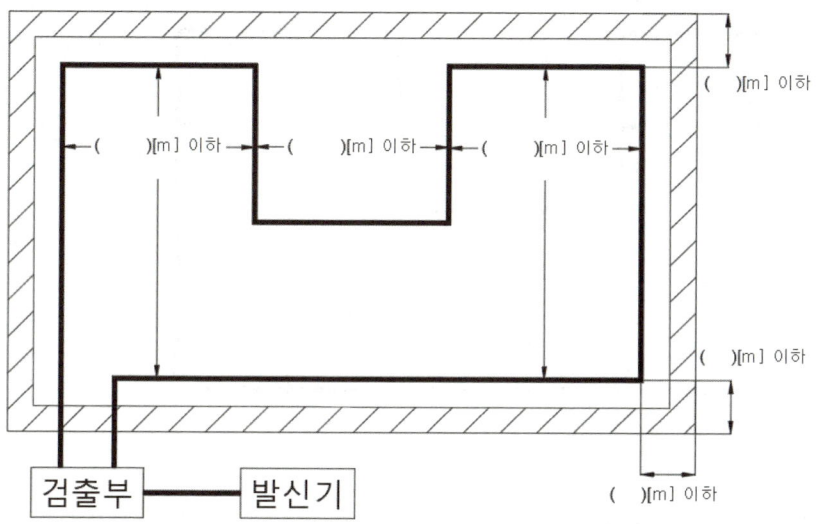

1) 공기관과 감지구역의 각 변과의 수평거리와 공기관 상호간의 거리를 그림의 ( ) 내에 알맞은 답을 쓰시오.
2) 발신기에 종단저항을 설치하는 경우 검출부와 발신기 간의 배선수를 도면에 표기하시오.
3) 공기관의 노출 부분은 감지구역마다 몇 [m]이상이 도로 하여야 하는가?
4) 하나의 검출부에 접속하는 공기관의 길이는 몇 [m]이하가 되도록 하여야 하는가?
5) 검출부는 몇 도 이상 경사되지 아니하도록 설치하여야 하는가?
6) 검출부의 설치 높이를 쓰시오.
7) 공기관의 재질을 쓰시오.

과년도 출제문제

정답

1), 2) 기록

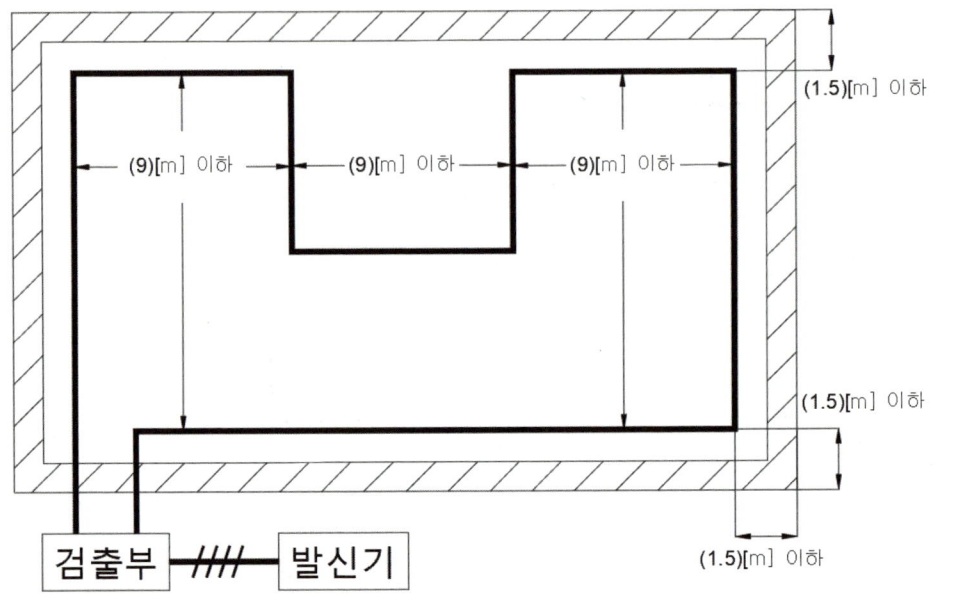

3) 20[m] 이상
4) 100[m] 이하
5) 5도 이상 경계되어선 안된다.
6) 0.8~1.5[m] 높이에 설치한다.
7) 중공동관

해설

공기관식은 시험에 출제될 가능성이 매우 높다. 수치가 매우 많고, 설치, 관리 시에도 검토 사항이 많기 때문이다.
본서 P.36을 확인하자.

암기팁 손5공과 45정 - 5도 이상 공기관식, 45도 이상 정온식
암기팁 20~100 - 이상은 20m, 이하는 100m

05 지상 25[m]되는 곳에 수조가 있다. 이 수조에 분당 20[m³]의 물을 양수하는 펌프용 전동기를 설치하여 3상 전력을 공급하고자 할 때, 단상 변압기 2대로 V결선하여 이용하고자 한다. 단상 변압기 1대의 용량은 몇 [kVA]인가? (단, 펌프 효율은 70[%]이고, 펌프측 동력에 15[%]의 여유를 두고, 펌프용 3상 농형 유도 전동기의 역률을 85[%]로 가정한다.)

○ 계산과정 :

○ 답 :

정답

- 계산과정

1) $P_V = \dfrac{9.8 \dfrac{Q}{60} Hk}{\eta} = \dfrac{9.8 \times \dfrac{20}{60} \times 25 \times 1.15}{0.7} = 134.15 \, [\text{kW}]$

2) $P_V = \sqrt{3} P_1 \cos\theta$

$P_1 = \dfrac{P_V}{\sqrt{3} \cos\theta} = \dfrac{134.15}{\sqrt{3} \times 0.85} = 91.13 \, [kVA]$

- 답 : 91.13[kVA]

해설

1) 전동기 식은 [m/s]라는 속도를 이용한 공식에서 착안되었다. 따라서 [m³/min]은 변형하여야 한다. 일반적인 동력식은 유량과 압력의 곱셈이며, 효율은 출력/입력이므로 입력되는 동력을 찾기 위함이다.

2) 용량을 산출할 때는 피상값을 포함하는 식을 산출하여야 하기 때문에 역률을 나누어야 한다.

06 다음은 한국전기설비규정(KEC)에서 규정하는 전기적 접속에 대한 내용이다. ( ) 안에 알맞은 말을 넣으시오.

1) 배선설비가 바닥, 벽, 지붕, 천장, 칸막이, 중공벽 등 건축구조물을 관통하는 경우, 배선설비가 통과한 후에 남는 개구부는 관통 전의 건축구조 각 부재에 규정된 (   )에 따라 밀폐하여야 한다.

2) 내화성능이 규정된 건축구조부재를 관통하는 (   )는 제1에서 요구한 외부의 밀폐와 마찬가지로 관통 전에 각 부의 내화등급이 되도록 내부도 밀폐하여야 한다.

3) 관련 제품 표준에서 자기소화성으로 분류되고 최대 내부단면적이 (   )mm² 이하인 전선관, 케이블트렁킹 및 (   )은 다음과 같은 경우라면 내부적으로 밀폐하지 않아도 된다.
   ○ 보호등급 IP33에 관한 KS C IEC 60529(외곽의 방진 보호 및 방수 보호 등급)의 시험에 합격한 경우
   ○ 관통하는 건축 구조체에 의해 분리된 구획의 하나 안에 있는 배선설비의 단말이 보호등급 IP33에 관한 KSC IEC 60529(외함의 밀폐 보호등급 구분(IP코드))의 시험에 합격한 경우

4) 배선설비는 그 용도가 (   )을 견디는데 사용되는 건축구조부재를 관통해서는 안 된다. 다만, 관통 후에도 그 부재가 하중에 견딘다는 것을 보증할 수 있는 경우는 제외한다.

정답

1) 배선설비가 바닥, 벽, 지붕, 천장, 칸막이, 중공벽 등 건축구조물을 관통하는 경우, 배선설비가 통과한 후에 남는 개구부는 관통 전의 건축구조 각 부재에 규정된 (내화등급)에 따라 밀폐하여야 한다.

2) 내화성능이 규정된 건축구조부재를 관통하는 (배선설비)는 제1에서 요구한 외부의 밀폐와 마찬가지로 관통전에 각 부의 내화등급이 되도록 내부도 밀폐하여야 한다.

3) 관련 제품 표준에서 자기소화성으로 분류되고 최대 내부단면적이 (710)mm² 이하인 전선관, 케이블트렁킹 및 (케이블덕팅시스템)은 다음과 같은 경우라면 내부적으로 밀폐하지 않아도 된다.
   • 보호등급 IP33에 관한 KS C IEC 60529(외곽의 방진 보호 및 방수 보호 등급)의 시험에 합격한 경우
   • 관통하는 건축 구조체에 의해 분리된 구획의 하나 안에 있는 배선설비의 단말이 보호등급 IP33에 관한 KSC IEC 60529(외함의 밀폐 보호등급 구분(IP코드))의 시험에 합격한 경우

4) 배선설비는 그 용도가 (하중)을 견디는데 사용되는 건축구조부재를 관통해서는 안 된다. 다만, 관통 후에도 그 부재가 하중에 견딘다는 것을 보증할 수 있는 경우는 제외한다.

해설

- 일부를 제외한 내용 외에는 완전 전기에 관련한 내용이다. 해당 부분은 완전히 숙지하기는 어려웠을 것이다.
- 최고점을 낮추기 위한 용도의 질의이다. 재출제 가능성은 현저히 낮다. 가볍게 보고 넘어가자.

07 차동식 스포트형 감지기의 구조에 관한 다음 그림에서 주어진 번호의 명칭을 쓰시오.

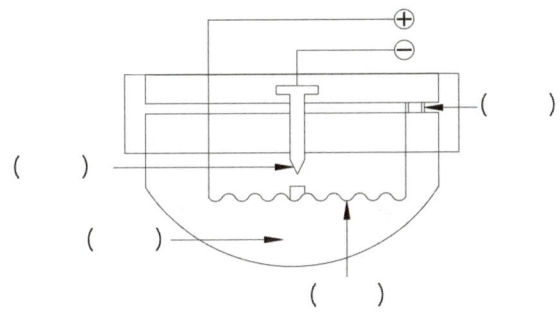

정답

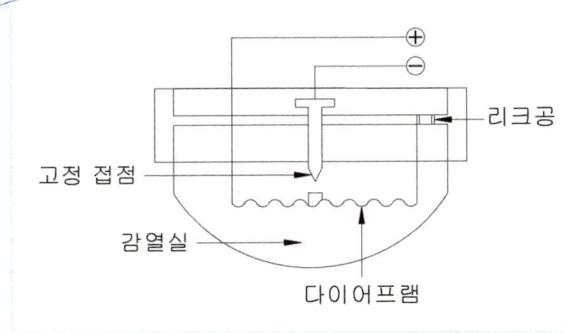

과년도 출제문제

08 이산화탄소 소화설비의 음향경보장치를 설치하려고 한다. 다음 각 물음에 답하시오.

1) 방호구역 또는 방호 대상물이 있는 구획의 각 부분으로부터 하나의 확성기까지의 수평거리는 몇[m] 이하로 하여야 하는가?
2) 소화약제의 방사 개시 후 몇 분 이상 경보를 발하여야 하는가?

정답

1) 25[m] 이하
2) 1분 이상

해설

1) 확성기와 같은 규정은 발신기를 기준하여 기억하기로 하였다. 수평 거리를 기준하여 25[m] 이하로 설정한다.
2) 방사를 개시하고 나면 60초 이상 경보해야 한다. 여기에서 6은 Gas로 연관하여 기억하도록 하자.

09   소방시설 설치 및 관리에 관한 법령 시행령에 따라 가스 누설 경보기를 설치해야 하는 대상 5가지를 쓰시오.

정답

[가스 누설 경보기의 설치 대상(가스 시설이 설치된 곳에만 해당한다.)] 중에 5가지

- 문화 및 집회시설
- 의료시설
- 숙박시설
- 종교 시설
- 노유자 시설
- 창고시설 중 물류 터미널
- 판매시설
- 수련 시설
- 장례시설
- 운수시설
- 운동시설

해설

수업 시간에 언급했던 요소이다. 가스 누설 경보기 외에도 설치 대상, 설치 제외 대상에 대해선 숙지해야 한다. 단순히 외우려고 하지 말고, GAS의 대부분은 LNG와 LPG에 해당한다. 물류 센터와 운수 시설에는 LPG가스 차량이 있고, 가스의 배출이 원활하지 않아서 화재의 규모가 클 수 있기 때문이다.

과년도 출제문제

10 다음은 비상콘센트를 보호하기 위한 비상콘센트 보호함의 설치 기준이다. 괄호 안에 알맞은 내용을 쓰시오.

1) 보호함에는 쉽게 개폐할 수 있는 ((가))를 설치할 것
2) 보호함 표면에 "((나))"라고 표시한 표지를 할 것
3) 보호함 상부에 ((다))색의 ((라))를 설치할 것. 다만, 비상 콘센트의 보호함을 옥내 소화전함 등과 접속하여 설치하는 경우에는 ((마)) 등의 표시등과 겸용할 수 있다.

(가)	(나)	(다)	(라)	(마)

정답

(가)	(나)	(다)	(라)	(마)
문	비상 콘센트	적	표시등	옥내 소화전함

해설

- 옥내 소화전함에 동봉했을 경우에는 "비상콘센트함 내장"이라고 표지를 부착해야 한다.
- 해당 내용은 가볍게 읽어만 보아도 숙지될 수 있는 내용이긴 하나, 비슷한 내용으로 출제될 것을 염두하여야 하므로 법규에 대한 내용은 시험 전에 한 번 더 읽어 두어야 한다.

11 다음은 화재안전기준에 따른 내화배선의 공사방법에 관한 사항이다. (   ) 안에 알맞은 말을 쓰시오.

1) 금속관·2종 금속제 가요전선관 또는 ((가))에 수납하여 내화구조로 된 벽 또는 바닥 등에 벽 또는 바닥의 표면으로부터 ((나)) 이상의 깊이로 매설해야 한다. 다만, 다음의 기준에 적합하게 설치하는 경우에는 그렇지 않다.

   ○ 배선을 내화성능을 갖는 배선전용실 또는 배선용 샤프트·피트·덕트 등에 설치하는 경우
   ○ 배선전용실 또는 배선용 샤프트·피트·덕트 등에 다른 설비의 배선이 있는 경우에는 이로부터 ((다)) 이상 떨어지게 하거나 소화설비의 배선과 이웃하는 다른 설비의 배선 사이에 배선지름(배선의 지름이 다른 경우에는 가장 큰 것을 기준으로 한다)의 ((라)) 이상의 높이의 불연성 격벽을 설치하는 경우

2) 내화전선은 ((마))공사의 방법에 따라 설치해야 한다.

(가)	(나)	(다)	(라)	(마)

정답

(가)	(나)	(다)	(라)	(마)
합성 수지관	25[mm]	15[cm]	1.5배	케이블

해설

단위를 필히 적어야 한다. 또한, 내화 배선의 공사 방법은 시험에 나올 가능성이 매우 높은 항목이기 때문에 확실한 숙지가 필요하다.

과년도 출제문제

12 공구를 사용하는데 따른 손실비용을 의미하는 공구손료의 적용범위를 쓰시오.

> **정답**
>
> 직접 노무비의 3% 이내

> **해설**
>
> - 이는 실무적으로 견적서를 본 사람이라면 빈번히 접하는 일위대가표상 간접비 항목에 관한 사항이다. 다만, 소방설비기사라는 책에 담기에는 다소 관련성이 떨어지기에 견적 외 내용에 대한 질의에 해당한다. 또 혹여나 재출제 하여도 기타 간접비인 노임 할증, 품의 할증 등이 있으나 시험에서 다루기 어렵다. 아래 내용만 숙지하도록 하자.
> - 공구손료 : 일반공구 및 시험용 계측기구류의 손료이며, 공사 중 상시 일반적으로 사용되는 것이다. 인력품의 3%까지 계상하며 특수공구(철골공사, 석공사 등) 및 검사용 특수계측기류의 손료는 별도로 계상된다.

13 비상콘센트설비의 상용전원회로의 배선은 다음의 경우에 어디에서 분기하여 전용배선으로 하는지 설명하시오.

1) 저압 수전의 경우 :

2) 특고압수전 또는 고압수전의 경우 :

정답

1) 인입 개폐기의 직후
2) 전력용 변압기 2차측의 주차단기 1차측 또는 2차측

해설

- 상용 전원 회로의 배선은 저압 수전인 경우에는 인입 개폐기의 직후에서, 고압 수전 또는 특고압 수전인 경우에 전력용 변압기 2차 측의 주차단기 1차 측 또는 2차 측에서 분기하여 전용배선으로 할 것.
- 비상콘센트설비에는 다음의 기준에 따른 전원을 설치해야 한다. 비상콘센트설비의 화재안전기술기준 (NFTC 504)

과년도 출제문제

14 열전대식 차동식 분포형 감지기는 제어백효과를 이용한 감지기이다. 다음 각 물음에 답하시오.

1) 제어백 효과를 설명하시오.
2) 열전대의 정의를 쓰시오.
3) 열전대의 재료로 가장 우수한 금속이 무엇인지 쓰시오.

정답

1) "서로 다른 금속체를 접합하여 폐회로를 만들고 두 접합점에 온도 차를 두면 그 폐회로에서 열기전력이 발생한다."
2) 서로 다른 종류의 금속을 접속한 것으로 제어백효과를 일으키는 금속선
3) 백금

해설

1) 제백 효과를 제어백이라 표현하여 혼동했을 것이다. 두가지 표현 모두 숙지하기 바란다.

제백효과	서로 다른 금속체를 접합하여 폐회로를 만들고 두 접합점에 온도 차를 두면 그 폐회로에서 열기전력이 발생한다.
펠티에 효과	제백효과의 역효과 현상으로 서로 다른 금속체를 접합하여 폐회로를 만들고 이 폐회로에 전류를 흘려 주면 그 폐회로의 접합점에서 열의 흡수 및 발생이 일어나는 현상이다.
톰슨 효과	제백 효과를 응용한 열전 효과로, 똑같은 금속체를 접합하여 폐회로를 만들고 두 접합점에 온도차를 두어도 마찬가지로 그 폐회로에서 열기전력이 발생한다.

3) 백금의 경우 온도의 상승에 따라 저항이 상승하는 특성을 가지고 있기 때문이다. 다만, 그 비용이 비싸서 사용은 대부분 니켈과 크롬, 알루미늄 등을 활용한다.
(시험에서 질의하기엔 혼합 물질과 같은 비교 대상이 있으므로 마지막 문제는 재출제 가능성이 현저히 낮다.)

15 다음은 누전경보기의 형식 승인 및 제품 검사의 기술 기준에 대한 내용이다. 다음 각 물음에 답하시오.

1) 전구는 사용전압의 몇 %인 교류전압을 20시간 연속하여 가하는 경우 단선, 현저한 광속 변화, 흑화, 전류의 저하 등이 발생하지 않아야 하는가?
2) 전구는 몇 개 이상을 병렬로 접속하여야 하는가?
3) 누전 경보기의 공칭 작동 전류치는 몇 [mA] 이하 인가?

정답

1) 130%
2) 2개 이상
3) 200[mA] 이하

해설

1) 1)의 경우는 친숙한 질의가 아니다. 허나, 시험에 관한 사항으로 내용이 중요하므로 숙지할 필요성이 있다. 본디 제품마다 220V~310V 이런 형태로 여유있는 설정을 한다. 이러한 설정을 기반을 30% 여유율을 정하였다.
2) 하나가 불량이 되더라도 경보를 발할 수 있어야 한다.
3) 200[mA]는 숙지하기 바란다.

암기팁 ELD를 누전 경보기라고 한다.

과년도 출제문제

16 아래 그림과 같은 논리회로를 보고 각 물음에 답하시오.

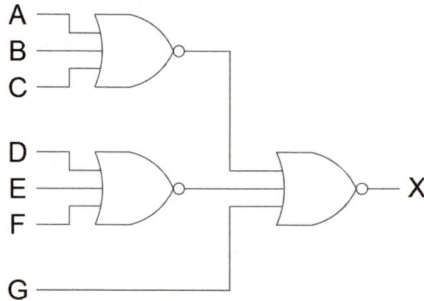

1) 논리식으로 가장 간단히 표현하시오.

2) AND, OR, NOT회로를 이용한 등가회로를 작성하시오.

3) 유접점 회로를 그리시오.

1) $X = \overline{\overline{A+B+C} + \overline{D+E+F} + G}$
   $= (A+B+C)(D+E+F)\overline{G}$

2)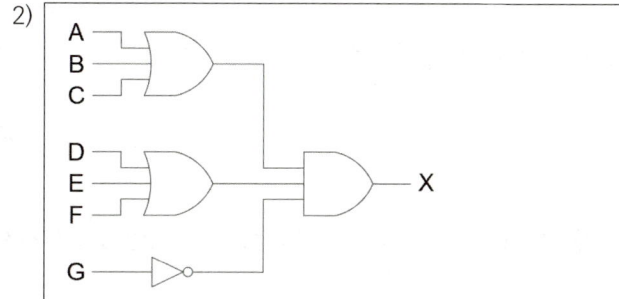

3)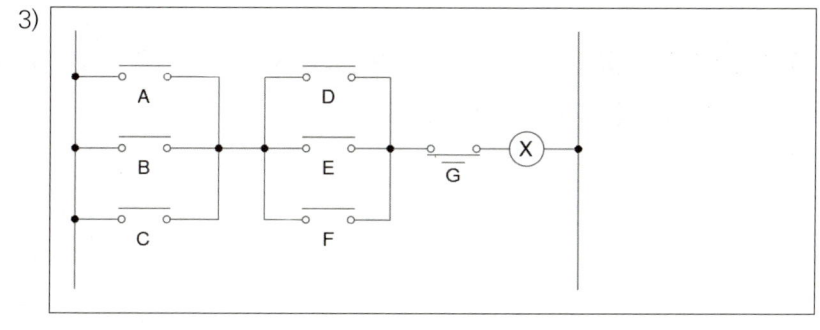

17 자동화재탐지설비의 발신기에서 표시등 = 30[mA]/1개, 경종 = 50[mA]/1개로 1회로당 80[mA]의 전류가 소모되며, 지하1층, 지상 5층의 각 층별 2회로씩 총 12회로인 공장에서 P형 수신반 최말단 발신기까지 600[m] 떨어진 경우 다음 각 물음에 답하시오.

1) 표시등 및 경종의 최대소요전류[A]와 총 소요전류[A]를 구하시오
   ① 표시등의 최대소요전류 :
   ② 경종의 최대소요전류 :
   ③ 총 소요전류 :

2) 2.5 ㎟의 전선을 사용한 경우 최말단 경종 동작 시 전압강하는 얼마인지 계산하시오.
   ○ 계산과정 :
   ○ 답 :

3) 자동화재탐지설비의 음향장치는 정격전압의 몇 [%] 전압에서 음향을 발 할 수 있어야 하는가?

4) 2)의 계산에 의한 경종 작동 여부를 설명하시오
   ○ 이유 :
   ○ 답 :

정답

1) ① 표시등의 최대소요전류 : $I = 30[mA] \times 12 = 360[mA] \times 10^{-3} = 0.36[A]$
   ② 경종의 최대소요전류 : $I = 50[mA] \times 12 = 600[mA] \times 10^{-3} = 0.6[A]$
   ③ 총 소요전류 : $I_T = 0.36 + 0.6 = 0.96[A]$

2) ○ 계산과정 : $e = \dfrac{35.6LI}{1000A}$ (단상2선식) $= \dfrac{35.6 \times 600 \times 0.46}{1000 \times 2.5} = 3.93[V]$
   ○ 답 : 3.93[V]

3) 80%

4) ○ 이유 : 전압강하 3.03[V]를 차감하여 얻은 단자 전압 20.07[V]가 24[V]의 80%에 해당하는 19.2[V]를 초과 하므로 작동한다.
   ○ 답 : 작동된다.

18 P형 1급 수신기와 감지기와의 배선회로에서 종단저항은 4.7[kΩ], 배선저항은 28[Ω], 릴레이 저항은 12[]Ω]이며 회로전압이 직류 24[V]일 때 다음 각 물음에 답하시오

1) 감시상태의 감시전류는 몇 [mA]인지 구하시오
   ○ 계산과정 :
   ○ 답 :

2) 감지기가 동작할 때의 동작전류는 몇 [mA]인지 구하시오
   ○ 계산과정 :
   ○ 답 :

정답

1) ○ 계산과정 : $I = \dfrac{V}{R} = \dfrac{24}{12+(4.7 \times 10^3)+28} = 5.06 \times 10^{-3}[A]$

   ○ 답 : 5.06[mA]

2) ○ 계산과정 : $I = \dfrac{V}{R} = \dfrac{24}{12+28} = 0.60[A]$

   ○ 답 : 600[mA]

해설

감지기의 동작 전/후 상태

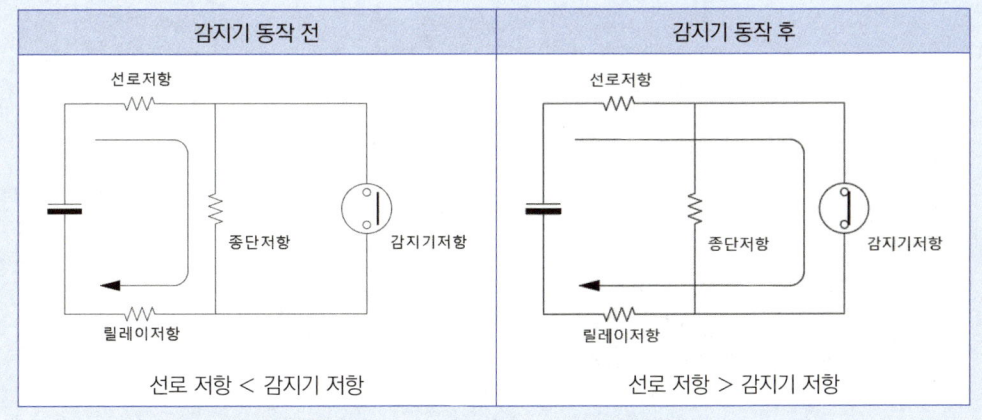

과년도 출제문제

2024년 4회 소방설비기사(전기 분야) 실기 시험

시행일자 2024년 11월 02일

01 누전 경보기의 형식 승인 및 제품 검사의 기술 기준을 참고하여 다음 각 물음에 답하시오.

1) 감도 조정 장치를 갖는 누전 경보기의 최대치는 몇 [A]인가?

2) 다음 변류기의 전로 개폐 시험에 대한 내용이다. (가)에 들어갈 내용을 쓰시오.

> 변류기는 출력 단자에 부하 저항을 접속하고, 경계 전로에 당해 변류기의 정격 전류의 150[%]인 전류를 흘린 상태에서 경계 전로의 개폐를 ((가))회 반복하는 경우 그 출력 전압치는 공칭 작동 전류치의 42[%]에 대응하는 출력 전압차 이하여야 한다.

(가) :

3) 변류기는 DC 500[V]의 절연 저항계로 시험하는 경우 5[MΩ] 이상이어야 한다. 측정 위치 3곳을 쓰시오.
①
②
③

1) 1[A]
2) 5[회]
3) ① 절연된 1차 권선과 2차 권선 간
   ② 절연된 1차 권선과 외부 금속부 간
   ③ 절연된 2차 권선과 외부 금속부 간

해설

- 관계 법령을 기초하여 나온 문제들이다.
1) 감도조정장치를 갖는 누전경보기에 있어서 감도조정장치의 조정범위는 최대치가 1 A 이어야 한다.
2) 전로 개폐 시험 관련 사항

> 변류기는 출력 단자에 부하 저항을 접속하고, 경계 전로에 당해 변류기의 정격전류의 150 [%]인 전류를 흘린 상태에서 경계전로의 개폐를 5회 반복하는 경우 그 출력 전압치는 공칭작동전류치의 42 [%]에 대응하는 출력전압치 이하이어야 한다.

3) 절연 저항 시험 관련 사항 (실무 반영 문항으로 재출제 가능성 높음!)
   변류기는 DC 500 V의 절연저항계로 다음 각 호에 의한 시험을 하는 경우 5 MΩ 이상이어야 한다.
   ① 절연된 1차권선과 2차권선간의 절연저항
   ② 절연된 1차권선과 외부금속부간의 절연저항
   ③ 절연된 2차권선과 외부금속부간의 절연저항

02 자동화재탐지설비 수신기의 동시 작동 시험의 목적을 쓰시오.

정답

- 감지기 수회선이 동시 작동 시에 수신기의 기능 이상 유무를 확인하기 위함이다.
- 이는 수신기의 화재표시 작동 시험 스위치를 시험에 두고, 회로 선택 스위치에 의해 복구 없이 5회선을 동시에 작동하였을 때의 작동 시험이며, 수신기의 정상 작동, 주 음향, 지구 음향 전부 작동해야 한다.

과년도 출제문제

03 한국전기설비규정(KEC)에서 규정하는 금속관 공사의 시설조건에 관한 내용이다. (가)~(마)를 쓰시오.

1) 전선은 절연전선((가))을 제외한다)일 것.
2) 전선은 ((나))일 것. 다만, 단면적 ((다)) mm²(알루미늄선은 단면적 16 mm²) 이하의 것은 적용하지 않는다.
3) 전선은 금속관 안에서 ((라))이 없도록 해야 한다.
4) 관의 끝 부분에는 전선의 피복을 손상하지 아니하도록 ((마))을 사용해야 한다.

(가)	(나)	(다)	(라)	(마)

정답

(가)	(나)	(다)	(라)	(마)
옥외용 비닐절연전선	연선	10 mm²	접속점	부싱

해설

- 해당 내용은 KEC 규정에 따른다. 공사 관련 내용이므로 해당 내용은 숙지할 필요가 있다.
- 다만, 금속관 공사 관련된 내용에 한정되어 있음으로 해당 내용을 숙지하여 답하길 바란다.
- (추가 사항) 전선의 절연체 및 피복을 포함한 단면적이 관 내부 단면적의 1/3 이하가 되도록 한다.

04 예비 전원 설비로 이용되는 축전지에 대해 다음 각 물음에 답하시오.

1) 자기 방전량만 상시 충전하는 방식은 무엇인가?

2) 비상용 조명부하 220[V]용, 50[W] 70등, 80[W] 30등이 있다. 방전 시간은 30분이고, 축전지는 HS형 110[Cell]이며, 허용 최저 전압은 190[V], 최저 축전지 온도가 5[℃]일 때 축전지 용량[Ah]를 구하시오. (단, 경년용량저하율은 0.8, 용량 환산시간은 1.2[h]이다.)

정격 전력	등 개수	방전 시간	비고
50[W]	70등	30분	HS형 110[Cell]
80[W]	30등	30분	HS형 110[Cell]

계산 과정	
답란	

3) 연축전지와 알칼리 축전지의 공칭 전압을 쓰시오.

연축전지	
알칼리축전지	

정답

1) 세류 충전 방식(충전 방식은 모두 숙지해야 한다.)

2)

계산 과정	$P = VI$, $I = \dfrac{P}{V}$에 따라 $I = \dfrac{P}{V} = \dfrac{(50 \cdot 70) + (80 \cdot 30)}{220} = 26.82[A]$ $C = \dfrac{1}{L}KI = \dfrac{1}{0.8} \times 1.2 \times 26.82 = 40.23[Ah]$
답 란	$40.23[Ah]$

3)

연축전지	2[V/Cell]
알칼리축전지	1.2[V/Cell]

과년도 출제문제

05 다음 도면을 보고 각 물음에 답하시오.

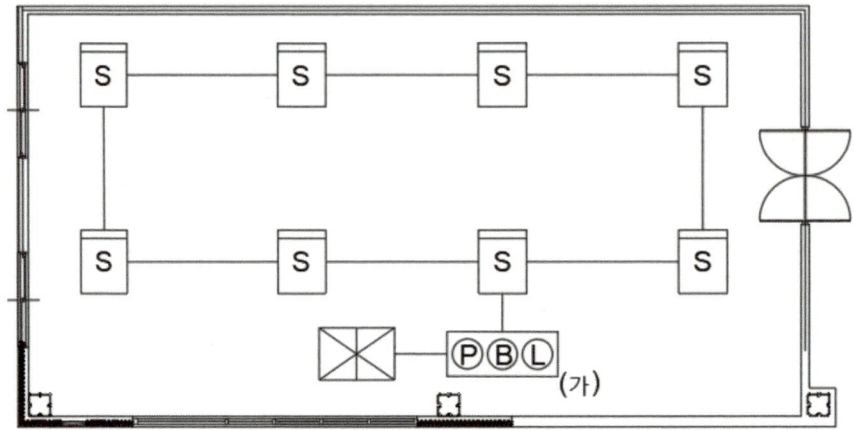

1) (가)는 수동으로 화재 신호를 발신하는 P형 발신기 세트이다. 발신기 세트와 수신기 간의 배선 길이가 15[m]일 때 전선은 총 몇 [m]가 필요한가? (단, 층 높이, 할증 및 여유율 등은 고려하지 않는다.)

2) 상기 건물에 설치된 감지기가 1종인 경우 8개 감지기가 최대로 감지할 수 있는 감지 구역의 바닥 면적의 합계를 구하시오. (단, 천장의 높이는 4.4[m]인 경우이다.)

3) 감지기와 감지기 간, 감지기와 P형 발신기 세트 간의 길이를 각각 '10[m]'로 가정할 때 전선관 및 전선 물량을 산출 과정과 함께 쓰시오. (단, 층의 높이, 할증 및 여유율 등은 고려하지 않는다.)

품명	규격	산출 과정	물량[m]
전선관	16[C]		
전선	2.5[mm²]		

> **정답**
> 1) 90[m]
> 2) 600[m²]
> 3) (해설 참조)

해설

1) 수신반과 발신기 배선 종류
   ① 지구   ② 지구 공통   ③ 응답선
   ④ 경종   ⑤ 표시등   ⑥ 경종 표시등 공통선
   배선당 개소가 되므로 $15[m] \cdot 6[개소] = 90[m]$

2) ① 연감지기 설치 기준(거실)

부착 높이	감지기의 종류(단위 : [m²])	
	1종 및 2종	3종
4m 미만	$\frac{150}{1,2종\ 중1} = 150$	$\frac{150}{3종} = 50$
4m 이상 20m 미만	$\frac{150}{1,2종\ 중2} = 75$	설치 불가

   ② $75[m²] \cdot 8[개소] = 600[m²]$

3) 감지기와 발신기 배선도

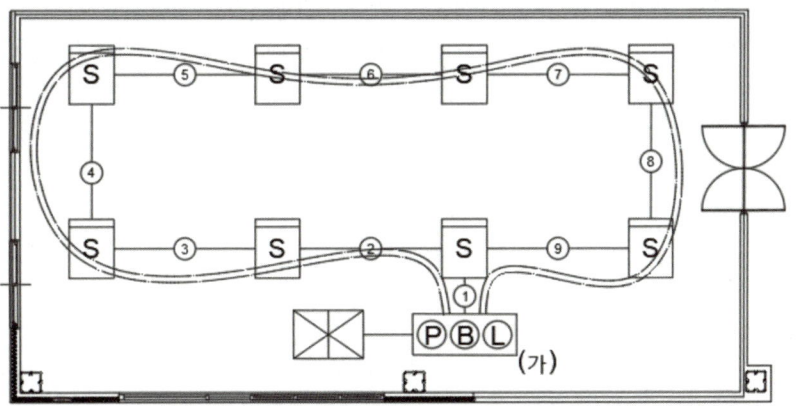

- 전선관 수량 및 길이 산출 : (이해가 쉽도록 ①~⑨로 표기하였음.) $10[m] \cdot 9[개소] = 90[m]$
- 물량[m] : 16[C], 90[m]
- 전선 길이 산출 : $10[m] \cdot 10[개소] \cdot 2[EA] = 200[m]$
- 물량[m] : 2.5[mm²], 200[m]

과년도 출제문제

06 3상 380[V], 기동 전류 135[A], 기동토크 150[%]인 전동기가 있다. 이 전동기를 Y-△기동 시 기동 전류[A]와 기동 토크[%]를 구하시오.

1) 기동 전류

2) 기동 토크

[정답]

1) 135[A] × 1/3 = 45[A]
2) 150[%] × 1/3 = 50[%]

[해설]

Y-△기동(Y로 기동, △로 운전) 시에는 각 상에 인가되는 선간 전압을 낮추어 기동 전류와 토크는 1/3씩 감소시킨다. (전기 기기에 관한 사항이다. 재출제 가능성은 현저히 낮으나, 간단하니 암기하도록 하자)

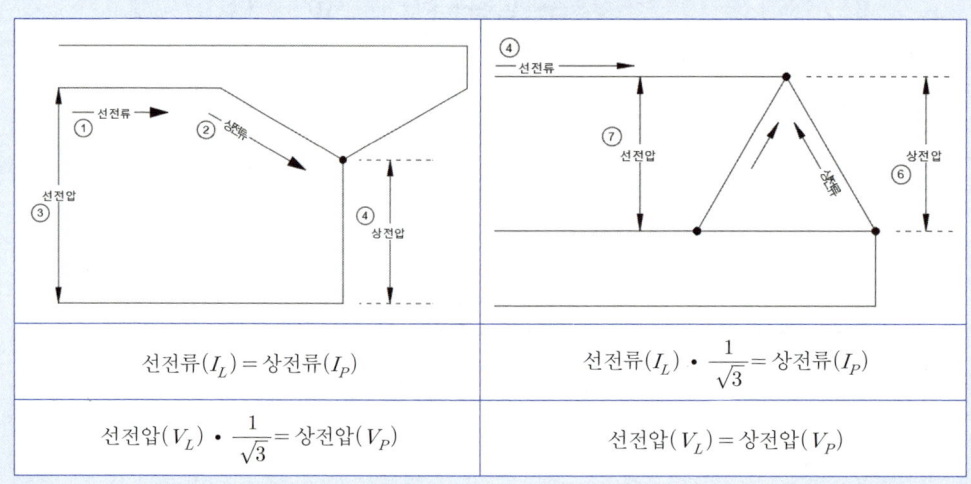

07 주어진 도면은 유도전동기 기동, 정지 회로의 미완성 도면이다. 다음 각 물음에 답하시오.

[동작 설명]
① 전원을 투입하면 GL이 점등된다.
② 전동기 기동용 푸시 버튼 스위치를 누르면 전자 접촉기 MC가 여자되고, MC-a접점에 의해 자기 유지되며 RL이 점등된다. 동시에 전동기가 기동하고, GL이 소등된다.
③ 전동기가 정상 운전 중 정지용 푸시 버튼 스위치를 누르거나 열동 계전기가 작동하면 전동기는 정지하고 최초의 상태로 복귀한다.

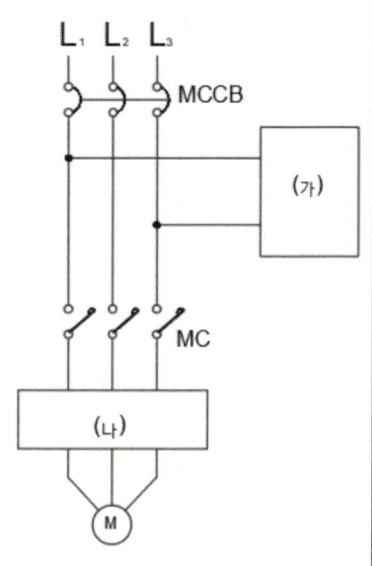

1) 아래 보기를 활용하여 도면상의 (가)의 보조 회로를 완성하시오.(문제의 측면을 활용할 것.)

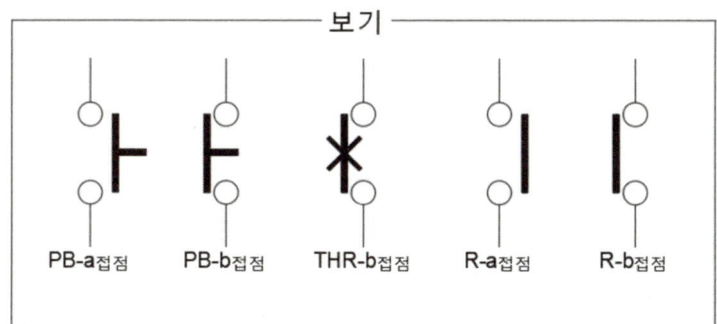

2) 도면 상의 (나)의 회로를 완성하시오.(도면상에 표기.)
3) 열동 계전기(THR)가 작동하는 경우를 쓰시오.

1), 2) 공통 표기

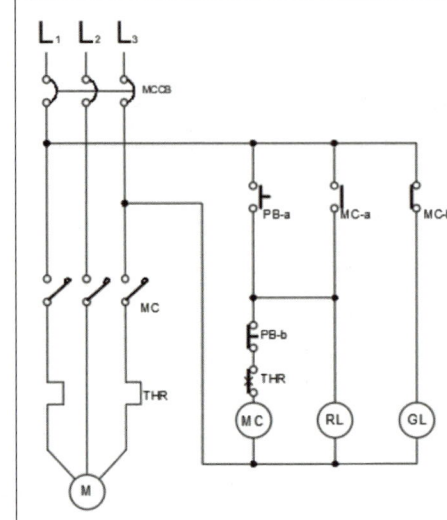

1) 전원만 투입된 상황에서 들어오므로 전원과 직렬로 GL을 연결한다.
2) 자기 유지를 표기하도록 한다.
   PB-a접점과 MC-a접점을 병렬로 연결한다.
3) PB-b접점을 통해서 자기 유지를 끊을 수 있도록 연결한다.
4) THR의 동작 시에도 전동기의 동작을 중단시킬 수 있어야 한다.

3) 전동기에 과부하가 걸릴 때 / 열동 계전기는 열에 동작하는 계전기이다. 과부하가 걸렸을 때 온도가 상승한다.

08 비상 조명등의 설치 기준에 관한 사항이다. 다음 각 물음에 답하시오.

1) (가), (나)에 들어갈 내용을 쓰시오.

○ 조도는 비상조명등이 설치된 장소의 각 부분의 바닥에서 ((가))이상이 되도록 할 것.
○ 예비전원을 내장하는 비상조명등에는 평상시 점등 여부를 확인할 수 있는 ((나))를 설치하고 해당 조명등을 유효하게 작동시킬 수 있는 용량의 축전지와 예비전원 충전장치를 내장할 것.

(가)	
(나)	

2) 예비전원을 내장하지 않은 비상조명등의 비상전원의 설치 기준 2가지를 쓰시오.
  ①
  ②

정답

1)

(가)	1 [lx]
(나)	점검 스위치

2) 아래 4가지 중의 2가지를 쓴다. 가급적 통용되는 ①, ②을 모두 숙지하기 바란다.
   ① 점검에 편리하고 화재 및 침수 등의 재해로 인한 피해를 받을 우려가 없는 곳에 설치.
   ② 상용전원으로부터 전력의 공급이 중단된 때에는 자동으로 비상전원으로부터 전력을 공급받을 수 있도록 할 것
   ③ 비상전원의 설치장소는 다른 장소와 방화구획 할 것. 이 경우 그 장소에는 비상전원의 공급에 필요한 기구나 설비 외의 것(열병합발전설비에 필요한 기구나 설비는 제외한다)을 두어서는 아니 된다.
   ④ 비상전원을 실내에 설치하는 때에는 그 실내에 비상조명등을 설치할 것.

해설

〈비상조명등의 화재안전기술기준(NFTC 304)〉을 꼭 확인하여야 하며, 전반적으로 독해하도록 하자. 해당 사항은 그림은 측면과 같다. 또 이를 통해 확인한 바와 같이 법령 문제를 대비할 때는 측면과 같이 그림을 그려서 구체적으로 인지할 수 있도록 노력해야 한다.

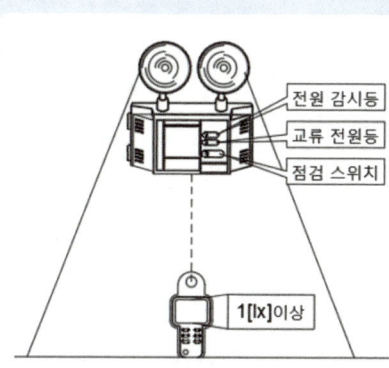

과년도 출제문제

09 다음은 연기 감지기에 대한 내용으로 각 물음에 답하시오.

1) 광전식 스포트형 감지기(산란광식)의 작동 원리를 쓰시오.
2) 광전식 분리형 감지기(감광식)의 작동 원리를 쓰시오.
3) 광전식 스포트형 감지기의 적응 장소 2가지를 쓰시오.
   (연기가 멀리 이동해서 감지기에 도달하는 장소)
   ①
   ②

정답

1) 주위의 공기가 일정한 농도의 연기를 포함하게 되는 경우에 작동하는 것으로서 일국소의 연기에 의하여 광전소자에 접하는 광량의 변화로 작동하는 것을 말한다.
2) 발광부와 수광부로 구성된 구조로 발광부와 수광부 사이의 공간에 일정한 농도의 연기를 포함하게 되는 경우에 작동하는 것을 말한다.
3) ① 계단
   ② 경사로

해설

- 용어의 정의를 묻는 형태로 이는 〈감지기의 형식 승인 및 제품 검사의 기술 기준〉에 해당하는 항목이다. 각 요소에 대해선 그림을 통해 기억하되, 스포트형 감지기는 반드시 '일국소'와 같은 단어를 적어야 하고, 분리형의 경우는 분명히 그 사이를 표현할 수 있어야 한다.
- 일반적으로 연기는 천장의 하면을 따라서 순방향 이동을 하며 동시에 유동 속도는 수평 방향으로 0.5~1[m/s], 수직 방향으로는 2~3[m/s], 계단실 내로는 3~5[m/s]로 이동한다.
  즉, 유동 속도가 높은 계단, 경사로에 설치 효율이 가장 높다.

10 어떤 건물의 사무실 바닥 면적이 700[㎡]이고, 천장 높이가 4[m]로 내화 구조에 해당한다. 이 사무실에 차동식 스포트형 감지기 2종을 설치하려 할 때의 설치 수량을 산출하시오.

○ 계산 과정 :

○ 답란 :

정답

- $\dfrac{700}{35} = 20$
- 최소 20[EA] 이상 설치 해야 한다.

해설

부착 높이에 따른 스포트형 감지기 설치 기준 [단위 : ㎡]

부착 높이 및 특정 소방 대상물의 구분		감지기의 종류						
		차동식		보상식		정온식		
		1종	2종	1종	2종	특종	1종	2종
4m 미만	내화 구조	90	70	90	70	70	60	20
	기타 구조	100/2	80/2	50	40	40	60/2	30/2
4m 이상 8m 미만	내화 구조	45	35	45	35	35	30	–
	기타 구조	60/2	50/2	30	25	25	30/2	–

과년도 출제문제

11 다음은 옥내 소화전 설비의 전원 및 비상 전원 설치 기준에 대한 설명이다. (가), (나), (다)에 해당하는 내용을 쓰시오.

1) 옥내소화전설비를 유효하게 ((가))분 이상 작동할 수 있어야 한다.
2) 비상전원을 실내에 설치하는 때에는 그 실내에 ((나))을 설치해야 한다.
3) 저압 수전인 경우에는 ((다))의 직후에서 분기하여 전용배선으로 해야 하며, 전용의 전선관에 보호되도록 해야 한다.

(가)	
(나)	
(다)	

정답

(가)	20(분 이상)
(나)	비상 조명등
(다)	인입개폐기

해설

- 해당 내용은 〈옥내소화전설비의 화재안전기술기준(NFTC 102)〉에 해당하는 법령 문제이다. 기존의 연달아서 해당 항목을 출제했던 것과는 달리 문제의 핵심 요소만 골라서 출제한 특이한 경우이다.
- 설치 구조에 대한 내용이 많기 때문에 법령을 통해 그림을 이해하고 숙지하여야 정확히 답할 수 있다. (수변전 도면을 당장 습득할 필요는 없다. 단 소방 부하의 분기가 설명됨으로 해당 도면 인지는 필요하다.)

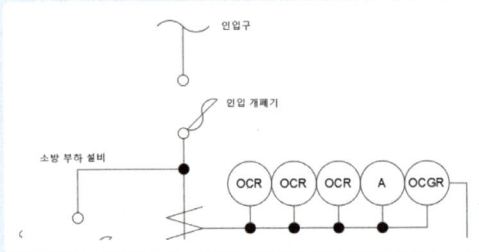

12 단독 경보형 감지기의 설치 기준이다. (가)~(마)까지에 해당하는 내용을 쓰시오.

1) 각 실(이웃하는 실내의 바닥면적이 각각 ((가))[㎡] 미만이고 벽체의 상부의 전부 또는 일부가 개방되어 이웃하는 실내와 공기가 상호 유통되는 경우에는 이를 ((나))개의 실로 본다)마다 설치하되, 바닥면적이 ((다))㎡를 초과하는 경우에는 ((다))[㎡]마다 1개 이상 설치해야 한다.
2) 계단실은 최상층의 ((라)) 천장(외기가 상통하는 ((라))의 경우를 제외한다)에 설치해야 한다.
3) 상용전원을 주전원으로 사용하는 단독경보형감지기의 ((마))는 법 제40조에 따라 제품검사에 합격한 것을 사용해야 한다.

(가)	(나)	(다)	(라)	(마)

정답

(가)	(나)	(다)	(라)	(마)
30 [㎡]	1	150 [㎡]	계단실	2차전지

해설

- 단독 경보형 감지기의 면적과 설치 관련 항목은 연기 감지기의 성능과 대부분 연관되어 있으며, 일반적으로는 광전식 2종 감지기와 경보를 겸하는 형태이며, 보일러실 설치 용도로 정온식 감지기를 경보와 겸하여 사용하기도 한다. 이를 겸하여 생각하면 위 내용을 답하는 것은 어렵지 않을 것이다.

과년도 출제문제

13 전부하 출력이 8[kW], 출력이 2[kW]일 때 효율이 80%가 되는 전동기가 있다.

1) 2가지 출력의 동손 관계를 구하시오.
2) 전부하시 철손과 동손을 구하시오.

정답

1) $P_c'' = \dfrac{1}{16} P_c$ (P_c : 전부하시 출력, P_c'' : 2[kW] 출력)

2) $P_i = 0.4\,[\text{kW}]$, $P_c = 1.6\,[\text{kW}]$

해설

1) $P_c'' = m^2 P_c$에 해당한다. (P_c : 전부하시 동손(여기선 8kW일 때), P_c'' : 동손(여기선 2kW일 때), m : 부하율)

여기서 부하율은 $m = \dfrac{P_O''}{P_O}$에 해당한다. 즉, $P_c'' = (\dfrac{2}{8})^2 P_c$이 되므로 답과 같은 결론이 된다.

(해당 문제는 전기 산업 기사 시험 정도의 이해도가 있어야 수월했을 것이라 생각된다.)

2) $\eta = \dfrac{P_o}{P_I}$ (η:효율, P_o:출력, P_I: 입력) $= \dfrac{P_o}{P_o + P_i + P_c}$ (P_i : 철손, P_c: 동손)

2[kW]일 땐 $0.8 = \dfrac{2}{2 + P_i + \dfrac{1}{16}P_c}$ 이고, 8[kW]일 땐 $0.8 = \dfrac{8}{8 + P_i + P_c}$ 의 형태를 얻을 수 있다.

$(2 + P_i + \dfrac{1}{16}P_c) = \dfrac{2}{0.8}$, $(8 + P_i + P_c) = \dfrac{8}{0.8}$ 를 정리하면 $P_i + \dfrac{1}{16}P_c = 0.5$, $P_i + P_c = 2$를 얻을 수 있다.

연립하였을 때 $P_i = 0.4\,[\text{kW}]$, $P_c = 1.6\,[\text{kW}]$

14 소방설비의 분류 중 경보설비의 종류를 8가지 쓰시오.

○	○	○
○	○	○
○	○	

정답

정보 전달	경보 목적	화재 외 경보
○ 자동화재속보설비	○ 시각 경보기	○ 누전 경보기
○ 비상방송설비	○ 단독경보형 감지기	○ 가스누설경보기
○ 자동화재탐지설비	○ 비상경보설비	

해설

- 수업 시간 설명한 내용이다. 위의 구분을 가지고 인지하기 바란다.

과년도 출제문제

15 가로 15[m], 세로 5[m]인 특정 소방 대상물에 이산화탄소 소화설비를 설치하려 한다. 이 때 연기 감지기의 최소 개수를 산출하시오. (단, 감지기 설치 높이는 3.8[m]이다.)

  ○ 계산 과정 :

  ○ 답 :

> **정답**
>
> ○ 계산 과정 : $N'' = \dfrac{15 \times 5}{150} = 0.5 \fallingdotseq 1$
>
> $N = N'' \times 2 = 1 \times 2 = 2$
>
> ○ 답 : 2[EA]

> **해설**
>
> - 부착 높이에 따른 바닥 면적
>
> | 부착 높이 | 1, 2종 | 3종 |
> |---|---|---|
> | 4m 미만 | 150[m²] | 50[m²] |
> | 4m 이상 20m 미만 | 75[m²] | - |
>
> → 연기 감지기가 몇 종인지 제시되지 않았다. 단독 경보형 감지기 등도 광전식 2종 보통형이 표준으로 사용되므로 해당 문제에서 기본을 2종으로 두고 설정하는 것이 맞다.
>
> - $N = \dfrac{15 \times 5}{150} = 0.5 \fallingdotseq 1$ 이다. 다만, 교차 회로 방식이므로 2배로 설치해야 한다. $N = 1 \times 2 = 2$

16 특정소방대상물에 설치된 소방시설등을 구성하는 전부 또는 일부를 개설, 이전 또는 정비하는 소방시설공사의 착공신고 대상 3가지를 쓰시오. (단, 고장 또는 파손 등으로 인하여 작동시킬 수 없는 소방시설을 긴급히 교체하거나 보수하여야 하는 경우에는 신고하지 않을 수 있다)

①
②
③

정답

① 수신반
② 소화펌프
③ 동력(감시)제어반

해설

- 기출제된 소방시설공사업법 시행령에 따른 내용이다.
- 개설, 이전, 정비 공사에 관련한 항목 출제는 자주 묻는 질문이며, 위 내용은 중요사항으로 여러 차례 출제되었다. 이는 기계실, 방재실 등 소방 시설 중심부에 해당하는 장비이므로 당연한 부분이라고 생각하자.
- 아래와 같은 내용도 숙지하기 바란다.
1) 설비 신설 공사 신고 대상
   - 경보설비[자동 화재 탐지 설비, 비상 방송 설비, 비상 경보 설비]
   - 피난구조설비[비상 콘센트 설비, 무선통신보조 설비]
2) 설비 또는 구역 등을 증설하는 공사 신고 대상
   - 자동 화재 탐지 설비의 경계구역, 비상 콘센트 설비의 전용 회로

17 역률 80%, 용량 100[kVA]의 펌프 전동기가 있다. 여기에 역률 60%, 용량 50[kVA]의 전동기를 추가로 설치할 때 전동기 합성 역률을 90%로 개선하고 하는 경우 필요한 전력용 콘덴서 용량 [kVA]를 구하시오.

○ 계산 과정 :

○ 답 :

정답

- 계산 과정 : (해설 참조)
- 답 : $46.71[kVA]$

해설

- 합성 전력의 산출과 전력용 콘덴서 용량을 산출하는 문제가 혼재한 문제로 볼 수 있다.
- 합성 전력값을 산출해야 하므로 전력용 삼각형을 통해서 내용을 상세히 파악해야 한다.
  $P_a = P + P_r = P_a\cos\theta + j(P_a\sin\theta)$ 이고, P_a는 피상 전력, P는 유효 전력, P_r은 무효 전력을 의미한다. 무효 전력의 경우가 합성되어 있으므로 복소수가 포함된 계산이다. 이를 분류하여 산출하자.
  ($\cos^2\theta + \sin^2\theta = 1$이고, 이를 통해서 $\sin\theta = \sqrt{1-\cos^2\theta}$ 을 만들어서 값을 구할 수 있다.)

  ① 역률 80%, 용량 100[kVA]의 경우
  $P_a = 100 \times 0.8 + j(100 \times 0.6) = 80 + j60$

  ② 역률 60%, 용량 50[kVA]의 경우
  $P_a = 50 \times 0.6 + j(50 \times 0.8) = 30 + j40$

  ③ 합성 전력은 $110 + j100$이 된다. 현재 역률과 합성 전력의 피상 전력을 산출해야 한다.
  $P_a = \sqrt{110^2 + 100^2} = 148.66$, $\cos\theta = \dfrac{100}{148.66} = 0.7399 ≒ 0.74$

  ④ 전력용 콘덴서의 용량을 산출해야 한다.

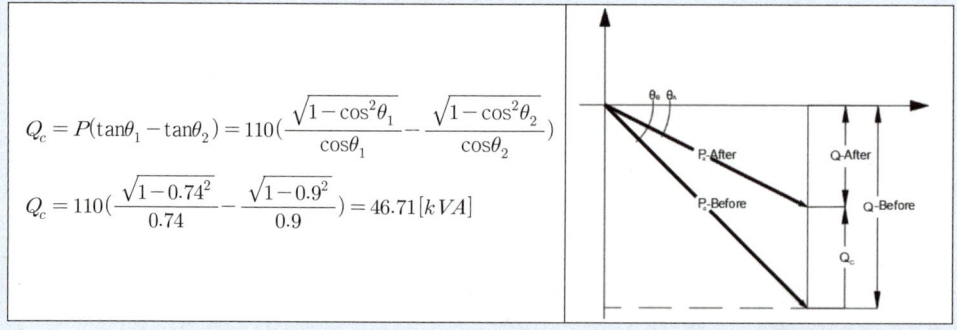

$Q_c = P(\tan\theta_1 - \tan\theta_2) = 110\left(\dfrac{\sqrt{1-\cos^2\theta_1}}{\cos\theta_1} - \dfrac{\sqrt{1-\cos^2\theta_2}}{\cos\theta_2}\right)$

$Q_c = 110\left(\dfrac{\sqrt{1-0.74^2}}{0.74} - \dfrac{\sqrt{1-0.9^2}}{0.9}\right) = 46.71[kVA]$

18 다음 그림은 휘스톤 브릿지 평형 회로를 나타낸 것이다. 평형 조건을 만족하도록 R_2를 구하시오.

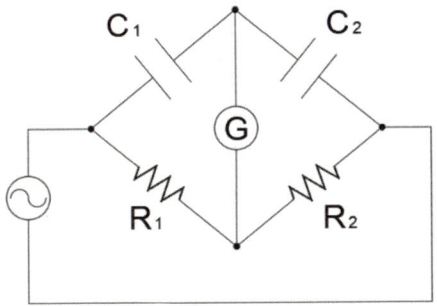

○ 계산 과정 :

○ 답 :

정답

- 계산 과정 : 휘스톤 브릿지는 대각선의 곱이 일치하므로 $\dfrac{R_2}{wC_1} = \dfrac{R_1}{wC_2}$, $R_2 = \dfrac{R_1C_1}{C_2}$

- 답 : $R_2 = \dfrac{R_1C_1}{C_2}$

해설

1) 용량성 리액턴스는 아래와 같다.
   $X_c = \dfrac{1}{wC}$

2) 휘스톤 브릿지 식은 아래와 같다.
   $R_1 \times R_4 = R_2 \times R_3$
   이는 $R_1 : R_2 = R_3 : R_4$ 에서 온 것이다.
   검류계 ⓖ의 값이 0이므로 두 도선 사이에서는 전류가 흐르지 않음을 알 수 있다. 병렬이므로 전압이 동일.
   즉, 각 회로가 분리된 병렬 회로임을 알 수 있다.
   → 여기까지만 인지해도 검류계를 연결하는 배선의 위치나 내용이 혼동되지 않을 것이다.

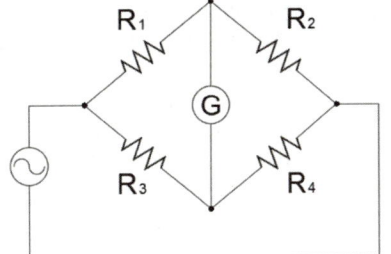

저자소개

이 재 훈

약력

- 메카트로닉스전공 학사

現)
- 대기업 설비 사무소 재직
- 이패스코리아 소방설비기사 전임교수

前)
- SK실트론 신축 공사—설계(2023)
- 인천 국제 공항 증축 공사—공사 관리(2022)
- 삼성 P3 공사—공사 관리(2021)
- DB하이텍 스크러버 교체 공사—공사 관리 및 설계(2020)
- 삼성 자재동 증축 공사—설계(2019)

보유자격

- 소방설비기사(전기분야)
- 소방설비기사(기계분야)
- 산업위생산업기사
- 전기산업기사
- 사무자동화산업기사
- 산업안전기사
- 전기기사
- 위험물 산업기사

이패스 소방설비기사 실기 전기분야

개정 1판 1쇄 인쇄 | 2024년 12월 17일
개정 1판 1쇄 발행 | 2024년 12월 31일

지 은 이 | 이 재 훈
발 행 인 | 이 재 남
발 행 처 | (주)이패스코리아
　　　　　　서울시 영등포구 경인로 775 에이스하이테크시티 2동 10층
　　　　　　전화 1600-0522　팩스 02-6345-6701
　　　　　　홈페이지 www.epasskorea.com
　　　　　　이메일 newsguy78@epasskorea.com
등록번호 | 제318-2003-000119호(2003년 10월 15일)

> ※ 잘못된 책은 교환해 드립니다.
> ※ 이책은 저작권법에 의해 보호를 받는 저작물 이므로 무단전재와 복제를 금합니다.
> 　본 교재의 저작권은 이패스코리아에 있습니다.